LA PIEL QUEMADA

BIBLIOTECA DE NUESTRO MUNDO / CRONOS

Eduardo Moyano

LA PIEL QUEMADA

Cine y emigración

EDICIONES DE LA TORRE
Madrid, 2016

EDUARDO MOYANO es periodista. Trabajó en RNE ocupando, entre otros cargos, la dirección de Radio Exterior de España. Editó el informativo cultural *El Ojo Crítico*. Ha ejercido como comentarista cinematográfico en RNE y en diferentes medios escritos. Actualmente elabora el blog www.techo-del-mundo.blogspot.com. Ha sido profesor de guión radiofónico en diferentes Máster como el de Radio Nacional y la Universidad Complutense y ha organizado ciclos cinematográficos sobre emigración y exilio en Europa y Latinoamérica. Ha publicado los libros *Concierto de una vida* (biografía del compositor Joaquín Rodrigo) y *La memoria escondida*, que mereció el premio «Tirant lo blanc» a la difusión cinematográfica en 2006.

También publicó el audio-cuento *El niño que soñó la música*, que intenta acercar el mundo creativo de Rodrigo a los más pequeños.

©

De la obra: Eduardo Moyano
Ilustración de cubierta: Rocío Moyano
De esta edición: EDICIONES DE LA TORRE
Espronceda, 20 - 28003 Madrid
Tel.: 91 692 20 34 - Fax: 91 692 48 55
info@edicionesdelatorre.com
www.edicionesdelatorre.com
Primera edición: abril 2016
ET Index: 621NMC28
ISBN: 978-84-7960-780-7
Depósito Legal: M-10755-2016
Impreso en España / *Printed in Spain*
Exce, Consulting Group
C/ Cronos 20
28037 Madrid

ÍNDICE

El título de este libro es un homenaje al cineasta Josep María Forn por *La piel quemada*, una película que aborda el tema de la emigración con unos planteamientos de absoluta vigencia en el siglo XXI. Conocí personalmente a Josep María Forn durante un ciclo que organizó La Fundación Largo Caballero (Dic. 2011 / Feb. 2012) en Toulouse y Hamburgo sobre la inmigración y el exilio y mantuve con él una larga entrevista que incluyo en las páginas de este libro. Hay una frase en la película, en la conversación que mantienen en el tren la mujer del protagonista y un viejo emigrante andaluz en Cataluña que responde de forma directa a una de las circunstancias esenciales de por qué se toma la decisión de emigrar: «Uno es de donde puede comer», una máxima menos elitista, pero no menos cierta, que la pronunciada por el escritor Max Aub, en su exilio mexicano: «Uno es de donde hace el bachillerato».

NOTA. En las fichas las calificaciones a las películas se hacen sobre un máximo de cinco estrellas. En algunas de ellas se incluyen frases o momentos destacados. La mayor parte se puede encontrar en plataformas digitales y añado la distribuidora de cine o el DVD que editó la película.

Para ampliar y concretar datos recomiendo la web del Ministerio de Cultura:

www.mecd.gob.es/cultura-mecd/areas-cultura/cine/industria-cine/calificación/calificación-video.html

Los textos entrecomillados son literales, los que aparecen en cursiva solo parcialmente.

DEDICATORIA

Este es el libro de todos aquellos que tuvieron que cerrar la puerta de su casa, de su barrio, de su gente para abrir otra, sin saber si les funcionaría la llave a cientos o miles de kilómetros de distancia.

Este es también el libro de la familia aumentada. Hay parejas y descendientes. Nietos: Victoria (15 enero 2010), Edu (10 julio 2011), Lola (1 de mayo de 2014) y la cuarta, Julieta (25 de agosto de 2015).

Además Pilar que lleva cuatro décadas aguantándome y eso tiene mérito; Isa y Nacho; Tito y Bea; Rocío y Fran; y Juan. Fabiola que llegó de Bolivia y que lleva más de diez años trabajando en casa, y la que ladra Audrey que, junto a Greta que se marchó en octubre 2015, forman parte del círculo familiar.

Círculo que me lleva a Cádiz donde está mi madre, Amalia y varios de mis siete hermanos con sus cónyuges y variedad amplia de sobrinos, algunos emigrados a Madrid como Álvaro, Ana y Maca. También María, la ahijada... Ignacio, Javier, Macarena, Paloma, Rafa, Rocío y Guillermo emigraron a Cádiz en los setenta, con mis padres, y algunos volvieron al foro, aunque la mayoría se mueve por tierras andaluzas, donde encontraron parejas gaditanas, Fernando, Pili, María Jesús, Ana, Pedraza y Mar la última en incorporarse al clan. Hay otra Fabiola boliviana que acompaña a mi madre desde 2009.

Este es el libro de los amigos como Fede y Ana, o los Ruiz del Árbol, empezando por María y Santi y Antonio y Mary Paz, de los «vecis» Pedro y Conchita o de los amigos y además compañeros de radio como Elisabeth / Rafa, Paz, Chusa, Ana Jiménez, Chacón, Pilar G. Padilla, Concha Muñoz, Eulate, Mamen, Óscar, Susana, Eloy, Iraeta, Pilar Bravo, José Miguel Ortega, José Luis Ramos, Eva Luna, Pedro Fdez. Céspedes, Pedro Fernández, Jesús Martínez, Carlos Guerrero, Ana Rosa, Santi Ruiz Cediel, Alfonso Sánchez, Inma, Urzúa, Lerchun, Lujo, Morales al cuadrado, Amancio, Poncho, Eduardo Larrocha, Elio Castro, Ester Ferrero, Dani Galindo, Java, Alejandra, Berta, Miguel Ángel G. Delgado, Ángeles F. A., M.ª Dolores Albiac, Pilar Bravo, Isabel Gómez, Gabi, Carmen Mejías, Mónica, Adnan, Louis, Julia, Rocío Morán T. y hasta de los que hemos compartido balón en el equipo de la radio, en sus diferentes épocas, José Manuel, Verdú, Taravilla, Tato, Aitor, Rubén, Yago, Pablo, Mario, Antonio, Javier Raya, Luismi, Ricardo, y el resto que intenta jugar al fútbol sin respetar el paso del tiempo (¿verdad IJAPE, Juan Carlos, Javier, los Polo, Sardina, los Navascués?...). Estas páginas son de todos aquellos con los que compartí micrófonos, redacciones, risas y tristezas durante la mayor parte de mi vida. Aunque siempre queda por hacer la película de ese tiempo que vivimos y viviremos ¿Cuándo nos ponemos a ello Yolanda, Teresa...?

También es el libro de José Manuel Delgado que me ayudó en esta aventura y de los viajes literarios y cinematográficos y por ello de Carmen Garijo, Diana Cofinsky, Carmen Ramírez, Ana Gavín, Laura Franch, Rosa Junquera, Alicia, Mugu, Juan Ferrer, Sergio, Ángeles, Germán C., Nieves P., Alba Flores, Manuela, Almudena, Violeta Medina, Maribel S, Pilar G., Alicia P... etc, etc... Tampoco olvido a quienes me permiten estar día a día, año a año, al tanto de lo que ocurre en las pantallas, Lorea, Mariana, Yolanda, Anabel, Alberto, Alejandro, Sonia, Stefanía, Olivia, Marien, Mónica, Sergio, Arantxa, Lara, Mariam, Fernando, Otilia, María, Trini...

No omito tampoco las «cervesitas» en el «barito» de Antonio y María Jesús; los cafés de Tiempos Mágicos de Semi; y los pinchos de «La Taurina» en Manzanares el Real que relajan al guerrero y al que no lo es. El Manzanares de Sonia hija de emigrantes a Alemania y de Salam que llegó de Marruecos.

Quiero que sea también el libro de los compañeros de colegio, que nos reunimos indefectiblemente el primer jueves de marzo desde hace más de 20 años; de los primos de ambos lados empezando por Vicky, Belén, Mamen, Almudena, Nuria, los Lasso que nos hemos reencontrado en las ya famosas «primadas», después de muchos años de alejamiento; de los tíos que siguen dado guerra y hasta de los Merino y los Malagón que continúan formando parte de mi vida.

Confío que sigamos viajando pero no por necesidad. Que las gentes de este país, las nuevas generaciones, encuentren un puesto de trabajo en casa o si lo prefieren que emigren a cualquier lugar del mundo donde puedan desarrollar su profesión y vivir dignamente.

En mi familia y en la de mis amigos hay hijos emigrantes en Alemania, Reino Unido, Colombia o Canadá... Otros tienen trabajo en España, la mayoría con empleos precarios y varios no han podido siquiera tener un primer empleo. ¿Habrá alguien que lo remedie algún día?

Si es así, seguro que los integrantes de esta lista, que no saben nada de esta dedicatoria, pensarán en ellos cuando tengan que depositar su voto en las urnas. Porque uno, es al fin y al cabo, *de donde puede comer y vivir* dignamente.

INTRODUCCIÓN. EL CINE COMO VEHÍCULO INTEGRADOR

Han trascurrido poco más de diez años desde que publicara *La memoria escondida* (Tabla Rasa) donde traté, por primera vez, la vinculación del cine con los procesos migratorios. Aquel libro reflejó los cambios que se habían producido en la sociedad española y cómo la presencia de inmigrantes había cambiado notablemente el mapa humano de nuestra sociedad. Ha pasado una década y los cambios han vuelto a sucederse. Apenas llegan inmigrantes, sólo aquellos que proceden del África subsahariana a los que no llega la información adecuada para saber que no van a tener refugio ni trabajo en una España que sigue perdiendo población, con la marcha de muchos de aquellos inmigrantes que llegaron a nuestro país durante los años noventa y los primeros del siglo XXI.

Hasta 310.456 habitantes menos había en España en 2013 con respecto a 2011. La mayoría eran inmigrantes latinoamericanos que habían llegado procedentes de Ecuador, Colombia y Bolivia o rumanos y marroquíes que habían trabajado regularmente hasta el inicio de la crisis en 2008. La situación económica les empujó a regresar a sus países. Junto al descenso de la población inmigrante, muchos españoles casi 80.000, la mayoría jóvenes, salieron de España para buscar trabajo fuera de nuestras fronteras.

En conjunto, en España, 400.000 personas han salido del país desde el inicio de la crisis. Según el Instituto Nacional de Estadística (INE) sólo en 2012 se marcharon de España 477.000 personas, de las que 60.000 eran españoles. En 2013 se acercó al medio millón el número de personas que dejó nuestro país. Estos datos revelan que la emigración está superando a la inmigración. La recesión se ha cebado con los extranjeros y regresar a sus países de origen ha sido una salida para muchos de los que llegaron.

De hecho según datos del Instituto Nacional de Estadística (INE) la población española se redujo por segundo año consecutivo a 1 de enero de 2014, donde el número de habitantes sumaba 46.700.000 personas, 404.619 menos que el año anterior. Concretamente el número de extranjeros se redujo en casi 550.000 personas, mientras que el de los españoles que se empadronaron en 2013 ascendió en poco más de 140.000.

El mapa que nos encontramos en la actualidad y con previsiones de futuro es completamente distinto al de diez años atrás. Se configura una población cada vez más envejecida, un bajísimo índice de natalidad y la progresiva marcha de inmigrantes, que llegaron a ser cerca de cinco millones en los tiempos de bonanza económica.

Mientras esto ocurre en España miles de refugiados intentan alcanzar Europa huyendo de las guerras de Siria e Irak o precedentes del África subsahariana en una tragedia, según ACNUR, que se ha cobrado 22.500 muertos en los primeros 15 años del siglo XXI. En agosto y septiembre de 2015 miles de refugiados, en el mayor éxodo desde la II Guerra Mundial, intentaban alcanzar Alemania o Austria en su recorrido por toda la Europa Central, después de llegar a Europa a través de Grecia. Otros miles alcanzaban la costa italiana produciéndose tragedias como la del Canal de Sicilia, el 18 de abril de 2015, en que 800 mujeres, hombres, niños y niñas murieron ahogados al naufragar en el barco en que viajaban hacinados y que había partido de Libia. Sólo hubo 28 supervivientes.

En noviembre de 2015 la Unión Europea y Turquía alcanzaban un acuerdo para que éstos reforzaran sus fronteras y mantuviesen a los refugiados en su territorio. Se calcula que hay 2.200.000 sirios en territorio turco. La Unión Europea a cambio se comprometió a aportar 3.000 millones de euros para compensar la ayuda de Turquía a los refugiados y al mismo tiempo reanudar las conversaciones con el gobierno otomano para un futuro ingreso en la Unión Europea.

A España se le asignaron cerca de 15.000 refugiados de los 120.000 que se propuso aceptar la Unión Europea para aliviar la avalancha de emigrantes llegados a Grecia, Italia y Hungría. No obstante, el problema continúa sin resolverse. Sólo se ha parcheado. La crisis de los refugiados marca el presente y el futuro de Europa. Todos los países de la Unión deben encontrar medidas definitivas que afronten la tragedia.

En este nuevo libro no voy a olvidar *La memoria escondida* y, de alguna manera, comprobar cómo la historia se repite. Hay textos y fragmentos de entrevistas que he incluido pero trataré de contar que hoy hemos vuelto a emigrar y el cine español sigue reflejándolo (*Hermosa juventud* de Jaime Rosales; *10.000 km*, de Carlos Marques-Marcet y *Perdiendo el norte* de Nacho García Velilla). Al mismo tiempo he querido abarcar otros campos y otros procesos migratorios para los que he contado con las opiniones de cineastas como Josep María Forn y Daría Esteva que junto a los testimonios que recogí en su momento de Felipe Vega, Llorenc Soler, Carlos Iglesias, Icíar Bollaín, Roberto Bodegas, y Enrique Gabriel, entre otros, pretenden ampliar los conceptos del proceso migratorio a través del cine.

En *La piel quemada (Cuando la memoria se hizo presente) no* me he limitado a relatar el proceso migratorio en España sino que he ampliado las miras hacia la emigración en otros países que bien han sido receptores o han visto cómo sus nacionales tuvieron que buscarse la vida a miles de kilómetros de sus lugares de origen. También he querido reflejar la emigración política y en particular el exilio que sufrieron cientos de miles de españoles al término de la Guerra Civil o ciudadanos argentinos o chilenos que hubieron de dejar sus respectivos países por las dictaduras militares que sufrieron.

Aunque los indicadores económicos señalan que hay perspectivas de mejora, volvimos, en muchos aspectos, a los años sesenta del siglo pasado. La rica y opulenta Europa entró en una de las mayores crisis de su historia y los países del sur, Grecia, Portugal, Italia o España se movieron en el alambre y deberán pasar varias generaciones para conseguir un nivel económico como el que llegamos a tener en 2008.

Especuladores y banqueros sí debían saber algo más de lo que se avecinaba y lograron continuar enriqueciéndose y empobreciendo al mismo tiempo a la mayor parte de la población. En *Margin Call* de J. C. Chandor, uno de los *tiburones* le explica a otro más joven, que medita sobre la situación inmediata que se va a plantear y el consiguiente empobrecimiento de la población, *que la gente vive bien hasta que los de arriba lo deciden*. Ellos se salvan y el resto de la humanidad lo paga.

A diferencia de la emigración a Europa de los 50 y 60, con aquellas imágenes que todavía tenemos en nuestra memoria de los españoles portando maletas atadas con cuerdas o cajas de cartón con sus escasas pertenencias, muchos de ellos analfabetos; la mayoría de los que se van ahora pertenecen a la generación más preparada de nuestra historia. Son jóvenes graduados, con másteres universitarios y con conocimientos de idiomas que, desesperanzados de encontrar un primer empleo en su propio país o hartos de acudir mes a mes a la Oficina de Empleo, partieron hacia los países más desarrollados de Europa como Alemania, Reino Unido, Francia o Noruega o viajaron a miles de kilómetros de distancia a países emergentes de Latinoamérica y Asia. Es un goteo incesante de savia nueva que sale sin ruido de España.

Los jóvenes entre 25 y 35 años son el segmento de población que más han hecho las maletas. La situación del mercado laboral y el altísimo paro existente, que se ceba en la población juvenil, no presenta perspectivas muy halagüeñas, dado que las medidas que adoptó el Gobierno (PP) parecen insuficientes y poco eficaces hasta la fecha. La mayoría de los que se van lo ven como algo temporal pero también tienen claro que no regresarán a cualquier precio. Muchos de estos jóvenes han crecido con un nivel de vida que difícilmente volverán a tener. Según la OIT (Organización Mundial del Trabajo) un gran número de los jóvenes del mundo tienen trabajos de mala calidad, con baja remuneración y precariedad en el empleo. En torno a treinta mil españoles han llegado a Alemania anualmente desde 2009. De hecho el realizador madrileño Nacho G. Velilla ha rodado, como ya he apuntado, una película sobre estos nuevos emigrantes en la Europa del bienestar (*Perdiendo el Norte*). También el realizador catalán Jaime Rosales ha mirado a los jóvenes españoles de la *generación ni-ni* en *Hermosa juventud*, única película española proyectada en el festival de Cannes de 2014 y que junto a *10.000 km*, de Carlos Marques-Marcet, una historia de amor desde la distancia, simbolizan esa sociedad a la que están abocadas las nuevas generaciones.

¿Qué futuro podemos ofrecer a los jóvenes de entre 15 y 24 años, que superan los mil millones en el mundo y de los cuales un 85 % vive en países en vías de desarrollo?

De momento, en Europa, españoles, griegos, portugueses, italianos o irlandeses han tenido que cerrar puertas y abrir otras nuevas. Han dicho basta e intentan tener trabajos dignos muy lejos de sus casas, sus barrios o sus amigos, porque su país ha dejado de ser una opción.

A partir del inicio de la crisis en 2008, otra vez los españoles comenzaron a buscar trabajo en Europa y otros países debido al alto nivel de desempleo alcanzado por la sociedad española. Se dice que no sólo nos quedaremos sin nuestros mejores jóvenes, los mejor preparados, sino también sin nuestros mejores inmigrantes. En 2011, ya lo he apuntado, la emigración superó por primera vez a la inmigración después de muchos años en que España llegó a ser el país que más inmigrantes recibía sólo por detrás de Estados Unidos.

Como ya relaté en *La memoria escondida, los hombres, desde que existen sobre la Tierra, han buscado la forma de aumentar su nivel de vida. Lo han hecho para protegerse del clima; para mejorar su situación económica o para escapar de regímenes totalitarios que atentaban contra sus libertades.*

Los emigrantes no han viajado por placer y por conocer otros lugares u otras costumbres lo han hecho por necesidad, para sobrevivir ante las penurias que sufren en sus lugares de origen. En todos nosotros hay un dorado, *como el que soñaron los conquistadores españoles en la América descubierta para el mundo occidental.* Una América que atrajo como un imán a los habitantes de la vieja Europa y cuyo norte, Estados Unidos y Canadá, sigue siendo un sueño y una esperanza para centroamericanos y mexicanos. Cuando se emprende el viaje, el miedo a lo desconocido, a lo que puede esperarnos en otro lugar con idiomas, costumbres o razas diferentes, no es capaz de contrarrestar el deseo de alcanzar un mejor nivel de vida, una vivienda y un alimentación acorde con lo que demanda cualquier ser humano.

Políticos y sociólogos, como ya hemos visto, coinciden al señalar que la inmigración puede llegar a ser el mayor problema al que se enfrentará Occidente durante este siglo xxi. Nadie puede ponerle barreras a la necesidad y en África, algunos países de América, Asia y la propia Europa hay millones de personas cuyo único objetivo es encontrar un lugar en el que huir del hambre, la miseria y los regímenes dictatoriales que siguen proliferando en infinidad de países.

El cine, más que ningún otro medio, ha sido un elemento integrador, ha creído en la multiculturalidad y ha actuado con anticipación a la propia sociedad. Ha actuado también como elemento de denuncia ante las injusticias y la situación que sufren aquellos que han dejado sus países y sólo buscan mejorar sus condiciones de vida.

Junto a la constatación del fenómeno migratorio en este siglo xxi *el cine* también va por delante en el ejercicio de la memoria y recuerda cuál ha sido nuestro pasado y cómo de una u otra forma todos somos emigrantes. En España, la memoria sólo nos retrotrae en el tiempo 50 años atrás y constata que también fuimos y hemos vuelto a ser emigrantes.

Estados Unidos se formó con inmigrantes llegados de los rincones más remotos y su *cine,* desde míticos western, como *Caravana de mujeres* o *La conquista del oeste,* ha narrado la epopeya vivida por millones de seres humanos. Muchos de los grandes directores de la historia del *cine* de Hollywood llegaron de diferentes partes del mundo y, en algunos casos, han narrado sus orígenes. John Ford, Charles Chaplin, Arthur Penn, Elia Kazan, Francis F. Coppola, Martin Scorsese y un largo etcétera de los grandes del cine en Estados Unidos han reflejado su historia o la de sus antepasados en filmes como *América, América, Georgia, El emigrante, El hombre tranquilo, El Padrino,* aquella fascinante trilogía de Coppola o *Érase una vez en América,* la magistral película de Sergio Leone, que nos explicó que su *cine* era algo más que el «spaguetti western» del que tan excelentes muestras nos dejó.

No obstante, si hay un *cine* que refleja como ningún otro el fenómeno migratorio en Estados Unidos es el cine chicano que desde los años setenta ha ido configurando una cinematografía paralela en que realizadores de origen mexicano o de otros países latinoamericanos han narrado la odisea vivida por ellos para llegar primero a Estados Unidos y conseguir, después de innumerables vicisitudes, un trabajo digno.

Ese continuo trasiego de inmigrantes mexicanos y en menor medida de países centroamericanos y de otros de Suramérica ha creado casi un subgénero que tiene entre sus más significativos realizadores a Gregory Nava con títulos como *El norte* o *Mi familia*; Robert Rodríguez, Edward James Olmos, Luis Valdez, o Robert Young que han sabido acercarse a un mundo que apenas ha tenido cabida en la industria de Hollywood.

La emigración de los llamados *espaldas mojadas* y la situación que viven quiénes consiguen traspasar la frontera también ha sido del interés de cineastas europeos como los españoles que han dejado constancia en títulos como *Río Abajo*, de José Luis Borau; *In n' out*, de Ricardo Franco, *Time-up*, de la chilena, radicada en Madrid, Cecilia Barriga; *Coyote*, de Chema Rodríguez o el documental *Made in L.A.*, de Almudena Carracedo. Precisamente José Luis Borau me comentó, hace algún tiempo, que no hubiese tenido que irse a Estados Unidos a rodar *Rio Abajo* si hubiese conocido una situación como la que se vivía en España durante los noventa. «En lugar del desierto –me dijo– hubiésemos rodado las aguas del Estrecho y reflejado la lucha de hombres y mujeres por alcanzar las costas de Cádiz».

El «sueño americano» ha formado y forma parte de la historia de la cinematografía. Gentes llegadas de todas las partes del mundo han narrado sus experiencias o se han adentrado en la vida y la situación por la que atraviesan los inmigrantes en Estados Unidos con títulos como *Pan y Rosas* (Ken Loach) o *En América* del irlandés Jim Sheridan.

Han sido éstos últimos los cineastas británicos junto a los franceses, principalmente, los que han construido un cine de carácter social en Europa con cineastas como los ya citados o los franceses Robert Guedeguian, Amos Gitai, Bertrand Tavernier, el greco-francés K. Costa-Gavras, el inglés Michael Winterbotton, el italiano Gianni D' Amelio, el alemán Fatih Akin, los cineastas belgas Jean Pierre y Luc Dardenne o los serbios Emir Kusturica y Goran Paskaljevic, entre un largo etcétera.

En España Fernando León de Aranoa, Icíar Bollaín, Chus Gutiérrez, Montxo Armendáriz, entre otros, también han configurado un cine de carácter social al que no le es ajeno el proceso migratorio.

ESPAÑA AÑOS NOVENTA

Antes de centrarnos en la actualidad hay que recordar que España, a partir de los años noventa dejó de ser un país de paso para convertirse en un país de acogida para miles de inmigrantes provenientes sobre todo del Norte de África, el África subsahariana y países del este de Europa y de Latinoamérica. De ser un país de emigrantes, todavía con muchos españoles viviendo lejos de sus fronteras, en la década de los noventa comenzamos a convertirnos en un país de inmigrantes.

El mapa humano de la vieja España comenzó a cambió a partir de esos momentos y hasta 2008, en que comenzó la crisis económica. Hasta ese año, gentes de todas las razas, todos los credos, todas las culturas eligieron España para vivir, para intentar mejorar sus vidas ante la incredulidad, el miedo a la diferencia e incluso el rechazo de muchos españoles que tendían a olvidar su pasado y a esconder la memoria de nuestra propia historia.

Por eso el *cine* recordó pero también integró y sigue haciéndolo de forma continua a los inmigrantes que forman parte activa de nuestra sociedad. Un *cine* que hace que no olvidemos nuestro pasado emigrante, tanto en lo referente al punto de vista económico como político que, en ambos casos, fue ocultado por la dictadura franquista que censuró las películas que trataban estos temas.

Durante el franquismo sólo vimos algunos filmes que reflejaban la realidad más cruda de la España rural y la necesidad de emigrar a las grandes ciudades como Madrid o Barcelona; algunas escasas comedias que relataban la presencia española en Europa o filmes que se remontaban a tiempos pasados para recordar nuestros viajes a América. El exilio no existía y lo curioso es que tras la muerte de Franco, salvo excelentes documentales, no se ha narrado en la ficción la masiva presencia de españoles en países como México, Cuba o Argentina. *En el balcón vacío*, realizada por Jomi García Ascott en 1962, en México, es el único testimonio cinematográfico que trata en la ficción el exilio español. Fue una película que nunca se estrenó comercialmente y que posteriormente ha sido de utilidad para formar parte de ciclos relacionados con temas vinculados al exilio y la emigración.

Personalmente, desde que pude verla, la he incluido en distintos ciclos en Buenos Aires, Ciudad de México, Santiago de Chile, Santo Domingo o más recientemente en Toulouse y Hamburgo. Creo que es una película emotiva y un testimonio impagable de la presencia española en México. Como me comentó el cineasta Josep María Forn, autor de *La piel quemada*, que participó en el ciclo *Viajeros de esperanza* (2012) de Toulouse y Hamburgo, es una película de gran intensidad poética. Forn, entonces de 82 años, no había podido ver hasta ese momento *En el balcón vacío*.

EL PERMANENTE VIAJE

El inmigrante ha buscado cualquier medio de transporte con tal de llegar a la *tierra prometida*. Los barcos abarrotados camino de las Américas; los frágiles cayucos o pateras del siglo xx y xxi buscando la Europa del bienestar; los viajes en trenes de tercera; por carretera, en avión o incluso andando, atravesando fronteras y burlando la vigilancia que impidiese su entrada en cualquier país soñado.

El *cine* nos ha permitido conocer los orígenes de la inmigración, los lugares en que sobreviven millones de personas y cómo los más jóvenes buscan salir de ese mundo y encontrar otras perspectivas a su futuro. Las películas nos han llevado al África subsahariana, al Magreb, a la Europa más pobre, a Centroamérica, a México a Colombia o Cuba. Hemos estado en el desierto, en las montañas, en el mar, soportando temperaturas extremas, o viendo cuando sus sueños terminan apresados por los guardianes de *la tierra prometida*. Otros nunca llegaron. Arriesgaron sus vidas y acabaron perdiéndolas en la aventura que iniciaron.

Hay que tener en cuenta que en la actualidad 230 millones de personas, el 3'5 % de la población mundial vive, por una u otras razones, lejos de su tierra de origen. La mayor parte de ellos han intentado mejorar sus condiciones de vida y las desigualdades a las que están sometidos.

No estaría de más que películas como las que vamos a tratar salten las barreras de los colegios y lleguen a las aulas para que las nuevas generaciones conozcan su pasado, su presente y sepan comprender a quienes se ven obligados a dejar su país. Quizá, partiendo de ese conocimiento, contribuyan en el futuro, a su integración en la nueva sociedad en que han de vivir... Muchos jóvenes como sus padres o sus abuelos viajaron un día, a miles de kilómetros de sus casas, de sus ciudades para que futuras generaciones pudiesen vivir dignamente convirtiéndose en viajeros de esperanza.

PRIMERA PARTE
SIN SALIR DE CASA

CAPÍTULO 1. LOS EMIGRANTES SILENCIOSOS

TEMPOREROS Y AGRICULTORES (*LA ALDEA MALDITA, CARMIÑA, FLOR DE GALICIA, LA VENGANZA...*)

«Todo estaba dentro de tu mirada honda, lejana, temblorosa cuando te vi llegar. Y contigo otros hermanos de la tierra, del otro pueblo, del otro valle. Y otros y otros que ni tu ni yo podemos recordar. ¡Cuántos trozos de tierra y de alma quedaban allá! El silencio del poniente rojo. El paisaje sereno que te vio crecer.»

JUAN N. GARCÍA-NIETO
Los que vinisteis a Cataluña desde Andalucía

El *cine* es un vehículo esencial para acercar al hombre contemporáneo a la realidad y a las causas que nos llevan a situaciones límites o a países que siempre parecen abocados a la desigualdad, la miseria, la violencia o la guerra.

La emigración interior ha aparecido reflejada en títulos memorables de la cinematografía. John Ford contaba en *Las uvas de la ira*, cómo los estadounidenses dejaron sus casas para huir del hambre durante la Gran Depresión, de 1929. Aquella película de 1940 protagonizada por Henry Fonda era todo un símbolo de la lucha del mundo rural norteamericano, empobrecido hasta límites insospechados, a raíz de la caída de la bolsa neoyorquina como consecuencia de los especuladores. Aquella tragedia para la economía mundial y la necesidad de emigrar o de conseguir cualquier trabajo, con tal de salir adelante, ha quedado reflejado en el cine de Hollywood con otros muchos títulos brillantes como *Danzad, danzad, malditos*; *De ratones y hombres*; *Esplendor en la yerba*, *Los viajes de Sullivan* o, incluso, *Bonnie and Clyde*.

Ochenta y dos años después, en 2011, *Margin Call*, ya citada en este libro, relataba las turbulentas veinticuatro horas previas a la crisis financiera de 2008 situando la acción en un banco de inversión en Wall Street. La ópera prima como guionista y director de J. C. Chandor es un retrato auténtico y descarnado de los financieros, que adoptan decisiones que determinan el futuro de nuestra sociedad. A consecuencia de reuniones como las que describe la película, millones de personas perdieron sus empleos, sus ahorros, sus viviendas y en algunos casos hasta sus vidas. Más gráfico, aún, fue el documental *Inside Job*, dirigido por el estadounidense Charles Ferguson que narra cómo se gestó la crisis económica de 2008. David German de la agencia «Associated Press» comentó que la película muestra «una historia delictiva como nunca antes se vio». Películas, a las que podemos unir títulos como *En compañía de hombres*, *El fraude*, *Wall Street 2*, *El capital* y más recientemente *El lobo de Wall Street*, y que contribuyen a que los espectadores comprendamos mejor la gravedad de la crisis y quiénes fueron los que generaron la situación que sufrimos y que aún estamos viviendo. Salvo casos puntuales llama la atención la impunidad de la mayor parte de los gestores de esta crisis que tanto daño ha hecho a millones de personas en todo el mundo. El resultado de las últimas estadísticas es que los ricos son cada vez más ricos y los pobres siguen aumentando en las sociedades occidentales.

Indigna que directivos de grandes empresas y entidades financieras continúen recibiendo indemnizaciones millonarias cuando han sido ellos los culpables de la situación y en algunos casos, sus entidades han recibido dinero público para reflotar sus negocios.

En España las grandes películas sobre la emigración interior están ambientadas en los años cincuenta aunque hay otros títulos muy destacables que inciden en el movimiento migratorio durante todo el siglo xx. Las décadas de los 40 y los 50 reflejan una sociedad española destruida por la guerra. La pobreza, la miseria y el hambre provocaron movimientos migratorios que auspiciaran mejores condiciones de vida dentro de nuestro propio territorio. Campesinos provenientes de las zonas más depauperadas de España como Castilla, Extremadura o Andalucía se trasladaron a las principales ciudades estableciéndose en las zonas periféricas. Posteriormente, hasta mediados los setenta, la Europa más desarrollada se convirtió en destino de los españoles muchos de los cuales, ya habían emigrado del campo a la ciudad y que no habiendo conseguido satisfacer sus necesidades básicas en las grandes ciudades como Madrid, Barcelona o Bilbao, emprendieron la aventura europea a Francia, Alemania, Holanda, Bélgica o Suiza.

Actualmente la situación de España no es la de los años 40, 50 y 60 pero en 2008 se acabaron bruscamente los años de bonanza y se alejó esa idea de estado de bienestar por la persistencia de una crisis agravada por las medidas de austeridad que han impuesto los diferentes gobiernos, siguiendo el dictamen de los mercados. No ha sido la primera crisis ni siquiera será la última pero la burbuja en que estaba inmerso el mundo occidental pinchó, como ya he dicho, gracias a los manejos de los especuladores que han visto cómo crecían sus ganancias a costa de la mayoría de la población.

La aldea maldita, obra cumbre de Florián Rey.

CAMPOS MALDITOS

Si los dramas rurales fueron habituales en las producciones españolas de los años 20 y 30 hay un filme que superó todas las expectativas y obtuvo un éxito enorme, incluso a nivel internacional. Me refiero a *La aldea maldita* de Florián Rey que, a partir de su primera versión en 1930 tuvo otras dos posteriores. Aquella primera *Aldea maldita* se rodó en Segovia y en tres pueblos de la provincia: Pedraza, Ayllón y Sepúlveda.

Hasta tres versiones se hicieron, por tanto, de esta película. La idea le surgió a Florián Rey mientras rodaba *Los chicos de la escuela* (1925) en la localidad segoviana de Pedraza de la Sierra, un pueblo que había llegado a tener 15.000 habitantes, pero que en aquel momento no alcanzaba los 500, debido a las heladas y las sequías que había forzado la emigración de miles de personas buscando mejorar sus condiciones de vida. La original era muda y en marzo de 1930 ya había una copia para ser exhibida, pero un distribuidor cubano aconsejó que se sonorizara para poder competir mejor ante la invasión de producciones norteamericanas habladas que comenzaban a llegar a las pantallas europeas. La sonorización se hizo en París y obtuvo un éxito enorme en su estreno en la sala Pleyel (18-X-1930) de la capital francesa. El 8 de diciembre del mismo año se estrenó en España pero apenas tuvo éxito. La versión sonorizada, con banda sonora original de Rafael Martínez, hermano de Florián Rey, y algunas composiciones de Ruperto Chapí y W. A. Mozart, desapareció y actualmente no se conserva ninguna copia.

Años después, en 1942, Florián Rey, volvió a retomar la línea argumental y realizó la versión sonora que consiguió numerosos premios. Sin embargo, para la mayoría de los críticos su mejor versión es la primera. El propio Florián Rey, cuando fue preguntado si consideraba que *La aldea maldita* en su versión muda era lo mejor que había hecho nunca, contestó: «Si lo mejor es lo más puro, sí».

La aldea maldita cuenta cómo la miseria obliga a los campesinos de un pueblo de Castilla a abandonar sus tierras para buscar un lugar donde sobrevivir. Considerada la obra cumbre del cine mudo en España, *La aldea maldita* refleja además la lucha de algunos campesinos frente al poder del terrateniente que quiere obligarles a que dejen sus tierras. A pesar de la oposición, la mayoría de los habitantes de la aldea se ven obligados a emigrar, entre ellos ACACIA, que acaba en un burdel de la ciudad. Su marido, JUAN, es apresado y encarcelado tras agredir al terrateniente que, pasados unos años, decide perdonarle. JUAN encuentra en el burdel a ACACIA, a la que obliga a regresar a la aldea para, a pesar de repudiarla, mantener las apariencias hasta que fallezca el abuelo MARTÍN.

La aldea maldita plantea la necesidad de emigrar que tiene cualquier ser humano para huir de la miseria y buscar sustento para la familia. El filme cuenta cómo la sequía acaba con las expectativas de todo un pueblo y cómo los poderosos se aprovechan de los más débiles. La película aborda también cuestiones muy de la época como el honor; la caída y posterior redención de la mujer *descarriada*; el respeto a los ancianos; el amor y el odio por la tierra e incluso la sumisión de los campesinos al poder, salvo la oposición del personaje protagonista.

Florián Rey, cuyo nombre auténtico era Antonio Martínez del Castillo nació en 1894 en la localidad aragonesa de Almunia de Doña Godina. A lo largo de su vida realizó cerca de 40 largometrajes y varios cortos e intervino como actor en algunas películas, sobre todo al inicio de su carrera.

Su primer largometraje como director, *La revoltosa* (1924), tuvo un enorme éxito comercial y le permitió convertirse en uno de los realizadores españoles más cotizados de la época con títulos como el melodrama *El cura de aldea* y una adaptación al siglo XX de *El lazarillo de Tormes*.

La relación que inició en 1927 con la actriz Imperio Argentina tuvo una gran importancia a nivel artístico y personal ya que se convirtió en la protagonista de varias de sus películas como *La hermana San Sulpicio*, de la que hizo después una versión sonora, *Nobleza baturra* y *Morena clara*. El inicio de la Guerra Civil interrumpió su carrera por lo que se trasladó a Alemania donde dirigió dos filmes *Carmen la de Triana* y *La canción de Aixa*, ambas también con Imperio Argentina, con la que rompería, poco después, su relación personal. Hasta su última película, *Polvorilla*, en 1956, Florián Rey dirigió otros títulos notables, algunos con mucho éxito como la comedia *Polizón a bordo* o *Cuentos de la Alhambra*.

Gran parte de sus películas han desaparecido para siempre. Quién fuera uno de los cineastas más notables de la historia del cine español, pasó sus últimos años regentando un mesón cercano a Benidorm. Murió en 1962 y sus restos fueron enterrados en una fosa común del cementerio municipal de Alicante.

Si nos centramos en la emigración interior, hay un título anterior a *La aldea maldita*, que también refleja ese mundo rural de amores, odios, pasiones y honores. Tiene ese mundo y esa estructura como elemento común pero *Carmiña, flor de Galicia* pone especial énfasis en las imposiciones del cacique de turno y cómo, de alguna manera, Carmiña se ve obligada a marcharse a la ciudad. Se trata, lógicamente, de una película muda que dirigió el italiano Rino Lupo y que se rodó en diversas localidades de Galicia como Vigo y Mondariz y en las ciudades portuguesas de Oporto y Vila da Veira.

Maruja del Mazo, la protagonista de *Carmiña, la flor de Galicia.*

El filme cuenta cómo una joven campesina mantiene relaciones con un conde que ostenta el poder en la zona. La estabilidad de la relación se rompe cuando el aristócrata conoce a una mujer inglesa, que relega a Carmiña a un segundo plano. Pero como el dramón no reunía elementos suficientes tenemos a *Martiño* su antiguo enamorado, que la salva de morir cuando esta intenta suicidarse. El conde arrepentido volverá con ella, mientras Martiño triste y despechado viaja a América en busca de fortuna.

Antón Vilar Ponte en un artículo publicado en la prensa gallega de la época, consideraba que la imagen que se daba de los aldeanos en la película *estaba fuera de todo realismo y toda humanidad. Nos parecen idiotas.* Y añadía *¿qué moza aldeana y montañesa por añadidura, tiene desarrollado el urbano sentido del flirt hasta el punto de coquetear con el señorito aristócrata, amo de la hacienda que cultivan los suyos, desde el instante mismo en que lo ve por primera vez en su presencia?*

La película se estrenó en el Teatro Rosalía de Castro de Vigo el 17 de febrero de 1927. La música, toda inspirada en temas gallegos, fue compuesta por el compositor vigués Santos Rodríguez Gómez e interpretada bajo su dirección por la orquesta *Queixume dos Pinos.*

El mismo guionista, Antonio Rey Soto, escribió los rótulos que incluyen perlas como la que recojo, tras el baile en que se conocen *Carmiña* y el conde:

«Y aquella noche de fuegos artificiales, otro fuego real prendió en dos almas gemelas».

Carmiña, flor de Galicia tuvo un gran éxito de público y como hemos visto no muy buenas críticas. El historiador cinematográfico Fernando Méndez Leite (padre), en su *Historia del cine Español*, editada por Rialp en 1965, escribe que «la película no alcanza el objetivo deseado. La realización se prolonga demasiado y falla la fotografía [...] Fue un serio fracaso del cine español en el cual sobraban elementos extranjeros de tan poca competencia técnica, como son los casos del director y el responsable de la fotografía, Lupo y Vistarini, respectivamente».

A LA BUSQUEDA DEL JORNAL

La venganza, realizada por Juan Antonio Bardem en 1958 y estrenada un año después en el cine Rialto de Madrid, aborda la siega de los campos de Castilla y de la emigración de los jornaleros procedentes de distintos lugares de España, en unos años en que la llegada de las máquinas segadoras daban una cierta modernización tecnológica al depauperado campo español. *La venganza* se rodó en las provincias de Cuenca, Toledo, Albacete, Jaén, Madrid y especialmente en Membrilla, en Ciudad Real, donde sus habitantes escribieron una coplilla refiriéndose al reparto de la película:

«Membrilla ya no es Membrilla / que es más que Ciudad Real / que vino Carmen Sevilla / y también Jorge Mistral.»

Si tomamos exclusivamente su línea argumental, *La venganza* cuenta el trabajo de una cuadrilla de segadores a la que se incorpora *Juan* (Jorge Mistral) que ha pasado diez años en la cárcel acusado de un crimen que no cometió. En el pueblo vuelve a encontrarse con su hermana *Andrea* (Carmen Sevilla) y con *Luis (*Raf Vallone), a quién considera culpable de los años que ha pasado en prisión. Logra incorporarse a la cuadrilla de segadores de *Luis* con la intención de matarle por el daño que le ha ocasionado. Sin embargo *Andrea* y *Luis* están enamorados y el amor logra interponerse ante ese odio acumulado durante los diez años de prisión.

Con este planteamiento estaríamos ante un melodrama muy al uso de la época, una historia de odio y de pasiones, aunque como siempre si nos situamos en los años cincuenta, un tanto descafeinada. La pasión tenía un límite.

Sin embargo, Juan Antonio Bardem, uno de nuestros realizadores más importantes, describe con precisión el ambiente sofocante del campo, la aspereza de los terruños, la dureza del trabajo y la realidad rural de aquellos años.

En una segunda lectura la película resulta muy esclarecedora de la España de la época. Juan Antonio Bardem navegó entre dos aguas y en la segunda lectura, de forma encubierta y simbólica, lleva a cabo una crítica social de la explotación de los jornaleros. La censura estaba para otras cosas y no supo leer la crítica de Bardem al régimen franquista. Estaba más pendiente del escote o de la falda de Carmen Sevilla que de las protestas de los jornaleros y aunque suprimió varias escenas, el poso y el propósito de *La venganza* quedaron reflejados para las generaciones posteriores.

La venganza es cine comprometido en una época que evitaba cualquier tipo de crítica política o social. Juan Antonio Bardem, miembro del clandestino Partido Comunista, construyó una metáfora sobre la Reconciliación Nacional, propugnada por el Partido Comunista en el exilio, como vía pacífica hacia la democracia. En el filme, en que se aprecia una lucha entre dos bandos, se apuesta finalmente por un reencuentro entre ambos, reivindicando la libertad y la igualdad de las clases sociales.

Esa reivindicación de la reconciliación queda reflejada en la frase final: «La tierra es grande y cabemos todos».

La venganza es una inteligente y gran película, entre las mejores de J. A. Bardem, tras *Calle Mayor* y *Muerte de un ciclista*, que fue la primera producción española seleccionada para competir por el Oscar a mejor película en lengua extranjera. Por cierto, en un primer intento la película se iba a titular *Los segadores* pero la censura lo prohibió porque consideraba que su nombre era el de un himno, no conveniente en aquella España de pensamiento único.

La censura no entendió la metáfora construida por Bardem, ni tampoco comprendió las reivindicaciones de aquellos campesinos emigrantes que eran conscientes de la explotación que sufrían como posteriormente ha ocurrido con los inmigrantes llegados a España de las regiones más depauperadas del mundo, para trabajar en los campos de fresas; la recogida de aceituna, la vendimia o los invernaderos de tomate. *La venganza* es una película que supo sortear a la censura y que muestra el talento de una serie de cineastas que fueron capaces de dejarnos excelentes muestras para nuestra historia cinematográfica, que no deja de ser la propia historia de este país.

DEL CAMPO A LA CIUDAD (*SURCOS*)

Si *Carmiña* e incluso *La aldea maldita* tocan tangencialmente la emigración y dan mucho mayor valor al honor, el amor, y las pasiones no ocurre así con *Surcos* que más de 20 años después del estreno de la primera versión de *La aldea maldita*, y en pleno franquismo se convirtió en una de las obras claves del cine español. *Surcos* narra el éxodo de los campesinos a la ciudad, huyendo de las adversas condiciones en que vivían en sus pueblos y aldeas.

Dirigida por José Antonio Nieves Conde, cuenta la historia de una familia castellana que abandona el pueblo, animada por el hijo mayor, que ha hecho la *mili* en

Madrid. Una familia que viene con lo justo y que se enfrenta atónita a un mundo que desconocen. Su llegada a la ya desaparecida estación del Norte; su apretujado viaje en metro con salida en Lavapiés donde, como ahora, llegaban los emigrantes, son toda una declaración de intenciones de lo que les espera y de lo que, de alguna manera van a ver los espectadores.

Ese grupúsculo de emigrantes es testigo y en ocasiones partícipe de la insolidaridad; de la mentira, del mercado negro, de la prostitución o de las largas filas que se forman para encontrar trabajo. Todavía hoy, sorprende que *Surcos* llegase a ser estrenada en plena posguerra. Nieves Conde, falangista, aunque próximo al pensamiento más progresista de Hedilla, supo jugar sus cartas y aprovechó el éxito que había obtenido con *Balarrasa*, libre de toda sospecha, para atreverse con esta historia muy apegada a la realidad y a los problemas que afectaban el país y que la censura cinematográfica se encargaba de que no salieran a la luz.

Esa condición de falangista de Nieves Conde y sus antecedentes cinematográficos fueron su pasaporte para estrenar la película, a pesar de las presiones que se ejercieron desde distintos sectores del régimen y la Iglesia Católica para que no llegara a las salas.

Basada en textos del escritor Eugenio Montes y con un guión elaborado conjuntamente por Natividad Zaro y Gonzalo Torrente Ballester aborda asuntos no tratados por el cine español de entonces, si bien es cierto que para sortear a la censura se recurrió a ensalzar los valores morales de la pobreza campesina frente a la vida acelerada de las grandes ciudades.

Lo único que se le prohibió fue el final de la película en que pretendía contar que la familia campesina abandonaba desengañada la ciudad y en su despedida se cruzaba con otra familia que llegaba con las mismas ilusiones y esperanzas y a la que seguramente le esperaban los mismos sinsabores.

Surcos es un neorrealismo a la española, un cine apegado a la realidad por muy dura que esta fuera. Su aproximación en muchos aspectos al neorrealismo italiano fue aprovechada por los sectores más reaccionarios para criticar y desacreditar a José Antonio Nieves Conde. Éste durante la edición número 40 de la Semana Internacional de Cine de Valladolid (Seminci), en que recibió un homenaje, comentó que «hubo críticas feroces a la película y que muchas vinieron de la profesión. Muchos afirmaban que el cine español no podía ir por ese camino. En cierto sentido, Surcos es una película que me cerró puertas. Hubo productores que tras felicitarme externamente no hicieron nada para ofrecerme trabajo y tardé dos años en volver a rodar. Lo mismo le ocurrió a María Asquerino: se hizo famosa pero apenas siguió trabajando». (El oficio de cineasta. José Antonio Nieves Conde, *de Francisco Llinás. Publicado por la Seminci*).

De hecho se puede afirmar que Nieves Conde pasó de ser un cineasta del régimen a un realizador vigilado y controlado por las altas esferas del franquismo. Así, otro de sus títulos más reconocidos, *El inquilino* sufrió numerosas mutilaciones por parte de la censura. Con *Surcos* su quinta película como director, Nieves Conde logró romper con la línea imperante en el cine del régimen, simbolizado en reconstrucciones de carácter historicista, de las que *Alba de América*, rodada aquel mismo año, 1951, era un claro ejemplo.

Josep María Forn, en una de las recientes reposiciones de su película más emblemática: *La piel quemada.*

EMIGRANTES Y TURISMO: LA PIEL QUEMADA

Si hay una película que no ha perdido un ápice de actualidad esa es *La piel quemada* (1967). La acción se desarrolla durante 24 horas y en ellas, Josep María Forn describe la realidad de aquella España de medio siglo atrás. Con la utilización de *flash back* que nos acercan a la realidad de los emigrantes protagonistas, Forn traza los cambios que se estaban produciendo en la sociedad española, demasiados años anclada en un régimen dictatorial. Todo lo que nos narra podría tener hoy plena vigencia. ¿Qué diferencias apreciamos entre los inmigrantes que llegan actualmente a España y otros países europeos con los andaluces que dejaban sus tierras en los sesenta para encontrar un trabajo digno en una zona más rica, como era el caso de Cataluña? La explotación de los campesinos; el trato distante y frío de la burguesía hacia los emigrantes; el recelo ante el idioma catalán; la represión sexual, el deseo, son algunas de las cuestiones que aborda esta excelente película que debe ocupar un lugar destacado entre las más importantes de la historia de nuestro cine.

Rodada 15 años después que *Surcos*; *La piel quemada* refleja la emigración de los andaluces a Cataluña, coincidiendo con la llegada de los primeros turistas a la Costa Brava y los cambios que se van produciendo en la sociedad catalana. Cuenta como José, un emigrante andaluz, ha encontrado trabajo en Lloret del Mar. Después de varios meses alejado de su familia, su mujer, JUANA, sus dos hijos y su hermano, MANOLO, emprenden un difícil y prolongado viaje para reunirse con él. Dejan atrás, con todas las dudas y miedos posibles, la España más oscura de los sesenta, para incorporarse a una sociedad más próspera, abierta a nuevas posibilidades y a la que ayuda la irrupción del turismo.

Como conté en La memoria escondida *los emigrantes de* La piel quemada *son ruidosos, extrovertidos, machistas y obsesionados por el sexo, por los cuerpos de las turistas que cada vez muestran más centímetros de piel. Mientras asistimos al viaje hacia lo desconocido y al mismo tiempo de esperanza de la familia de José, éste se dispone a pasar su gran noche. Se va de fiesta con los amigos y cuando regresa a casa, la joven francesa a la que ve todos los días desde la obra, mientras ella toma el sol en su terraza, le invita a subir a su coche.*

Junto a otra pareja prosiguen la fiesta y poco a poco ve cómo se desvanecen los miedos y la represión que sufrió en su infancia [...] siente cada vez más próximo el cuerpo de la turista, que lleva la iniciativa y le utiliza como objeto sexual. Él se deja hacer.

*Es su noche, una noche en que se siente ajeno a todas las preocupaciones presentes y futuras. [...] (*Ver *La memoria escondida.* Pág. 77. Editorial Tabla Rasa. 2005*).*

La piel quemada reúne a campesinos y obreros del sur; trabajadores y burgueses catalanes y también turistas llegados del frío. Una película sincera, real y valiente en aquellos años en que todavía era muy difícil expresarse con libertad. Entre 2011 y 2012, durante la proyección de *La piel quemada* en Toulouse y Hamburgo, en un ciclo sobre la emigración organizado por la Fundación Largo Caballero, tuve ocasión de charlar detenidamente con Josep María Forn quién entonces contaba con 82 años, y me habló emocionado del éxito que siempre había tenido su película, que seguía proyectándose en diferentes cadenas de televisión o en ciclos cinematográficos de centros educativos o instituciones cívicas y culturales.

La entrevista a Josep María Forn se realizó en Toulouse en diciembre de 2011; Barcelona en el mismo mes de 2011 y Hamburgo durante febrero de 2012.

P: Sr. Josep María Forn qué recuerdos tiene actualmente de *La piel quemada*. ¿Qué le motivó a llevar adelante aquella película?

R: *La piel quemada* es como un fenómeno dentro de mi filmografía, es decir es una película que sobrevive a todas las épocas y a todos los acontecimientos. Cada vez estoy más convencido (risa) si yo fuera católico, que fue una iluminación divina, la idea de que se me ocurriera hacer aquella película Está claro que en aquel momento yo bebía, cinematográficamente hablando, del neorrealismo italiano. Es decir yo estaba muy en contra del tipo de cine comercial que se hacía en aquellos momentos en España, el tipo de películas, para entendernos, de Lazaga y otros cineastas de sus características. Un cine en que todo era muy bonito y no se abordaba ningún problema de los que tenía el país, que los tenía todos. Entonces yo me fijé, tuve la intuición y esta ha sido seguramente la suerte de esta película, de que había dos fenómenos que iban a cambiar España: uno fue la emigración y el otro el turismo.

P: La película está ambientada en los años sesenta **pero la emigración a Cataluña comienza a producirse ya unas décadas antes.**

R: Sí. La emigración en la década de los sesenta tenía ya mucha importancia. Hubo una emigración a Cataluña en los años de la Exposición, las décadas de los 20 y los 30, que ya cambió mucho la sociedad catalana. Es decir, el anarquismo que surgió en los años posteriores vino sobre todo de gente que venía de la emigración de los treinta. En la década siguiente, en cambio, surgió la emigración del hambre, de la miseria absoluta porque la gente no podía vivir ni en Andalucía, ni en Extremadura, ni en Murcia y algunos se quedaban en Cataluña y otros seguían ya para Europa. En mi película quise reflejar todo ese movimiento migratorio que se prolongó hasta los años setenta.

Quise reflejarlo pensando que había una censura que era muy difícil de sortear y había que afrontarlo realísticamente. Había una frase que entonces estaba muy de moda, entre la gente del cine que decía: *nosotros somos notarios no abogados de una causa o de otra. Decimos que es lo que pasa.*

Yo me pregunté entonces, qué era este fenómeno de gente que emigraba por el hambre, qué es lo que provocaba este situación. La explicación no era otra que el latifundismo agrario del sur, y cómo la gente que llegaba a Cataluña intentaba integrarse en un lugar que era muy diferente, con una cultura muy diferente. La llegada de los emigrantes coincidía con la llegada de otra corriente en sentido inverso que era la de los europeos que se estaban recuperando de la guerra y que empezaba a encontrar placer en venir a la playa y al sol español. Entonces mi propósito fue intentar reflejar esto con un tratamiento absolutamente realista, de tal manera que la película se rodó con un equipo muy reducido.

P: Pero tengo entendido que la película salió al segundo intento.

R: Sí, yo había comenzado a rodar la película un año antes. Empecé a rodar tras un *casting* que habíamos hecho, y al segundo día, cosa que nunca me había ocurrido antes, me dije, *me voy a la mierda... No puede ser, con este casting no puedo continuar...* Los actores no encajaban en lo que yo buscaba. Entonces pagamos su trabajo en el mes de agosto y no volvimos a rodar hasta el verano siguiente con otro equipo. Primero encontré a Silvia Solar, que era perfecta para el papel de turista y con Marta May, con la que empezaba a salir, y que después se convertiría en mi mujer y en la madre de mis tres hijas, decidí que fuera la protagonista. Fue Juana, a pesar de que mi socio capitalista decía que me estaba equivocando, porque consideraba que Marta era demasiado guapa para el papel, pero yo insistí porque creía que su mentalidad encajaba con el personaje. Además encontramos a Antonio Iranzo y todo fue miel sobre hojuelas. Tenía un guión pero trabajábamos muchas situaciones y las adaptábamos a la realidad que vivíamos en Lloret (localidad donde se rodó la mayor parte de la película). Conocer la realidad favoreció que hiciese una foto clara de una determinada época y que además resultara un poco premonitorio de lo que luego vendría, como fue la inmigración masiva que se produjo a partir de los noventa. Resulta muy curioso que muchos emigrantes de los sesenta estén ahora en contra de la inmigración que ha llegado en estos últimos años, porque consideran que podrían peligrar sus puestos de trabajo.

P: ¿Qué recuerdos tiene del rodaje?, ¿cómo fue la relación entre los actores profesionales y digamos, los aficionados que participaron en la película?

R: Era un equipo extraordinario. No hubo problemas. Era una película en la que prácticamente no había productor. Quién nos suministraba el dinero era un médico, el doctor José Luis Infiesta, que después tendría alguna vinculación con el cine (aquí hizo acopio de su buena memoria) y fue guionista de una película protagonizada por Concha Velasco, *Julio y el celacanto*. Pero es curioso –retoma el hilo de nuestra conversación– recuerdo aquella época, y necesitábamos muy poco dinero. Yo me había comprado una cámara en París; rodábamos sin sonido, porque decidimos que ya haríamos el doblaje después; el operador era muy amigo mío, el montador también venía al rodaje, Antonio Iranzo, mi mujer Marta May, Silvia Solar que era una persona encantadora y aquello era una balsa de aceite. Todos nos fuimos a vivir a una pensión. Teníamos un regidor al que todos llamábamos «el chino», que era hermano de la dueña de la pensión y fue el quién nos facilitó el alojamiento. Hubo tan buena sintonía que el rodaje salió perfectamente.

P: ¿Fue muy difícil estrenar la película? Cómo ya hemos dicho *La piel quemada* no era una cinta propia de la época.

R: Con la película terminada los distribuidores no tenían ningún interés en quedársela. La temática les parecía una barbaridad. En la Universal la tuvieron dos meses en sus oficinas y no la estrenaron por lo que al final me la llevé.

Hubo un crítico de cine, Juan Francisco de Lasa que en aquella época dirigía la Semana de Cine de Molins del Rey, donde proyectaba películas de Carlos Saura que, por aquel entonces, era un mito antifranquista y se me ocurrió hablar con él. Lasa, al que yo no conocía, vio *La piel quemada*, le gustó y empezó a hacer campaña a favor de la película. Gracias a Lasa fui a la XIII Semana Internacional de Cine Valladolid, entonces se llamaba Semana Internacional de Cine Religioso y Valores Humanos, donde gané la carabela de plata y fue él quien encontró un distribuidor que montó un estreno en Barcelona en tres salas: el Urquinaona, el Excelsior y el Balmes.

La noche del estreno organicé una presentación que resultó muy emotiva. Fue una presentación larguísima que duró casi una hora. Quise que hubiera un catalán: Ricard Salvat, máximo representante, en aquellos años, del teatro en Cataluña de corte antifranquista; un murciano, Paco Rabal; y un valenciano Paco Candel, quién finalmente no pudo asistir. Actualmente (hace un paréntesis) hay una fundación *Paco Candel* sobre la emigración, la gran preocupación de toda su vida que quedó reflejada en su obra literaria con títulos como *Los otros catalanes* (*Les altres catalans)* que fue un auténtico *bestseller*. El coloquio gustó mucho y la película tuvo una excelente acogida. Las cosas iban tan bien que se nos ocurrió, al poco tiempo, organizar un nuevo acto para refrendar esas buenas sensaciones. Montamos un tinglado que representaba un juicio a la película. El músico Joan Pineda que hizo muchas de las ilustraciones del cine mudo, criticaba la película. Muy bien. Lasa era el abogado defensor y Arnáu Oliver, que organizaba los encuentros cinematográficos de Prades, hacía las veces de juez.

Todo iba bien hasta que de pronto una de los testigos citados, María Aurelia Capmany, comenzó a declarar en catalán y hubo voces desde un sector del público que comenzaron a protestar. Entonces María Aurelia, que era buena amiga mía, dijo que no hablaba, si no lo hacía en catalán. De repente se apagaron las luces. El dueño de la sala se disculpó ante el público y yo le dije inocentemente, que era una auténtica mala suerte, viendo lo animado que estaba el debate... «Que te crees Josep María la luz la he apagado yo, porque tal como estaba la cosa iban a acabar rompiéndome las butacas».

P: ¿Y del estreno en Madrid?

R: Organizamos un acto en la misma línea que en Barcelona. Uno de los que presentó la película fue Luis G. Berlanga que era un entusiasta de *La piel quemada*. Además estaban José Manuel Caballero Bonald, Angelino Fons y Alfonso Sastre. Fue en el hoy desaparecido cine Pompeya, en la Gran Vía y todavía conservo fotos de la presentación. La película tuvo numerosos reconocimientos en España. Antonio Iranzo consiguió el Fotogramas de Plata de mejor actor; el Círculo de Escritores Cinematográficos me entregó la medalla al mejor guión de 1968, con la particularidad de que se equivocaron y pone 1986, y Marta May fue considerada mejor actriz...

En aquella época no existían los medios de ahora para acudir a festivales internacionales pero sí tuvo una gran aceptación en alguna ciudad francesa como Perpignan. Marcel Oms que en aquel momento, era uno de los críticos más influyentes de Francia, la vio y le gustó muchísimo A partir de entonces, no exagero, no ha habido mes que no me hayan pedido la película para un festival, un ciclo, una muestra o un canal de televisión.

P: Es que la película no ha envejecido. La vemos hoy y sigue siendo actual a pesar de que han transcurrido cerca de 50 años desde que se estrenó, por primera vez.

R: Si lo hemos visto en Toulouse, en el ciclo sobre cine y emigración (se proyectó el 8 de diciembre de 2011 en el Instituto Cervantes). Hubo un señor, recuerdo, que se preguntó cómo había pasado tanto tiempo sin que hubiese visto *La piel quemada*. Consideraba que, de alguna forma, la película relataba su propia vida. Hay otros muchos emigrantes que se ven reflejados en la historia que relata *La piel quemada*. Esta es para mí la auténtica verdad de la película.

P: Es difícil después de obtener un éxito con una película como *La piel quemada* continuar con nuevos proyectos. ¿Cómo se replanteó su carrera de cineasta a partir de ese momento?

R: En aquel momento no tuve la sensación de gran éxito Si recuerdo que cometí uno de los mayores errores de mi vida. Tenía en mi cabeza dirigir *Últimas tardes con Teresa*, basada en la novela del mismo título de Juan Marsé y finalmente no la hice. Un poco la culpa fue de mi amigo Lasa porque se empeñó que montase una obra de teatro. Recuerdo que hubo unas sesiones que se organizaban en Cadaqués en casa de Josep Tarrats, uno de los pintores punteros de la época. Total no hice la película que finalmente dirigió Gonzalo Herralde. Pasado un tiempo Lasa me preguntó si había leído una novela de Pedrolo. Yo era muy aficionado a la literatura de Manuel de Pedrolo y aquel libro *M' enterro en els fondements* («Me entierro en los cimientos») hizo que me planteara una nueva película. *Yo –me decía– he hecho una denuncia social. Ahora me toca hacer una denuncia política.* Dirigí entonces, *La respuesta*, que refleja la rebelión de los estudiantes contra el franquismo.

Como en aquel momento yo estaba en estado de gracia, Jordi Tusell que era uno de los mejores productores de Madrid, me ofreció coproducir la película y entramos al 50 %. Por un lado, Estela Films y por el otro Teide Films, nuestra productora.

P. Pero las cosas no fueron tan bien como se prometían.

R: En absoluto. Ya al primer guión la comisión de censura fue tajante al afirmar que *La respuesta* no tendría nunca autorización, al mismo tiempo que nos preguntaban cómo se nos había ocurrido presentar un guión de tales características. Pero, yo estaba empeñado e insistimos. ¿Por qué lo hice? Porque Pedrolo tenía una estrategia. Pedrolo era de los escritores más perseguidos, porque siempre se negó a escribir en castellano. Pasaba hambre, trabajaba en cualquier cosa para sobrevivir, pero nunca quiso escribir en castellano. Entonces él escribía sus novelas; se las rechazaban, dejaba pasar dos o tres meses, les cambiaba el título y las volvía a mandar, sabiendo que iba a ser otro censor el que la leyese y había nuevas posibilidades de publicarla. Además estábamos ya en época de Fraga que trajo cierta apertura y dejaba publicar algunas cosas en catalán. Permitió, concretamente, que en cine pudiesen hacerse películas en catalán si había una procedencia de raíz literaria.

Bueno, pues a lo que íbamos. Presenté de nuevo el guión pero volvieron a echármelo para atrás. Fue entonces cuando apareció un personaje que acababa de ser nombrado subdirector general de Espectáculos, Francisco Sanabria. Este hombre estaba en el festival de Valladolid cuando fue premiada *La Piel Quemada* y era un admirador de la película. Me llamó desde el Ministerio interesándose por qué no autorizaban mi nueva película.

Le expliqué cómo estaba la situación y se empecinó en que había que autorizar *La respuesta*. Además, seguía contando con el apoyo de Jordi Tusell que, por aquel entonces, era el presidente de UniEspaña, y mantenía buenas relaciones con el régimen.

El caso es que Sanabria me animó a que volviera a presentar el guión y pidió que le avisaran el día que se reuniera la Comisión de Censura. Yo pensé que era un farol, pero no. Llegó el día y efectivamente acudió a la Comisión de Censura para que el guión se autorizara, a pesar de que le argumentaron que era una crítica al régimen y se justificaba un asesinato político.

P: Una historia rocambolesca pero con un admirador de su cine defendiendo su trabajo.

R: Sí, así fueron las cosas. Finalmente me dieron permiso de rodaje aunque, eso sí, con varias anotaciones en que me pedían que suprimiese tal o cual escena, o tal o cual diálogo. En realidad, se cargaron la película porque me obligaron a suprimir una manifestación estudiantil que era la clave del segundo rollo, seis o siete minutos. Describía el momento en que el protagonista arrebataba la porra a un policía que estaba golpeado a una embarazada y con esta porra es con la que posteriormente, comete el asesinato.

P: Pero a pesar de los cortes hizo finalmente la película.

R: La rodé y el mismo día en que la película entra en la cabina de censura del ministerio de Cultura, el subdirector general, Francisco Sanabria es cesado. Entonces no te digo nada, todos aquellos censores que habían sido obligados a permitir el guión se tomaron su particular venganza y se opusieron a que la película fuese autorizada. Pasó veinticuatro veces por la comisión de censura y siempre la echaban para atrás y eso a pesar de que Tusell recurrió a todos sus contactos posibles. Siempre había algo nuevo que les disgustaba y te obligaban a cortar tal o cual escena. La película, a mi juicio, acabó hecha un desastre.

P: A pesar de todo, como otras muchas películas de aquellos años, consiguió dejarnos un testimonio de la época.

R: Sí. Joan Munsó Cabús, que era un famoso locutor de RNE en Cataluña, fue nombrado director del festival de Molins del Rey, tras el cese de Juan Francisco de Lasa Munsó Cabús, a pesar de los problemas que había con *La respuesta*, decide presentarla en el festival. Veinticuatro horas antes de su estreno estaban agotadas todas las localidades. Es entonces cuando alguien de Madrid reacciona y recuerda que no se puede proyectar la película de ninguna manera porque la censura no la ha autorizado. Munsó Cabús insiste y consigue que le den una autorización para un solo pase. Le digo que de acuerdo pero que no se proyectará si eso significa que ya no pueda verse en ningún otro sitio...

Mientras tanto, Jordi Tusell es llamado al orden por el ministerio. Tras la reunión que mantiene allí me dice que no se puede hacer nada más. Era catalanista pero muy de derechas y le estaban presionando desde el régimen Le dije que de acuerdo, que aceptaba aquella proyección, pero como condición pedía presentar la película. Cuando finalmente llego a Molins del Rey para mostrar *La respuesta* me encuentro un jeep de la policía en cada esquina y en la sala, todos mis amigos, toda mi gente y por supuesto un buen número de policías.

P: Debió ser todo un espectáculo. La policía franquista movilizada por una película.

R: Fue tal y como te digo. Había mucha tensión en la sala. La presentación corrió a cargo de un locutor de RNE José Antonio Fernández Abajo que enseguida me dejó el micrófono, y harto como estaba de todo lo que había ocurrido, me explayé a gusto. Fue la ovación más grande que he recibido en toda mi vida. La sala en pie, gritando, aplaudiendo... *Miren ustedes* –les decía– *si tienen vergüenza de lo que hacen, que la comisión de censura me da los cortes en una hoja en blanco.* A la mañana siguiente, tenía un telegrama en que urgían a que me presentase en Madrid ante el subdirector general de Espectáculos, el sustituto de Sanabria, un hombre con apellido alemán, ¿cómo se llamaba? Si, Pedro Cobelas Schwartz.

El caso fue que llegué a su despacho y lo primero que me dijo fue: «El cine ha terminado para usted. Usted no hará cine nunca más en su vida. Mire tengo aquí la nota de todo lo que dijo anteayer en Molins y es intolerable». Y efectivamente no vuelvo a dirigir una película hasta que termina el franquismo...

P: Es entonces, en aquellos años, cuando no tiene más remedio que dedicarse a la producción. ¿Se ha sentido más a gusto como productor que cómo director?

R: Siempre me he considerado fundamentalmente director. He sido productor para poder seguir siendo director. Quizá me ha ayudado a medir más el gasto en mis películas, algo, sin embargo, que nunca debería hacer un director. El caso es que acabada la dictadura me empeñé en realizar *Companys*, en la que participé tan solo con unn 5 % en la producción porque el otro 5 % del que disponía se lo cedí a Tusell para que se resarciese, en parte, de las pérdidas que había sufrido con *La respuesta.*

P: Hay que ver los problemas que generó *La respuesta*. La censura se ensañó especialmente con su película.

R: Cuando al fin se estrenó aquello fue un maremágnum... Los cortes del primer guión, del segundo... Pero además hay defectos míos no imputables a nadie. A pesar de todo sigo queriendo a la película. Es mi película maldita, todos tenemos nuestra película maldita, porque es muy mía a pesar de todos sus defectos. Hoy la película se ve de otra manera pero en el 77, en plena transición, el PSUC (Partido Socialista Unificado de Cataluña) se puso absolutamente en contra. Yo había fabricado un antihéroe. Estaban empeñados en que el protagonista sólo podía ser un comunista y había mucha gente que pensaba que yo era del Partido. Nunca fui del Partido, nunca... Además, yo no definía al personaje. Me venía dado por Pedrolo, que era de tendencia anarquista... Total que con todas aquellas críticas y polémicas, la película, como está *maldita*, recibió palos por todos lados.

P: Pero no termina ahí la historia.

R: No, dejo pasar un tiempo y cuando la Generalitat comienza a funcionar consigo que pague un doblaje al catalán. Creo que esta versión es más mía, más auténtica. La otra, la primera, está en la Filmoteca. Lo que si observo es que hay gente que adora la película, poquitos no te creas, pero al que le gusta, es un apasionado. No hace mucho fui a Gerona, a una tertulia y en un momento determinado hablando de *La Respuesta*, uno de los participantes me dijo «te das cuenta de que de los cuatro que estamos tres defienden la película y uno sólo la ataca y ese eres tú...» Porque, como ya te he dicho, veía los defectos, pero ya me he hecho a ella y para bien y para mal, es mi película.

P: Con *La respuesta* tuvo todos los problemas del mundo pero no sucedió así con *La piel quemada*. Quizá tan solo algunas escenas de carácter sexual.

R: Según me contó Esteve Riambau, director de la Filmoteca de Cataluña, hubo un intento de quitar frases en catalán que había pedido incluir para afianzar el contexto de la historia. Al parecer hubo un informe desde Barcelona, que no me llegó, pretendiendo suprimir esas frases que daban color a la película y reforzaban su relato. Lo único que me censuraron fueron los desnudos de Silvia Solar...

P: Aquellos desnudos en que no se veía nada pero los suprimieron porque el público podía imaginárselos.

R: Exacto, así fue, porque tengo los oficios de censura.

P: No obstante se ve una película muy abierta, muy libre, muy poco habitual para la época. El contraste entre la España que se abre al turismo, a las ideas que vienen de fuera y la tradicional que sigue anclada en un pasado oscuro. José (Antonio Iranzo) se va abriendo a nuevas posibilidades mientras Juana (Marta May), su mujer, se muestra insegura, con todos los miedos posibles en el largo viaje, de 24 horas, que le lleva de su Andalucía natal a la Costa Brava.

R: Exacto. Quería reflejar ese contraste. José, tampoco es un santo, es un chico que está allí trabajando para mejorar sus condiciones de vida. Quiere a su mujer, a sus hijos, pero coño, las turistas de aquellos años eran las turistas...

P: Desde un punto de vista creativo todo cambia con la democracia.

R: Absolutamente, dejamos de tener censura... Lo que ocurre ahora es que hay una presión terrible de lo comercial, de lo económico...

P: Censura económica...

R: Censura económica. Actualmente me es absolutamente imposible levantar una película. No tengo un duro, no tengo más que deudas... Las ayudas del ICAA están muy limitadas y nadie quiere arriesgarse... Antes sí, *La piel quemada* estuvo cinco años rindiendo en taquilla, ahora las películas a los tres meses ya han desaparecido... *Maciá*, estuvo trece semanas en el cine Arribau de Barcelona pero, a pesar de todo, no he amortizado la película porque me falló el resto de España... En Madrid en el Ideal estuvo pero no llegó a las salas en Andalucía o Valencia...

P: Y no haría una película sobre la inmigración actual?

R: No, no, ya hoy otros que las hacen... Te recomiendo (estábamos en Toulouse a primeros de diciembre de 2011) una película que no es que sea perfecta pero es interesante y trata muy bien el tema de la inmigración: *Cataluña über alles*.

Sí, la vi, y era un trabajo interesante que, como ocurre, desgraciadamente con muchos buenos proyectos pasan desapercibidos para el gran público. Afortunadamente *La piel quemada* continúa siendo un título esencial en la historia de nuestro cine.

Antonio Iranzo y Marta May, protagonistas de *La piel quemada*.

CHARNEGOS Y MAKETOS

Forn contaba que estuvo cerca de realizar *Últimas tardes con Teresa*, que finalmente dirigió Gonzalo Herralde, en 1984, con Maribel Martín, Ángel Alcázar y Patricia Adriani en los principales papeles. Basada en una de las novelas más célebres de Juan Marsé su protagonista, el PIJOAPARTE, un personaje clásico en la literatura española del siglo XX, es un *charnego* (inmigrante de una región española de habla no catalana) que comienza a relacionarse con la alta burguesía, a la que pertenece TERESA *(*Maribel Martín). Durante las décadas de los 50 y los

60 los inmigrantes que llegaban a Cataluña pertenecían a las regiones españolas con mayor índice de pobreza y se asemejaban a esos personajes que describe Juan Marsé en su narrativa. Eran los «murcianos», o «charnegos» de aspecto renegrido que contrastaban con *la blancura* de la burguesía catalana. En *Últimas tardes con Teresa* cuando Pijoaparte intenta introducirse en la burguesía catalana, Marsé escribe:

«La noche del 23 de junio de 1956, verbena de San Juan, el llamado Pijoaparte surgió de las sombras de su barrio vestido con un flamante traje de verano, de color canela [...] Lo que llamaba la atención en el muchacho era la belleza grave de sus facciones meridionales [...] El color oliváceo de sus manos [...] era como un estigma. Y en los negros cabellos peinados hacia atrás había algo, además del natural atractivo, que fijaba las miradas femeninas con un leve escalofrío: había un esfuerzo secreto e inútil; una esperanza mil veces frustrada pero todavía intacta: era uno de esos peinados laboriosos donde uno encuentra los elementos inconfundibles de la cotidiana lucha contra la miseria y el olvido». (*Últimas tardes con Teresa*. Editorial Seix Barral 1966).

Marsé ha utilizado con frecuencia en su literatura la figura del inmigrante y las difíciles relaciones que han mantenido con los sectores más catalanistas. En ocasiones, y con desigual suerte, su narrativa se ha llevado al cine. Son los casos de la ya citada *Últimas tardes con Teresa*, *El embrujo de Shangai*, dirigida por Fernando Trueba con Ariadna Gil en el papel protagonista y cuatro títulos firmados por Vicente Aranda: *Si te dicen que caí*, con Victoria Abril, Jorge Sanz y Antonio Banderas; *La muchacha de las bragas de oro*, también con Victoria Abril y Lautaro Murúa, y *El amante bilingüe*, con Ornella Muti e Imanol Arias en los papeles protagonistas de una historia que habla de la implantación del catalán como lengua diferencial. Una película punzante e irónica que motivó la crítica de los sectores más catalanistas y que tuvo una discreta carrera comercial. La última de las adaptaciones de Aranda es *Canciones de amor de Lolita's Club* con Eduardo Noriega y la actriz colombiana Flora Martínez en los papeles protagonistas.

Otro tanto ocurrió en el País Vasco con los denominados *maketos* retratados en películas como *La blanca paloma* (1989), dirigida por Juan Miñón, que presenta el contraste y las diferencias entre los abertzales y un grupo de inmigrantes de origen andaluz que mantienen sus tradiciones, sus bailes, sus canciones e incluso su gastronomía en una taberna situada en el entorno próximo a la banda terrorista ETA. Paco Rabal, Mercedes Sampietro y los por aquellos años jóvenes y prometedores actores, Emma Suárez y Antonio Banderas, son los protagonistas de esta interesante película que, además, se encuadraría en ese subgénero que recoge numerosos títulos que tratan sobre la banda terrorista y su entorno. En cierto modo, aunque con una estructura dramática, *La blanca paloma* aborda la misma temática de *Ocho apellidos vascos*, la comedia de Emilio Martínez Lázaro que ha batido records de taquilla en España, que ahonda en las diferencias y en los tópicos de andaluces y vascos.

FICHAS DE LAS PELÍCULAS:

TÍTULO: *La aldea maldita* (versión muda).
PAÍS: España. **AÑO:** 1930 (muda). **DURACIÓN:** 58'. DRAMA. **DIRECTOR**: Florián Rey. **GUIÓN**: Florián Rey. **FOTOGRAFÍA:** Alberto Arroyo. **MÚSICA**: Carlos Pahissa. Fue grabada en el cine Doré de Madrid con acompañamiento musical al piano de Javier Pérez Azpeitia. **INTÉRPRETES**: Carmen Viance (Acacia), Pedro Larrañaga (Juan Castilla), Amelia Muñoz (Magdalena), Víctor Pastor (Abuelo Martín)Pilar G. Torres (Fuensantica), Modesto Rivas (El administrador), Ramón Meca (Tío Lucas), Antonio Mata (gañán).
FRASE: En la versión muda *se escribe* sobre la imagen: «*Maldición, 100 veces sobre la tierra que nos convierte en esclavos*».
CALIFICACION: ★★★★✯
VIDEO: Divisa home video (www.divisared.es).

TÍTULO: *La aldea maldita* (versión sonora).
PAÍS: España. **AÑO:** 1942. **DURACIÓN:** 88'. Drama. **DIRECTOR**: Florián Rey. **GUIÓN:** Florián Rey. **FOTOGRAFÍA:** Heinrich Gärtner (B/N) **MÚSICA**: Guadalupe Martínez del Castillo. **INTÉRPRETES**: Julio Rey de las Heras, Alicia Romay, Florencia Bécquer, Delfín Jerez.
SIN CALIFICAR.
VIDEO: DIVISA HOME VIDEO (www.divisared.es)

TÍTULO: *Carmiña, flor de Galicia.*
PAÍS: España. **AÑO:** 1925. **DURACIÓN**: 94'. Drama. **DIRECTOR:** Rino Lupo. **GUIÓN:** Antonio Rey Soto. **FOTOGRAFÍA**: Antonio Vistarini (B/N) y Manuel Lamartín. **INTÉRPRETES**: Maruja del Mazo, Juan Muñoz del Río, Lucio Garrido, José María Jimeno, Julio Rúa, Irene Salazar, Eduardo Prados, Antonio Teixeira, Aida de Lupo, M. Jordá.
CALIFICACIÓN: ★★✯☆☆
NO ESTA EDITADA EN DVD. Información en Filmoteca de Galicia (Rúa Durán Loriga, 10 Baixo 15003 A Coruña).

TÍTULO: *La venganza.*
PAÍS: España. **AÑO:** 1958. **DURACIÓN:** 101'. Drama. **DIRECTOR:** Juan Antonio Bardem. **GUIÓN:** Juan Antonio Bardem. **FOTOGRAFÍA**: Mario Pacheco (C). **MÚSICA:** Isidro B. Maiztegui. **MONTAJE**: Margarita Ochoa y Manuel J. Goyanes.
INTÉRPRETES: Jorge Mistral (Juan), Raf Vallone (Luis), Carmen Sevilla (Andrea), Fernando Rey, Manuel Alexandre, Concha Bautista, José María Prada, Arnoldo Fóa, Louis Seigner, Rafael Bardem, Xan das Bolas, Francisco Rabal (voz en off).
FRASE: La escena en que *Juan* (Jorge Mistral) acusa a *Luis el Torcido* (Raf Vallone), en mitad de la solitaria plaza del pueblo de ser el causante de que haya pasado diez años en prisión. Cuando parecen que van a esgrimir las navajas, llegan otros segadores que les animan a unirse a ellos para beber y cantar.
CALIFICACION: ★★★★☆
DISTRIBUIDORA: Metro Goldwyn Mayer.

TÍTULO: *Surcos.*
PAÍS: España. **AÑO:** 1951. **Duración** 90'. Drama. **DIRECTOR:** José Antonio Nieves Conde. **GUIÓN**: José Antonio Nieves Conde, Natividad Zaro y Gonzalo Torrente Ballester basado en una idea de Eugenio Montes. **FOTOGRAFÍA**: Sebastián Parera (B/N). **MÚSICA**: Jesús García Leoz.
INTÉRPRETES: Luis Peña (Mellado), María Asquerino (Pili), Francisco Arenzana (Pepe), Marisa de Leza, Félix Dafauce (Chamberlain) Ricardo Lucía (Manolo), José Prada, Ma-

rujita Díaz, María Francés (Toña), Félix Briones, Casimiro Hurtado, José Guardiola, Manuel de Juan, Manuel Elía, José Sepúlveda.
FRASE: Nieves Conde se permite una pequeña broma en una película sin concesiones. *Chamberlain* lleva a una amiga a ver una película italiana y ella dice al terminar la proyección: «*Que tostón de película Vaya con los neorrealistas. Con lo bonita que es la vida de los millonarios*».
CALIFICACION: ★★★★★
VIDEO: VIDEO MERCURY FILMS.

TÍTULO: *La piel quemada.*
PAÍS: España. **AÑO:** 1966. **DURACIÓN:** 110'. Drama. **DIRECTOR:** Josep María Forn. **GUIÓN:** Josep María Forn. **FOTOGRAFÍA:** Ricardo Albiñana (B/N) **MÚSICA**: Federico Martínez Tudó. **INTÉRPRETES:** Antonio Iranzo (José) Marta May (Juana), Silvia Solar (turista francesa), Luis Valero, Ángel Lombarte, Carlos Otero...
FRASE: Cuando María inicia el largo viaje desde Granada a Lloret del Mar para encontrase con su marido, en el tren, un emigrante que lleva varios años en Cataluña la anima diciéndole. «*Aquí, en Andalucía, me moría de hambre, allí encontré trabajo y comida. ¿De dónde es uno? Pues de donde puede vivir*».
CALIFICACIÓN: **★★★★★**
VIDEO: www.egeda.es/josepmariaforn/ o filmsorient@gmail.com.

OTROS INMIGRATES URBANOS

Tanto *Surcos* como *La piel quemada* son dos filmes críticos que constatan la situación de los emigrantes y que, a mi juicio, no han perdido nada de actualidad. Ambos fueron rodados durante la dictadura franquista donde la mayor parte del cine que se hizo tenía un tono de carácter propagandístico, historicista, folklórico o moralista. Hay otro filme interesante que sin centrarse detenidamente en la emigración si tiene como protagonista a un inmigrante que llega a Madrid buscando ganar algo de dinero. Se trata de *Segundo López. Aventurero urbano*, que es la primera película como directora de Ana Mariscal, una de las actrices más valoradas durante el franquismo y que debutó en la dirección con esta comedia de tono costumbrista y leves aproximaciones al neorrealismo italiano. *Segundo López. Aventurero urbano*, basada en la novela del mismo título de Leocadio Mejías, cuenta la historia de un hombre de provincias que llega a Madrid con una pequeña cantidad de dinero y una buena dosis de bondad y sinceridad. Junto al Chirri, un golfillo que sobrevive en la gran ciudad, Segundo López trata de salir adelante en una sociedad que se aprovecha de los más débiles.

Ana Mariscal fue una de las primeras mujeres de ponerse detrás de la cámara en España. Dirigió una decena de películas, entre ellas *El camino*, según la novela de Miguel Delibes. Como actriz destacó en títulos como *Raza*, *Vidas cruzadas*, *La princesa de los Ursinos* o *Jeromín*.

Hay que citar también en este capítulo *La busca*, película de 1966, dirigida por Angelino Fons (*Emilia: parada y fonda*), según la novela de Pío Baroja. La película refleja las dificultades a las que se enfrentaban muchos de los que abandonaban los pueblos para ir a Madrid en busca de un futuro mejor. En estas circunstancias se ve envuelto MANUEL (Jacques Perrin) quién llega a la capital como un chico inocente, de un pueblo perdido y que por diversas circunstancias es arrastrado al mundo de la delincuencia y de los bajos fondos.

Aunque ambientada en 1902, la película puede extrapolarse al Madrid de la posguerra franquista y hoy debe ser considerada una película de culto que, en su momento, obtuvo diversos reconocimientos, entre ellos una Copa Volpi del festival de Venecia para Jacques Perrin, como mejor actor.

FICHAS DE LAS PELÍCULAS:

TÍTULO: *Segundo lópez. Aventurero urbano.*
PAÍS: España. **AÑO:** 1952. **Duración:** 80'. Comedia dramática. **DIRECTORA:** Ana Mariscal. **GUIÓN**: Ana Mariscal y Leocadio Mejías. **FOTOGRAFÍA:** Javier Valentía. (B/N). **MÚSICA:** Antón Apruzesse y Rafael Franco. **INTÉRPRETES:** Ana Mariscal, Luisita Esteso, Severiano Población, Martín Ramírez, Tony Leblanc, Mariano Azaña, Matilde Artero, Carlos Fernández Cuenca, Manuel Mur Oti, Leocadio Mejías.
CALIFICACIÓN: ★★★☆☆
VIDEO. No está editada. Puede verse *online* en plataformas digitales o en páginas especializadas.

TÍTULO: *La busca.*
PAÍS: España. **AÑO:** 1966. **DURACIÓN:** 92'. Drama / Crimen. **DIRECTOR**. Angelino Fons. **GUIÓN**: Juan Cesarabea, Flora Prieto, Angelino Fons y Nino Quevedo según la novela de Pío Baroja. **FOTOGRAFÍA**: Manuel Rojas (B/N) **MÚSICA:** Luis de Pablo. **INTÉRPRETES:** Jacques Perrin (Manuel) Emma Penella (Rosa) Sara Lezama (Justa) Hugo Blanco (El bizco) Lola Gaos (Petra) Fernando Sánchez Polack (Tomás) José María Prada (Hornero) Luis Marín (Leandro) Cándida Losada (Leandra).
FRASE: Grandes interpretaciones. Me quedo con la secuencia en que *Manuel* y un chico hacen cola en el cuartel para conseguir un poco de comida. Tiene que esperar a que alguno termine y le deje la lata que ha utilizado para poder comer el rancho.
CALIFICACIÓN: ★★★☆☆
VIDEO: DIVISA HOME VIDEO.

Estos filmes contrastaban con otras películas que trataban la emigración de forma superflua, utilizando un tono cómico, con personajes *cuasi analfabetos* pero con *innumerables virtudes morales.* El actor aragonés Paco Martínez Soria fue uno de los más populares de las comedias de aquellos años y protagonizó películas como *Abuelo made in Spain* o *La ciudad no es para mí* de Pedro Lazaga en que *representa a un pueblerino que se enfrenta a la capital donde sólo busca reencontrarse con su familia que, sin embargo, no quiere saber nada de él porque su aspecto y su actitud rebaja el* status *que intentan aparentar, en el ambiente en que se mueven. La ambición y el éxito contrastan con la naturalidad y la bondad del* personaje que por éste y otros muchos títulos, fue enormemente popular durante los años sesenta. Las películas que protagonizó tuvieron una muy buena repercusión en taquilla.

LA EMIGRACIÓN INTERIOR EN EL DOCUMENTAL DEL SIGLO XXI (*EL VIAJE INVERSO, AGUAVIVA, FLORES DE LUNA...*)

Ya en el siglo actual, se han realizado una serie de interesantes documentales que narran el camino inverso, es decir, la llegada a zonas rurales de inmigrantes que buscan repoblarlas o sencillamente alejarse del agobio de las grandes ciudades.

Hay títulos como *El viaje inverso*, de Llorenç Soler un realizador que siempre se ha decantado por temas de contenido social en que ha tratado con frecuencia el mundo de la inmigración, en varios documentales, aunque también se ha acercado a la ficción con películas como *Said*.

El viaje inverso es un documental rodado en Soria durante el verano de 2005 que, según Llorenç Soler, *pretende ofrecer un elemento de reflexión sobre el proceso de despoblación que caracteriza a las zonas rurales: el abandono y la desaparición de algunos de sus pueblos y la difícil permanencia en ellos de sus vecinos que, ya ancianos, se resisten a abandonar su tierra.*

Frente a este hecho, aparece otro fenómeno opuesto, el de la llegada de nuevos vecinos, personas jóvenes, familias con hijos pequeños que, dejando atrás su pasado urbano, buscan en estas tierras el punto de partida de una nueva vida.

Llorenç Soler describe el proceso de despoblación del medio rural. La película narra el abandono y la desaparición de algunos pueblos así como el proceso de adaptación de sus nuevos habitantes y la relación que establecen con los mayores, que no quieren dejar sus casas y las calles que les vieron nacer.

En este contexto también puede citarse el documental *Aguaviva* dirigido por la realizadora catalana Ariadna Pujol que describe el choque cultural que produjo la llegada de inmigrantes a Aguaviva, pueblo de la provincia de Teruel distante tan solo 20 kilómetros de Calanda, el pueblo natal de Luis Buñuel. Esta llegada de inmigrantes se produjo a causa del desplazamiento de los habitantes del pueblo a zonas urbanas. La directora manifestó que su película, que se rodó a lo largo de tres años «invitaba a la reflexión acerca del desarraigo, la dificultad de aceptar al desconocido y en definitiva, la complejidad de la convivencia humana». El despoblamiento de Aguaviva hizo que el alcalde de la localidad llevase a cabo un llamamiento internacional para atraer a nuevos pobladores.

Ariana Pujol afirmó en su momento que «por encima de todo le interesaba profundizar en cómo se sentían inmigrantes y lugareños ante la experiencia que se habían visto abocados a compartir. Me centré –dijo– en el plano emocional que es la óptica con que miro el mundo».

Como curiosidad hay que decir que la experiencia que vivieron varios inmigrantes llegados a Aguaviva ha dado origen a otras cuatro películas sobre esta localidad. Fue premio del Público en el festival de Málaga de 2006.

En la misma línea estaría *El cielo gira* (2005), la premiada película de Mercedes Álvarez que sin tratar directamente el tema de la inmigración, sí narra la despoblación que sufre el mundo rural. La realizadora contó la historia de Aldealseñor, un pequeño pueblo de la provincia de Soria que en 2005 tan solo contaba con 14 habitantes y tras casi mil años de existencia estaba condenado a desaparecer. Quizá la película y esa necesidad de que algunas parejas jóvenes busquen una forma de vida diferente a la de la ciudad hicieron que, según datos de 2012, aumentase la población y fuesen 43, las personas censadas.

A partir del año 2000 no sólo se realizan películas que tratan el *camino inverso*: la emigración de la ciudad al campo, sino que se ruedan algunos filmes que se retrotraen al pasado y recuerdan diversos hechos vinculados a la inmigración de los años 50 o 60 en que muchos andaluces, extremeños o castellanos emigraron a las grandes ciudades y en particular a Madrid tal y como relataba Nieves Conde en *Surcos* o Ana Mariscal en *Segundo López: aventurero urbano*.

El Pozo del Tio Raimundo, en los años cincuenta. *Flores de luna* describe como fue la vida en esta marginal zona de Madrid.

FLORES PARA LOS HABITANTES DEL POZO

Muchos de los que llegaron a partir de los años cincuenta a Madrid se instalaron en lo que se denomina *El pozo del Tío Raimundo*. El cineasta andaluz Juan Vicente Córdoba realizó en 2008 el documental *Flores de luna* en que rememoró cómo la barriada del Pozo del Tío Raimundo comenzó a acoger durante aquellos años a miles de inmigrantes que llegaban a Madrid para huir de la miseria de sus pueblos. No era mejor aquella barriada con chabolas construidas con latas, cartones y barro que su vida en el campo pero fueron capaces de construir un sentimiento de dignidad que les hizo luchar contra todas las penurias y todas las injusticias. Un jesuita, el padre Llanos, el llamado *cura rojo*, alentó a los inmigrantes para que creyesen en un futuro mejor y en que palabras como justicia o libertad no sonasen a mera utopía.

La película se estructuró sobre el trabajo de unos jóvenes de hoy que quieren conocer los orígenes del barrio y cómo vivían sus padres y abuelos. Muchos de los que llevan viviendo toda la vida en el barrio relataron el espíritu solidario y reivindicativo nacido en torno a un pozo que les proveía de agua y que fue construido en la finca de Las Cambroneras por un señor que se llamaba Raimundo.

En el Pozo no había agua ni luz y en la época de las lluvias y el barro –cuentan los entrevistados– te quedabas completamente aislado. Si alguien enfermaba y había que hospitalizarlo, se le llevaba en una silla hasta la ambulancia que no podía acceder hasta las viviendas. Lo mismo ocurría con los coches de muertos. Hubo muchos años difíciles pero los inmigrantes preferían pasar por esa situación que continuar siendo explotados por los latifundistas que les tenían trabajando del alba hasta el ocaso. Salían de sus casas para emigrar, como dice en el documental otro de los veteranos vecinos del Pozo, «con un cesto y un hijo, cuatro tomates y una ristra de chorizo. Ya está.»

A partir de ahí «a pasar penas y barros» pero también la alegría de que finalmente llegaran el agua y la luz a las casas o que los hijos aprendiesen a leer y a escribir.

Y en aquel Pozo, el padre Llanos, considerado por quiénes hablan de él en la película como un *hombre muy vitalista, muy entregado y muy temperamental, no era un títere. Era un revolucionario que era un poeta*. El 19 de febrero de 1992 el padre Llanos fue enterrado bajo los sones de la Internacional. Y dejó una frase para la historia: «Vine a domar el Pozo y el Pozo me domó a mí».

Flores de luna es un documental necesario y comprometido que describe la concienciación y la lucha de varios miles de personas que buscaban mejorar sus condiciones de vida y defender sus derechos como seres humanos. En la filmografía de Juan Vicente Córdoba figuran otros títulos como los filmes de ficción *Aunque tú no lo sepas* y *A golpes*.

FICHAS DE LAS PELÍCULAS

TÍTULO: *El viaje inverso.*

PAÍS: España. **AÑO:** 2006. **DURACION:** 82'. Documental **DIRECTOR:** Llorenç Soler. **GUIÓN:** Llorenç Soler y J. Antonio Gonzalo. **FOTOGRAFÍA**: Llorenç Soler. **MÚSICA:** Eduardo Arbide. **INTÉRPRETES**: Manuel Barrios (voz en off).

FRASE: Poema de Pablo Neruda: «*Desde aquí se veía / el rostro seco de Castilla / como un océano de cuero*». Una de las mujeres que se ha integrado en un pueblo soriano asegura que para ella, esta tierra *es la serenidad.*

CALIFICACION. ★★★☆☆

VIDEO: Área de plataformas digitales y páginas web especializadas.

TÍTULO: *Aguaviva.*

PAÍS: España. **AÑO:** 2005. **Duración** 95'. Documental. **DIRECTORA**: Ariadna Pujol. **GUIÓN:** Ariadna Pujol. **FOTOGRAFÍA**: Alex Gaultier **MÚSICA:** Alberto García Demestres. **INTÉRPRETES:** Habitantes de los pueblos de Aguaviva y La Cerollera (Teruel).

FRASE: «Lo más duro es dejar tu casa, para meter tu vida en tres maletas».

CALIFICACION: ★★★☆☆

VIDEO: Cameo. www.aleadf.com

TÍTULO: *Flores de luna.*

PAÍS: España. **AÑO:** 2008. **DURACIÓN:** 120' Documental. **DIRECTOR:** Juan Vicente Córdoba. **GUIÓN**: Juan Vicente Córdoba. **FOTOGRAFÍA**: Tito Carlón, Joaquín Manchado y Mario Blanco. **MÚSICA**: Mario de Benito. **INTÉRPRETES:** Vecinos del Pozo del Tío Raimundo en Madrid.

FRASE: «Viniste a pasar penas y barros», dice una de las mujeres que, de esta forma, resume el sentir de todos los que durante los años cincuenta, procedentes sobre todo de Andalucía y Extremadura, poblaron aquellas explanadas solitarias e inhóspitas de chabolas y niños.

CALIFICACIÓN: ★★★½☆

VIDEO: ATALANTA (distribuidora).

Segunda parte
ADIÓS ESPAÑA

Capítulo 2. EL ENCUENTRO CON AMÉRICA

Los lugares se llevan.
Los lugares están en uno.

Jorge Luis Borges

América no ha tenido un refrendo importante en nuestra cinematografía. El tema de la emigración no se ha tratado en profundidad y nuestro cine, hasta bien entrada la democracia, ha descrito gestas, evangelizaciones, aventuras o, incluso, encuentros folklóricos realzando a las estrellas de uno y otro lado del Atlántico. El exilio político o la emigración económica, apenas se han tratado. No se ha llegado a hacer nunca, por poner un ejemplo significativo, la gran película del exilio español en México país al que llegaron miles de españoles republicanos al término de la Guerra Civil. Aunque trataré más adelante el tema del exilio, en este capítulo procuro acompañar a los inmigrantes en su recorrido en busca del «Dorado», de esa «tierra prometida» que es más bien producto de la imaginación que de la realidad.

Es obvio que a Cristóbal Colón le movía un afán aventurero en su búsqueda del Nuevo Mundo Trazó un viaje en busca de una ruta para las Indias, pero quiénes le acompañaron lo hicieron para mejorar sus vidas, en aquella España de los Reyes Católicos que, a duras penas, comenzaba a abandonar el Medievo y el régimen feudal que la había caracterizado.

Películas como *Alba de América* (ver *La memoria escondida*) dirigida por Juan de Orduña ensalzan la figura de Colón y *de paso el carácter generoso de la empresa emprendida por España dispuesta a sacrificar a sus hijos con tal de contribuir al progreso y a la evangelización de los pobres salvajes.* Un filme que, sin duda, respondía perfectamente a las directrices marcadas por el régimen franquista que, como ya se ha dicho, en los años cuarenta planificó un cine de carácter historicista en que se buscaba un paralelismo entre la naciente España de Franco y todas las *gestas que debían mostrar ese espíritu. Alba de América*, con un guión inspirado por el mismísimo Luis Carrero Blanco, entonces Ministro Subsecretario de Presidencia, constata aquel primer viaje a

América, y en cierto modo la puerta que posteriormente se abre a generaciones y generaciones de españoles. Al público español se le ofrecía películas de tono triunfalista que hablaban de nuestras gestas y de cómo España, por ejemplo, era capaz de llevar al Nuevo Mundo toda nuestra riqueza moral y espiritual.

Cincuenta años después el británico Ridley Scott, uno de los cineastas más reconocidos internacionalmente, se sumó a las efemérides del quinientos aniversario del Descubrimiento de América con *1492. La conquista del paraíso* en que, sin realizar una de sus mejores películas, concibió unos personajes y unas situaciones mucho más acordes con la realidad de aquella época que la descrita por *Alba de América*.

Ninguna de las dos películas tienen que ver abiertamente con la emigración pero si son, de alguna manera, el germen del continuo trasiego de cientos de miles de personas de todas las épocas y de todo el mundo buscando la *tierra prometida*, en los países de América.

El descubrimiento de América hizo que muchos españoles se desplazaran hacia el nuevo continente buscando oportunidades, atraídos por las promesas de riqueza que llegaban a sus oídos. Desde 1492 y hasta mediados el siglo pasado, los españoles han emigrado a América por cuestiones económicas o políticas, asentándose en el continente o en islas como Cuba o la República Dominicana. La inmensa mayoría de aquellos españoles viajó para intentar huir de la miseria e iniciar una nueva vida, aunque fuese muy lejos de sus lugares de origen.

Posteriormente la Guerra Civil supuso, en 1939, la diáspora de miles de exiliados que se desplazaron a países como los anteriormente citados o Argentina, Uruguay, Chile y México que acogió gracias al gobierno de Lázaro Cárdenas a los republicanos que abandonaron España para evitar la represión franquista. Pero el exilio político será tratado más adelante con un capítulo concreto dedicado a él.

GALLEGOS SOMOS TODOS (*SEMPRE XONXA, GALLEGO*)

No es por casualidad que a los españoles se nos denomine «gallegos» en la mayor parte de los países de América. Entre 1900 y 1981, salieron de Galicia con destino a América 825.000 personas que convirtieron a Buenos Aires en la segunda ciudad del mundo con mayor número de gallegos. A pesar de ello, Galicia, tierra de emigrantes, no ha dejado excesiva constancia en su cine de ficción de la continua marcha de sus habitantes a los países de América y de otras partes del mundo. *Carmiña, flor de Galicia*, del italiano Rino Lupo, que ya hemos citado, *Sempre Xonxa*, el corto *Mamasunción,* ambos de Chano Piñeiro y *Gallego*, de Manuel Octavio Gómez, son un puñado de títulos, muy pocos, para reflejar cómo a lo largo de su historia los gallegos tuvieron que buscar el sustento muy lejos de sus casas. Hay también una popular serie de televisión en varios países de América, *Cándida*, que narra las vicisitudes y andanzas de una criada gallega en Cuba.

En el terreno documental sí encontramos bastantes más títulos. Hay algunos que nos dan una visión amplia de la emigración gallega como *Galicia y Buenos Aires* de José Gil que en los treinta realizó este documental que constituye una imagen gráfica de la emigración de aquellos años (1931. 28').

Antes José Gil dirigió *Nuestras fiestas de allá* (1928. 32'). Además pueden citarse títulos como *El Andamio* de Rogelio Amigo (1958. 35'), *O paí de Migueliño* (1977) de Miguel Castelo, *Emigrante* (1979) de María Teresa Enrich, *Cantigas de Emigración* (1980) de Daniel González Alen, *Avión: el pueblo ausente* de María y Marcos Herrera (2010), *Macorinas* (2011) de Xosé Luis Santiago o el reciente, *Celso Emilio Ferreiro, o poeta de vida* (2014) de Asier Álvarez.

Chano Piñeiro, prematuramente desaparecido,se adentró como nadie en el alma gallega, en *Sempre Xonxa.*

SEMPRE XONXA

Considerada la película gallega por excelencia, *Sempre Xonxa* es el primer filme rodado en 35mm, totalmente gallego y en tierras gallegas y reflejo, además, de la memoria colectiva de un país.

La película, dirigida en 1989 por el ya desaparecido Chano Piñeiro es la historia de un triángulo amoroso a través de las estaciones del año y de las edades de la protagonista. Son cuatro episodios interrelacionados entre sí. Primavera corresponde a la infancia; verano a la pubertad; otoño a la madurez y la emigración forzada y finalmente el invierno que simboliza la vejez y el retorno a la aldea gallega de *Trasdomonte* (que en realidad es la aldea de Santoalla en el *concello* de Petín de Valdeorras, en Ourense).

Birutiñas, a punto de emigrar a América le pide a *Xonxa* que le espere para casarse cuando regrese, pero ella no está dispuesta a esperarle. Pasado el tiempo, cuando *Birutiñas* vuelve a casa y encuentra a *Xonxa* casada con *Pancho*, con el que ha tenido una hija, decide vengarse.

La película abarca desde 1947 a 1986 cuando los personajes alcanzan la madurez. Piñeiro atrapa el paisaje y a sus aldeanos, mostrando la implicación con la tierra de los gallegos y lo que les cuesta dejarla atrás. Ve la emigración a través de los ojos de una *viuda de vivos* de la que hablaba Rosalía y su emigrante es un Ulises moderno que regresa a casa como indiano y encuentra que su Penélope *se ha rebelado y no le ha esperado tejiendo*. Es una película realista que describe el mundo de la aldea durante el régimen de Franco, pero también se permite notas de realismo mágico, como el que representó Álvaro Cunqueiro, en su literatura. El personaje de *Caladiño* conecta Galicia con cuentos populares llenos de magia y leyenda.

Sempre Xonxa es un filme que indaga en el dolor que nos produce el paso del tiempo, que nunca nos permitirá del todo volver al lugar del que partimos, un tema en el que también incide *En el balcón vacío*, la película de Jomi García Ascot, de la que hablaremos más adelante.

Sempre Xonxa, es una cinta emotiva sobre las consecuencias emocionales de la emigración y ese desarraigo que padecen la mayor parte de los emigrantes. Se hicieron hasta nueve versiones del guión y su rodaje se retrasó durante año y medio por problemas económicos y por la enfermedad que comenzó a afectar a Chano Piñeiro, un director que ya antes había rodado algún cortometraje sobre el tema y en particular *Mamasunción*, en que una anciana solitaria, en una aldea gallega, espera todos los días, durante 40 años, cartas del hijo que marchó a las Américas. Ella no se relaciona con nadie y sólo acude al escribidor que redacta las cartas a cambio de unos buenos vinos. Acude a Correos a diario, hasta que finalmente recibe una carta del Consejo de Administración de la empresa de su hijo en que le comunican que ha fallecido en México, dejando una gran fortuna. *Mamasunción* (Asunción Rocamonde) ha perdido la esperanza, ya no tiene nada por qué vivir. Quema el dinero que recibe ante la desesperación de los vecinos que antes, apenas, querían saber de ella. Chano Piñeiro en un entrevista que le hizo el hoy conocido periodista y escritor Manuel Rivas, para la televisión gallega, afirmó que «sentía que con esta sencilla historia llegaba a todo el mundo y que siendo gallegos podían ser universales. El cine, –decía en aquella ocasión–, es un poco eso, llegar a cualquier parte del mundo, sin necesidad de que el idioma sea una barrera. El cine tiene el poder de la imagen y es un poder demasiado bonito».

Mamasunción, es un corto que obtuvo numerosos premios y que fue un anticipo del talento como cineasta que tuvo Chano Piñeiro, fallecido prematuramente a los 40 años, en 1995, y ya un referente para las actuales generaciones de cineastas gallegos.

Volviendo a *Sempre Xonxa*, en un estudio elaborado por la Cátedra de Migraciones de la Universidad de Santiago, el profesor Xan Leira explicaba que esta película y *Mamasunción* no son simple ficción, sino que son relatos que le contaron a Chano Piñeiro o que vivió personalmente. Leira consideraba que a diferencia de las películas sobre emigración realizadas durante el franquismo, el cine de Chano Piñeiro *contaba la historia de un fracaso, pero no del fracaso económico, sino del fracaso afectivo por la pérdida de las raíces.*

Por su parte, el profesor Domingo L. González coordinador de este trabajo junto al profesor Julio Hernández, considera especialmente significativas la escenas de *Sempre Xonxa*, rodadas en la Estación Marítima de Vigo, de donde partieron miles de gallegos rumbo a América.

Sempre Xonxa tuvo un enorme éxito en Galicia y prácticamente pasó desapercibida en el resto de España. Chano Piñeiro fue recordado a los diez años de su muerte en el documental *Sempre Xonxa en Petín*, en que los vecinos de esta localidad quisieron rendir homenaje a quién había llevado al cine su pueblo, convirtiéndolo en un símbolo de todos los gallegos. El documental, realizado en 2005 por Ignacio Vilar, entremezcla opiniones de los vecinos con imágenes de la película de Piñeiro.

Chano Piñeiro estuvo muy implicado en el proyecto y mantuvo relación con los vecinos durante casi dos años porque la película, como ya he dicho, se retrasaba una y otra vez por problemas económicos. La actriz Uxía Blanco, *Xonxa* en la película, consideraba que *Chano era una persona muy próxima, muy cercana a la gente, muy auténtico. Recuerdo que antes de rodar nos llevó a todos los actores ocho días antes al pueblo para sumergirnos en el lugar, para tener contacto con las personas de allí. Visitamos todas las casas, entramos en las bodegas, hablamos con los vecinos. Para Chano las cosas tenían que ser de verdad, auténticas. El actor debía ser el personaje, no debía interpretar.*

GALLEGO

Recuerdo el mes de febrero de 1988 en Santiago de Compostela. Si *Sempre Xonxa* es la primera película rodada íntegramente en gallego, en Galicia, un año antes, se estrenó *Gallego* considerada también la primera película gallega de ficción, aunque no en idioma gallego. Había una gran expectación con los responsables de la Xunta, personalidades gallegas y del gobierno español y periodistas de toda España. Sin embargo la película decepcionó a la mayoría de los espectadores y no tuvo una gran acogida.

Gallego está basada en la novela del mismo título del escritor cubano Miguel Barnet quién sí se mostró satisfecho con el filme porque «sabía plasmar muy bien el nudo de la novela: el conflicto del hombre que está atrapado entre dos patrias». Fue dirigida por el ya desaparecido realizador cubano Manuel Octavio Gómez, quién tenía una carrera reconocida internacionalmente, a raíz sobre todo, del premio obtenido en el festival de Venecia por *La otra carga al machete*.

Gallego que contó con un presupuesto espectacular para la época, setecientos millones de pesetas, más de cuatro millones de euros en la actualidad, se rodó en la provincia de Pontevedra, en la Habana y en otras ciudades cubanas. El filme cuenta la historia de un joven –casi un niño–, que cansado de la pobreza de su aldea, emigra a Cuba para hacer fortuna. En *Gallego*, Antonio Ferrandis interpreta al abuelo que ve partir al joven emigrante, y al que recibirá, unos años después, convertido en un hombre fracasado que no ha podido hacer realidad sus objetivos. A pesar de todo regresará de nuevo a Cuba.

Sancho Gracia (el emigrante) es un hombre testarudo que está dispuesto a triunfar y a conseguir una estabilidad económica en el país que le ha acogido, pero en ningún momento deja de mirar atrás... Tiene en la memoria el apego y el amor a la tierra. La morriña del gallego que aunque se sienta cubano, mantiene viva la memoria. En su interior continúan resonando los olores y los sabores de la aldea donde nació... (ver *La memoria escondida.* Pág. 59).

Gallego es la historia de todos los emigrantes. No sólo de los que partieron de Galicia, sino de los que un día dejaron atrás el País Vasco, Canarias, Castilla, Andalucía o Asturias y buscaron en otra tierra las oportunidades que se les negaba en la suya propia. Se vieron obligados a forjar sus vidas a miles de kilómetros de distancia del lugar en que nacieron.

FICHAS DE LAS PELÍCULAS

TÍTULO: *Sempre Xonxa.*

PAÍS: España. **AÑO**: 1989. **DURACIÓN**: 112'. Drama. **DIRECTOR**: Chano Piñeiro. **GUIÓN**: Chano Piñeiro. **FOTOGRAFÍA**: Miguel Ángel Trujillo. **MÚSICA**: Pablo Barreiro, Carlos Ferrant, Marcial Prado. **MONTAJE**: Cristina Otero. **INTÉRPRETES**: Uxía Blanco, Xavier R. Lourido, Javier Insúa, Roberto Vidal Bolaño, Roberto Casteleiro, Rodrigo Roel, Aurora Redondo, Loles León, María Viñas, Roberto Fernández, Manuel Alonso Pérez, Gisela Romero, Javier Rocha.

FRASE: Más que con una frase me quedo con la secuencia en que los emigrantes esperan embarcar en la Estación Marítima de Vigo con destino a La Guaira, Antofagasta y Valparaíso. Miedo, preocupación, tristeza, lágrimas confunden a los que se van y a los que se quedan en Galicia. Muchos no volverán a reencontrarse.

Calificación: ★★★★☆

Distribuidora: Bañor Films.

VIDEO: Gallaecia Cinema / IB / Cinema. Filmoteca de Galicia.

TÍTULO: *Gallego.*

PAÍS: España. **AÑO:** 1987. **DURACIÓN**: 122'. Drama. **DIRECTOR:** Manuel Octavio Gómez. **GUIÓN**: Mario Camus, Eduardo Calvo y Manuel Octavio Gómez, según la novela de Miguel Barnet. **FOTOGRAFÍA**: Porfirio Enríquez (Color). **MÚSICA:** Pablo Milanés y canciones de Beni Moré, Quintero, León y Quiroga. **MONTAJE:** Pablo G. Del Amo. **INTÉRPRETES**: Sancho Gracia, Jorge Sanz, Manuel Galiana, Linda Mirabal, Alberto Pedro, Leticia Herrera, Rosalía Dans, Antonio Ferrándis, Fiorella Faltoyano, Álvaro de Luna, Francisco Rabal, César Diéguez, Hilda Oates, Juan Ramón Zamorano, Margarita Calahorra, Omar Valdés, Conrado San Martin, Manuel Zarzo.

FRASE: «Una idea fija cambia el destino de un hombre. A veces le temo a eso, porque yo soy terco y a la corta o a la larga, me salgo con la mía. A mí nada se me puede meter en la cabeza, no le doy tiempo a las ideas. Ellas vienen y las pongo en marcha. Así fue que llegué a Cuba, me dije, qué esperas Manuel, el hambre mata a la razón y me fui.» (La voz en off de Sancho Gracia, Manuel adulto, argumenta la razón por la que emigró).
CALIFICACIÓN: ★★⯪☆☆
VIDEO / DISTRIBUIDORA: IZARO FILMS. S.A. ver plataformas digitales.

LOS OTROS *GALLEGOS* (*GUARAPO, EL VUELO DEL GUIRRE, FRONTERA SUR, VIENTOS DE AGUA...*)

Guarapo es una película sobre la emigración clandestina de los canarios a América en la que los hermanos Teodoro y Santiago Ríos definen tanto la represión que sufren los campesinos como la necesidad viajera y aventurera que tienen sus paisanos para salir del mundo cerrado y agobiante en que vivían. Este concepto lo ampliaron en su segunda producción, *Mambí* (1998), en que cuentan la historia de unos jóvenes canarios reclutados para combatir en la guerra de Cuba y cómo van descubriendo un país, y unas gentes contra los que no tienen nada en contra, y sí muchas cosas en común. Posteriormente en 2007 realizaron *El vuelo del guirre*, en que relatan el regreso del emigrante 40 años después de haber dejado su tierra canaria.

Guarapo, rodada en Tenerife y en La Gomera, especialmente en esta última isla, transcurre durante la posguerra española.

Santiago Ríos –codirector de la película– en una entrevista publicada por el desaparecido diario YA, en abril de 1988, señalaba que la idea de realizar *Guarapo* «surgió de una conversación intrascendente con un campesino gomero, que nos contó que el monte de Taurisilva servía de refugio, durante el siglo xix, a los que querían huir del servicio militar para no ser enviados a Cuba».

Los hermanos Ríos a raíz de la historia que les contó el campesino buscaron a antiguos viajeros del «Telémaco», el último velero clandestino que existió en las Canarias y que trasladó a numerosos emigrantes al otro lado del océano.

El viaje del protagonista Benito o «Guarapo», interpretado por Luis Suárez, y de otros muchos emigrantes canarios mantiene la línea iniciada por sus antepasados cuando en los siglos xvi y xvii embarcaban clandestinamente hacia las Indias. A raíz de aquello la Corona española pidió que se extremara la vigilancia en los puertos insulares para evitar que subieran polizones a bordo de los buques. Sin embargo, el siglo xix y las tres primeras décadas del siglo xx supusieron un incremento de la emigración clandestina canaria hacia América. Y cómo no conviene olvidar nuestro pasado aquellos españoles que viajaban a América tenían mucho en común con los «sin papeles» que siguen llegando a nuestras costas.

En 1949 un velero destartalado y ruinoso, La Elvira llegó a la costa venezolana con 106 inmigrantes irregulares a bordo. *Todos los viajeros, entre los que se encontraban diez mujeres y una niña de cuatro años, fueron detenidos. Habían viajado hacinados en la bodega del buque de tan solo 19 metros de eslora, y presentaban un aspecto lamentable. Sucios, famélicos y con la ropa destrozada. La noticia fue publicada en el diario venezolano* Agencia comercial.

Hace poco más de medio siglo eran muy frecuentes las salidas desde Canarias de frágiles embarcaciones repletas de emigrantes clandestinos, que huían de la España de los años cuarenta. En *Guarapo*, Teodoro y Santiago Ríos terminan con una frase que habla de futuro pero al mismo tiempo simboliza la nostalgia por la tierra que quedó atrás:

«Tres años más tarde se permitió libremente la emigración y los canarios, una vez más, se marcharon para intentar conseguir fuera lo que en su tierra se les negaba...

A todos aquellos que dejaron su tierra en busca de un sueño.»

Años después, en 2007, como ya he señalado, rodaron *El vuelo del guirre* en que nos encontramos de nuevo con BENIGNO (Carlos Álvarez-Novoa), quién regresa a las islas 40 años después de partir a Venezuela. BENIGNO se encuentra con un archipiélago totalmente diferente al que había dejado cuando tuvo que emigrar. El filme plantea una historia sobre la emigración pero también ahonda en las relaciones personales y refleja el choque generacional que se produce entre el abuelo, que regresa al escenario de su infancia y juventud y su nieto (Adrián Rodríguez).

El *guirre*, palabra de origen guanche, es el alimoche común, la única especie de buitre que anida en algunas islas Canarias, un ave en peligro de extinción que tiene gran importancia en el equilibrio medioambiental. Es además un ave sagrada para las leyendas y tradiciones guanches que metafóricamente facilita el regreso del emigrante a unas islas limpias de las desigualdades que BENIGNO vivió en su juventud.

ARGENTINA: FRONTERA SUR

Gerardo Herrero me comentó, en vísperas del estreno, que *Frontera Sur* intentaba recuperar una pequeña parcela de nuestra memoria histórica a través de un grupo de emigrantes. Efectivamente la película nos lleva por ese camino pero en ella tiene tanta importancia ese concepto como el seguimiento de la vida de los recién llegados a Argentina. En *Frontera sur* hay amor, amistad, traición, pasión e incluso crímenes.

Basada en la novela homónima del argentino Horacio Vázquez Rial, que fue a su vez autor del guión junto a Gerardo Herrero, *Frontera Sur* cuenta la historia de amistad de dos emigrantes, un español y un alemán que se conocen en el barco camino de Argentina, a principios del S. XX.

Gerardo Herrero autor de filmes como *Desvío al paraíso, Malena es nombre de tango, Heroína* o *Silencio en la nieve* me explicó que «le interesaban mucho las distintas culturas y sus mezclas y cómo estas formas pueden oponerse o complementarse en un momento histórico determinado. Me apasionan –dijo– la variedad de puntos de vista, los acentos las palabras. La lengua española es una riqueza compartida con Hispanoamérica, un tesoro de ida y vuelta.»

Frontera sur es un viaje de ida, aunque la vuelta, en esta historia, siempre pudo ser posible... Nos habla de un país emergente, que los emigrantes ayudaron a construir. Los españoles que llegaron únicamente cambiaron su lengua autóctona por el dialecto melodioso de los porteños.

El inicio de *Frontera Sur,* en blanco y negro, recupera imágenes documentales, que en pocos segundos, describen tanto a los viajeros como a los propios espectadores qué país van a conocer. Pasados los años el emigrante español ha hecho fortuna, es anciano y sigue recordando la tierra que dejó atrás pero se siente a gusto en el país que le acogió y es solidario con los inmigrantes que siguen llegando a buscar trabajo como le sucedió a él 50 años atrás.

En el filme *suena el bandoneón mientras los barcos se agitan en la bocana del puerto. Hay hombres y algunas mujeres asomados en cubierta. Están expectantes, entremezclan sentimientos de emoción y temor ante lo desconocido, porque no saben con exactitud que les aguarda en el nuevo país...* (ver *La memoria escondida*).

SIRIO: «EL NAUFRAGIO DE UN SUEÑO»

Si en *Frontera sur* los emigrantes arriban a puerto muchos de los pasajeros del «Sirio» nunca alcanzaron sus sueños. Aquel barco, de bandera italiana, embarrancó cerca del puerto de Palos (Murcia), en los llamados bajos de las Hormigas, lo que ocasionó innumerables averías en el buque produciéndose la explosión de las calderas y la muerte de entre 250 y 400 pasajeros, en su mayoría emigrantes. Esta diferencia en las cifras de fallecidos se debe a que se consideraba que en el buque viajaban muchas más personas que las que figuraban en las listas oficiales. Se dijo que había un total de 822 personas a bordo, 127 eran de la tripulación y el pasaje había partido de Génova (Italia) con 620 personas, a las que se habían sumado otros 75 pasajeros en Barcelona. Era el 4 de agosto de 1906.

Otras fuentes consideran que en el barco el número de pasajeros superaba el millar, ya que había muchos que subían a bordo clandestinamente abonando, en el caso de España, 100 pesetas de la época al capitán y la tripulación. Era un precio bastante inferior al coste del pasaje pero aumentaba sensiblemente el hacinamiento en las salas de tercera clase.

Hay un excelente documental, *Sirio: el naufragio de un sueño*, dirigido por el cineasta José María Borrell que incide en todo lo que rodeó a aquella tragedia que tantas muertes se cobró, en su mayoría de mujeres y niños que viajaban como emigrantes a Brasil y Argentina. Lo produjeron conjuntamente Imago y Canal Sur de Andalucía, en 2010 y tiene una duración de una hora.

IDA Y VUELTA: VIENTOS DE AGUA

Durante el verano de 2014 conocí el Museo de la Emigración de Colombres (Ribadedeva), en Asturias. El recorrido por las tres plantas del edificio, una imponente mansión como otra docena más de edificios de arquitectura indiana, que pueden admirarse en esta localidad asturiana, me hizo acercarme más a los emigrantes que dejan todo atrás con tal de encontrar bienestar para ellos y los suyos. Cartas, fotografías, documentos, objetos de quiénes un día emprendieron la aventura americana y que en algunos casos regresaron con fortuna y en otros no pudieron volver jamás. Me llamó la atención la foto de un hombre frisando los 40 despidiéndose de su hijo de unos diez años. Ambos lloraban y viendo la foto te preguntas si alguna vez volvieron a reencontrarse. Ese museo en una pequeña y bella localidad asturiana es un documento vivo de nuestro pasado y la constatación de que fueron miles y miles de personas las que debieron dejar atrás sus tierras. Cuba, México, Tampa, en Estados Unidos y Argentina son los países que recibieron a aquellos emigrantes asturianos que, en su mayoría, alcanzaron las costas americanas pero que en algunos casos naufragaron perdiendo la vida en el océano.

Esos asturianos, o algunos que se les asemejaban, fueron protagonistas de una de las mejores series de televisión hechas nunca en España: *Vientos de agua.*

Vientos de agua, fue una excelente producción dirigida por el argentino Juan José Campanella (*El hijo de la novia, El secreto de sus ojos, Futbolín*) que desapareció casi sin tener tiempo a que la degustáramos de la cadena privada Telecinco simple y llanamente porque no alcanzaba el *share* previsto. No se tuvo en cuenta para nada la calidad de la producción ni la historia de ida y vuelta de los españoles y sus descendientes en dos lugares, España y Argentina, separados por miles de kilómetros de distancia, pero entre los que no deberían existir fronteras. Afortunadamente la serie fue recuperada en formato DVD y es una constatación de esa condición de emigrantes, que nos ha acompañado siempre a los españoles.

Vientos de agua narra dos historias en paralelo: la de JOSÉ OLAYA, interpretado por Ernesto Alterio en su juventud y Héctor Alterio en su madurez, un minero asturiano que se ve obligado a emigrar a América en 1934; y la de su hijo ERNESTO OLAYA (Eduardo Blanco), un arquitecto argentino de mediana edad que emigra a España en 2001, con la crisis económica y las consecuencias del llamado «corralito».

Campanella abordó la vida de dos emigrantes, en distintas épocas, con sus luchas, alegrías, tristezas y eso sí dejando una puerta abierta a la esperanza, con ese tono que ha caracterizado su cine, en que junto a la crítica aparece el humor y la ternura.

Vientos de agua desnuda la memoria. Es una serie que mira al pasado, al mismo tiempo que se detiene en la emigración / inmigración durante los primeros años del nuevo milenio. Junto a los actores citados la serie incluyó en el reparto a otros destacados profesionales de ambos países. El caso es que Telecinco después de los bajos índices de audiencia de los dos primeros capítulos, estrenados en diciembre de 2005, a las 22:00 horas de los martes, pasaron la serie a las 00:45 de los viernes, de donde desapareció poco después.

La prensa de la época se mostró muy crítica con la postura de Telecinco. Así, en el diario *El Mundo* se podía leer:

«Esta emocionante historia sobre la inmigración se ve con la misma intensidad con que se asiste a un estreno cinematográfico. Olvídense de la sucesión de chistes malos y de gags revenidos a que nos tienen acostumbrados las series españolas. Aquí hay guión, actores, dirección de actores, decorados, sentido del tiempo, del ritmo, de la pasión. Y un director que lucha por contarnos algo. *Vientos de agua* es una película que se desgaja en trece capítulos, que son otros tantos momentos de televisión mayúscula.

¿Las audiencias? En casos como éste las cuotas de pantalla son, más que nunca, índices de embrutecimiento» [...] No me sorprenden las bajas audiencias: si las televisiones llevan años alimentando a los asnos con paja seca es difícil que éstos aprecien la miel a la primera».

Juan José Campanella, por su parte, en una de las entrevistas que concedió opinaba que *Vientos de agua* era lo mejor que había hecho hasta el momento y gracias al trabajo de más de trescientas personas que dieron lo mejor de sí durante el año de rodaje de los trece capítulos de una hora, filmados en Buenos Aires, diversas localidades asturianas y Madrid.

Campanella, ganador del Oscar años después por *El secreto de sus ojos*, comentaba que siempre le había apasionado *la búsqueda del propio espacio,* que ya había sido el tema de otra de sus películas: *Luna de Avellaneda* y que se había quedado con ganas de más, *por eso nació la idea de mostrar las dos inmigraciones: la de nuestros ancestros europeos y la de este siglo XXI, con los argentinos que partieron.*

Si bien *Vientos de agua* se vio en la 2 de televisión española y en el Canal 13 de Argentina, la serie, incluyendo numerosos extras, se editó en DVD, en mayo de 2006, lo que dio perpetuidad a la que fuera, en su momento, la mayor producción televisiva de ficción en España.

FICHAS DE LAS PELÍCULAS:

TÍTULO: *Guarapo.*
PAÍS: España. **AÑO:** 1988. **DURACIÓN:** 94´. Drama. **DIRECTOR:** Teodoro Ríos y Santiago Ríos. **GUIÓN:** José Miguel Hernán, Santiago Ríos y Teodoro Ríos. **FOTOGRAFÍA**: Hans Burman. (Color. Panorámica). **MÚSICA:** J. J. Falcón. **MONTAJE**: José Antonio Rojo. **INTÉRPRETES:** Juan Luis Galiardo, Luis Suárez, Patricia Adriani, Julio Gavilanes, Manuel Cervino, Yamil Omar, Ángel Cánovas, Florinda Díez, Maite Acarreta, Loli Villegas, Paco Verano, Ana Ramírez, Juanjo Parrilla, Lola Santoya, Santiago Ríos (Senior).
FRASE / SECUENCIA: La solidaridad entre los campesinos gomeros quienes mediante su lenguaje de silbos se avisan de cualquier circunstancia, burlando a la Guardia Civil.
CALIFICACIÓN: ★★★½☆
PREMIOS: Mención del Jurado en el Festival de Cine Iberoamericano de Huelva, de 1988.
DVD: IMPULSO Records Films. y plataformas digitales.

TÍTULO: *El vuelo del guirre.*
PAÍS: España **AÑO:** 2007. **DURACIÓN:** 100'. DRAMA. **DIRECTOR:** Santiago y Teodoro Ríos. **GUIÓN:** José Miguel Hernán y Santiago y Teodoro Ríos. **FOTOGRAFÍA:** Roberto Ríos. **MÚSICA**: Benito Cabrera y Jacky Ríos. **MONTAJE**: David Betancur y Pedro Felipe. **INTÉRPRETES**: Carlos Álvarez-Novoa (Benigno), Adrián Rodríguez (Zeben), Isabel Prinz (Lina), Fernando Navas (Beni), Mapi Sagaseta (Rosa), Soraya G. del Rosario (Chuky).
CALIFICACIÓN: ★★★☆☆
VIDEO: IMPULSO / Plataformas digitales.

TÍTULO: *Frontera sur.*
PAÍS: España. **AÑO:** 1998. **DURACIÓN:** 138'. Drama / Fantástico. **DIRECTOR:** Gerardo Herrero. **GUIÓN:** Horacio Vázquez Rial y Gerardo Herrero, según la novela del mismo título escrita por el primero. **FOTOGRAFÍA**: Alfredo Mayo. **MÚSICA:** Luis Bacalov **INTÉRPRETES**: José Coronado (Roque), Maribel Verdú (Teresa / Piera), Federico Luppi (Maidana), Peter Lohmeyer (Herman Frisch), Laura Novoa (Sara), Prune Lichtlé (Sandrinne), Francisco Corbalán (Ramón, niño), Manuel Manquiña (Camarero).
CALIFICACION. ★★½☆☆
FRASE: Roque a su hijo describiendo la pobreza de España y la necesidad de emigrar: «*Tu madre no murió de hambre. De tuberculosis y de injusticia. La miseria no perdona, Ramón*».
DISTRIBUCIÓN / VIDEO: ALTA FILMS / FILMAX.

TÍTULO: *Vientos de agua.*
PAÍS: Argentina / España. **AÑO:** 2005. **DURACIÓN:** SERIE DE TV de 13 capítulos de una hora cada uno. Drama. **DIRECTOR**: Juan José Campanella. **GUIÓN**: Juan José Campanella, Aida Bortnik, Alejo Flah, Juan Pablo Domenech y Aurea Martínez. **FOTOGRAFÍA:** Félix Monti y Miguel Abal. **INTÉRPRETES**: Ernesto Alterio (Andrés Olaya, joven), Héctor Alterio (Andrés Olaya, adulto), Eduardo Blanco (Ernesto Olaya), Pablo Rago (Juliusz), Giulia Michelini (Gemma), Marta Etura (Ana), Angie Cepeda (María), Claudia Fontán (Cecilia), Valeria Bertucelli (Lucía), Caterina Murino (Sophie), Bárbara Goenaga (Felisa), Silvia Abascal (Henar), Gran Wyoming (Javier), Rubén Ochandiano (Vidal), Pilar Punzano (Laia), Manuela Pal (Alicia), Mariano Bertolini (Tomás).
FRASE / SECUENCIA. ERNESTO OLAYA (Eduardo Blanco) se baja indignado de un taxi en Buenos Aires después de que el taxista criticara a los inmigrantes bolivianos. Es una escena que muestra simplificadamente la xenofobia que puede establecerse entre nosotros, en razón de determinados estereotipos.
CALIFICACIÓN: ★★★★★
DVD: DIVISA.

AMERICA: OTRAS MIRADAS

Durante el franquismo fueron numerosos los filmes que citaban la emigración españoles a América, pero lo hacían de una forma un tanto frívola, sin detenerse en la figura del emigrante que en realidad dejaba su casa y su país, para conseguir mejorar su nivel de vida. Muchas de esas películas tenían un tono musical y eran interpretadas por figuran de la canción popular o de la copla en particular, como Imperio Argentina, Antoñita Colomé, Lola Flores, Juanito Valderrama o Lolita Sevilla.

En este recorrido por la emigración española a América hay otros títulos como *Habana*, un filme musical fechado en 1958 y dirigido por José María Elorrieta, que tuvo como principales protagonistas a Lolita Sevilla y al galán portugués Virgilio Teixeira. Historia de amores y desamores en la última década del siglo xix, donde los criados cubanos parecen alegres y felices, ajenos, por supuesto, al creciente movimiento independentista.

Además de José María Elorrieta y su *Habana*, hay que citar a Ramón Torrado, amigo de Cesáreo González el dueño de Suevia Films. Torrado desempeñó diversas funciones dentro de la productora, y dirigió algunas películas que, en cierta forma, estaban relacionadas con la emigración: *Mar abierto* (1946), un melodrama sobre la Galicia tradicional y *El emigrado* rodada aquel mismo año, y que cuenta la rivalidad de dos hermanos enamorados de la misma mujer, y como uno, despechado, viaja a América para hacer fortuna.

Otro nombre propio es el del realizador Sebastián Almeida que con *El emigrante*, interpretada por Juanito Valderrama consiguió un enorme éxito e hizo que la canción del mismo nombre se convirtiera en casi un himno para todos los emigrantes españoles.

Otro títulos son *Havanera 1820* (1992), del realizador Toni Verdaguer que habla de los intereses de empresarios catalanes en Cuba en el primer tercio del xix, y de actividades infames como el tráfico de esclavos o filmes ya ambientados en la última década del siglo xx como *Maité* (1994) ópera prima de Carlos Zabala y Eneko Olasagasti que, en tono de comedia, cuenta las aventuras y desventuras de dos hermanos vascos que intentan comercializar la angula en Cuba. En esta línea también encontramos, *Cuarteto de la Habana* (1998), una divertida comedia de Fernando Colomo que incide en la relación más de amor que de odio entre españoles y cubanos.

Películas que describen esa relación entre América y España marcada por 400 años de historia común con títulos de grandes directores que también han tocado el tema de forma tangencial como *Polizón a bordo* (1941) y *La cigarra* (1948), ambas dirigidas por Florián Rey o *Sus ojos se cerraron y el mundo sigue andando* (1997), de Jaime Chávarri, quién un año después realizaría *Las cosas del querer*, que tuvo su secuela, y contaba libremente la historia del cantante Miguel de Molina quién, por su condición homosexual, fue obligado a marcharse de España durante la posguerra. Miguel de Molina hizo una película autobiográfica en Argentina titulada *Así es mi vida*, dirigida por Ramón Vinoly en 1952.

FICHAS DE LAS PELÍCULAS:

TÍTULO: *El emigrado.*

PAÍS: España. **AÑO**: 1946. **DURACIÓN** 93'. Drama. **DIRECTOR:** Ramón Torrado. **GUIÓN:** Adolfo Torrado y Heriberto Santaballa Valdés. **FOTOGRAFÍA**: Andrés Pérez Cubero. **MÚSICA**: Jesús Guridi y Jorge Halpern. **MONTAJE**: Gaby Peñalva. **INTÉRPRETES**: Raúl Cancio, Alfonso Estela, Carmen Sánchez, Maruja Asquerino.

ARGUMENTO: Dos hermanos enfrentados desean a la misma mujer. La rivalidad entre ambos hace que uno viaje a América. Al regreso los dos hermanos liman todas sus diferencias e inician «*una bonita amistad*».

COMENTARIO: Está basada en la novela *Los hermanos Ibarrola*, de Adolfo Torrado. Ramón Torrado, con medio centenar de películas a sus espaldas fue uno de los más prolíficos realizadores durante la etapa franquista. En su filmografía hay títulos tan populares como *Malvaloca, Botón de ancla, Fray Escoba* o *Campeones*.

CALIFICACIÓN: ★★☆☆☆

DISTRIBUCIÓN: Suevia Films.

DVD: VIDEO MERCURY / DIVISA HOME VIDEO.

TÍTULO: *El emigrante.*

PAÍS: España. **AÑO**: 1959. **DURACIÓN:** 73'. Drama / Musical. **DIRECTOR:** Sebastián Almeida. **GUIÓN**: Antonio Quintero. **FOTOGRAFÍA**: Ricardo Albiñana. **MÚSICA**: Juan Solano. **INTÉRPRETES:** Juanito Valderrama, Julio Nuñez, Silvia Solar, Francisco Piquer, José María Cafarell, Rogelio Madrid, Dolores Abril, José Marco.

ARGUMENTO: Un viejo emigrante regresa a Cádiz desde Cuba. Es martes de carnaval pero él no se atreve a desembarcar después de tantos años de ausencia, al mismo tiempo que rememora su regreso, tiempo atrás, con otros combatientes de la guerra de Cuba. En aquella ocasión cuando fueron recibidos en Cádiz interpretó su canción *El emigrante*.

COMENTARIO: Película hecha a mayor gloria de Juanito Valderrama, una de nuestras voces más populares durante aquellos años (50 y 60). La canción *El emigrante* se convirtió en el himno de los miles de españoles que emigraron a Europa durante los años sesenta.

CALIFICACION: 2 estrellas.

DVD: Video Mercury / Divisa Home Video.

TÍTULO: *El abuelo.*

PAÍS: España. **AÑO:** 1998. **DURACIÓN:** 146'. Melodrama. **DIRECTOR:** José Luis Garci. **GUIÓN**: José Luis Garci y Horacio Valcárcel. **FOTOGRAFÍA**: Raúl Pérez Cubero. **MÚSICA**: Manuel Balboa. **INTÉRPRETES:** Fernando Fernán Gómez, Cayetana Guillén Cuervo, María Massip, Rafael Alonso, Agustín González, Antonio Valero, Cristina Cruz Mínguez, Alicia Rozas, Fernando Guillén, Francisco Algora, Emma Cohen.

ARGUMENTO: Un anciano retorna de América a su pueblo natal en Asturias, tras la muerte de su hijo. Allí llega a la conclusión de que una de sus dos nietas es fruto de una relación ilícita de su nuera, que se niega a rebelarle el secreto.

COMENTARIO: El honor y un sentido del deber que va más allá del sentido común, son los auténticos protagonistas de esta película, que está basada en la novela del mismo título de Benito Pérez Galdós. Fue la cuarta adaptación de esta novela tras la versión muda de 1925 (José Buchs); la realizada en Argentina por Ramón Viñoly Barreto, en 1954 y la que dirigiera Rafael Gil en 1972 con el nombre de *La duda*, y que protagonizaran Rafael Alonso y Fernando Rey. *El abuelo* es una buena adaptación de la novela de Galdós, muy cuidada en el orden técnico y con muy buenas interpretaciones pero hay momentos en que se hace interminable, quizá por la excesiva duración de algunos planos y el acento que pone en los diálogos. *El abuelo* tuvo trece candidaturas a los Goya pero sólo obtuvo el de mejor actor (Fernando Fernán Gómez). José Luis Garci consiguió con *Volver a empezar* (1982), el primer Oscar para una película española. En su carrera figuran además títulos como *Asignatura pendiente*, *El crack* o *Tiovivo, 1950*.

CALIFICACIÓN: ★★★☆☆

VIDEO: Columbia Tristar Home.

EE UU: A ESTUDIAR INGLÉS (*UNA CHICA DE CHICAGO, LA LÍNEA DEL CIELO, LA VIDA INESPERADA, 10.000 KM....*)

También tenemos emigrantes en Estados Unidos y no sólo porque se hayan ido allí a hacer una película. Hay casos como los de José Luis Borau (*Río Abajo,* 1984) y Ricardo Franco (*In and out,* 1984) que se fueron a rodar a la frontera con México y contaron historias de *espaldas mojadas*; otros como Fernando Colomo relataron la experiencia de un fotógrafo que quería triunfar en Nueva York (*La línea del cielo*, 1983), y cineastas como Chus Gutiérrez, cuya película *Retorno a Hansala* habla abiertamente de la inmigración, contó una historia de supervivencia en la llamada *cocina del infierno* neoyorkina, en *Sublet,* en 1992. Además hay curiosidades como la que firmó uno de los realizadores de los que deberíamos revisar su obra más a menudo, Manuel Mur Oti quién con *Una chica de Chicago,* estrenada en 1958, contó, en tono de comedia, el éxito en Estados Unidos, de un padre y su hija, y cuando ésta regresa al pueblo en que nació, se convierte en decidida luchadora por los derechos de la mujer frente al machismo y malos tratos que ejercen los hombres de la localidad. Si bien y dada la censura de la época, la protagonista involuciona hacia posiciones más conservadoras y reaccionarias, pero era difícil imaginar otro final, porque en aquella España la mujer *debía estar en casa y con la pata quebrada.*

En cuanto a *La línea del cielo*, Fernando Colomo, un director que de una u otra forma se ha acercado a los temas migratorios, contó su propia experiencia en Nueva York, ciudad a la que acudió para trabajar sobre un guión que estaba escribiendo con Manolo Matji y Fernando Trueba, titulado *Pintor en Nueva York.*

Las vicisitudes que vive Antonio Resines, Gustavo, en la película, son las que vivió el propio Colomo que tuvo muchos problemas para comunicarse y en momentos lo pasó mal por lo solo que se encontró. Fernando Colomo hizo la película, prácticamente sin dinero, y viendo que *Pintor en Nueva York*, el primer proyecto, no iba a hacerse nunca.

El cineasta madrileño convenció a todos para que se embarcasen en el proyecto, empezando por el propio Resines. El actor compartió durante el rodaje una habitación de mala muerte junto al director de fotografía, Ángel Luis Fernández. El hotel tenía una recepción con cristales blindados dada la peligrosidad de la zona donde les había alojado Colomo.

El actual presidente de la Academia de Cinematografía, Antonio Resines, protagonista, en su juventud de *La línea del cielo.*

La línea del cielo, cuenta argumentalmente cómo un fotógrafo español llega a Nueva York para intentar abrirse paso en el mundillo neoyorquino, intentando que sus fotos sean publicadas por revistas como *Life*. Sólo tiene un amigo, un psicoanalista español y su familia, con los que se reúne de vez en cuando, pero la mayoría del tiempo está solo. No logra intimar con las personas que va conociendo porque tiene grandes dificultades para mantener una conversación, por su escaso conocimiento del inglés.

Película artesanal, rodada con escasos medios técnicos, pero con diálogos y situaciones de gran naturalidad que reflejan esa otra inmigración de profesionales que buscan una proyección en su carrera en un mundo mucho más competitivo. La película se rodó en tan solo cuatro semanas y viéndola hoy sigue resultando fresca e ingeniosa. Pude comprobarlo en un acto celebrado en la Filmoteca Española, en que se entregó a Fernando Colomo la medalla de honor del Círculo de Escritores Cinematográficos en reconocimiento a su carrera y en el que como complemento se proyectó *La línea del cielo*. En 2015 Fernando Colomo ha recuperado aquel cine artesanal y de gran naturalidad con *Isla bonita*, en que además fue nominado al Goya como actor revelación.

Si bien el protagonista de *La línea del cielo* viaja a Nueva York con la intención de mejorar profesionalmente, ya que tiene un trabajo en España, en la actualidad nuestros nuevos emigrantes, con mucha mejor preparación académica y seguro que amplios conocimientos de inglés, viajan con el propósito de encontrar el trabajo que se les niega en España. Lo pudimos ver, por ejemplo en 2014 con *La Vida Inesperada*.

Jorge Torregrosa (*Fin*) se fue a Nueva York para contar una historia de españoles en la Gran Manzana. Torregrosa, según guión de Elvira Lindo, relata la historia de un actor, Juanito (Javier Cámara) que recibe la visita de su primo (Raúl Arévalo) con el que no se lleva especialmente bien. Juanito no ha conseguido lo que esperaba, triunfar como actor, pero sigue desarrollando su vocación, haciendo teatro y trabajando en lo que puede. Su primo es aparentemente un triunfador que va a ser fichado por una multinacional. La convivencia de los dos hace que descubran la realidad que hay detrás de cada uno de ellos y ambos irán trazando su destino a medida que son capaces de aceptar nuevos retos.

Una comedia agridulce, de sobrevivientes, que nos lleva al Nueva York de Woody Allen pero tal y como lo vemos los espectadores de su cine. Una ciudad que fascina y atrapa.

La idea de *La vida inesperada* nace de Elvira Lindo y Javier Cámara quién se empeñó en hacer una película en Nueva York mientras paseaba por sus calles con la escritora. A Torregrosa se le eligió, entre otras cosas, porque conocía muy bien los ambientes de la ciudad donde vivió durante ocho años. Sentimientos, melancolía y también risas protagonizadas por excelentes actores como los ya citados y Carmen Ruiz quién interpreta a la compañera de Javier Cámara en el teatro. Cámara fue nominado al Goya al mejor actor.

Españoles de ahora en Brooklyn y Manhattan con bastante mejor conocimiento del inglés que el que teníamos más de tres décadas atrás, cuando vimos a aquel fotógrafo solitario caminar, sin mucho convencimiento, por las calles de Nueva York.

Un fotógrafo, un actor en Estados Unidos con 30 años de diferencia Una mujer joven deja Barcelona y viaja a Los Ángeles En España no hay trabajo. Ella, Alex, y su pareja, Sergio, intentan seguir amándose desde la distancia.

10.000 km, ópera prima de Carlos Marqués-Marcet, con la pareja protagonista Natalia Tena y David Verdaguer.

10.000 KILÓMETROS... DE DISTANCIA.

10.000 km, ópera prima de Carlos Marqués-Marcet, fue una de las gratas sorpresas de 2014. En su ópera prima el joven realizador catalán supo describir los problemas que viven muchos jóvenes de hoy en día. Premiado con el Goya al mejor director novel y con cinco premios en el festival de Málaga, entre ellos mejor película, 10.000 km es un fresco de nuestro tiempo que narra cómo dos jóvenes enamorados, que viven juntos desde hace siete años, ven rota su convivencia cuando ella recibe una tentadora beca desde Los Ángeles.

El filme se inicia con la pareja en la cama, practicando sexo. Después la ducha y un buen desayuno. Son unos primeros 20 minutos de una pareja relajada, disfrutando de su relación e incluso planteándose tener un hijo. Ella recibe un *e-mail* y comienza el conflicto porque supone estar lejos uno del otro durante un año. Analizan los pros y los contras, él la anima diciendo que irá dos meses en verano cuando terminen las clases que imparte en un colegio y ella ve una posibilidad de dedicarse a su vocación, la fotografía, para dejar de dar las clases de inglés particulares con las que sobrevive. Ambos confían en que la distancia no les separe.

Lo que sería la segunda parte de la película nos muestra a los dos protagonistas separados por esos 10.000 km y un océano. Se comunican por video conferencia, se cuentan el día a día, incluso practican sexo con la pantalla de por medio Hay una bella secuencia en que cada uno en su casa baila viéndose el uno al otro a través del ordenador portátil y simulando que están juntos.

Siguen deseándose pero la relación va deteriorándose, haciéndose cada vez más fría. Ella se siente a gusto en Los Ángeles porque hace lo que le gusta y comienza a sentirse valorada en su profesión; él, porque va comprendiendo que la relación se va enfriando, que el alejamiento ya no es tan sólo físico.

En lo que sería la tercera parte de la película cuando SERGIO llega por sorpresa a Los Ángeles, el reencuentro de la pareja no es tan cálido como podría esperarse después de doscientos días separados. El deseo y la pasión que sentían el uno por el otro se ha ido sosegando. Ya nada es igual. La distancia ya no es solamente física. Sus cuerpos, sus miradas, sus palabras han perdido la calidez de unos meses atrás. La emigración enfría las relaciones, la distancia acaba haciéndose insalvable.

FICHAS DE LAS PELICULAS

TÍTULO: *Una chica de Chicago.*
PAÍS: España. **AÑO:** 1960. **DURACIÓN:** 104'. Comedia. **DIRECTOR:** Manuel Mur Oti. **GUIÓN:** Manuel Mur Oti y Manuel Martínez Remís, según una historia de Noel Clarasó. **FOTOGRAFÍA**: José F. Aguayo y Godofredo Pacheco. **MÚSICA:** José Pagán y Antonio Ramírez Ángel. **INTÉRPRETES**: Ana Bertha Lepe, Javier Armet, Rafael Durán, Roberto Rey, Marisa Prado, José María Lado, Ángel Ter, Joaquín Roa, Jorge Marco Davo, María Fernanda Ladrón de Guevara.
FRASE: Cuando el padre decide llevarse a su hija a Estados Unidos para que no esté tan poco preparada como las gentes del pueblo. Discute cuando *Nemesia*, la criada, se lamenta de que se la lleve a la niña al país de los *pieles rojas*, algo que no admite el padre y ella ni corta ni perezosa afirma que puede ser una *inculta pero que ha ido al cine y sabe de lo que habla.*
CALIFICACIÓN: ★★★⯪☆
VIDEO: DIVISA Home Video.

TÍTULO: *La línea del cielo.*
PAÍS: España. **AÑO:** 1983. **DURACIÓN:** 90'. Comedia Dramática. **DIRECTOR:** Fernando Colomo. **GUIÓN**: Fernando Colomo. **FOTOGRAFÍA:** Ángel Luis Fernández. **MÚSICA**: Manzanita. **MONTAJE**: Miguel Ángel Santamaría. **INTÉRPRETES**: Antonio Resines, Beatriz Pérez-Porro, Roy Hoffman, Chistina Marin Buck, Irene Stillman, Peter Halley.
FRASE: GUSTAVO (Antonio Resines) asiste a las clases de inglés en Nueva York y pronto descubre que cada vez que la profesora dice «perfecto», no se refiere a su pronunciación sino al emigrante gallego que se sienta junto a él y que tiene ese nombre de pila.
CALIFICACIÓN: ★★★★☆
VIDEO: Cameo / Productora: La salamandra.

TÍTULO: *La vida inesperada.*
PAÍS: España / USA. **AÑO:** 2014. **DURACIÓN:** 98'. Comedia. **DIRECTOR:** Jorge Torregrosa. **GUIÓN:** Elvira Lindo. **FOTOGRAFÍA:** Kiko de la Rica. **MÚSICA:** Lucio Godoy y Federico Jusid. **INTÉRPRETES**: Javier Cámara, Raúl Arévalo, Carmen Ruiz, Tammy Blanchard.

FRASE: «La vida tiene a veces giros inesperados y hay que estar atentos y aprovecharlos».
CALIFICACIÓN: ★★★☆☆
VIDEO: Universal.

TÍTULO: *10.000 km.*
PAÍS: España. **AÑO:** 2014. **DURACIÓN**: 98'. Drama. **DIRECTOR:** Carlos Marqués-Marcet. **GUIÓN:** Carlos Marqués-Marcet y Clara Roquet. **FOTOGRAFÍA**: Dagmar Weaver-Madsen. **MONTAJE**: Juliana Montañés.
INTÉRPRETES: David Verdaguer y Natalia Tena.
FRASE: La frase promocional: «Un año. Dos ordenadores y 10.000 km entre los dos». Una historia de amor que va deteriorándose ante las falta de oportunidades en España.
CALIFICACIÓN: ★★★★☆
DVD: Avalon.

OTRAS PELÍCULAS

TÍTULO: *Sublet.*
PAÍS: España. **AÑO:** 1991. **DURACIÓN:** 94'. Comedia. **DIRECTORA:** Chus Gutiérrez. **GUIÓN**: Chus Gutiérrez. **FOTOGRAFÍA**: Juan Molina. **MÚSICA**: Tao Gutiérrez. **INTÉRPRETES**: Awilda Rivera, César Olmos, Icíar Bollaín, John Kelly, Kevin Bagot, Norm Anderson.
COMENTARIO: Debut en la realización de Chus Gutiérrez (*Poniente***,** *El calentito Retorno a Hansala*...) en que narra, de forma marcadamente autobiográfica, las aventuras y el desconcierto de una madrileña en la zona más depauperada de Nueva York. Una comedia hábil, entretenida, de cierto tono realista, en que asistimos al periplo de *Laura* (Icíar Bollaín) por la ciudad y toda la fauna urbana que va encontrándose.
CALIFICACIÓN: ★★★½☆
VIDEO: Ver plataformas digitales.

TÍTULO: *Little Galicia.*
PAÍS: España. **AÑO:** 2014. **DURACIÓN:** 95'. Comedia romántica. **DIRECTOR:** Alber Ponte. **GUIÓN:** Alber Ponte. **FOTOGRAFÍA:** Andréu Rebés. **MÚSICA**: Francesc Gener. **MONTAJE**: Guillermo Maldonado. **INTÉRPRETES**: Gustavo Salmerón, Fran Grela, Mabel Rivera, Fermi Reixach, José Ángel Egido, Mela Casal, Paloma Bloyd...
COMENTARIO: Dos amigos viajan a Nueva York un fin de semana para asistir a una boda en representación de la madre de Carlos (Gustavo Salmerón). Una vez allí convence a Gonzalo (Fran Gela) para que le suplante en la boda ya que él tiene previsto encontrarse con una amiga coruñesa que vive en Brooklyn. Es difícil que los anfitriones le reconozcan porque no han vuelto a verle desde que tenía siete años. Gonzalo se traslada pues a Newark, ciudad de Nueva Jersey, donde va a encontrarse con esa pequeña comunidad gallega que lleva muchos asentada en la ciudad.
CALIFICACIÓN: ★★½☆☆
NO SE HA EDITADO AÚN EN VIDEO. Ha sido producida Little Galicia Movie AIE, Numérica Films S.L. y Zanks Producciones S.L.

Capítulo 3. ESPAÑOLES EN EUROPA

«Que otros digan de escuelas y de universidades.
Yo canto el cuarto aquel de plancha y de costura.
Y sus buenas mujeres. ¡Galicia! ¡Extremadura!
Y las que me enseñaban a palmear soledades.»

Homenaje de Enrique Larreta en *Las criadas y el niño*, a las *criadas* españolas.

Las nacionalidades son ficticias cuando hay que buscar trabajo y comida. Ocurrió, como en otros tantos momentos, durante los sesenta cuando el destino de los españoles fue Europa. Suiza, Bélgica, Francia, Alemania, Países Bajos... se poblaron de acentos en español. La estadística dice que entre 1960 y 1973 un millón de españoles emigró a Europa. Con la crisis del siglo xxi, la que comenzó en 2008, 30.000 españoles han emigrado anualmente a Alemania.

NOTAS SOBRE LA EMIGRACIÓN: UNA HISTORIA SURREALISTA

Hay un cortometraje que contiene todos los ingredientes necesarios para figurar en cualquier historia del cine no sólo por su calidad sino por las numerosas anécdotas que rodearon su rodaje y posterior distribución, incluidos los posibles conflictos diplomáticos, que se produjeron. Se trata de *Notas sobre la emigración*, un corto documental que realizaron dos estudiantes de arquitectura en Ginebra: el español Jacinto Esteva y el italiano Paolo Brunatto. El cortometraje ahondaba en el origen de la emigración, en las miserias que vivían muchos españoles en los inicios de los sesenta, en lugares como el cinturón industrial de Barcelona o la Chanca en Almería. Aquellas imágenes golpeaban de lleno al régimen franquista que intentaba, en los primeros sesenta, abrirse paso en el exterior abandonando la autarquía económica que había caracterizado las dos primeras décadas de la dictadura.

El caso es que después de que la película obtuviera diversos premios internacionales, entre ellos el de la Crítica Internacional en el Festival de Moscú, se programó en el Pequeño Teatro del Corso de Milán (21-02-1961) en un acto en que se presentaba la novela de Juan Goytisolo, *La resaca*, organizado por el editor Carlo Feltrinelli. Fue el propio Goytisolo quién propuso proyectar *Notas sobre la emigración. España 1960* para ilustrar la presentación de su novela que también trataba el tema de la emigración.

El crítico e historiador cinematográfico Luis E. Parés en un exhaustivo estudio titulado *Notes sur l'emigration-Espagne 1960. Apuntes para una película invisible* cuenta lo que ocurrió durante la proyección de la película en Milán y cómo fue «secuestrada» por un grupo de neofascistas italianos en connivencia con el gobierno español. Al poco de comenzar la proyección se oyeron dos explosiones sordas e inmediatamente llegaron dos enfermeros anunciando que había un herido. En la confusión que se produjo, alguien sustrajo la película de la sala de proyección. Seis días después del incidente (27-02-1961), Televisión Española incluyó en la programación de sobremesa una versión amañada de la película con una banda sonora y comentarios que nada tenían que ver con el original. La voz en off, en aquella versión adulterada de *Notas sobre la emigración* fue la de Matías Prats. Los intentos posteriores para encontrar aquella versión siempre resultaron inútiles.

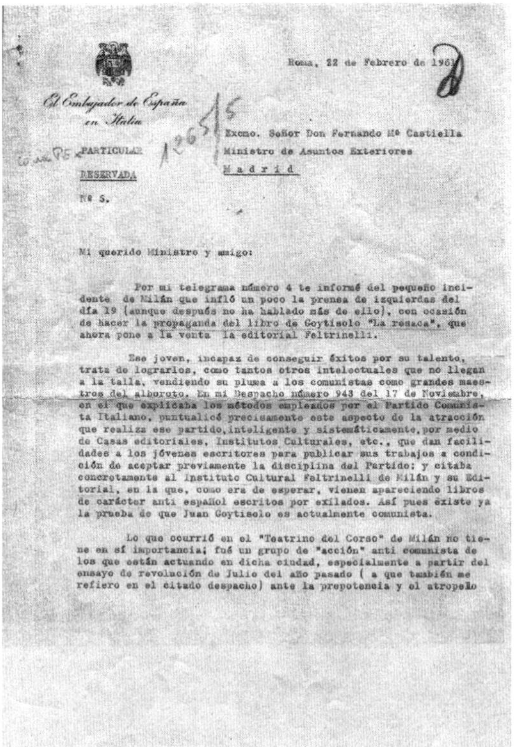

El Embajador de España en Italia

Roma, 22 de Febrero de 1961

PARTICULAR

RESERVADA

Nº 5.

Excmo. Señor Don Fernando Mª Castiella
Ministro de Asuntos Exteriores
Madrid

Mi querido Ministro y amigo:

Por mi telegrama número 4 te informé del pequeño incidente de Milán que infló un poco la prensa de izquierdas del día 19 (aunque después no ha hablado más de ello), con ocasión de hacer la propaganda del libro de Goytisolo "La resaca", que ahora pone a la venta la editorial Feltrinelli.

Ese joven, incapaz de conseguir éxitos por su talento, trata de lograrlos, como tantos otros intelectuales que no llegan a la talla, vendiendo su pluma a los comunistas como grandes maestros del alboroto. En mi Despacho número 943 del 17 de Noviembre, en el que explicaba los métodos empleados por el Partido Comunista Italiano, puntualicé precisamente este aspecto de la atracción que realiza ese partido, inteligente y sistemáticamente, por medio de Casas editoriales, Institutos Culturales, etc., que dan facilidades a los jóvenes escritores para publicar sus trabajos a condición de aceptar previamente la disciplina del Partido; y citaba concretamente al Instituto Cultural Feltrinelli de Milán y su Editorial, en la que, como era de esperar, vienen apareciendo libros de carácter anti español escritos por exilados. Así pues existe ya la prueba de que Juan Goytisolo es actualmente comunista.

Lo que ocurrió en el "Teatrino del Corso" de Milán no tiene en sí importancia; fué un grupo de "acción" anti comunista de los que están actuando en dicha ciudad, especialmente a partir del ensayo de revolución de Julio del año pasado (a que también me refiero en el citado despacho) ante la prepotencia y el atropello

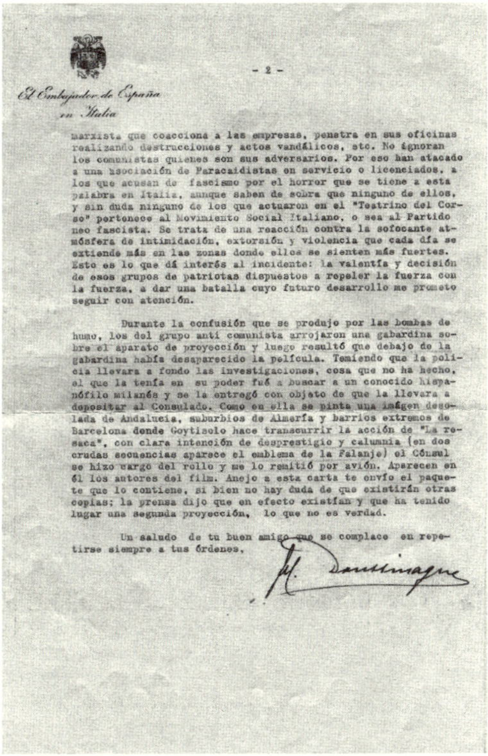

\- 2 -

El Embajador de España en Italia

marxista que coacciona a las empresas, penetra en sus oficinas realizando destrucciones y actos vandálicos, etc. No ignoran los comunistas quienes son sus adversarios. Por eso han atacado a una Asociación de Paracaidistas en servicio o licenciados, a los que acusan de fascismo por el horror que se tiene a esta palabra en Italia, aunque saben de sobra que ninguno de ellos, y sin duda ninguno de los que actuaron en el "Teatrino del Corso" pertenece al Movimiento Social Italiano, o sea al Partido neo fascista. Se trata de una reacción contra la sofocante atmósfera de intimidación, extorsión y violencia que cada día se extiende más en las zonas donde ellos se sienten más fuertes. Esto es lo que dá interés al incidente: la valentía y decisión de esos grupos de patriotas dispuestos a repeler la fuerza con la fuerza, a dar una batalla cuyo futuro desarrollo me prometo seguir con atención.

Durante la confusión que se produjo por las bombas de humo, los del grupo anti comunista arrojaron una gabardina sobre el aparato de proyección y luego resultó que debajo de la gabardina había desaparecido la película. Temiendo que la policía llevara a fondo las investigaciones, cosa que no ha hecho, el que la tenía en su poder fué a buscar a un conocido hispanófilo milanés y se la entregó con objeto de que la llevara a depositar al Consulado. Como en ella se pinta una imágen desolada de Andalucía, suburbios de Almería y barrios extremos de Barcelona donde Goytisolo hace transcurrir la acción de "La resaca", con clara intención de desprestigio y calumnia (en dos crudas secuencias aparece el emblema de la Falanje) el Cónsul se hizo cargo del rollo y me lo remitió por avión. Aparecen en él los autores del film. Anejo a esta carta te envío el paquete que lo contiene, si bien no hay duda de que existirán otras copias; la prensa dijo que en efecto existían y que ha tenido lugar una segunda proyección, lo que no es verdad.

Un saludo de tu buen amigo que se complace en repetirse siempre a tus órdenes,

M. Doussinague

La carta original del embajador de España en Roma al entonces ministro de Exteriores. Fernando María Castiella.

El estudio de Luis E. Parés incluye las noticias publicadas en la prensa de la época y la campaña que se originó en la prensa franquista contra la película y contra Juan Goytisolo a quién, algunos medios, atribuían la autoría del filme. En una carta fechada el 22 de febrero de 1961 el entonces embajador de España en Roma, José María Doussinague relataba al ministro de Asuntos Exteriores, Fernando María Castiella todo el incidente desde su particular perspectiva, en que como puede comprobarse en la carta original, menospreciaba a Juan Goytisolo y achacaba los incidentes a «una reacción de patriotas ante el tono antiespañol que tenía el acto».

Notas sobre la emigración. España 1960, a pesar de los defectos técnicos, propios de dos jóvenes universitarios es, sin embargo, un excelente documento de la época. En los escasos 20 minutos de duración del documental, se desprende la realidad de aquella España oscura en que la pobreza y la miseria alcanzaban a numerosos núcleos de la población. El propósito de un régimen más abierto y de una sociedad que comenzaba a abrirse paso quedaba desmontado con las imágenes que rodaron Jacinto Esteva y Paolo Brunatto. Su película retrataba el rostro de la miseria y de la España anclada en las tradiciones y en el pasado.

El filme nos lleva irremisiblemente a Luis Buñuel, admirado profundamente por Esteva, y a títulos como *Las Hurdes. Tierra sin pan* o *Los olvidados*. Luis E. Parés afirma en su escrito que «la cámara se centra donde nunca antes se había puesto una cámara, mostrándonos una realidad desconocida y oculta por el poder».

La película fue restaurada por la Filmoteca de Cataluña después de que aparecieran sendas copias en Ginebra y Roma, cuando ya se la daba definitivamente por perdida. Una de las primeras proyecciones, tras su hallazgo después de 40 años, tuvo lugar en el Instituto Cervantes de Hamburgo (2-2-2012) en un ciclo organizado por la Fundación Largo Caballero sobre cine y emigración. En ese ciclo estuvo la hija del realizador, Daría Esteva responsable de la productora Únicamente Severo, nombre que es un guiño a la trayectoria de su padre quién dirigiría junto a Joaquim Jordá, también desaparecido, la película *Dante no es únicamente severo*, considerado el manifiesto de la Escuela de Cine de Barcelona. Daría Esteva, quién trabaja en recuperar la obra cinematográfica de su padre, me concedió una extensa entrevista para este libro.

P: ¿Qué sensaciones le produce ver, *Notas sobre la emigración. España 1960*, después de 50 años y cuando se creía irremisiblemente perdida?

R: *Me impresiona mucho, entre otras cosas, porque es la primera película que rodó mi padre, cuando no pensaba ni siquiera dedicarse al cine. En aquel momento, era un estudiante de arquitectura y tenía intención de trabajar en este campo.* Notas sobre la emigración. España 1960 *es, además, la película más radicalmente de denuncia de lo que estaba ocurriendo en España, en el inicio de los* sesenta. *Creo que contiene un germen de esperanza en la medida en que una denuncia siempre espera modificar la realidad que trata.*

P: Es una película perseguida desde el franquismo y una película a la que se hizo desaparecer. Se proyectó en muy pocas ocasiones y ha habido toda una labor de investigación para poder encontrarla. ¿Cómo fue aquella historia? ¿Cómo se contempla actualmente, que un estado montara la que montó para secuestrar la película?

R: *Ahora nos parece muy sorprendente que una película, hecha por dos estudiantes de arquitectura estuviera a punto de provocar un conflicto diplomático entre España e Italia. Ten en cuenta que la película era además un «trabajo de escuela», quería relatar los problemas de alojamiento de los emigrantes españoles en Suiza, un tema, por cierto que roza muy levemente, porque Jacinto y Paolo Brunatto recogieron lo que realmente les interesaba, que era la miseria que había en España y por tanto las causas de la emigración. Es sorprendente que se montara todo aquel revuelo pero fue así, la actitud del franquismo fue realmente esa. Luis E. Parés tiene una frase muy acertada: «el problema que tenía la película para el franquismo es que era como el reverso del Nodo»...*

P: Luis E. Parés ha sido clave para la recuperación de la película Él investigó durante bastante tiempo hasta conocer su historia y recuperar una de las copias del filme.

R: *Cuando me puse a buscar la película en 2009, lo primero que hice fue escribir* Notas sobre la emigración. España 1960, *en un buscador de internet. Me tropecé con la web de Luis Parés que se llama* Celuloides rancios *donde él hablaba de la desaparición de esta película. Además tenía un comentario que me hizo gracia: «A nadie parece importarle que esta película haya desaparecido hace 50 años» y le contesté: «A mí sí que me importa», así contacté con él. Luego nos conocimos y ha sido como un motor que me empujaba a buscar la película Un buen día me recomendó que llamara a Paolo Brunatto. Supe que aun vivía (falleció en 2010) y fue quién me hizo encontrar la primera copia al sugerirme que probara en la Cinemateca Suiza en Lausanne, ya que el filme era de esa nacionalidad. Y efectivamente, allí la localizamos. La segunda copia, que encontró directamente Luis E. Parés, apareció en el Archivo Audiovisual del Movimiento Obrero y Democrático, una pequeña filmoteca de Roma, creada con los fondos del Partido Comunista Italiano al que perteneció Paolo Brunatto. Estaba en mucho mejor estado que la hallada en Suiza y es la que se envió a la Filmoteca de Cataluña para su restauración.*

P: Tu padre te habló de *Notas sobre la emigración* ¿Tenía buenas sensaciones del resultado final del filme?

R: *Mi padre me habló muy poco de sus películas. Para empezar le conocí muy tarde, le conocí de pequeña, pero traté muy poco con él. Cuando empecé a frecuentarle más se dedicaba a la caza en África. Suelo decir en broma, claro, que me enteré que Jacinto hacía cine por Milito Torreiro (crítico de cine) y Esteve Riambau (crítico y director de la Filmoteca de Cataluña) que escribieron un libro sobre la Escuela de Barcelona. Para mí, Jacinto, mi padre, era un cazador de elefantes, no un cineasta.*

P: Era una persona muy inquieta. Hacía cine, fue considerado el fundador de la Escuela de Barcelona, pintaba o fue, como nos decías, *cazador de elefantes*...

R: *Era algo más que una persona inquieta. Su imaginación era más rápida que la realidad y siempre tenía más ideas de las que son humanamente posibles llevar a cabo. Además* sufrió *crisis de angustia durante toda su vida y esto le llevó a tener problemas muy serios con el alcohol que, de hecho, acabó con él (murió prematuramente en 1985, a los 49 años).*

Para mí todos estos temas –el cine, la pintura, la caza–, están relacionados para mí y quiero llegar a explicarlos algún día, de una manera más o menos gráfica. Todos somos un territorio, somos personas con zonas interrelacionadas. Pero en su caso es espectacular, porque son territorios muy diferentes y muy interesantes, desde mi punto de vista.

P: Estaba también la admiración que sentía por Luis Buñuel. *Notas sobre la emigración* tiene imágenes que nos llevan a *Las Hurdes tierra sin pan* o *Los olvidados*. Incluso hubo un momento en que coincidieron sus películas en un acto organizado por el Departamento de actividades Culturales de la Facultad de

Ciencias Económicas como cuenta Parés en su libro *Notas sobre la emigración. España 1960. Apuntes para una película invisible.*

R: *Sí, parece ser que sí, pero de este asunto no me habló... Es verdad que la película ha sido comparada en su planteamiento con* Las Hurdes: Tierra sin pan. *A mí, Jacinto, no me habló del tema y no sé hasta qué punto se inspiró en Buñuel o dejó de hacerlo.*

P: Hay un homenaje a tu padre con Únicamente Severo Films que responde al título de aquella película que originó la llamada Escuela de Barcelona, *Dante no es únicamente severo* y que firmó con Joaquim Jordá.

R: *Sí, así se llama la productora y la cuestión es que la monté para producir la última película de Joaquim Jordá,* Más allá del espejo. *Joaquim no encontraba un productor para terminarla y un día me propuso que la produjera. Imposible negarme, entre otras cosas, por la amistad que tuvo con mi padre y aunque no sabía nada del tema, monté la productora y la llamé Únicamente Severo Films porque unía a Joaquim y Jacinto.*

P: Volviendo a *Notas sobre la emigración* y aquella historia rocambolesca que rodea a la película. El filme obtuvo una serie de premios, entre ellos el de la crítica internacional en el festival de Moscú... Juan Goytisolo propone que la proyecten en Milán como complemento de su novela *La resaca*. Durante la proyección se produce un incidente. Una bomba de humo explota en la sala y en la confusión unos neofascistas italianos se apoderan de la bobina A los pocos días se proyecta en TVE con todas las mutilaciones posibles y con unos comentarios muy diferentes a los de su original.

R: *Así fue y además el franquismo le hizo un favor a la película porque hubiera pasado mucho más desapercibida si no hubieran montado todo este tinglado. Esto hizo que la noticia apareciera en los periódicos del mundo entero. Tengo recortes de periódicos italianos, franceses, ingleses e incluso argentinos y alemanes. La prensa internacional habló del tema con estupefacción... Aparecieron titulares del tipo: «Un documental de escuela, hecho por dos estudiantes, preocupa enormemente al gobierno franquista».*

Cuando conocí a Paolo Brunatto me propuso grabar un documental sobre todas las peripecias que habían rodeado a la película. La idea me pareció fascinante. Paolo Brunatto quería una entrevista con Juan Goytisolo y le puse en contacto con él. También pretendía incluir la versión que se había emitido en Televisión Española. Juan Goytisolo (ver artículo publicado en El País 14-03-2012), que tiene una memoria de elefante, estaba muy interesado en recordar aquello. Pero en los archivos de Televisión Española fue imposible hallar aquella copia manipulada ya que, por lo visto, el Archivo sólo existe desde el año 1962 y Notas sobre la emigración... *se pasó en febrero del 61. Además la mayor parte de los programas no se conservaban, aún no existía el video y no constan, por tanto, más documentos que los de la prensa escrita o la radio...*

P: Quizá alguien tenga aquella copia manipulada...

R: *Luis E. Parés siguió investigando pero no creo que se conserve nada... Paolo Brunatto renunció por ello a hacer el documental ya que consideraba indispensable aquella copia, para comparar las dos versiones, la verdadera y la de TVE, además de la entrevista a Goytisolo. Quería hacer una especie de radiografía de la España del franquismo.*

P: Lo que en el fondo pretendieron Esteva y Brunatto fue contrastar las imágenes de la pobreza extrema que vemos en la película, con la idea de aperturismo económico que se promovía desde el régimen, que como señalé antes, buscaba abandonar la autarquía que le había caracterizado durante las dos primeras décadas de dictadura.

R: *La idea del Nodo que te decía antes. La España turística donde todo es hermoso. Claro, esto es lo que les molestaba. Los regímenes totalitarios tienden a esconder el lado negativo, de ocultar la miseria que tienen detrás.*

P: El caso es que el régimen demonizó completamente a Jacinto Esteva, Paolo Brunatto, y sobre todo a Juan Goytisolo.

R: *Sí, sobre todo a Juan Goytisolo porque al principio le atribuyeron la película (se puede comprobar en el texto del embajador Doussinague al ministro Castiella). Tiene su explicación ya que, evidentemente, Juan Goytisolo era más conocido que Paolo y mi padre, que eran dos estudiantes de veintitantos años y además, ya había escrito sobre «La chanca», que es la zona de Almería que aparece en la película. Tenía un interés conocido por el asunto con lo cual y desde el régimen dijeron que él era el autor. No sé si lo hicieron a sabiendas de que era falso, pero en todo caso, le atribuyeron la película de cara a la opinión pública.*

P: Como estamos viendo, la prueba de la implicación del gobierno español está en la carta del embajador en Roma al por entonces ministro de Asuntos Exteriores, Fernando María Castiella.

R: *Es una carta que pone en evidencia la participación del gobierno franquista en este asunto, del atentado y el rapto de la película. Entre otras cosas puede leerse, «te envío las latas», o sea que muy claro... Por lo visto uno de los cuatro fascistas italianos que entraron en el cine y arrojaron las bombas de humo, le dio las latas a un hispanófilo italiano que a su vez se las entregó al cónsul en Milán. Éste se las envió por avión a Doussinague, el embajador de España en Roma que las remitió a Castiella. Vamos, toda una historia.*

P: Estábamos en los años sesenta **y las imágenes eran terribles. En *La Chanca* había una pobreza que no se diferenciaba nada de las imágenes que provenían del Tercer Mundo. Los voceros de la prensa franquista contraatacaban calificando a *La Chanca* como un pintoresco pueblo de pescadores.**

R: *Intentaban reemplazar la miseria, por la estética de la miseria.*

P: En cualquier caso si la gente ve la película hoy va a ver unas imágenes muy vivas que, 50 años después de su presentación, no han perdido ninguna vigencia porque la emigración sigue siendo algo continuo en la historia de la humanidad.

R: *Es de una actualidad inquietante. Ahora mismo hay otro tipo de emigración, con jóvenes muy preparados que no encuentran en España un trabajo acorde con su formación y se van a otros países. Pero temo que pueda haber una segunda oleada de emigración estrictamente económica como la que se refleja en* Notas... *En todo caso espero que sirva para que la gente que no lo sabe, parece ser que todavía la hay, entienda que nadie emigra por gusto sino por necesidad. Que casi todo el mundo prefiere vivir en su país de origen, con su gente y con su familia, y que además los inmigrantes contribuyen al crecimiento del país al que emigran mientras empobrecen al país del que parten. (los emigrantes siempre han contribuido también a la riqueza de su país de origen aunque la marcha de los más jóvenes y más preparados puede ser una auténtica sangría).*

P: Los africanos y emigrantes de las zonas más desfavorecidas del mundo han viajado engañados por unas imágenes ficticias que les describen una Europa idílica, en la que todo el mundo tiene acceso a todo, y cuando llegan, después de muchas penurias, se dan cuenta en que siguen siendo los parias y además en un país desconocido.

R: *Efectivamente creo que la película lo explica muy bien. Habla de la necesidad de buscar también una solución para frenar la emigración interna, la que va del campo a las ciudades, ya que las zonas industriales, son incapaces de absorber toda esa inmigración proveniente del campo y del extranjero.*

Notas sobre la emigración. España 1960 es un excelente documento de la época que finalmente ha sido recuperado gracias al concienzudo trabajo de Luis E. Pagés y de Daría Esteva, un pequeño documento que nos cuenta lo que no se podía ver durante el franquismo y que responde a la realidad, al *cinema verité,* salvo la última secuencia cuando una familia despide en la estación al padre que emigra a un país europeo. Según contó la propia Daría la escena no es real, está interpretada, pero la niña se escapó y la madre le dio una auténtica bofetada.

En aquellos años la emigración no existía para el régimen. Sin embargo, el esfuerzo de cientos de miles de españoles que se vieron obligados a emigrar contribuyó decisivamente a la mejora de nuestra economía. Fueron las divisas que los emigrantes enviaban a sus familias o las que dejaron los turistas que venían cada vez en mayor número a España, las que ayudaron al despegue de la economía del régimen.

Unos emigrantes que viajaron a países que desconocían completamente. No sabían nada de sus costumbres y menos aún de su idioma. Muchos llegaron con contratos de trabajo pero otros estuvieron sin papeles hasta que pudieron regularizar su situación.

Iban a las fábricas, a trabajar en los restaurantes o cuidaban niños en casas de la burguesía. A España sólo llegaban imágenes de las fiestas en las Casas de España que el NO-DO se encargaba de divulgar.

Las penurias de los emigrantes no se reflejaban y sólo en los años setenta hubo algunos títulos que, en clave de comedia, narraron aquella masiva presencia de españoles en Europa. Hay dos películas estrenadas ambas en el mismo año, 1971, *Vente a Alemania, Pepe* y *Españolas en París* que se adentran, desde diferentes ópticas, en la emigración española.

[...]Durante los años sesenta *apenas hay constancia cinematográfica de la marcha de andaluces, extremeños o castellanos más allá de los Pirineos. Al régimen de Franco no le interesaba reconocer lo que en el fondo y en la forma era un fracaso de su política económica, y una constatación de que en España seguían existiendo problemas de toda índole, por mucho que se quisieran ocultar. (Ver* La memoria escondida*).*

LA ALEMANIA DE PEPE Y «EL LANDISMO»

Ante el éxito popular que tenían sus películas no fue de extrañar que Alfredo Landa fuese el protagonista de una comedia centrada únicamente en la emigración. *Vente a Alemania, Pepe,* que narra las inquietudes de un grupo de aldeanos de un pueblo perdido, *Peralejos,* que se sienten irresistiblemente atraídos por las historias de riqueza y bellas mujeres que según un paisano (José Sacristán) que trabaja en Alemania, se enamoran del primer español que pise su territorio.

Dirigida por Pedro Lazaga, *Vente a Alemania, Pepe* tiene todos los defectos del «*landismo*», pero también envuelve un poso de amargura y de crítica social que aparentemente podría haber quedado oculto por el tono desenfadado que plantea.

A DON EMILIO, Antonio Ferrandis, un exiliado, se le retrata como un personaje amargado que no vuelve a España porque no quiere: «somos el único país del mundo que se muere por ahí de morriña. Es una enfermedad que hemos inventado nosotros. Todos hemos pensado en volver. A pesar de todo es la única tierra que queremos».

Es un filme que retrata la sociedad española de entonces y a la figura del emigrante que partía hacia Alemania u otros países europeos. Muestra la dureza de la emigración, la condición discriminatoria que sufren los emigrantes en el país de acogida, sus esperanzas truncadas.

Vente a Alemania, Pepe, aparcando su lado más cómico y esperpéntico, describe la indefensión de aquellos españoles en un país extraño con idiomas y costumbres diferentes. La soledad del emigrante, su desarraigo y la añoranza por los seres queridos a más de 1.000 km de distancia.

Esa España que proporcionaba mano de obra barata y no cualificada, con un alto índice de analfabetismo y de pobreza no surgió de la nada. En los años sesenta los españoles estábamos muy lejos de la mayoría de los europeos.

Vente a Alemania, Pepe es una crónica de la nostalgia que, a pesar de su tono desenfadado, no esconde los auténticos problemas de la emigración.

CUANDO FRANCIA ERA EUROPA PARA LOS ESPAÑOLES (*ESPAÑOLAS EN PARÍS, LAS CHICAS DE LA SEXTA PLANTA*...)

Aquel mismo año 1971, Roberto Bodegas debutó como realizador con una película, *Españolas en París*, que se integra en la llamada *tercera vía del cine español*. Aquella opción cinematográfica fomentada por el productor y guionista José Luis Dibildos trataba de mostrar un cine intermedio entre la comedia típica y sustentada en el «landismo» y el llamado cine de autor, que a pesar de sus logros individuales no lograba conectar con el gran público. Un cine de calidad que intentó atraer espectadores con títulos como el ya citado o *Los nuevos españoles*, y *Vida conyugal sana*, ambas de Roberto Bodegas y *Tocata y fuga de Lolita* y *Mi mujer es muy decente dentro de lo que cabe*, dirigidas ambas por Antonio Drove.

En *Españolas en París* supimos que a diferencia de *Vente a Alemania, Pepe*, las protagonistas no viajaban a hacer turismo, ni a satisfacer sus deseos sexuales, sino a servir en la correcta, fría y aburguesada sociedad francesa.

También, como en *Vente a Alemania Pepe*, hay nostalgia, recuerdo por la tierra que dejaron atrás, pero la película tiene un tono mucho más realista. Los personajes de la historia eran de carne y hueso, y compartimos con ellos los problemas que tuvieron en un país que les era hostil pero que les soportaba porque hacían el *trabajo sucio*.

ROBERTO BODEGAS UN EMIGRANTE EN LA EUROPA DE LOS CINCUENTA

En una ya lejana entrevista que mantuve con Roberto Bodegas reconstruimos cada detalle de la película e hicimos un repaso de la situación de los inmigrantes en España como una manera de no olvidar nuestro pasado.

Me contó que emigró en el año 56. *Era –me decía– una emigración muy «sui generis» porque entonces las fronteras estaban cerradas prácticamente y había que salir de España con un visado que alguien te garantizaba. No existía todavía la relación de acuerdo o convenios que luego existió con Francia, con Suiza, con Alemania. Era una emigración mitad económica, mitad política. España era un país en el que no se podía respirar.*

P: ¿Había solidaridad en aquella emigración. Cómo fue tu llegada a París?.

R: *En 1956 no se puede decir que había emigración como la entenderíamos en la década siguiente, había un exilio organizado. En aquel París mis primeros contactos, como te decía, fue con gente del exilio, y sí había solidaridad. Yo llegué sólo. Conocí a una chica de servicio, precisamente, en el tren, y el novio de una de sus compañeras, me ayudó a encontrar trabajo. A los ocho días ya trabajaba en una obra.*

P: Esa experiencia inspiró *Españolas en París* con guión suyo, de Dibildos, Mingote y Christian de Chalonge.

R: *Sí, pero aparte de mi experiencia yo había empezado a hacer cine. Bueno la idea del cine que yo tenía como buen militante comunista era servirme del cine como un arma de concienciación social... Había hecho toda mi carrera cinematográfica en Francia, con la libertad con que se trabajaba en ese país. Esa libertad nos había permitido a Christian Chalonge y a mí realizar la primera película en aquella trayectoria de concienciación social que nos habíamos marcado:* O`salto, *que recogía todas las experiencias que yo había tenido con la emigración. Nos planteamos que podía hacerse un cine comercial pero de denuncia y compromiso político. Fue el caso de* O`salto, *una coproducción entre alemanes y franceses que contaba la historia de los emigrantes portugueses. Todo lo que era el paso desde Portugal a España, y la explotación a que eran sometidos. Los dejaban tirados en Salamanca en los camiones frigoríficos en que viajaban y luego pasaban como podían los Pirineos. Era un poco lo que está pasando ahora con los inmigrantes que intentan introducirse en España o en cualquier país europeo. Un señor cogía dos vagones de portugueses para llenar una obra y al terminar los dejaba tirados, con papeles falsos.*

P: ¿Entonces, de su trabajo como ayudante de dirección en *O`salto* nació la idea de realizar *Españolas en París*?

R: *Efectivamente.* O`salto *tuvo mucha repercusión en el Festival de Venecia de 1966, y en Francia porque era una crítica feroz a la burguesía francesa y de ahí nació la idea de continuar con este tipo de cine, haciendo una película sobre la emigración espa-*

ñola. Por aquel entonces el estado franquista alardeaba de un cierto aperturismo que, en realidad provenía por una parte de los emigrantes que salían fuera de España a buscar trabajo y mandaban las divisas, y por otra parte del turismo que entraba por la frontera. Era un camino de ida y vuelta lo que mantenía y lo que hacía desarrollarse un poco a España. Aunque lentamente algo estaba cambiando. Por una parte los turistas tenían unas costumbres y unas libertades, y por otra, el proletariado que salía de España tomaba una conciencia política y sindical. Fue entonces cuando pensamos hacer Españoles en París, *y lo que ocurre es que en el año* setenta, *la escribimos en el* 69, *en España no se podía plantear la película en los términos en que nosotros queríamos, por la censura, y llegamos a un acuerdo entre nosotros, para hacer lo que se llamó tercera vía del cine español. No renunciábamos a la parte sociológica, pero teníamos que tapar esas intenciones con un género como la comedia. Entonces, como decía Torres-Narro, «hicimos la comedia de noticia, y no la comedia de fantasía, que es lo que se hacía en España».* (Extracto de la entrevista publicada en *La memoria escondida*).

Roberto Bodegas trabajó como ayudante de dirección con Christian Chalonge en *O`salto*, la película mítica de la emigración portuguesa y años después Philippe de Guay (*Moliére en bicicleta*) quiso acercarse a las inmigrantes españolas que trabajaron en París cuando él era niño. *Las chicas de la sexta planta* es una comedia blanda pero también irónica, en que se cuenta cómo un grupo de españolas trabaja para familias acomodadas parisinas durante los años sesenta. Asistimos a sus historias personales, a sus recuerdos, sus fracasos y a sus pequeñas esperanzas en el futuro. Chicas que ríen, que se conforman con poco y que viven en una insalubre buhardilla a la que llegan los aromas de los dueños, de los burgueses que correcta y educadamente esperan que su criada de turno les sirva apropiadamente. Criadas y señoras en las que el protagonista, como el propio director Philippe Le Guay, va tomando partido hacia las primeras. Le atraen sus comidas, sus bailes, su alegría y su vitalidad. De una de ellas (Natalia Verbeke) se enamora perdidamente. Demasiados tópicos para una película que sí tuvo una buena acogida comercial.

Ya que me he aproximado a esas *españolas en París* por partida doble, aprovecho para recordar, como contaba Roberto Bodegas, que Christian Chalonge realizó, la ya citada, *O`salto* (1968).

La película cuenta cómo ANTONIO, un carpintero portugués decide emigrar clandestinamente a Francia para evitar ser enrolado en las tropas portuguesas que combatieron durante los años sesenta, en sus colonias de Angola y Mozambique, durante la dictadura de Salazar.

Una vez en París, ANTONIO comprueba cómo las condiciones de vida en la capital francesa son muy difíciles para los inmigrantes que viven en condiciones casi inhumanas. Christian de Chalonge estuvo estudiando *in situ* el entorno social del protagonista y de otros inmigrantes del millón y medio de portugueses que emigraron a Francia entre 1960 y 1974.

La película, que puede encuadrarse en el denominado *cinema-verité*, es un documento humano que describe con las imágenes, por encima de los diálogos, el rechazo y la incomprensión de los franceses a la situación que vivían los portugueses y otros inmigrantes llegados del sur de Europa. Venían de países pobres y la mayoría continuó siendo pobre en el país que les acogió.

O Salto, premiada en Francia con el «Jean Vigo» y en el festival de Venecia (Oficina Católica Internacional de Cine), es una película de denuncia, valiente y directa que quiere que el público conozca lo que realmente ocurría en Francia con los inmigrantes durante los años sesenta.

La revisión de la emigración portuguesa en Francia ha tenido un refrendo reciente, *La jaula dorada,* en la que el también realizador francés, aunque de orígenes portugueses, Rubén Alves, trata la emigración de los inmigrantes lusos en Francia a través de una pareja, MARÍA (Rita Blanco) y JOSÉ (Joaquim de Almeida) que viven, desde hace tres décadas, en la planta baja de un selecto edificio parisino. Ella es la portera y él un albañil que, además ayuda en lo posible en los problemas domésticos del resto de vecinos del edificio. Así, cuando MARÍA y JOSÉ, reciben como herencia unas tierras en Portugal y se plantean volver a su país, los vecinos intentan hacer todo lo humanamente posible para que continúen con ellos.

Una película tratada de forma amable, que tiene mucho de esa nostalgia del inmigrante, que aunque haya vivido durante muchos años en un país que no el suyo, sigue sin adaptarse, sintiéndose como un intruso. Una película con mucho sentido del humor pero en la que los tópicos siguen estando a la orden del día.

OTROS EMIGRANTES EN EUROPA (*UN FRANCO CATORCE PESETAS, EL TECHO DEL MUNDO, EL TREN DE LA MEMORIA...*)

Tras este breve paréntesis y volviendo a las películas vinculadas a la presencia española en Europa, en los años sesenta los vínculos del emigrante con la tierra que había dejado atrás eran prácticamente inexistentes... Sólo las cartas de los familiares eran una manera de mantener contacto con los suyos, y únicamente una cadena como Radio Nacional en sus emisiones para el exterior y posteriormente Radio Exterior de España les permitía escuchar noticias de su país, en su idioma. Gracias a ella –como pude constatar al comenzar a trabajar en REE en 1977–, los emigrantes no perdían contacto directo con su tierra; tarareaban las canciones que se escuchaban en España; vivían los goles de sus equipos o casi reconocían los olores de sus platos favoritos. Actualmente REE ya no tiene el peso de antaño.

La radio, y no podía ser otra en aquellos años, tenía gran influencia entre los emigrantes españoles, como se constata en *Vente a Alemania, Pepe* donde se escucha una retrasmisión deportiva a través de Carrusel Deportivo, un error, ya que sólo se oía el Tablero Deportivo de Radio Nacional / Radio Exterior.

Además de *Vente a Alemania, Pepe* y *Españolas en París* dos filmes que, aunque muy diferentes, abordan la emigración de los españoles a Europa, se produjeron otras películas que han incluido secuencias que reflejan esa presencia difícil de nuestros emigrantes en varios países europeos.

En *Tamaño natural*, Luis García Berlanga incluyó una de las escenas más dramáticas de nuestro cine. Aquel filme en que retrató la soledad del ser humano, a través del burgués solitario (Michel Piccoli) que conversaba sin oposición con su muñeca o que daba rienda suelta a sus fantasías sexuales, fotografía a un grupo de emigrantes españoles en Francia, que viven hacinados en barracones y que consiguen hacerse con la muñeca y violarla, dando rienda suelta a toda la represión que habían sufrido y sufrían en aquellos momentos. *Tamaño natural*, la película más personal de Luis García Berlanga junto a *París-Tombuctú*, fue estrenada en 1973, aunque la censura impidió que llegase a España hasta varios años después. En su último filme *París-Tombuctú*, Berlanga, cronista de la actualidad, tampoco olvida la presencia de inmigrantes en nuestro país, como una manera de ayudarnos a constatar la realidad que vivíamos.

Otro título que incide en la condición de emigrante del protagonista es *Poniente* (2002) de Chus Gutiérrez, que recuerda el pasado de Curro (José Coronado) un español que ha vivido varios años en Europa y encuentra que en Almería, los inmigrantes sin papeles, los que trabajan en los invernaderos viven en condiciones casi infrahumanas, soportando altísimas temperaturas y cobrando salarios de miseria.

Curro conoce a Lucía (Cuca Escribano), una maestra que vuelve a su tierra después de muchos años viviendo en Madrid y nace entre ellos una historia de pasión y amor en un ambiente cada vez más tenso y discriminatorio hacia los inmigrantes por parte de los caciques del pueblo.

La directora, Chus Gutiérrez, recordó cuando se estrenó que «somos un país de inmigrantes que por razones económicas y políticas hemos emigrado durante años y la migración siempre ha sido igual de dura. Alguien que tiene que irse porque en su país de origen se les niega el futuro. Entrevisté a muchos emigrantes españoles y todos transmitían dolor, desarraigo, y pasaron las mismas penalidades que los que ahora vienen a España. Llegaron a contarme que había mujeres emigrantes en Suiza que se orinaban encima para no dejar de trabajar. Y sí, la película tiene un componente social, político o de compromiso pero lo que pretendí es que el público se implicase de sus personajes, de sus debilidades y de sus fortalezas.»

La realizadora granadina explicó que *quería establecer un paralelismo entre quienes vienen a la España de hoy y los españoles que emigraron, y quizá* –dijo– *una de las imágenes que más me gustan de la película sea la de algunos españoles llegando a una estación de tren en alguna parte. Esas son nuestras caras de hace 50 años.* Un filme muy notable, firmado, como digo, por Chus Gutiérrez, una de nuestras directoras más sólidas, que se ha distinguido por tratar estas cuestiones en éste o en otros títulos como *Retorno a Hansala*, una excelente película que trataremos más adelante, y que se adentra en las raíces de la inmigración. También ha dirigido filmes de carácter musical como *El calentito*, ambientada en la movida madrileña, de la que ella misma formó parte en el grupo Las Xoxones o *Ciudad Delirio*, estrenada en 2014 que es un recorrido por los ritmos caribeños en la ciudad colombiana de Cali, la más *salsera* del mundo, aderezada, eso sí, por una historia de amor.

Emigrantes españoles de viaje a un país europeo en *El tren de la memoria*.

EL TREN DE LA MEMORIA

Uno de los títulos que más me ha interesado sobre la emigración española a Europa es *El tren de la memoria*, un trabajo concienzudo y contrastado de Marta Arribas y Ana Pérez, las dos realizadoras del documental, que tuvieron que recuperar numerosas imágenes de los archivos de las televisiones europeas, ya que en España no constan testimonios negativos o poco triunfalistas de nuestras estancia en Europa y no se reconocían, por tanto, los problemas que tenían nuestro emigrantes.

Es una película que nos habla de españoles que dejan todo atrás para mejorar sus condiciones de vida y la de los suyos; del rechazo y la discriminación a que fueron sometidos cuando llegaron a Alemania; de sus condiciones de trabajo; de sus casi insalubres alojamientos; de los pocos momentos en que pudieron divertirse o de sus casi imposibles relaciones sexuales...

Te identificas con las personas que cuentan su historia a través de Josefina, una antigua emigrante que regresa de Núremberg para reencontrarse con sus compañeros de trabajo. Ella toma el tren en una moderna estación muy alejada de aquella de la que salió en los años sesenta junto a más de un millón de compatriotas, la mitad sin papeles y un 80 % analfabeto. Josefina representa el coraje de aquellos españoles que lucharon por una vida mejor. El suyo es el viaje que debieron emprender miles de españoles a un lugar desconocido, que ni siquiera muchos sabían situar en el mapa, para buscar una mejora en sus condiciones de vida y ayudar a los familiares que se quedaban en España. El viaje interminable en unos desvencijados trenes; o como ya he dicho el trato que recibieron a su llegada; las pésimas condiciones de las viviendas que se les facilitaron o la dificultad del idioma. En contraste la solidaridad y apoyo entre los españoles; los primeros movimientos reivindicativos ; el regreso, si se produjo en algún momento, o las complicaciones que encontraron para readaptarse a la vida española que habían dejado atrás son algunos de los temas que recoge *El tren de la memoria.*

La película de Marta Arribas y Ana Pérez, que ganó el premio del Jurado en el Festival de Málaga de 2005, reivindica al mismo tiempo los derechos que les fueron negados a aquellos inmigrantes y en especial a las mujeres. Es una película que sigo creyendo, merecería verse en los colegios y en los institutos para que los alumnos reconozcan el pasado de los suyos y conozcan cómo era este país no hace más de medio siglo.

Ana Pérez y Marta Arribas forman un tándem sólido y convincente en el panorama del documental en España. Su último título, *Un sitio donde quedarse* (2014) trata sobre el mundo de los adolescentes con problemas, ingresados en centros de acogida. El documental recoge cómo se plantea su vida cuando cumplen la mayoría de edad. Con anterioridad realizaron filmes como *Cómicos* (2009), con un oficio en peligro de extinción, el de los actores itinerantes que siguen viajando de pueblo en pueblo con su repertorio de autores clásicos y contemporáneos o *Héroes sin armas* (2010), en que reivindicaban a los fotógrafos españoles durante la Guerra Civil, injustamente olvidados por la repercusión internacional de otros profesionales como Robert Capa.

Javier Gutiérrez y Carlos Iglesias, también director de la película, llegando al pueblo suizo donde se desarrolla la historia de *Un franco, catorce pesetas.*

UN FRANCO, CATORCE PESETAS

Carlos Iglesias es un actor popular, reconocido sobre todo por sus papeles cómicos en series televisivas (*Manos a la obra*) o películas como *El Caballero D. Quijote,* de Manuel Gutiérrez Aragón, en que interpretó a Sancho Panza. Pero en 2006 sorprendió a todos realizando su primer largometraje *Un franco, catorce pesetas*, una historia sencilla, lineal pero sobre todo sincera, basada en su propia experiencia y la de su familia, cuando fueron emigrantes en Suiza durante los años sesenta.

Carlos Iglesias, con el que he coincidido en diversas ocasiones y al que tuve ocasión de entrevistar, me contó que tuvo necesidad de narrar aquella historia *que hasta entonces nadie la había contado, salvo en títulos como* Vente a Alemania, Pepe, «pero sobre todo cuando vio que el país se estaba llenando de inmigrantes y sentía el rechazo visceral que había en buena parte de la población. Era no reconocer nuestra propia historia».

Carlos Iglesias, que todos los años regresa por lo menos una vez a Suiza, me comentó que es un país fácil de querer, en el que fue muy feliz de los 5 a los 13 años en que regresaron a España. En algún momento, no obstante, sintió el rechazo que hay hacia los inmigrantes, aunque en la balanza son más las cosas positivas que las negativas.

«Cuando comencé a documentarme para las películas que he realizado –dijo– me di cuenta de que la mayoría de los emigrantes que fuimos a Suiza tenemos unos recuerdos y una nostalgia brutales. Probablemente porque nos ha tratado mucho más justamente que el nuestro. Porque España siempre nos ha empujado a salir, bien por cuestiones económicas o por motivos políticos».

Un franco, catorce pesetas es una comedia dramática que narra la emigración de dos trabajadores españoles (Carlos Iglesias y Javier Gutiérrez) a los que les han cerrado la fábrica y que apenas, hasta ese momento, han salido de su barrio. Es una emigración dura, como toda emigración pero al mismo tiempo adquiere un tono idílico en el pueblecito suizo donde se desarrolla, con unos paisajes bellísimos y donde el tiempo parece detenerse.

Allí los dos amigos trabajaron durante años, se llevaron a sus familias y ahorraron algún dinero para comprarse un piso en la todavía oscura España de los años setenta.

Carlos Iglesias me reconoció que lo complicado para él fue volver y dejar atrás un ambiente en el que ya se había integrado. En el filme queda patente el contraste entre los valles y las montañas suizas donde se respira libertad y el oscuro Madrid al que vuelven, a un piso donde las vistas no llegan más allá de la ropa que tienden los vecinos en el patio.

Un franco, catorce pesetas es el resultado de su propia experiencia y también la vivida por otros muchos emigrantes que tuvieron una situación similar a la suya con una visión positiva de la emigración, sobre todo en lo que se refiere en dejar atrás la miseria y la cerrazón de aquella España de los sesenta y encontrar un país de costumbres mucho más libres y abiertas, aunque en la mente de todo emigrante siempre quede el deseo de regresar. La película es un homenaje a su padre, un hombre que trabajó toda su vida y que se emocionó cuando pudo ver en la pantalla su propia historia, narrada por su hijo. La película habla también de la amistad y solidaridad entre emigrantes españoles e italianos, de la comida y de unas mujeres fuertes y decididas. «Me gusta saber –comentó Carlos Iglesias– que las mujeres se sienten bien tratadas en esta película. El personaje de la madre es el de una mujer capaz de perseguir lo que quiere hasta extremos inconcebibles.»

En 2014, ocho años después, realizó *Dos francos, cuarenta pesetas*, con los mismos protagonistas. El matrimonio regresa a Suiza para asistir al bautizo del niño de sus mejores amigos, lo que le sirve de excusa para estar cerca de su hijo que, con un amigo, ha viajado en inter-raíl y auto-stop hasta el lugar en que pasó su infancia y primera adolescencia. En realidad fue el primer viaje turístico de los protagonistas, sus padres, que volvieron a Uzwil, el pueblo en el que vivieron y trabajaron. Su padre, MARTÍN en la película, volvió con la idea de encontrar trabajo de nuevo, pero se dio cuenta de que aquella etapa ya había pasado.

Es una comedia, con momentos de mucho humor, que Carlos Iglesias hizo *para reírnos de nosotros mismos, de los suizos y ver a día de hoy, que ésta no es la única crisis que hemos vivido y que de todas hemos salido de una u otra manera.* La película acaba en 1975, el día en que muere Franco.

Antes de *Dos Francos cuarenta pesetas*, en 2010, Carlos Iglesias fue el primero en llevar a la ficción la presencia de los niños de la Guerra en la Unión Soviética. *Ispansi* es una reflexión sobre las dos España y esas continuas diferencias que se han vivido a lo largo de la historia. Un melodrama con tintes trágicos y la guerra como telón de fondo que trataré en el capítulo vinculado al exilio. A Carlos Iglesias hay que atribuirle que es uno de nuestros directores más directos a la hora de narrar la presencia española en el exterior y dejar constancia a las nuevas generaciones de lo que fue nuestro pasado, para que no perdamos la memoria, que es una circunstancia que, *con demasiada frecuencia, ocurre en nuestro país.*

EL TECHO DEL MUNDO Y LA MEMORIA

Esa constatación la tenemos en *El techo del mundo*, película del realizador leonés, Felipe Vega, que me dio la idea para publicar mi anterior libro *La memoria escondida* y que he citado con frecuencia en estas páginas.

Viendo *El techo del mundo*, película realizada a finales de los noventa, comprendí que se estaba olvidando nuestra historia, y en particular nuestra condición de emigrantes.

A través de JUAN (Santiago Ramos) un español que lleva 20 años trabajando en Suiza y que por fin obtiene la nacionalidad, asistimos a la transformación de un personaje abierto, solidario que da trabajo a todos los que puede, en su pequeña empresa y que a raíz de un accidente pierde la memoria. Considera entonces, que los que no son suizos como él, no merecen trabajar, tampoco los que no tienen su mismo color de piel... No quiere aceptar al diferente.

El techo del mundo es una película que no tuvo apenas repercusión pero que, como ninguna otra, incide en nuestro pasado y reivindica la memoria para que no suframos la amnesia que padece el protagonista.

Quise hacer El techo del mundo –me relató Felipe Vega– *por mi propia experiencia como emigrado, desde luego de lujo, en los años* setenta *en Suiza. Conviví con los emigrantes españoles y sus problemas... El problema del idioma, de no hablar el idioma francés era una gran dificultad. Yo sí lo hablaba, y les servía de intérprete. Pasábamos mucho tiempo junto en las Casas de España que eran lugares habituales de reunión. Me dio tiempo a conocer quién era la gente que iba a allí, de donde venían, por qué estaban y cómo vivían. Con esa experiencia en el año 1991,* 20 *años después de mi estancia, expuse a un productor la posibilidad de introducirnos en ese ambiente y buscar que había pasado con esos hombres que yo había conocido en los años* setenta.

Viajé primero a Francia, al sur, porque había una cosa que me llamaba especialmente la atención y que también está en la película, la cada vez mayor ascendencia de votantes del Frente Nacional, la coalición ultraderechista de Le Pen. (En 2014 vimos cómo el partido de Marine Le Pen, la hija del líder ultraderechista, obtuvo un 23 % de los votos en las europeas y según las encuestas el Frente Nacional obtendría un considerable número de votos en las próximas elecciones legislativas francesas). *Hay un dato* –continuó Felipe Vega– *que realmente es desconcertante, que pude confirmar, y es que gran parte de los votantes del Frente Nacional eran extranjeros de primera generación que, al ver peligrar sus puestos de trabajo, se estaban volviendo tan conservadores como los propios franceses. [...].*

P: Cuando hizo *El techo del mundo* quedaban todavía muchos inmigrantes económicos y algunos políticos. ¿No fue en principio muy fluida la relación entre los sectores de la emigración española, verdad?

R: *Hay una cosa muy interesante en lo que expones, sobre todo, en algo que pude constatar en esas primeras localizaciones en el sur de Francia. Es que para hacer una aproximación sociológica al tema hay que tener cuidado en no mezclar la emigración «económica», con la emigración que se produjo como resultado de la Guerra Civil, pero allí, en el sur de Francia, coincidían todos. Gran parte de las quejas de los emigrantes no políticos de los años cincuenta y mediados de los* sesenta *es que se encontraron con que los emigrantes republicanos, anarquistas, comunistas que habían sentado sus bases en aquella zona, les rechazaban y les acusaban de que no tenían ninguna conciencia política. Evidentemente no tenían esa conciencia política. Ellos huían de la precariedad, se movían por cuestiones meramente económicas, lo que ocurre es que llega un momento que es muy difícil distinguir entre la emigración económica y la emigración política. Es decir, en el caso español, la Guerra Civil si marcó diferencias. Los españoles que estaban del otro lado de la frontera, nacionalistas catalanes, por ejemplo, estaban en ese lado porque si pasabas al otro acababas en la cárcel, y eso, es indudable, creaba diferencias.*

P: *El techo del mundo* está construido como un cuento, una fábula moral...

R: *Claro. Yo elegí la idea de la fábula, no me cuesta nada decirlo, porque quería construir una historia positiva. En ese sentido, alguna gente ha comparado la película con el cine de Loach, aunque creo que no tiene nada que ver. Hay un tipo de maniqueísmo en el cine de Loach que yo no comparto y yo quería huir de eso.*

El personaje que interpreta Santiago Ramos en El techo del mundo *padece una pérdida de memoria. El regreso a sus orígenes, el regreso a lugares físicos, las montañas, los prados, las vacas, todo ese mundo que forma parte del pasado aflora en su cabeza. De alguna manera ese reencuentro con el pasado le asienta y le ayuda. Creo que en la vida real esa situación puede producirse. Es decir, creo que los emigrantes que viajan todos los años de vacaciones en verano o Navidad a sus pueblos de origen recuperan sus recuerdos.*

Felipe Vega tiene en su filmografía otros títulos como *Mientras haya luz*, con el que obtuvo el premio de jóvenes realizadores en el festival de San Sebastián de 1987; *El mejor de los tiempos*, que recibió idéntico galardón en San Sebastián, dos años después, y que es una decidida, valiente y cómplice mirada a la juventud; la comedia *Un paraguas para tres* (1992), en la que también se acerca a los jóvenes casi con una mirada *rohmeriana;* la comedia de encargo, *Grandes Ocasiones* (1997), interpretada por Andrés Pajares y Rosa María Sardá en 2004, *Nubes de verano*, un filme que cuenta la relación de una pareja y los problemas que encuentran cuando irrumpe en sus vidas un personaje capaz del engaño y la maldad más ruin con el único propósito de conseguir sus fines. Posteriormente ha realizado *Mujeres en el parque* y el documental *Eloxio da distancia.*

NUESTROS NUEVOS EMIGRANTES (*PERDIENDO EL NORTE, EN TIERRA EXTRAÑA...*)

Fuimos durante siglos país de emigrantes, después durante unos años fuimos receptores de inmigrantes y ahora parece que volvemos a coger la maleta con más de cuatro millones de parados.

La historia se repite y es lo que parece recordarnos Nacho G. Velilla que en 2015 estrenó *Perdiendo el norte* en que dos jóvenes brillantes y con amplios estudios deciden emigrar a Alemania para conseguir trabajo.

En tono de comedia, como en su tiempo *Vente a Alemania, Pepe* y con momentos menos dramáticos que *Un franco 14 pesetas*, *Perdiendo el norte* tiene un tono ligero pero, en lo sustancial aborda todos los temas que afectan a los jóvenes españoles. Se dice que es la generación mejor formada de nuestra historia pero, en contrapartida, salen de su propio país para llevar sus conocimientos a cualquier otra parte. Nacho G. Velilla busca a través del personaje de José Sacristán, un viejo emigrante, recuperar la memoria y que no se nos olvide cuál fue nuestro pasado. José Sacristán es un poco el «*pepito grillo*» de los nuevos emigrantes, el que les recuerda de donde proceden y de cómo sus abuelos debieron vivir experiencias muy duras durante los años 60 y 70 para facilitar a sus hijos y nietos un futuro mejor.

Perdiendo el norte no deja de ser un homenaje a aquellos emigrantes y en cierto modo, al poco cine que se hizo sobre las experiencias que vivieron. En el filme, los dos amigos viajan a Berlín después de que Hugo (Yon González) no haya podido comenzar a trabajar como director financiero de una empresa, por la detención de los principales directivos a causa de supuestos casos de corrupción; mientras que Braulio (Julián López) becado como investigador, ve cómo de la noche a la mañana es despedido, porque se han quedado sin fondos para mantener a los becarios.

Alemania es una solución después de que ven en televisión a un licenciado que, en un programa tipo *Españoles en el mundo*, habla del maravilloso trabajo que tiene y de una vida completamente feliz.

Llama la atención ver a los dos amigos llegando a Berlín, casi como el Pepe de *vente a Alemania.* Parecen dos indocumentados en lugar de dos jóvenes preparados. No parecen manejarse en ningún idioma y muestran un cierto desconcierto cuando llegan a la ciudad. Otro cosa no, pero los jóvenes de hoy han viajado mucho más que sus mayores gracias a los vuelos de bajo coste u opciones similares.

Quizá Nacho G. Velilla quiso caricaturizar esa presencia de españoles en Alemania que tienden a relacionarse con otros compatriotas o inmigrantes procedentes de otros países. Es una historia de españoles en Alemania y de españoles en España que confían en que sus hijos triunfen. Braulio y Hugo hacen todo lo posible por poder conseguir un trabajo digno pero como sus abuelos tienen que lavar platos, recoger la basura o limpiar los baños. Las cosas no son fáciles para nadie. Ni antes ni ahora.

Perdiendo el norte, incluye la risa, que no deja de ser importante en estos tiempos, con varios *gags*, situaciones de enredo, una historia de amor y hasta un recorrido nocturno por el Berlín navideño.

Dentro de unos años será testimonio de que los españoles emigrábamos a Europa en pleno siglo xxi. Nacho García Velilla, autor de filmes como *Fuera de carta* o *Que se mueran los feos*, consigue con *Perdiendo el norte*, recordar que la crisis continúa y que además de cuatro millones de parados (agosto 2015) hay miles de españoles que han tenido que hacer las maletas para ganarse la vida fuera de España.

ICÍAR BOLLAÍN, SIEMPRE COMPROMETIDA CON SU TIEMPO

Icíar Bollaín, aquella niña de *El sur* de Víctor Erice, es desde hace años una excelente directora con títulos como *Flores de otro mundo*, *Te doy mis ojos* o *Katmandú. Un espejo en el cielo*. En su primer documental, *En tierra extraña* ha mirado también a esos españoles que han tenido que emigrar como consecuencia de la crisis.

Icíar Bollaín se pregunta qué es lo que ha provocado el éxodo masivo como consecuencia de la crisis y al mismo tiempo recoge los testimonios de decenas de españoles que cuentan cómo viven y sobre todo cómo se sienten fuera de sus casas y de su entorno.

La cineasta ha llevado su cámara hasta la ciudad escocesa de Edimburgo, una ciudad dinámica, con una gran actividad cultural al que han llegado unos 30.000 españoles en estos últimos años, siendo la ciudad del Reino Unido a la que más emigramos.

En tierra extraña le supuso a Icíar Bollaín dos años de exhaustivo trabajo tanto en el proceso de documentación, como de rodaje y posterior montaje. Ha buscado contar la realidad con naturalidad y trasmitirnos a todos que sienten esos españoles que un día decidieron marcharse hartos de la situación que vivimos.

La mayor parte de esos españoles que viven en Edimburgo es que trabajan en lo que nadie quiere: recogiendo basura, limpiando platos u ocupándose de la limpieza en los hoteles o domicilios particulares. La mayoría de las numerosas opiniones recogidas por Icíar Bollaín coinciden en que por lo menos es un trabajo dignamente pagado y con un sueldo que reciben puntualmente.

Icíar Bollaín consigue con este documental que hablemos de lo que está pasando, de que nos preguntemos porque ha ocurrido y por qué hay millones de personas que continúan sufriendo las consecuencias de esta crisis. Ha entrevistado a gente de todas las edades en España y Edimburgo y ha conseguido que seamos nosotros, los que nos convirtamos en cómplices solidarios de cada una de sus historias, muy alejadas de las triunfalistas que vemos en la mayoría de programas televisivos como *Españoles en el mundo*.

Gentes de la calle, ciudadanos como protagonistas al que Icíar Bollaín añade extractos de un monólogo del actor Alberto San Juan, *Autorretrato de un joven capitalista español*, en que el actor investiga los orígenes de esta crisis en España, remontándose hasta los años cincuenta y la unión de los países capitalistas para organizar el mundo a su medida.

Para la guionista Alicia Luna, colaboradora de Icíar Bollaín en títulos como *Te doy mis ojos*, la mirada de la cineasta sobre el actual movimiento migratorio español, horada en la llaga socioeconómica, obligando al espectador a hacerse una terapia pertinente.

En tierra extraña se presentó por primera vez en el festival de San Sebastián de 2014, con quinientos espectadores que, de una u otra forma, participaron en el coloquio posterior celebrado tras la proyección. «Lagrimas –dijo Alicia Luna– y como siempre ocurre con Icíar, más que bravos lo que la gente quiere es abrazarla, agradecerle el talento, el tiempo que se toma para reflexionar sobre los problemas de todos, la cercanía, el que siempre sea una más en el bosque de personas, la sinceridad y el riesgo que lleva emponzoñarse en ella.»

La presencia española en el exterior en 2015 con títulos como los citados ahora o en capítulos anteriores (*10.000 Kilómetros* o *La vida inesperada*) son la constancia de que los españoles hemos sido, somos y seremos un país de emigrantes.

Lo relatan y lo hacen nuestros cineastas pero también nos han visto desde fuera prestigiosos realizadores como Jean Renoir en películas como *Toni*. Pero prefiero que éste y otros títulos se integren en el capítulo en que abordaremos la emigración en toda Europa.

FICHAS DE LAS PELÍCULAS:

TÍTULO: *Notas sobre la emigración.*
PAÍS: Suiza. **AÑO**: 1960. **DURACIÓN**: 19'. Documental. **DIRECTOR**: Jacinto Esteva y Paolo Brunatto. **GUIÓN**: Jacinto Esteva y Paolo Brunatto. **FOTOGRAFIA**: Jacinto Esteva y Paolo Brunatto.
FRASE: Más bien imágenes: Escenas de niños desnudos en la Chanca de Almería, la más absoluta miseria, No muy alejada de esas otras imágenes en que vemos niños muriendo de hambre en países del África subsahariana.
CALIFICACIÓN: ★★★★☆
DISTRIBUIDORA: Filmoteca de Cataluña.

TÍTULO: *Vente a Alemania, Pepe.*
PAÍS: ESPAÑA. **AÑO:** 1971. **DURACION:** 97'. Comedia **DIRECTOR:** Pedro Lazaga. **GUIÓN:** Vicente Escrivá y Vicente Coello. **FOTOGRAFIA:** Raúl Pérez Cubero. / Color. **MUSICA:** Antón García Abril. **MONTAJE:** Alfonso Santacana. **INTÉRPRETES:** Alfredo Landa, José Sacristán, Antonio Ferrandis, Tina Sainz, Gemma Cuervo, Fernando Guillén, Manuel Summers.
FRASE: La llegada de Alfredo Landa (*Pepe)* a la estación de tren en Alemania. Un ejercicio de estupor, incredulidad, desesperación, sorpresa o ignorancia. Nadie estuvo nunca tan perdido en una película española. Tuvo más de dos millones de espectadores en salas.
CALIFICACION: ★★☆☆☆
VIDEO: Mercury Films.

TÍTULO: *Españolas en París.*
PAÍS: ESPAÑA. **AÑO:** 1971. **DURACIÓN:** 93'. Comedia dramática. **DIRECTOR:** Roberto Bodegas. **GUIÓN:** Roberto Bodegas, José Luis Dibildos, Antonio Mingote, Christian de Chalonge. **FOTOGRAFÍA**: Rafael Casenave. Color. **MÚSICA:** Carmelo Bernaola. **CANCIONES**: *Palabras para Julia,* letra de José Agustín Goytisolo, compuesta e interpretada por Paco Ibáñez. *EL brindis,* interpretada por Manolo Escobar y *Yo te daré,* interpretada por Cristina y los Stop. **MONTAJE:** Petra de Nieva. **INTÉRPRETES:** Ana Belén, Laura Valenzuela, Máximo Valverde, Tina Saínz, Elena María Tejeiro, José Luis López Vázquez, José Sacristán, Emma Cohen, Simón Andréu, Pierre Vernier, Françо Arnoul, Teresa Rabal, Yelena Samarina, Gela Geisler, Antón Pica, Tota Alba, Porfiria Sanchiz, Elsa Zabala.
FRASE: La canción de Paco Ibáñez según poema de José Agustín Goytisolo *«Tu no puedes volver atrás porque la vida ya te empuja cómo un aullido interminable (rep) Te sentirás acorralada, te sentirás perdida o sola tal vez querrás no haber nacido (rep) Pero tú siempre acuérdate de lo que un día yo escribí pensando en ti (rep) como ahora pienso.*
La vida es bella ya verás cómo a pesar de los pesares tendrás amigos, tendrás amor tendrás amigos Nunca te entregues, ni te apartes junto al camino nunca digas no puedo más y aquí me quedo (rep.).
CALIFICACIÓN: ★★★☆☆
VIDEO: Divisa ediciones.

TÍTULO: *Las chicas de la sexta planta* (les femmes du 6éme ètage).
PAÍS. Francia. **AÑO:** 2010. **DURACIÓN:** 106'. Comedia. **DIRECTOR:** Philippe le Guay. **GUIÓN:** Philippe Le Guay, Jerôme Tonerre. **FOTOGRAFÍA:** Jean-Claude Larrieu. **MÚSICA:** Jorge Arriagada. **INTÉRPRETES:** Fabrice Luchini, Sandrine Kiberlain, Natalia Verbeke, Carmen Maura, Lola Dueñas, Berta Ojea, Nuria Solé, Concha Galán, Muriel Solvay, Annie Mercier.
CALIFICACIÓN. ★★½☆☆
DISTRIBUIDORA / DVD: Emon / Savor.

TÍTULO: *O'salto.*
PAÍS: Francia / Portugal. **AÑO**: 1968. **DURACIÓN**: 88'. Drama. **DIRECTOR**: Christian de Chalonge. **GUIÓN:** Roberto Bodegas y Christian de Chalonge. **FOTOGRAFÍA:** Luis Cília. **MÚSICA:** Alain Derobe.
INTÉRPRETES. Marco Pico (Antonio) Ludmila Mikael (Dominique) Antonio Passalia (Carlos), Henrique de Souza (Alberto).
CALIFICACIÓN: ★★★⯪☆
DVD / DISTRIBUIDORA: plataformas digitales.

TÍTULO: *La jaula dorada* (la cagé doreé).
PAÍS: Francia / Portugal. **AÑO:** 2013. **DURACIÓN:** 90' Comedia dramática. **DIRECTOR**: Rubén Alves. **GUIÓN:** Hugo Gélin, Rubén Alves, Jean-André Yeules. **FOTOGRAFÍA:** André Szankowski. **MÚSICA:** Rodrigo Leao. **INTÉRPRETES:** Joaquin de Almeida, Rita Blanco, Roland Giraud, Chantal Lauby, Lannick Gautry, María Vieira, Jacqueline Corado, Jean Pierre-Martins.
CALIFICACIÓN: ★★★☆☆
DVD / DISTRIBUIDORA: Surtsey films. Plataformas digitales.

TÍTULO: *Un franco, catorce pesetas.*
PAÍS: España. **AÑO**: 2006. **DURACIÓN**: 105'. Comedia dramática. **DIRECTOR:** Carlos Iglesias. **GUIÓN:** Carlos Iglesias, en colaboración con Central de Guiones. **FOTOGRAFÍA**: Tote Trenas. **MÚSICA:** Mario de Benito. **MONTAJE:** Luisma del Valle. **INTÉRPRETES:** Carlos Iglesias (Martín), Javier Gutiérrez (Marcos), Nieve de Medina (Pilar), Isabel Blanco (Hanna), Iván Martín (Pablito), Eloísa Vargas (Luisa), Aldo Sebastianelli (Tonino), Ángela del Salto (Carmen).
FRASE / SECUENCIA: Cuando viajan en el tren tiran un papel al suelo y una señora suiza lo recoge y sin decirles nada lo introduce en una papelera.
Hay otros muchos momentos entrañables y divertidos como cuando intentan averiguar cuál es la utilidad del papel higiénico y se preguntan qué hacen entonces con los periódicos.
CALIFICACIÓN. 4 estrellas.
VIDEO: Buenavista home video.

TÍTULO: *Dos francos, 40 pesetas.*
PAÍS: España. **AÑO**: 2014. **DURACIÓN:** 100'. Comedia. **DIRECTOR:** Carlos Iglesias. **GUIÓN:** Carlos Iglesias. **FOTOGRAFÍA**: Paco Sánchez Polo. **MÚSICA:** Mario de Benito. **MONTAJE**: Miguel Santamaría. **INTÉRPRETES**: Calos Iglesias, Javier Gutiérrez, Nieve de Medina, Luisber Santiago, Adrián Expósito, Isabel Blanco, Eloísa Vargas, Iñaki Guevara, Esther Regina, Isabelle Stoffel, Tina Sainz, Roberto Álvarez, Aldo Sebastianelli, Ángela del Salto, Marta Puig, Anahi Beholi.
FRASE / SECUENCIA: Cuando en la celebración del bautizo del hijo de Marcos el cura se coge una borrachera impresionante en plena calle del pueblo suizo donde viven, cantando saetas a pleno pulmón. El personaje, me contó Carlos Iglesias, está sacado de la realidad.
CALIFICACIÓN: ★★⯪☆☆
VIDEO: AVALON.

TÍTULO: *El techo del mundo.*
PAÍS: España-Francia-Suiza. **AÑO:** 1995. **DURACIÓN:** 83' comedia dramática. **DIRECTOR:** Felipe Vega. **GUIÓN**: Felipe Vega y Julio Llamazares. **FOTOGRAFÍA**: Denis Jutzeler. **MÚSICA**: Bernardo Bonezzi. **MONTAJE**: Ángel Hernández. **INTÉRPRETES**: Santiago Ramos (Tomás), Emmanuel Laborit (Marie), Nathalie Cardonne (Thérése), Mulie Jarju (Ousmane) Icíar Bollaín (Teresa), Jean-Luc Bideau (Pierre), Jan Arnold (Helmuth).
FRASE: Dos secuencias que contrastan notablemente. En la primera Tomás, antes de su accidente, recoge en su furgoneta a un inmigrante subsahariano para ayudarle a pasar la

frontera entre Francia y Suiza. El inmigrante extrañado, le dice que no es «normal que le haya recogido».

Tomás: *«También soy extranjero, como tú. Sólo que yo tengo papeles y tú no. ¿Cuál es la diferencia?.. Tú no existes, yo sí. Si no existes eres invisible y si eres invisible sólo me verán a mí cuando pasemos la frontera. Pero, por sí las moscas, escóndete ahí detrás».*

Cuando vuelve a la obra, tras el accidente que ha sufrido, ha perdido la memoria, y manifiesta una actitud manifiestamente xenófoba y racista. En la conversación con su socio se extraña que haya negros y magrebíes trabajando con ellos Su socio y amigo le dice «que nunca le preocupaba eso, más bien lo contrario.

Tomás. *«No te aproveches de la situación. Bueno es lo mismo. No sé lo que pasaba antes pero sé lo que veo ahora, y no me gusta nada»* [...] *¿Qué hace tanto extranjero trabajando aquí. Es que nadie puede contestarme. Se supone que aquí mandamos nosotros, ¿no?*

CALIFICACIÓN: ★★★★☆

VIDEO: No está editada en DVD. Ver plataformas digitales.

TÍTULO: *El tren de la memoria.*

PAÍS: España. **AÑO:** 2005. **DURACIÓN** 85'. Documental. **DIRECTORAS:** Marta Arribas y Ana Pérez. **GUIÓN:** Marta Arribas y Ana Pérez. **FOTOGRAFÍA:** Antonio González. **MÚSICA:** Tao Gutiérrez. **INTÉRPRETES:** Josefina Cembrero, Leonor Mediavilla, Victoria Toro, Josefina Pérez, Pedro Serrano, Virginia Serrano, José Luis Leal, Juan Chacón, Heiz Saidel (emigrantes que narran sus propias experiencias).

FRASE: Hay una reflexión que define una de las características de la emigración. ¿De dónde se es?: *«La primera generación es la de los cuerpos partidos, porque yo diría que tiene los cuerpos allá y los pensamientos acá. El cuerpo allí y el corazón un poco aquí (España). Entonces es una situación que ha sido y continuará siendo difícil».*

CALIFICACION: ★★★★☆

VIDEO: La Iguana y Oasis PC.

OTRAS FICHAS DE PELÍCULAS

TÍTULO: *Nueve cartas a Berta.*

PAÍS: España. **AÑO:** 1965. **DURACIÓN:** 92'. Melodrama. **DIRECTOR:** Basilio Martín Patino. **GUIÓN:** Basilio Martin Patino. **FOTOGRAFÍA:** Luis Enrique Torán. **MÚSICA:** Carmelo Bernaola. **INTÉRPRETES:** Emilio Gutiérrez Caba, Montserrat Blanch, Mari Carrillo, Elsa Baeza, Yelena Samarina, Antonio Casas, Nicolás Perchicot, Josefina Serratosa.

ARGUMENTO: Lorenzo (Emilio Gutiérrez Caba) acaba de regresar de Inglaterra donde se ha enamorado de Berta (Montserrat Blanch) una chica hija de exiliados españoles, que nunca ha viajado a España. Lorenzo intenta a través de unas cartas que Berta conozca el mundo en el que un día vivieron sus padres y al mismo tiempo, refleja la realidad de la España de los años sesenta, en una ciudad de provincias.

COMENTARIO: El debut en la dirección de Basilio Martín Patino, uno de nuestros más importantes realizadores que con el paso de los años se decantaría fundamentalmente por el cine documental con títulos como *Canciones para después de una guerra*, *Queridísimos verdugos* y *Caudillo*. En su filmografía también figuran títulos como *Madrid* o *Los paraísos perdidos*. *Nueva cartas a Berta* es un retrato de la triste España franquista, a través de una historia de amor y amistad con una atmósfera teñida de melancolía. Aunque no es una película que aborde directamente la emigración o el exilio, *Nueve cartas a Berta* es un reflejo de la España peregrina, la de aquellos españoles que se vieron obligados a exiliarse y cuyos hijos no pudieron conocer el país de sus padres hasta pasados muchos años.

FRASE: LORENZO (Emilio Gutiérrez Caba) viaja al pueblo de su tío, el cura y *éste le hace todo un análisis de la situación mundial* que, seguro, debió ser muy del agrado de los censores. El monólogo tiene lugar sobre un cerro desde el que contemplan el pueblo y los campos: «*Mira que tranquilidad, que hermosura, yo obligaría a todos a vivir una temporada en el campo. Especialmente, ¿sabes a quiénes?, a los politicastros, a los que desgobiernan el mundo, ya verías, ya. Porque, que me dices de cómo está el mundo. Los comunistas por un lado; el Congo; que si Cuba, que si los chinos, que si Argelia, que si los negros; todos igual. Por cualquier parte por donde se mire, y no hablemos de los otros, de países que estaban civilizados, Francia e incluso la misma Italia. Ay, cada vez estamos más solos, porque los americanos van a lo suyo. España y Portugal. Está visto*».
CALIFICACIÓN: ★★★★☆
DISTRIBUIDORA. Suevia films / La linterna magica.

TÍTULO: *Poniente.*
PAÍS: España. **AÑO**. 2002. **DURACIÓN:** 98' drama. **DIRECTOR:** Chus Gutiérrez **GUIÓN**: Chus Gutiérrez e Icíar Bollaín. **FOTOGRAFÍA**: Carles Gusi. **MÚSICA:** Tao Gutiérrez y Ángel Luis Samos. **INTÉRPRETES:** Cuca Escribano (Lucía) José Coronado (Curro), Antonio Dechent, Antonio de la Torre, Mariola Fuentes, Farid Fatmi, Idilio Cardoso, Marouane Nribti y Alfonso Rosso.
FRASE: *Y el futuro pasa por la aceptación e integración de los inmigrantes en nuestra sociedad. No podemos mirar para otro lado con un problema que nos afecta a todos. Hay una frase en* Poniente *que resume la indiferencia, en el mejor de los casos, de los españoles hacia los inmigrantes. La pronuncia* Albembi (*Farid Fatmi), uno de los inmigrantes africanos en el filme.* «Nos necesitáis para trabajar, pero os gustaría que fuéramos invisibles».
CALIFICACIÓN: ★★★½☆
DISTRIBUIDORA / VIDEO: Divisa Red.

TÍTULO: *Perdiendo el norte.*
PAÍS: España. **AÑO**: 2015. **DURACIÓN**: 102'. Comedia. **DIRECTOR:** Nacho G.ª Velilla. **GUIÓN**: Oriol Capel, David S. Olivas, Antonio Sánchez y Nacho G.ª Velilla. **FOTOGRAFÍA:** Isaac Vila. **MÚSICA**: Juanjo Javierre. **INTÉRPRETES**: Yon González (Hugo), Blanca Suárez (Carla), Julián López (Braulio), Miki Esparbé (Rafa), José Sacristán (Andrés), Úrsula Corberó (Nadia), Javier Cámara (Próspero), Carmen Machi (Benigna), Malena Alterio (Marisol), Yones Bachir (Hakan).
FRASE: El momento en que Andrés, viejo emigrante, recuerda a *Hugo* y *Braulio* que de nada valen los títulos ni los aires de grandeza. Eres emigrante y punto y tendrás que valer para todo.
CALIFICACIÓN: ★★★☆☆
DISTRIBUIDORA: Warner.

TÍTULO: *En tierra extraña.*
PAÍS: España. **AÑO:** 2014. **DURACIÓN:** 72'. Documental. **DIRECTOR:** Icíar Bollaín. **GUIÓN:** Icíar Bollaín. **FOTOGRAFÍA**: Lukasz Gasioromwski, Sergio Mangas, Icíar Bollaín y Lukas Kulec. **MÚSICA:** Pascal Gaigne. **MONTAJE**: Nacho Ruiz Capillas.
FRASE: Sucesión de testimonios de jóvenes españoles que han tenido que emigrar a Edimburgo por la falta de oportunidades que encuentran en su país.
CALIFICACION: ★★★☆☆
VIDEO: Plataformas digitales.

Capítulo 4. ESPAÑOLES EN OTROS CONTINENTES

Cuando los blancos vinieron a África, teníamos la tierra y ellos tenían la Biblia. Nos enseñaron a rezar con los ojos cerrados: cuando los abrimos los blancos tenían la tierra y nosotros la Biblia.

Jomo Kenyatta. (1893-1978).
Primer presidente de Kenia.

Este pensamiento de Jomo Kenyatta se sigue haciendo extensible a todo el continente africano. Si bien los colonizadores desaparecieron de la totalidad del continente otro tipo de colonización de índole económica sigue creciendo sin límites en todos los estados que lo permiten. Las multinacionales campan a sus anchas y siguen empobreciendo un continente acosado por la corrupción, las guerras, las plagas y las enfermedades.

África también tuvo presencia española. Marruecos en el Magreb y el Sahara antes de ser anexionado por Marruecos, tuvieron una importante población española, como ocurrió en el África subsahariana con Guinea Ecuatorial. En la actualidad ha crecido el número de españoles en Marruecos ya que han encontrado trabajo en profesiones como la alta restauración, la arquitectura o la ingeniería. Hay censados poco más de 8.000 españoles aunque se calcula que hay otros cinco mil que están trabajando allí, que cada tres meses regresan a España y renuevan visados turísticos para retornar a Marruecos.

El cine ha mirado muy de pasada la presencia de españoles en Marruecos antes y ahora. Una presencia fundamentalmente colonial pero también de emigrantes y aventureros que buscaron nuevos alicientes, lejos de sus lugares de origen.

La última película que se acerca a la presencia española en África y en este caso concreto a Guinea Ecuatorial es *Palmeras en la nieve*, dirigida por Fernando González Molina (*Tengo ganas de ti*) e interpretada por Mario Casas, Adriana Ugarte y Macarena García, Berta Vázquez y Daniel Grao entre otros. *Palmeras en la nieve* (2012) está basada en la primera novela de Luz Gabás, alcaldesa del pueblo oscense de Benasque, que cuenta el viaje de dos hermanos, uno primero y el otro después, siguiendo los pasos de su padre (Emilio Gutiérrez Caba), desde el Pirineo aragonés a la isla de Fernando Poo (hoy Bioko), con el objetivo de trabajar en una finca dedicada a la fabricación del cacao. La película tuvo un presupuesto de 10 millones de euros y se rodó en Gran Canaria, Colombia y Huesca. Luz Gabás, que sustentó su relato en experiencias vividas por su familia, aprovechó para hacer notar las diferencias entre la vida que los dos hermanos llevaban en España y la que viven en la colonia y cómo crecen las diferencias entre los nativos y los colonizadores. El amor, la pasión, la envidia, los celos tienen también cabida en esta novela y en su adaptación cinematográfica, que vendió más de medio millón de ejemplares, y que recupera nuestras raíces coloniales como ya hiciera, hace casi 20 años, en 1996, la realizadora Cecilia Bartolomé con *Lejos de África*, que detalla su experiencia personal como queda sobreimpreso en la dedicatoria final.

«A mis padres, que un día nos llevaron a África».

Cecilia Bartolomé siempre insistió que con *Lejos de África* pretendía «que no se olvidase el colonialismo español», y que por ello luchaba «contra la amnesia histórica que sufrimos los españoles». Para la cineasta de origen alicantino los europeos sembraron en África la semilla del caos. «Me irritaba –dijo en alguna entrevista– que las jóvenes generaciones no conocieran el colonialismo español en el continente y por eso decidí hacer la película, ahora que se puede, ya que durante muchos años fue considerado un tema tabú».

Lejos de África, rodada durante dos meses y medio en Cuba, es una película de corte clásico, de tono costumbrista, pero que deja a las claras el racismo subyacente en la población española que se asentó en este territorio del África más profunda. La acción se sitúa desde los años cincuenta y junto a la descripción de lo que acontecía en la colonia, asistimos a una historia de amistad entre una española, hija de unos colonos, y una chica nativa, de raza negra, que la va introduciendo en las costumbres y ritos de Guinea Ecuatorial.

La presencia española en Guinea Ecuatorial, bajo la mirada de la cineasta Cecilia Bartolomé en *Lejos de África*.

KASBAH: VIAJE A NINGUNA PARTE

En Marruecos, un país que tenemos a muy poca distancia de nosotros y que sigue siendo un gran desconocido para la mayor parte de los españoles hay alguna película que recuerda la presencia española. Dejando a un lado la exitosa serie de televisión *El tiempo entre costuras*, basada en la novela de María Dueñas, una profesora de inglés que vendió más de un millón de ejemplares con su primera novela, hay que referirse a *Kasbah*, de Mariano Barroso, que cuenta la historia de *Mario* (Ernesto Alterio) un joven de origen humilde que lleva cinco años trabajando en Tánger, en una empresa hispano-árabe de manganeso. En esos cinco años no ha conseguido hacer amigos, y es un solitario que quiere dejar cuanto antes el país magrebí.

Con estructura de *thriller, Kasbah* –comentó Mariano Barroso– *trata de desmantelar los prejuicios que los españoles tenemos contra los marroquíes. Por esa razón elegí el arquetipo de un español a quien de entrada no le interesa conocer aquella cultura, sino únicamente salir de ella. De este modo* Kasbah *refleja la xenofobia y el racismo que sufren tanto, como provocan los españoles que viajan a aquellas tierras.*

Kasbah fue rodada en noviembre y diciembre de 1999 en Tánger, Marrakesh y Ouarzazate, la última gran ciudad antes de ascender al Atlas o penetrar en el desierto. Su rodaje se prolongó por espacio de ocho semanas y media.

Mariano Barroso ha hecho una decena de películas, una de las que rodó y que no se estrenó comercialmente en España se titula *En el tiempo de las mariposas* (2001) y está basada en la novela homónima de la escritora dominicana residente en Estados Unidos, Julia Álvarez. *En el tiempo de las mariposas*, cuenta la historia de cuatro hermanas que lucharon contra el régimen del dictador dominicano, Rafael Leónidas Trujillo. Una de las protagonistas fue la actriz Salma Hayek, que también coprodujo el filme que se rodó en México D.F. y Veracruz.

Ha dirigido otros títulos como *Hormigas en la boca* basado en la novela de su hermano Miguel, *Amanecer con hormigas en la boca*, relato que se sitúa en la Cuba de 1958, inmediatamente antes de la revolución; *Mi hermano del alma* (Goya al mejor director novel) y *Éxtasis* en las que estudió la lógica dramática del realismo. Con *Los lobos de Washington* y posteriormente *Kasbah*, se decidió a analizar el azar en el que cree mucho más y del que dice que *«mueve más la vida que la lógica dramática de los hechos.»* Uno de sus últimos títulos *Todas las mujeres* obtuvo el Goya de mejor guión adaptado en 2013.

LUNA DE AGOSTO Y EL SUEÑO DE TÁNGER: MARRUECOS, TAN CERCA-TAN LEJOS

Luna de agosto (1985) dirigida por Juan Miñón, quien fue también el productor y guionista, se rodó íntegramente en Marruecos en el verano de 1985. Cuenta la historia de una chica española que va a Tánger a reunirse con su novio y cuando llega se encuentra con que éste se ha marchado, dejándole una nota en que le pide que se reúna con él en Marrakesh. Acompañada por un joven marroquí decide recorrer el país de punta a punta para encontrar a su novio.

Juan Miñón compuso un cuento poético en que dos seres desconocidos y de culturas diferentes, se sustentan en la amistad que adquieren. Un cuento que habla del acercamiento de dos culturas... El personaje de la joven española va transformándose a lo largo de la película. Pasa de ser una mujer vacía, sin ningún tipo de inquietud, a comportarse como una mujer que se va integrando en ese mundo que en un principio, le resultaba extraño y que la seduce con sensaciones que nunca había experimentado...

Hay en todos estos filmes una doble mirada: por un lado la fascinación del cineasta que viaja a Marruecos a rodar su particular aventura, y por otro ese miedo a lo desconocido que trasmite a sus personajes.

No son películas de emigrantes, ni siquiera se acercan abiertamente a aspectos relacionados con el racismo y la xenofobia, pero si son una muestra de la tímida aproximación del cine español a una cultura que seguimos teniendo a pocos kilómetros de distancia.

Juan Miñón, fallecido en el verano de 2013 a los sesenta años, fue un director y guionista que nos dejó además títulos como *La blanca Paloma*, citada ya en el primer capítulo de este libro o *La leyenda de Balthasar el castrado*. Consiguió que Marta Sánchez, cantante de moda en aquella época, debutara en el cine con *Supernova*.

También Ricardo Franco se acercó a Marruecos en 1986 con *El sueño de Tánger*, que, sin embargo, no se estrenó comercialmente hasta 1991, cinco años después de su rodaje.

Ricardo Franco contó la vida de tres amigos españoles que residían desde hacía unos años en Tánger. Uno vivía prácticamente encerrado en su bar desde que su mujer se suicidó. Otro era policía, y el tercero un contrabandista. Una película, según reconocía el propio Ricardo Franco, llena de sentimientos, de emociones, de perdedores, y de frontera. Una película que, en cierto modo, fue un homenaje a *Casablanca* y a todos los filmes de amor y aventuras que había admirado durante su vida.

Un realizador con una filmografía importante a sus espaldas que vio recompensados sus esfuerzos cuando obtuvo un sinfín de premios con *La buena estrella* apenas un año antes de morir, en 1998. *Lágrimas negras*, su película póstuma, la terminó su buen amigo y ayudante de dirección Fernando Bauluz, quién también falleció en 2004, a los 53 años. Películas que conforman una carrera jalonada por el éxito de *Pascual Duarte*, según la novela *La familia de Pascual Duarte*, de Camilo José Cela, pero que durante 30 años dejó otras muchas historias y el documento del tiempo en que vivió. El desaparecido Ricardo Franco siempre hizo a lo largo de su vida, el cine que respondía a su concepción más personal...

Wilaya, del cineasta valenciano Pedro Pérez Rosado.

LOS SAHARAUIS: UN PUEBLO SIN TIERRA

Y a veces si no cantamos, si mi madre no nos cuenta historias, se te encojen los dedos y te entran ganas de llorar. El rey malo de Marruecos, con ojos de cuervo, nos quitó el país. Pero está ahí y nos espera

(Del cortometraje *Lalia*, de Silvia Munt).

Encontramos además, en nuestro cine, varias referencias al Sahara Occidental, el territorio anexionado por Marruecos que fue objeto del filme *Los baúles del recuerdo* que dirigió en 1994, la realizadora canaria María Miró. La película narra la historia de amistad entre una niña saharaui y una joven compatriota que estudia en París y debe regresar a Villa Cisneros, la capital de la antigua colonia española.

Con la anexión de Marruecos ambas se ven obligadas a abandonar el lugar donde nacieron partiendo junto a otras muchas mujeres a través de la inmensidad del desierto pero, en su éxodo, llevan guardados los recuerdos y la esperanza de regresar algún día a una tierra libre.

Los baúles del recuerdo fue la ópera prima de María Miró, quién más de diez años después realizaría el documental *Cayuco*, sobre la inmigración subsahariana a las Canarias.

Posteriormente la actriz Silvia Munt realizó en 1999, el cortometraje *Lalia* (España. 14'), en el que una niña, desde una tienda de un campo de refugiados saharaui, narra la visión idealizada de país. Cuando sale de la *kheima* (tienda de tela) se enfrenta a la dura realidad de su entorno.

Pedro Pérez Rosado, director valenciano, autor de filmes como *Agua con sal,* también ha incluido en su filmografía títulos que se desarrollan en el Sahara como *Cuentos de la guerra saharaui* y *Wilaya* (2011).

Cuentos de la guerra saharaui (España, 2003, 97') relata cómo PABLO (Sergi Calleja) deserta de la unidad de la legión a la que pertenece y es escondido por los saharauis. Meses más tarde el Sahara es invadido por Marruecos y Mauritania y Pablo tiene que huir con los saharauis a territorio argelino. De la noche a la mañana, como los saharauis, se quedará sin orígenes, sin familia y sin patria.

El mismo realizador dirigió en 2011, *Wilaya* que cuenta una sencilla y conmovedora historia de dos hermanas que se reencuentran en los campamentos saharauis. La película relata cómo sobreviven en estos campamentos a través de FATIMETU (Nadhira Mohamed) una española de origen saharaui que regresa a la zona tras el fallecimiento de su madre. Ahí se produce el reencuentro con su hermana HAYAT (Memona Mohamed), una luchadora que busca salir adelante superando cualquier dificultad. La historia de las dos hermanas es también la historia del pueblo saharaui, falto de reconocimiento por las Naciones Unidas y la Comunidad internacional.

En este sentido hay que hacer referencia también al documental *Hijos de las nubes, la última colonia* (2012), dirigida por Álvaro Longoria y con producción de Javier Bardem que reivindica al pueblo saharaui y que recuerda que estos antiguos ciudadanos españoles llevan 40 años esperando una solución. Un pueblo abandonado cuyos ciudadanos están divididos entre los campamentos de refugiados de Argelia y el territorio ocupado ilegalmente por Marruecos.

OTROS MUNDOS

Más de 18.000 españoles residen en Australia, población que fue aumentando desde 2008 como consecuencia de la crisis económica. En septiembre de 2014 los gobiernos de Australia y España firmaron un acuerdo para que quinientos jóvenes españoles menores de 31 años pudiesen trabajar en su territorio hasta un periodo de 12 meses. El visado está enfocado al trabajo pero también a que los jóvenes puedan conocer mejor este país en el que se ha concentrado la mayor parte de los emigrantes españoles en Oceanía.

Hay una película, del año 2000, que cuenta la historia de una familia española que emigra en los años sesenta. *La spagnola*, ópera prima del australiano Steve Jacobs es testimonio de esa presencia de nuestros compatriotas en las Antípodas, aunque con personajes un tanto estereotipados. La protagonista es temperamental, racial, vociferando todo el día y con frecuencia cruel con su propia hija.

LOLA, interpretada por Lola Marceli, habitual en series televisivas como *Hospital Central,* o *Amar en tiempos revueltos*, es una mujer embarazada a la que su marido abandona para irse a vivir con una rubia australiana. Lucía, la hija de 14 años (Alice Ansara) mira con escepticismo la figura de su madre, que la trata despectivamente y trata de acercarse a su padre que tampoco quiere saber demasiado de ella. Lola es una mujer guapa, muy atractiva, de pelo negro y ojos grandes que gusta a los hombres. Poco después de la muerte del marido entra con un vestido rojo y ajustado en un salón de baile donde todos los hombres y las mujeres la contemplan. En ese salón, ni en el resto de la película apenas hay australianos. Aparecen alejados y distantes. *La spagnola* presenta un mundo cerrado en que los emigrantes se relacionan con emigrantes y en el que el personaje de Lucía, la hija, es el único nexo de unión que puede haber entre dos mundos diferentes.

EL PAÍS DEL SOL NACIENTE

Hay 27.500 españoles repartidos por diversos países del continente más poblado: Asia.

China, Filipinas y algunos países del golfo Pérsico acogen a esos miles de españoles que se han ido haciendo a costumbres y culturas muy diferentes.

En Japón hablamos de 1.830 españoles censados. Una pequeña población asentada sobre todo en el sector servicios o en la enseñanza. Isabel Coixet, que tuvo un gran éxito en este país con *Mi vida sin mí* (2003) escribió años después la novela *Mapa de los sonidos de Tokio* basada en el guión que hizo para la película en 2009.

No es una película propiamente sobre la emigración pero si uno de los escasos filmes, por no decir el único, que se desarrolla en Japón con un español como protagonista. *Mapa de los sonidos de Tokio* es un *thriller* erótico, con una relación de *amor fou* entre un comerciante español y una asesina a sueldo.

Como en *Lost in traslation* la película de Sofía Coppola, Isabel Coixet introduce la mirada de una occidental en una ciudad hermética para otras culturas y deja que sus protagonistas vivan en una ciudad ruidosa y superpoblada en la que no existe la comunicación y donde la soledad y el aislamiento se apodera de ellos.

Hay poca química entre la pareja que debería trasmitirnos su desbordada pasión. Sergi López es un español que no sabe dónde está, lleno de tópicos y muy poco convincente; mientras que Rinko Kikuchi a la que vimos en *Babel*, vuelve a ser la mujer fría y distante que no quiere mantener relaciones con nadie hasta que encuentra *al irresistible* macho ibérico con tanto pelo en pecho como el Alfredo Landa de los años setenta. Un filme fallido porque no es capaz de que los espectadores nos integremos en la historia. Todo es demasiado distante y frío.

FICHAS DE LAS PELICULAS

TÍTULO: *Lejos de África* (black island).
PAÍS: España. **AÑO**: 1996. **DURACIÓN:** 123` drama. **DIRECTORA:** Cecilia Bartolomé. **GUIÓN**: José J. Bartolomé, Cecilia Bartolomé. **FOTOGRAFÍA:** Pancho Alcaine (C). **MÚSICA:** José Antonio Quintano. **CANCIONES**: *Ebula lobelo* (Autor: Popular bubi) *E. Wessepo*. (Autor. Popular bubi). *Ela Lobela Nno* (Canción de cuna popular bubi). *Jilindaba* (Autor: Popular Guinea. **MONTAJE**: Luis Villar. **INTÉRPRETES**: Alicia Bogo (Susana); Xavier Elorriaga (Gonzalo); Isabel Mestres (Marina); Carlos Cruz (Paco Romero); Patricio Wood (Diego); Ildefonso Tamayo (Sylvanus); Yanelis Bonifacio (Rita 15 años) Ademilis Hernández (Rita); Claudia Valdés (Susana, 17 años): Isabel Derrick (Rita, 7 años); Alden Knight (DR. Oyono).
NARRADORA: Elena Arnao.
FRASE: A los españoles recién llegados, como *Susana,* sus compatriotas en la colonia les *advertían sobre las bases de la convivencia*:
A los negros por muy negros que sean hay que llamarlos morenos; Guinea es también España hay que llamarla península cuando nos referimos a ella; los blancos / españoles no deben hacer nada. Una mujer no debe ocuparse de su casa, para eso, le dicen*, están los «boys».*
CALIFICACIÓN: ★★★⯪☆
DISTRIBUIDORA / VIDEO: Buenavista home video.

TÍTULO: *Kasbah.*
PAÍS: España. **AÑO:** 2000. **DURACIÓN:** 99`. Drama. **DIRECTOR:** Mariano Barroso **GUIÓN**: Luis Marías y Mariano Barroso. **FOTOGRAFÍA**: Carles Gusi. / Color. **MUSICA**: Iván Wyszogron. **MONTAJE**: Pablo Blanco. **INTÉRPRETES:** Ernesto Alterio, Natalia Verbeke, José Sancho. Mehedi Ouazzani, Elena Ballesteros, Lucía Jiménez, Adolfo Fernández, Maru Valdivielso, Zakaria Atifi y Abdalghani Ezquine.
FRASE: «*He contado* –dice el protagonista– *los días de cada uno de los cinco años que he pasado en un país que no es el mío, si es que los países son de alguien. Emigrado en un país de emigrantes*».
CALIFICACIÓN: ★★★⯪☆
DISTRIBUIDORA / VIDEO: Alta FILMS / Cameo.

TÍTULO: *Luna de agosto.*
PAÍS: España. **AÑO:** 1986. **DIRECCIÓN:** 100'. Aventuras. **DIRECTOR:** Juan Miñón. **GUIÓN:** Juan Miñón. **FOTOGRAFÍA**: Miguel Ángel Trujillo / C) **MÚSICA:** Juan Carlos Arranz. **MONTAJE**: José Salcedo.
INTÉRPRETES: Patricia Adriani, Aimán Mechbal, Claudia Gravi, Chema Muñoz, Maati Zaari, Jiliali Ferhati, Arraji Med Timod, Savad Ferhati, Mohamed Zerouali Jamiu.
CALIFICACIÓN: ★★★☆☆
DISTRIBUIDORA: Unided International Pictures y Cia.

TÍTULO: *El sueño de Tánger.*
PAÍS: España. **AÑO:** 1987. **DURACIÓN:** 88'. Aventuras / drama. **DIRECTOR**: Ricardo Franco. **GUIÓN:** Ricardo Franco. **FOTOGRAFÍA**: Javier Aguirresarrobe (C). **MÚSICA:** Alberto Iglesias. **MONTAJE**: José María Biurrun.
INTÉRPRETES: Fabio Testi, Maribel Verdú, Joaquín Hinojosa, Pastora Vega, José Dominguez, Manuel Pereiro, José María Lana, Jiliali Ferhati, José Luis Aguirre, Guillermo Galán, Agustín Guevara.
CALIFICACIÓN: ★★⯪☆☆
DISTRIBUIDORA / VIDEO: Lauren film S.A. / Plataformas digitales.

TÍTULO: *Los baúles del retorno.*
PAÍS: España. **AÑO:** 1995. **DURACIÓN:** 98'. Drama. **DIRECTORA**: María Miró. **GUIÓN:** Manuel Gutiérrez Aragón y María Miró. **FOTOGRAFÍA**: Juan Amorós (C). **MÚSICA:** Xavier Maristany.
INTÉRPRETES: Silvia Munt (Mariam), Paulina Gálvez (Dehira), Jordi Dauder (Padre de Mariam), Montserrat Salvador (Madre de Mariam), Mohamed Ba-Ali, Nayat Rais, Selma Rais, Muley Mulaimin.
CALIFICACION: ★★★☆☆
VIDEO. Plataformas digitales.

TÍTULO: *La spagnola.*
PAÍS: Australia. **AÑO:** 2000. **DURACIÓN:** 93'. Comedia dramática. **DIRECTOR:** Steve Jacobs. **GUIÓN**: Ana María Monticelli. **FOTOGRAFÍA**: Steve Arnold (C). **MÚSICA**: Enzo Oscar Giribaldi. **MONTAJE**: Alexandre de Francheski. **INTÉRPRETES**: Alice Ansara (Lucía), Lola Marceli (Lola), Simón Palomares (Ricardo), Gabriella Maselli (María), Armida Croccolo (Maria´s mother), Silvio Ogria (Bruno), Steve Rodgers (Teacher), Helen Thomson (Wendy), Lourdes Bartolomé (Manola).
FRASE: Un diálogo entre las dos hermanas, Lola y Manola en que se plantean sus sentimientos hacia España:
MANOLA: *Yo no quiero dejar de ser española. Llevo a mi país siempre en la sangre»*.
LOLA: *Eso es una tontería, Manola, que hizo España por nosotras. Si este país te da de comer, es tu país. A ver que hace España por nosotras, nada.*
MANOLA: *Pero bueno, es donde nacimos.*
LOLA: *Eso no significa nada o es que si naces en la mierda, significa que te tienes que morir en la mierda.*
MANOLA: *No puedo hablar contigo. Algunas personas no tienen sentido del patriotismo.*
LOLA*: Mira si los esquimales son buenos conmigo y me dan de comer, entonces ese es mi país.*
CALIFICACIÓN: ★★★☆☆
DVD: DIVISA.

TÍTULO: *Mapa de los sonidos de Tokio.* (Maps of the sound of Tokio)
PAÍS: España. **AÑO:** 2009. **DURACIÓN:** 109' Drama / Thriller erótico. **DIRECTORA:** Isabel Coixet. **GUIÓN:** Isabel Coixet. **FOTOGRAFÍA**: Jean Claude Larrier (C). **MÚSICA:** Varios. **INTÉRPRETES**: Ringo Kikuchi, Sergi López, Min Tanaka, Manahu Oshiio, Tadeo Nakahara, Hideo Sakasaki.
FRASE: Una escena degradante con unas mujeres desnudas sobre unas mesas, cubiertas de sushi, mientras directivos y empresarios comen los alimentos depositados sobre los cuerpos inmóviles.
CALIFICACIÓN: ★★½☆☆
VIDEO: CAMEO.

Tercera parte
LOS EXILIOS

Capítulo 5. LA AMARGA DERROTA

«No tienes patria ni tribu. Si puedes
hunde tus raíces y tus sueños en la
lluvia ecuménica del sol
y yérguete ¡Yérguete!
Que tal vez el hombres de este tiempo...
es el hombre movible de la luz, del
éxodo y del viento.»

León Felipe.
(Español del éxodo de ayer).

Cuando escribí *La memoria escondida* dejé conscientemente fuera de su estructura el exilio político porque en aquellos momentos consideraba capital insistir en todo lo acontecido desde que España se había convertido en un país receptor de inmigrantes. Además, no había una filmografía sobre el exilio español, salvo algunos documentales y referencias a exiliados en películas que no se habían estrenado en España, o que comenzaron a verse en los primeros años de la transición (*La guerre est finie*, de Alain Resnais). Durante el franquismo la figura del exiliado aparece bien como motivo de la propaganda del régimen o de forma muy poco explícita siendo, en ese caso, un personaje sin pasado, títulos como *En un rincón de España* (1948) de Jerónimo Mihura o *Murió hace quince años* (1954) de Rafael Gil inciden en el espíritu propagandístico porque los exiliados acaban de una u otra forma seducidos por el régimen y la posibilidad que se le brinda para incorporarse a *la nueva España.*

Con la democracia aumentaron los títulos en que era tangible la presencia de exiliados como *Volver a empezar*, de José Luis Garci, en que un profesor español regresa a Asturias después de un largo exilio en Estados Unidos. Curiosamente, Antonio Ferrandis, que interpretaba este papel, había representado años antes, en 1971, a un exiliado amargado y casi arrepentido en *Vente, a Alemania Pepe*, de Pedro Lazaga. También Mario Camus, uno de los grandes directores del cine español, hace referencia a los exiliados en *Volver a vivir* (1967) en que un futbolista obligado a marcharse de España tras la Guerra Civil, regresa como entrenador al Racing de Santander, el equipo en que se formó. Camus también dirigió *Después del sueño* (1992), con el retorno de uno de los niños de Rusia a Santander o la sobresaliente serie de televisión *La forja de un rebelde*, basada en la vida de su autor, el escritor y periodista Arturo Barea.

Los paraísos perdidos (1985), de Basilio Martín Patino; *El mar y el tiempo* (1989), de Fernando Fernán Gómez; *Beltenebros* (1991) de Pilar Miró, *Catorce estaciones*, de Antonio Giménez Rico (1991); *Las huellas borradas* (1999), de Enrique Gabriel, o *Azaña, cuatro días de julio* (2008), de Santiago San Miguel, son otros de los títulos rodados durante la democracia y en que los exiliados recuperan su pasado y el protagonismo que les fue negado. También Arturo Ripstein dirigió en 2002 la coproducción hispano-mexicana *La virgen de la lujuria*, con unos exiliados españoles en México, durante los años cuarenta, y en la que se narra la relación entre un camarero, Ignacio, «El Mikado» y una prostituta española, Lola, por la que se obsesiona. *«El Mikado»* escucha las conversaciones de los exiliados españoles en el café se ofrece a atentar contra Franco, pensando en agradar a Lola.

Posteriormente, en 2011 Carlos Iglesias, del que hemos hablado ya en este libro, llevó a cabo una superproducción sobre los niños españoles en Rusia (*Ispansi*), que tuvo malos resultados en taquilla y a la que volveré a referirme más adelante. Más amplia es la filmografía documental del exilio que, en España, por razones obvias, tampoco tuvo producción hasta la desaparición del régimen franquista. Sobre la Unión Soviética hay un documental que considero brillante por su rigor y emotividad, *Los niños de Rusia* (2001), de Jaime Camino, director que en su filmografía incluye buen número de películas de ficción vinculadas a la Guerra Civil como *Dragón Rapide*, *El balcón abierto*, *Las largas vacaciones del 36* o *El largo invierno*. Realizó así mismo el documental *La vieja memoria* u otra película de ficción *España, otra vez*, en que el protagonista era un combatiente de las brigadas internacionales que asiste a un congreso en Barcelona y busca a una enfermera que fue su amor durante la guerra. La película se realizó en 1969 y tenía como coguionistas junto a Camino a Román Gubern y Alvah Bessie. Éste fue voluntario en la brigada Lincoln durante la Guerra Civil y posteriormente víctima de la *caza de brujas* del senador McCarthy por lo que ingresó en prisión, acusado de pertenecer al Partido Comunista. El otro guionista fue el crítico e historiador cinematográfico Román Gubern, quién siempre mantuvo una estrecha relación con Camino, hasta el fallecimiento de éste último en diciembre de 2015. Al hilo de lo comentado hay que recordar también un trabajado documental de Oriol Porta, *Hollywood contra Franco*, realizado en 2009, con la vida del guionista Alvah Bessie, perseguido, como decía, durante la *caza de brujas* en EE UU, y que fue el hilo conductor de la narración.

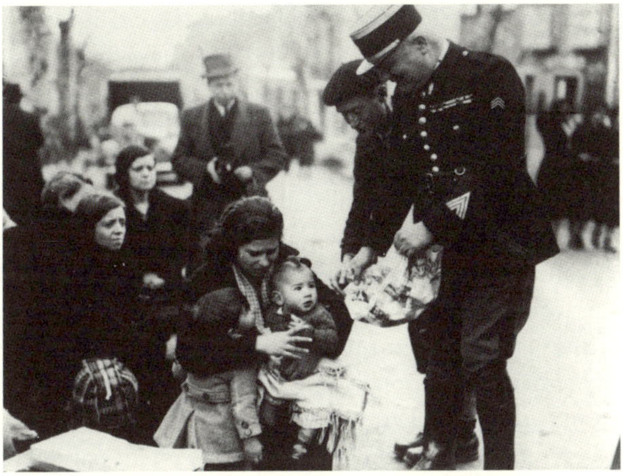

Refugiadas españolas y niños en Francia (1939).
Foto cedida por la Fundación Largo Caballero.

Tropas republicanas entrando en Francia (1939).
Foto cedida por la Fundación Largo Caballero.

Hay otros documentales como *Los niños de Morelia* (2004), del mexicano Juan Pablo Villaseñor, o *Exilio* (2002), de Pedro Carvajal y una serie de títulos vinculados al tema que recogen las vivencias de algunos ilustres exiliados como *Max Aub, en el laberinto* o *Francesc Boix, un fotógrafo en el infierno*, firmados ambos por el valenciano Llorenc Soler, uno de los cineastas que más ha trabajado el exilio y la emigración; o en títulos de José Luis López Linares y del periodista Javier Rioyo quienes se acercaron a las brigadas internacionales en *Extranjeros de sí mismos* (2001), a Luis Buñuel en *A propósito de Buñuel* (2000) o incluso a Ramón Mercader, el asesino de Troski en México, en *Asaltar los cielos* (1996).

Existe una deuda del cine español con el exilio y las cientos de miles de personas que se vieron obligadas a dejar el país, en 1939, al término de la Guerra Civil. Hay una memoria histórica, no sólo la que recuerda a quienes fueron asesinados durante el franquismo, sino la de aquellos que perdieron su infancia y su juventud lejos de los pueblos o las ciudades que les vieron nacer, lejos de sus casas, de sus amigos, de sus sabores, de sus olores, de su propia identidad.

Fueron muchos los españoles que se instalaron en América y en especial en México y Argentina. Entre ellos había un puñado de cineastas, realizadores, guionistas, actores y actrices o técnicos que tuvieron una importante presencia en las cinematografías de varios países latinoamericanos pero que apenas hicieron referencia al exilio. Hubo películas de temática española, basadas en su mayoría en obras literarias pero salvo en *En el balcón vacío*, película que trataremos ampliamente en este libro, la referencia al exilio no está presente en el cine que se hizo en los países latinoamericanos.

A su llegada al continente americano los exiliados españoles se encontraron con una industria en expansión, capaz de acoger, aunque no sin algunas diferencias, a los profesionales recién llegados.

En México el Sindicato de Trabajadores de la Producción Cinematográfica limitó la presencia de los extranjeros en los filmes nacionales poniendo una serie de trabas para su participación en las películas. El poeta León Felipe, quién tuvo una notable presencia en la cinematografía mexicana como guionista o dialoguista, escribió una carta al secretario general del Sindicato que era, por aquel entonces, Mario Moreno, conocido universalmente como *Cantinflas*. Esa carta decía:

[...] *El cine no es más que una máquina de contar cuentos y de llevar ese cuento a todas las latitudes de la Tierra. Yo necesito la pantalla para hacer mi número. Un pequeño cuento que he inventado y quiero que lo oigan en todos los rincones de la Tierra. Lo tengo todo, todo y no me falta más que la pantalla. ¡La pantalla! Y no la tendré nunca porque no pertenezco al Sindicato* (Cine Mexicano. 17 de marzo. 1945).

En 1944 se hizo una película que se considera un icono del exilio español en México, *La barraca*, según la obra de Vicente Blasco Ibáñez. Dirigida por el mexicano Roberto Gavaldón, el filme reunió a una nutrida representación de nuestros exiliados tanto a nivel interpretativo como técnico. El guión lo escribió Libertad Blasco Ibáñez, hija del novelista, con la colaboración de los cineastas Paulino Masip y Carlos Velo. La película que consiguió varios premios Ariel, el equivalente en México a los Goya, incluyó en el reparto a los españoles José Baviera, Anita Blanch, Amparo Murillo, Juana Alcañiz y Micaela Castejón.

Junto a la presencia de los actores en México hubo varios escritores que obtuvieron un notable reconocimiento en la industria cinematográfica. Son los casos de Paulino Masip quién escribió guiones y diálogos de numerosas películas populares como *Jalisco canta a Sevilla*, en que fue capaz de adaptarse a los modismos mexicanos, para que nadie se extrañara de que Jorge Negrete o Pedro Infante, dos de los ídolos de la época, hablaran por boca de un catalán de origen riojano.

También el poeta Manuel Altolaguirre, miembro de la Generación del 27, adaptó en 1947 *La casa de la Troya*, basada en la novela de Alejandro Pérez Lugín. Altolaguirre tuvo una intensa vinculación con el cine y a partir de los años cincuenta, al frente de Producciones Islas, produjo y escribió algunas películas de gran interés como *Subida al cielo*, de Luis Buñuel.

Portada del DVD que incluyó algunas de las películas que Luis Buñuel rodó en México.

Este último cineasta, quién realizó la mayor parte de su filmografía en México, dirigió en 1950 *Los olvidados*, una obra maestra de la cinematografía, que le valió, entre otros muchos premios, el de mejor director en el Festival de Cannes. El filme es, junto a *La barraca*, la cinta que agrupa a un mayor número de profesionales españoles. El guión lo escribió Buñuel junto a Luis Alcoriza y de los diálogos se encargaron el propio Buñuel, Max Aub y Juan Larrea. La música fue obra de los también españoles Gustavo Pittaluga y Rodolfo Halffter. El impacto que causó en México una cinta tan crítica contra el sistema, el mundo injusto que denunció Buñuel, hizo que los creadores de *Los olvidados*, estuvieran a punto de ser expulsados del país que les acogió.

Luis Alcoriza, también tuvo una larga carrera como director (*Tiburoneros, Mecánica Nacional, A paso de cojo, Tac-Tac...*) y aún fue más prolífico como guionista donde se inició junto a su mujer, la actriz mexicana Raquel Rojas (firmaba como Janet Alcoriza), con quién debutó en *El ahijado de la muerte*, según la obra de Norman Foster. Después tuvo una estrecha relación con Luis Buñuel con el que escribió gran parte de los guiones de sus películas como la ya citada *Los olvidados*, *Él*, *La ilusión viaja en tranvía* o *El gran calavera*.

No podemos olvidar otros dos nombres capitales en la cinematografía mexicana como fueron Max Aub y Carlos Velo. El primero escribió junto a Eduardo Ugarte el guión de *La monja alférez* y durante diez años, de 1943 a 1953, redactó numerosos guiones que el calificaba de «*alimenticios*», ya que con el dinero que cobraba podía continuar escribiendo todas las novelas que tenía entre manos. *Amox*, *El globo de Cantolla*, la comedia de mayor éxito en México durante los años cuarenta o *El charro y la dama* fueron algunas de aquellas películas. También participó en el guión de *Los olvidados*, como aseguró el propio Buñuel, pero no pudo figurar en los títulos de crédito por diferencias con el Sindicato.

En cuanto a Carlos Velo hay que recordar que en su huida de la represión fascista en Galicia, de donde era natural, acabó en Marruecos rodando junto a Enrique Domínguez, *Yerbala*, conocida también como *Romancero marroquí*. Se trata de un filme que jugaba entre el documental y la ficción para contar el día a día de una joven pareja marroquí en su lucha por la subsistencia. Según los descendientes de Carlos Velo esta cinta rodada en 1938, fue manipulada por el régimen franquista que cambiaría el texto para mostrar al joven empeñado en marchar a España para enrolarse en el ejército de Franco. Pese a la adulteración del texto, la película muestra la calidad de este cineasta que fue creador y renovador del cine documental durante la II República con títulos como *Almadrabas* y *Felipe II y El Escorial*.

Velo acabó compartiendo destino con los cientos de miles de refugiados que atravesaron la frontera francesa en 1939 y fueron internados en campos de concentración. Cuando pudo salir se embarcó con destino a México colaborando con Eduardo Ugarte en distintos proyectos. Precisamente Velo intentó una película sobre los republicanos españoles en México que no llegó a rodar.

En 1946 el general Juan Francisco Azcárate, en aquel momento productor de cine, le propuso trabajar en la dirección del Noticiero Mexicano EMA, cargo que desempeñó hasta 1953. Aparte realizó varios documentales como *México eterno*, *Hombre de México* y *Un día en la radio* y la considerada su obra más importante, *Torero* (1956) en que utilizando tanto imágenes reales como ficticias narraba la vida de Luis Procuna, uno de los más afamados matadores de la historia del toreo mexicano.

En esta presencia de los exiliados españoles en la industria cinematográfica mexicana también hay que referirse a Jaime Salvador, quién tras trabajar en Hollywood y Cuba recaló en México convirtiéndose en el guionista habitual de las películas interpretadas por Mario Moreno, *Cantinflas*. Él mismo dirigió también una veintena de películas como *Escuadrón 201* y *El maestro barba azul*.

En este rápido repaso a los profesionales del cine español exiliados en México, hay que citar a Miguel Morayta, oficial del Ejército republicano, que acabaría convirtiéndose en uno de los más prolíficos directores con 74 títulos en su filmografía, muchos de ellos escritos por él mismo. Sus películas abarcaron todos los géneros desde los melodramas a las películas de vampiros (*Los siete niños de Écija*, *El secreto de Juan Palomo* o *Un grito en la noche*).

Si Manuel Altolaguirre, Max Aub y León Felipe fueron tres de los literatos españoles del siglo xx que recalaron en México, en Argentina hubo también una nutrida representación de nuestros hombres y mujeres de letras como Rafael Alberti, María Teresa León, Alejandro Casona, Gregorio Martínez Sierra o María Lejárraga. Martínez Sierra, que ya había dirigido algunas versiones españolas durante los años treinta en Hollywood, escribió y dirigió tres películas en Argentina junto a su compañera María Lejárraga : *Canción de cuna*, *Tú eres la paz* y *Los hombres las prefieren viudas*.

Otra pareja, la que formaban María Teresa León y Rafael Alberti escribió el guión de *Los ojos más bellos del mundo* y se encargó de la adaptación, en 1945, de *La dama duende* de Calderón de la Barca.

Alejandro Casona participó en una quincena de guiones hasta iniciados los años 50 con títulos como *En el viejo Buenos Aires* o *Casa de Muñecas*. También adaptó algunas de sus obras teatrales como *Nuestra Natacha* y *La dama del alba*.

Gori Muñoz es otra figura capital en el exilio español en Argentina. Este pintor y escenógrafo fue contratado en 1941 por los estudios San Miguel, propiedad de un inmigrante español, y en seguida medió para proporcionar trabajo a muchos de los compatriotas exiliados que habían llegado a Buenos Aires. Es lo que llamó el crítico e historiador cinematográfico Román Gubern en su libro *Cine español en el exilio*, «Tendencia a la agrupación solidaria de los exiliados españoles».

Una solidaridad de la que seguro también se benefició el guionista y director gaditano Antonio Momplet quién distribuyó su carrera cinematográfica entre Argentina (*Novias para los muchachos*, *En el viejo Buenos Aires*, *La cumparsita*) y México (*Vértigo*, *Media luz*); músicos como Julián Bautista, los hermanos Rodolfo y Ernesto Halffter y Gustavo Pittaluga; ensayistas y novelistas como Francisco Ayala (*El cine, el arte y el espectáculo*), Manuel Villegas López (*El cine, magia y aventura del séptimo arte*) o Álvaro Custodio que, además de publicar en Cinema Reporter, en México, escribió varios guiones que encumbraron a la actriz cubana Ninón Sevilla; escenógrafos como Manuel Fontanals con más de 80 películas en los años cuarenta y una larguísima lista de actores y actrices que se incorporaron a otros acentos del cine que habla español en México, Argentina, Uruguay o Cuba. Nombres ilustres como los de Margarita Xirgu, Ana María Custodio, Rosita Díez Gimeno, Enrique A. Diosdado, José Baviera, José María Linares Rivas o Pedro Elvira, *Pitouto* que fue compañero de *Cantinflas* en una decena de películas.

Una larga lista de profesionales del cine español exiliados en América pero sin películas que relaten la experiencia que vivieron. Sólo un título que, es un símbolo para quienes vivieron desterrados de la tierra que les había visto nacer.

Dos fotogramas de *En el balcón vacío* con Nuri Pereña, la niña protagonista de la historia concebida por Jomi García Ascot, María Luisa Elio y Emilio García Riera.

LA PELÍCULA DE LOS EXILIADOS: EN EL BALCON VACÍO

Por eso considero capital *En el balcón vacío*, una película de la que apenas sabíamos nada en la España pre-democrática y que no empezó a ser conocida en pequeños sectores hasta los años noventa, 30 años después de su presentación en México D.F. y de haber obtenido diversos premios en festivales internacionales.

Aunque sabía de su existencia y tenía algunos datos del filme yo no la pude ver hasta los primeros años del presente siglo, en una copia de escasa calidad, en VHS, que me facilitó el ya fallecido crítico y cinéfilo José Manuel Marchante que siempre fue un aliado seguro para conseguir que vieras tal o cual película, perdida o no perdida. Él encontraba todo.

En el balcón vacío intenta acercarse a un pasado que se presenta como una herida. La ausencia, la pérdida, el dolor, la guerra, el paso del tiempo, la infancia, las más escondidas emociones humanas afloran durante el metraje de este filme que Josep María Forn, pudo verla por primera vez en Toulouse, en diciembre de 2011 cuando organizamos, a través de la Fundación Largo Caballero el ciclo *«Viajeros de esperanza»* que posteriormente se vio en el Instituto Cervantes de Hamburgo.

La realidad es que *En el balcón vacío* es la única película que trata en la ficción el exilio español en México. Una película que encierra dos historias la suya en sí y la del arduo rodaje.

En 2012 se cumplió el 50 aniversario del estreno de *En el balcón vacío*. Coincidiendo con ésta efemérides la AEMIC (Asociación para el Estudio de los Exilios y Migraciones Ibéricos Contemporáneos) editó en DVD la película, junto al documental. *Y yo entonces me llevé un tapón* que recoge los testimonios de muchas de las personas que participaron en el filme y opiniones de expertos en historia y cinematografía. Con dirección y guión de Alicia Alted, Dolores Fernández y María Luisa Capella el documental se acerca a la Segunda Generación del exilio español en México, constatando que a todos aquellos españoles se les fue la infancia durante la Guerra Civil y que la película *En el balcón vacio* refleja «la pérdida de esa infancia para siempre».

En el balcón vacío fue el proyecto que llevaron adelante un grupo de jóvenes exiliados en México a partir de la experiencia de María Luisa Elío que relata cómo vivió la guerra, su exilio a Francia y posteriormente México y el imaginario regreso a Pamplona, la ciudad en que nació. Ella junto a su marido Jomi García Ascott y el crítico e historiador cinematográfico Emilio García Riera aparecen como cabezas más visibles de un filme que, en realidad, fue un proyecto colectivo y entusiasta de un puñado de jóvenes, hijos de exiliados, deseosos de trasmitir la experiencia que habían vivido.

Los tres citados pertenecían al movimiento Nuevo Cine, que fundó la revista del mismo nombre, de la que se publicaron tan solo siete números y en cuyo Consejo de Administración figuraban también José de la Colina, Salvador Elizondo, Gabriel Ramírez y Carlos Monsivaís. Tenían como faro a Luis Buñuel, sin duda el cineasta español más conocido en el exilio y referente de la cinematografía mundial. Aquel grupo y aquella revista estaban inspirados en la *nouvelle vague* francesa y asumía el convencimiento de que se podía hacer un cine diferente y mucho más barato del que llegaba de Hollywood. *Un cine de autor, libre, experimental, un manifiesto fílmico (necesariamente) amateur, al margen de la industria.* Era un cine que se adentraba en la personalidad de los personajes, algo de lo que carecía el cine de Hollywood.

Ese fue el propósito inicial de Jomi, María Luisa y Emilio pero *En el balcón vacío*, acabó convirtiéndose en el manifiesto del exilio español en México. En palabras del crítico y escritor cinematográfico José de la Colina, «la materia misma del filme, su tejido de imágenes es la nostalgia. En el balcón vacío –afirmó el escritor mexicano Juan García Ponce– es la historia [...] de la nostalgia de la infancia, una nostalgia exacerbada por el exilio [...]. Una historia que se bifurca en dos temas esenciales: el destierro natural, inevitable, del pasado producido por el paso del tiempo y el producido por las circunstancias particulares que afectan a la vida de los personajes».

El guión de *En el balcón vacío* tiene influencias literarias de Proust y Rilke. La pérdida y el paso del tiempo están presentes en los 52 minutos y 50 segundos de la película que comienza con la niña GABRIELA avisando a su madre de que «la guerra ha venido». El hombre que huye; el policía que intenta sonsacar a las niñas sobre el paradero del padre; el preso objeto de las burlas de algunos niños, la salida por Le Perthus de GABRIELA, su hermana MARÍA y su madre ISABEL; la imposibilidad de recordar lo que queda atrás: «[...] y mi cuento y mi cama y mis cuadernos, mis muñecas pero tampoco pude recordarlo. Pensé entonces en la cara de mi padre y vi que también me había olvidado de ella. Y busqué su sonrisa, sus ojos, su frente pero no encontré nada.»

La infancia, la salida hacia el exilio y ya adulta en el México que les acoge y la constatación del paso del tiempo: «[...] y después el tiempo se hace distancia. 5 años después de la guerra; 9 años después de la guerra; 20 años después de la guerra y después se hace corto. ¿Cuántos años hace? y después no hay. No hay tiempo contado hay sólo tiempo que pasa [...]».

Hay angustia, melancolía, tristeza en la mirada de *GABRIELA adulta,* una mujer que encontrará vacía la casa de la infancia, como aquellos recuerdos que no pudo recuperar.

El ya fallecido poeta Tomás Segovia, esposo de María Luisa Capella, una de las tres autoras del documental *Y yo entonces me llevé un tapón* dijo que *En el balcón vacío*, película en la que llegó a participar como actor, hay dos niveles diferenciados: *ver la película en sí por la historia que cuenta y ver la historia de la película.*

UN RODAJE COLECTIVO

Esa historia se resume en 40 domingos de los años 1961 y 1962 en Ciudad de México. Toda la película se rodó en la capital mexicana buscando localizaciones que se asemejaran a edificios y ambientes españoles (el Sanatorio Español, el colegio Madrid, el Ateneo español, el parque Lira...) Durante 40 domingos los hijos de un grupo de exiliados españoles y algunos mexicanos rodaron desinteresadamente una historia de la que todos, de una u otra forma, fueron partícipes directos.

Donaciones, aportaciones personales, venta de cuadros cedidos, entre otros, por el pintor Vicente Rojo, contribuyeron a la compra de una cámara de 16mm, que costó 4.000 dólares de la época y permitió llevar adelante la película.

Los hijos de Emilio García Riera, Alicia y Martín, Concha Genovés, Belina García, Tomás Segovia, José de la Colina, Jaime Muñoz de Baena, Nuri Pereña (que interpreta el papel de *GABRIELA niña*) María Luisa Elío (*GABRIELA adulta)*, y hasta el escritor colombiano Álvaro Mutis participaron *En el balcón vacio*. Mutis, fallecido en septiembre de 2013, interpretaba al policía que intentaba sonsacar a la niña sobre el paradero del padre escondido. Los actores, ya se ha dicho, no eran profesionales aunque algunos tenían dotes más que suficientes para el cine como la niña Nuri Pereña con una gran expresividad en su mirada y sus emociones, que recuerdan a la expresión de Ana Torrent en filmes como *El espíritu de la colmena* o *Cría cuervos*; pero Jomi García Ascot y su equipo conocían muy bien las técnicas cinematográficas. El responsable de la fotografía fue José María Torre, quién trabajó en algunas películas de Jomi, realizó varios documentales y fue profesor en el Centro de Estudios Cinematográficos. El propio Jomi tenía ya alguna experiencia y conocía perfectamente su oficio.

Como se resalta en el documental ya citado *Y entonces me llevé un tapón*, la película está llena *de recursos visuales, iconográficos y simbólicos de gran poder evocador.* Cuando la madre y las hijas tienen que salir precipitadamente de la casa les dicen que no se pueden llevar nada, sólo lo justo. «Gabriela no te puedes llevar nada. Bueno algo que quepa en una mano».

Y entonces, cuenta Gabriela, *me llevé un tapón...* Ese pequeño objeto es un vínculo con el pasado, con lo que dejas atrás y que no sabes cuándo volverás a reencontrarlo.

Nuri Pereña cuenta en el documental que una de las condiciones que puso su madre para que interviniera fue que «no debía saber el argumento ya que acababa de fallecer su padre y habían vivido situaciones similares a las que se relatan. Otra condición fue que la película no tuviese un recorrido comercial, como así ocurrió».

Jomi –cuenta Nuri Pereña– *la dirigía diciendo lo que debía sentir (Eres chiquitita, muy chiquitita, que no te vea...)* Le consideraba guapo, simpático, amable, sensible y recuerda cada una de las escenas como si fuese ayer. Nuri recuerda aquel rodaje como «una época fantástica de mi vida y la posibilidad de que mis hijos, ahora, entiendan el exilio. Que sepan lo que ha significado para mi generación.

No olvidaré nunca el estreno en el Ateneo Español de México DF. Con todo el público llorando. Fue entonces cuando encontré el sentido de lo que había hecho. Fue un impacto brutal».

Ese impacto nunca se produjo en España ya que *En el balcón vacio*, no se vio hasta la década de los noventa por una iniciativa del IPES, Instituto de Estudios Sociológicos y de la Mujer que proyectó en 16 mm la película en uno de sus congresos. Posteriormente hubo un mayor reconocimiento en Pamplona, su ciudad natal hacia María Luisa Elío, que no regresó a España, mientras su madre vivió, porque ella no quiso saber nada más del país, que le habían obligado a abandonar.

Según Diego García Elío, su madre María Luisa le trajo a España nada más fallecer su abuela. Fue el reencuentro que oníricamente aparece en la película, el regreso a la casa de la infancia y en el que la protagonista se pregunta, *por qué ha crecido tanto.* María Luisa Elío publicó entonces *Tiempo de llorar* un libro que es, según su hijo Diego, «otro balcón pero ya sí absolutamente vivido hasta el final».

Si en España, tanto Jomi como María Luisa han sido grandes desconocidos, todo lo contrario sucedió en México donde formaron parte de las actividades culturales y artísticas del país. En 1967 Gabriel García Márquez, amigo de la pareja les dedicó *Cien años de soledad* como ha quedado impreso en las ediciones de la obra más reconocida del premio Nobel colombiano.

EL HOMENAJE

En el documental los sobrevivientes de aquella película del exilio español en México se reencuentran en Hamburgo muchos años después. Una foto de los que están y los que permanecen en el recuerdo. Esa foto trasmite el paso del tiempo y sobre ella, la voz en off de María Luisa Capella, viuda de Tomás Segovia y narradora de *Entonces me llevé un tapón.* Sus palabras refuerzan aquella experiencia y aquella película que quedará para siempre.

Termina una historia de sueños y tristezas; de integración y desarraigo; de abandono y retorno a un balcón que se cerró en 1939, que se volvió a abrir en México. El tiempo, ese gran escultor que diría Marguerite Yourcenar, ha ido moldeando los recuerdos de alguno de los protagonistas que nos han evocado fragmentos de cómo se hizo En el balcón vacío.

OTROS TÍTULOS

Hay otro filme reciente, *Años después* (2012), dirigido por Laura Gardós Velo, nieta de Carlos Velo. En la película habla del reencuentro, «una carta de amor –según sus propias palabras– dirigida a todos aquellos que pese a estar lejos de sus seres queridos, siempre los tienen cerca del corazón». Cuenta cómo un joven descubre que su abuelo está vivo. El nació en México, donde hubo de exiliarse su madre como consecuencia de la Guerra Civil. Esta situación lleva al reencuentro de padre e hija lo que permite que se reconcilien con su pasado y al mismo tiempo que el joven encuentre sus raíces. «En mi película –comentó la directora en el diario mexicano *La Jornada*– abordé el tema visto por tres generaciones y cómo ellos ven el acontecimiento con un ojo muy diferente, porque les tocó vivirlo de diferentes maneras: por experiencia directa; por herencia y de forma oral e histórica. Lo importante de Años después –añadió– es ver cómo influye el exilio en una familia a través de tres generaciones».

Como ya hiciera con su primera película, *Un franco, catorce pesetas*, y con posterioridad con *Dos Francos cuarenta pesetas*, Carlos Iglesias se interesa por los españoles que han tenido que salir fuera de nuestras fronteras. En *Ispansi*, ya he comentado, se adentra en la Unión Soviética en que estuvieron las dos Españas que acababan de enfrentarse en la Guerra Civil, la de los niños de la República y la de los voluntarios de la División Azul.

Carlos Iglesias cuenta cómo poco después de estallar la Guerra Civil Española, la República envió a 3.000 niños a Rusia para protegerlos de los bombardeos de los nacionales. Los primeros en salir de España fueron los niños de los orfanatos. Beatriz (Esther Regina), perteneciente a una acaudalada familia sevillana, afín al bando nacional, se queda embarazada de un hombre que se niega a casarse con ella. Ante las presiones de su familia decide entregar el bebé a un orfanato de Madrid pero, cuando pretende recogerlo, el niño ha sido enviado a Rusia.

Se hace con los papeles de una miliciana muerta en un bombardeo y se enrola como voluntaria para cuidar a los niños enviados a Rusia. Sale de una guerra para meterse en otra, ya que Hitler invade la Unión Soviética en 1941. Los españoles, los niños y sus cuidadores, se ven inmersos en la II Guerra Mundial, buscando huir de los alemanes y de las bajísimas temperaturas. Álvaro (Carlos Iglesias), un comisario político del partido Comunista se une al grupo que busca refugio y pronto se siente atraído por Beatriz. Ella es una mujer taciturna y aislada que no quiere saber nada de nadie tras la muerte de su hijo. Se hubiese dejado morir si no es por la insistencia de Álvaro y el pequeño grupo de españoles que intenta sobrevivir en la estepa rusa. Al mismo tiempo los voluntarios de la División Azul siguen luchando junto al ejército alemán contra los soviéticos.

La película con un presupuesto de cuatro millones de euros tuvo una mala taquilla y criticas dispares desde aquellas que la descabezaban por su grandilocuencia y su fallida emulación a las superproducciones de Hollywood, a las que defendían el intento del cineasta por construir una metáfora de memoria y armonía de los dos bandos. Yo me quedo en el término medio. Creo que hay una buena historia que, en ocasiones, se excede en el tono épico que se desprenden de los diálogos y algunas situaciones que describe. Sin embargo, hubiese tenido mejores resultados en taquilla si se hubiese podido llevar a cabo una mejor promoción, un aspecto que no suele acompañar a las producciones españolas que parten en clara desventaja con respecto a las producciones de Hollywood.

Ispansi, la aportación de Carlos Iglesias al exilio español en la Unión Soviética.

LAS CIFRAS DEL EXILIO

Se calcula que fueron cerca de un millón los españoles que abandonaron España al término de la Guerra Civil. Numéricamente es el éxodo más importante de todos cuantos se han producido en España desde la época moderna y en el caso de Iberoamérica fue el primer exilio masivo de intelectuales desde la independencia de estas repúblicas durante el siglo XIX.

Francia y México se convirtieron en los dos núcleos más importantes de los exiliados españoles. En Francia procedían de una extracción social medio-baja y con profesiones vinculadas a la agricultura, el comercio o el transporte. En un principio, cerca de medio millón de españoles, fueron internados en campos de concentración u hospitales, muchos sufrieron las consecuencias de la II Guerra Mundial y miles murieron en campos de concentración nazis; otros, como los que formaron la compañía *La nueve* (*La nueve. Los olvidados de la victoria.* 2011. Documental de Alberto Marquand), lucharon en la resistencia y contribuyeron a la liberación de París. Cuando esta se produjo en 1945 quedaban en Francia unos 150.000 exiliados españoles. Los que se quedaron se integraron en la vida francesa y se situaron en el sur de Francia, prioritariamente en Toulouse y en la capital, París.

En México Lázaro Cárdenas, su presidente, tendió su mano para acoger a los intelectuales españoles y a todos aquellos que quisieran iniciar una nueva vida en el país norteamericano. México acogió a cerca de 30.000 refugiados españoles.

Desde el inicio de la Guerra, Cárdenas mantuvo su apoyo incondicional a la República. Ya en 1937, México amparó a 456 niños españoles, los llamados «Niños de Morelia», objeto de diversos documentales como el que dirigió, con el mismo nombre el realizador mexicano Juan Pablo Villaseñor en 2004.

Un año después por iniciativa del escritor y diplomático español Daniel Cosío Villegas, el presidente Cárdenas invitó a una serie de intelectuales españoles para que pudiesen continuar con sus actividades en un centro creado para este fin, La Casa de España, que posteriormente se convertiría en el Colegio de México, una institución que aún hoy sigue enriqueciendo al país.

En 1939, Lázaro Cárdenas desplegó en Francia un operativo diplomático para rescatar a los republicanos que no podían volver a España. No solo se pensó en intelectuales sino en todo aquel que quisiera reiniciar una nueva vida en México. Así de 1939 a 1942 se fletaron una serie de barcos que llevaron a México a unos 20.000 exiliados.

El *Sinaia* fue el primer buque que llevó a los exiliados españoles a México, pero después siguieron otros barcos que hoy son espejo de la solidaridad entre los pueblos. Barcos como el *Ipanema* o el *Mexique*, o como el que fletara el poeta Pablo Neruda, el *Winnipeg*, que llevó a Valparaíso, en Chile a 2.000 republicanos, que en su viaje lloraban y cantaban, como plasmó el premio Nobel de Literatura.

«Que la critica borre
Toda mi poesía,
Si le parece.
Pero este poema
Que hoy recuerdo,
No podrá borrarlo nadie.»

FICHAS DE LAS PELÍCULAS

TÍTULO: *En el balcón vacio.*
PAÍS: México. **AÑO**: 1962. **DURACIÓN:** 53'. Cine autor. **DIRECCIÓN:** Jomi García Ascot. **GUIÓN:** María Luisa Elío, Jomi García Ascot y Emilio García Riera, basado en textos autobiográficos de la propia María Luisa Elío. **FOTOGRAFÍA:** José Torre. **INTÉRPRETES**: María Luisa Elío (Gabriela) Nuri Pereña (Gabriela de niña) Conchita Genovés, Belina García, Alicia Bergua, Martín Bergua, José de la Colina, Carmen Elío, Salvador Elizondo, Emilio García Riera, Santiago Genovés, Álvaro Mutis, Tomás Segovia, José Torre.
FRASE: Está dedicada a todos los españoles que murieron en el exilio.
CALIFICACIÓN: ★★★★✯
DVD: AEMIC (Asociación para el estudio de los Exilios y Migraciones Ibéricos Contemporáneos).

TÍTULO: *Y yo entonces me llevé un tapón.* Memoria compartida *En el balcón vacío*, único testimonio cinematográfico del exilio español en México.
PAÍS: España. **AÑO:** 2012. **DURACIÓN:** 45'. Documental. **DIRECCIÓN:** Alicia Alted, María Luisa Capella y Dolores Fernández. **GUIÓN**: Alicia Alted, María Luisa Capella y Dolores Fernández. **FOTOGRAFÍA**: Juan Ramón Maroto. **LOCUCIÓN**: María Luisa Capella.
CALIFICACION: ★★★★☆
DVD: AEMIC (Asociación para el estudio de los Exilios y Migraciones ibéricos Contemporáneos).

TÍTULO: *Años después.*
PAÍS: MEXICO / ESPAÑA. **AÑO:** 2012. **DURACIÓN** 95`drama. **DIRECTORA:** Laura Gardós Velo. **GUIÓN:** Laura Gardós Velo. **MÚSICA**: María do Ceo. **INTÉRPRETES**: Angélica María, Celso Bugallo, Moisés Arizmendi, Ledicia Sola, María Bouzas, Rosa Álvarez.
SIN CALIFICAR.
VIDEO: Plataformas digitales.

TÍTULO: *Ispansi (españoles).*
PAÍS: España. **AÑO:** 2011. **DURACIÓN:** 115'. Drama / bélica. **DIRECTOR:** Carlos Iglesias. **GUIÓN**: Carlos Iglesias. **FOTOGRAFÍA**: Tote Trenas. **MÚSICA**: Mario de Benito. **INTÉRPRETES**: Esther Regina (Beatriz), Carlos Iglesias (Álvaro), Isabelle Stoffel (Ludmilla), Eloísa Vargas (Piedad), Bruto Pomeroy (Ángel), Isabel Blanco (Rosario), Iñaki Guevara (Jorge).
FRASE: Con los títulos de crédito Amancio Prada musicalizó un poema que le entregó una *niña de la guerra*, Josefina Iturrarán, *durante* un concierto que ofreció en Rusia. Josefina, setenta años después, seguía expresando su deseo de regresar a España, aunque fuera para morir. Dice así:

El jilguero que canta al sol caído
No canta de Madrid en mi soñado hogar
Ni en Santa María la Iglesia de Guernica
Ni en el Bilbao de mi temprana edad
Suena en Moscú su dulce melodía,
Más yo la estoy oyendo allí, no aquí, no aquí, allí.

CALIFICACION: ★★★☆☆
VIDEO: CAMEO.

FICHAS DE OTRAS PELÍCULAS

TÍTULO: *Los niños de morelia.*
PAÍS: México. **AÑO**: 2004. **DURACIÓN**: 90'. Documental. **DIRECTOR:** Juan Pablo Villaseñor. **GUIÓN**: Juan Pablo Villaseñor. **FOTOGRAFÍA:** Ricardo Benet. C y B/N. **MÚSICA**: Dueto Zacán y Jimena Giménez Cacho.
COMENTARIO: Emotivo y documentado trabajo que mereció el premio Ariel al mejor documental y se presentó en la Seminci de Valladolid. El filme recoge los testimonios de muchos de aquellos niños, ya ancianos, que nunca pudieron regresar ni reencontrarse con su familia.
CALIFICACIÓN: ★★★½☆
FRASE / SECUENCIA: En la escuela, la escena real de los niños corriendo ante el anuncio de que han llegado cartas de España.
DVD: Puede verse en youtube. El documental lo produjo ARTE 7 y Hermanos Films.

TÍTULO: *Los niños de rusia.*
PAÍS: España. **AÑO**: 2001. **DURACIÓN**: 95' documental. **DIRECTOR:** Jaime Camino. **GUIÓN:** Jaime Camino. **FOTOGRAFÍA**: Martín Ardanaz, Arturo Olmo y Rafael Solís (C y B/N). **MÚSICA**: Alberto Guinovart. **MONTAJE:** Nuria Esquerra.
COMENTARIO: Sucesión de testimonios de aquellos «niños», ya septuagenarios, que cuentan sus experiencias personales y los acontecimientos que vivieron. Lo que en principio era un corto periodo que iban a pasar fuera de España para evitar la guerra, se convirtió en un largo viaje del que muchos no pudieron regresar y otros no pudieron hacerlo hasta 20 años después. Vivieron la Guerra Civil; el exilio; la invasión de la Unión Soviética por los nazis; la brutalidad del régimen stalinista y el difícil regreso a España.
FRASE: Las imágenes reales de los padres despidiendo a los hijos en el puerto de Santurce y posteriormente los niños, algunos de 4 o 5 años, llegando al puerto de Leningrado con el puño en alto.
CALIFICACIÓN: ★★★★½
DVD: Planeta D Historia.

TÍTULO: *Exilio.*
PAÍS: España. **AÑO**: 2002. **DURACIÓN**: 114'. Documental. **DIRECTOR:** Pablo Carvajal. **GUIÓN**: Pablo Carvajal y Lulio Martín Casas. **ARGUMENTO**: Alfonso Guerra **MÚSICA:** Jorge Maleta. **MONTAJE:** Amparo Martínez Dorado.
COMENTARIO: Excelente labor de montaje y de documentación para construir un documental que es un testimonio de la memoria y de aquellos que tuvieron que abandonar su país por razones políticas. Recuerda que 30.000 niños salieron de España, no solo a Rusia, si no a Francia, Bélgica o Inglaterra.
CALIFICACIÓN: ★★★½☆
DVD: Planeta D Historia.

TÍTULO: *Azaña, cuatro días de julio.*
PAÍS: España. **AÑO**: 2008. **DURACIÓN**: 96' Histórica. **DIRECTOR:** Santiago San Miguel. **GUIÓN:** Santiago San Miguel. **FOTOGRAFÍA**: Alfredo Mayo y Jaume Peraculla (C). **MÚSICA**: Pascal Comelade. **INTÉRPRETES**: Jordi Dauder (Azaña), Mario Pardo (Juan Hernández Saravia), Rosa Renom (Dolores de Rivas), Juan Margallo, Nicolás Barrero, Fermi Reixach.
COMENTARIO: El filme nos acerca a la figura humana y política del que fuera el último presidente de la II República Española. Historia y ficción para reconstruir los últimos días de Azaña en el hotel Mercure en Montouban, el pueblo del sur de Francia, donde murió y está enterrado. Excelente interpretación del ya desaparecido Jordi Dauder que, por sí solo, da empaque a la película, Mereció el premio Gaudí por su trabajo.
CALIFICACIÓN: ★★★☆☆
DVD: Plataformas digitales.

TÍTULO: *Companys, proceso a Cataluña.*
PAÍS: España. **AÑO**: 1979. **DURACIÓN**: 125' histórica. **DIRECTOR:** Josep María Forn. **GUIÓN**: Josep María Forn, Antoni Freixas. **FOTOGRAFÍA**: Cecilio Paniagua. **MÚSICA:** Manuel Valls Gorina. **INTÉRPRETES:** Luis Iriondo, Marta Angelat, Montserrat Carulla, Xabier Elorriaga, Pau Garsaball, Agustín González, Alfred Lucchetti, Marta May, BIel Moll, Ovidi Montllor, Conrado Tortosa «Pipper», Rafael Anglada, Carlos Lasarte, Loles León, Juanjo Puigcorbé, José Lifante, Jorge Ulloa.
COMENTARIO: La detención en Francia del presidente de la Generalitat de Cataluña Lluis Companys. Tras la invasión nazi de Francia, la Gestapo entregó a Companys al gobierno de Franco. Es trasladado a Madrid y posteriormente a Barcelona donde fue condenado a muerte y posteriormente fusilado. Es un filme digno y emotivo que resalta la figura del político y cómo su fusilamiento se debió al deseo del franquismo de cerrar el proceso de democratización y libertad que había adquirido mucha fuerza en Cataluña.
CALIFICACION: ★★★☆☆
DVD: Plataformas digitales. filmsorient@gmail.com

TÍTULO: *A propósito de Buñuel.*
PAÍS: España. **AÑO**: 1999. **DURACIÓN:** 90'. Documental. **DIRECTOR:** Javier Rioyo y José Luis López-Linares. **GUIÓN**: Agustín Sánchez Vidal. **FOTOGRAFÍA**: José Luis López-Linares. **MÚSICA**: Mauricio Villavecchia.
COMENTARIO: Exhaustivo trabajo sobre uno de los más geniales realizadores del Siglo xx. Agresivo, esquivo, socarrón, brillante, el documental hace un recorrido por toda su obra, recoge uno de los escasos testimonios en que Buñuel fue grabado por la cámara y multitud de testimonios de quienes le conocieron como Pepín Bello, Carlos Saura, Pere Portabella, Francisco Rabal, Ángela Molina, Jean Claude Carriére, Silvia Pinal o su mujer Jeanne Buñuel y sus hijos Juan Luis y Rafael.
CALIFICACIÓN: ★★★⯪☆
DVD: BIG TIME.

TÍTULO: *Max Aub. Un escritor en su laberinto.*
PAÍS: España. **AÑO**: 2002. **DURACIÓN:** 90'. Documental. **DIRECTOR:** Llorenç Soler. **GUIÓN**: Llorenç Soler y José María Vallagrassa. **INTÉRPRETES**: Juan Echanove (Max Aub), Fernando Guillén (Padre de Max), Rosana Pastor (Madre de Max).
COMENTARIO: Un interesante trabajo sobre uno de los intelectuales que sufrió el exilio, primero en campos de concentración en Francia, posteriormente en México y finalmente la imposibilidad de regresar a España. Llorenç Soler combina imágenes reales con entrevistas a personas que le conocieron. También hay escenas de ficción que reproducen algunos de los más importante momentos de su vida.
CALIFICACIÓN: ★★★☆☆
DVD: No esta editado. Produjo TVE.

TÍTULO: *Francesc Boix, un fotógrafo en el infierno.*
PAÍS: España. **AÑO**: 2001. **DURACIÓN:** 56'. Documental. **DIRECTOR:** Llorenç Soler. **GUIÓN:** Llorenç Soler. **FOTOGRAFÍA**: Llorenç Soler. **MÚSICA**: Eduardo Arbide.
COMENTARIO: La terrible historia del fotógrafo barcelonés Francesc Boix, militante comunista que hubo de exiliarse al termino de la Guerra Civil. En Francia fue apresado por los alemanes e internado en Mauthausen. Boix fallecido en 1951, consiguió guardar muchas de las fotografías que se hicieron en el campo de concentración y que mostraban todo el horror que allí se vivió. Fue el único español que testificó en el proceso de Nüremberg, que juzgó la barbarie nazi durante la II Guerra Mundial. El documental incluye numerosas entrevistas con muchos de sus compañeros.
CALIFICACIÓN: ★★★⯪☆
DVD: Savor ediciones s.A.

TÍTULO: *La guerre est finie* (La guerra ha terminado).
PAÍS: Francia / Suiza. **AÑO**: 1966. **DURACIÓN**: 122'. Drama. **DIRECTOR**: Alain Resnais. **GUIÓN:** Jorge Semprún. **FOTOGRAFÍA:** Sacha Vierny. **MÚSICA:** Giovanni Fusco **INTÉRPRETES:** Yves Montand, Ingrid Thulin, Geneviéve Bujold, Jean Bouise, Jean Dasté, Michel Piccoli, Dominique Rozan, Jean Francois Remi.
ARGUMENTO: Durante la dictadura franquista, en 1965, un destacado miembro del Partido Comunista español, exiliado en París viaja a menudo a España, de forma clandestina, para organizar la actividad de la resistencia contra el dictador. Sin embargo, la inutilidad del esfuerzo que hace en cada viaje y su progresivo desencanto respecto a la ideología del partido, lo desalientan y va cayendo en un profundo escepticismo.
COMENTARIO: Un filme inmerso en la «*nouvelle vague*», de la que Resnais era uno de sus más cualificados representantes. El guión firmado por Jorge Semprún recoge, en cierto modo, su propia actuación personal, ya que acabó abandonando el partido por sus diferencias con la dirección. Semprún, en la democracia, fue ministro de Cultura en el gobierno socialista de Felipe González. La película que fue premiada por el Círculo de Críticos de Nueva York, estuvo también nominada para el Oscar a mejor guión.
CALIFICACIÓN: ★★★⯪☆
DVD: Vellavisión.

CAPÍTULO 6. EXILIOS LATINOAMERICANOS

«El exiliado mira hacia el pasado, lamiéndose las heridas; el inmigrante mira hacia el futuro, dispuesto a aprovechar las oportunidades a su alcance.»

ISABEL ALLENDE (Escritora).

Cuando el franquismo entraba en su recta final, tras el atentado que costó la vida al almirante Carrero Blanco, presidente del gobierno; a miles de kilómetros de distancia, en el continente americano, renacían las dictaduras.

CHILE: EL GOLPE (RAÚL RUIZ, PATRICIO GUZMÁN, MIGUEL LITTIN...)

El 11 de septiembre de 1973, dos meses antes de la muerte de Carrero, un golpe militar en Chile acabó con el gobierno democrático de Salvador Allende, dando paso a una cruenta dictadura que supuso miles de muertos y desaparecidos. El caso de Chile no fue una excepción y en poco tiempo otros países como Uruguay, Paraguay, Brasil o Argentina implantaron regímenes militares que trataron de aniquilar cualquier ideología de izquierdas y torturar, asesinar o hacer *desaparecer* a sus militantes. Muchos tuvieron que exiliarse y buscar lugares donde comenzar a vivir huyendo de la represión y de la muerte.

El tema del exilio aparece en varios de los cineastas que tuvieron que abandonar su país pero no es un tema recurrente, salvo en el caso de Chile que si construyó un cine en el exilio. En el periodo que va de 1973 a 1985 los cineastas chilenos repartidos por Francia, la Unión Soviética, la desaparecida República Democrática Alemana (RDA), la República Federal Alemana (RFA), España, Finlandia o Suecia, hasta un total de 17 países, realizaron 178 películas (56 largos de ficción y documentales; 34 mediometrajes y 86 cortos) Una cifra sin parangón para cualquier otra cinematografía en la que un número elevado de sus profesionales hubiese tenido que exiliarse. De Chile tuvieron que irse, entre otros, Raúl Ruiz, Valeria Sarmiento y Helvio Soto (Francia) Miguel Littin (México y España) Sebastián Alarcón (URSS) Luis Vera (Suecia), Angelina Vázquez (Finlandia), Patricio Guzmán (Cuba, España, Francia) o Antonio Skármeta y Orlando Lübbert (RFA), cineastas que retrataron fundamentalmente el exilio pero que abordaron otros temas como la revolución sandinista en Nicaragua.

Rodaje de *Diálogos de exiliados*, del cineasta chileno Raúl Ruiz

Todos los citados y alguno más han tenido gran relevancia en el cine latinoamericano e incluso Raúl Ruiz está considerado uno de los maestros del cine contemporáneo. *Diálogos de exiliados*, (1975) su primera película rodada en tierras francesas, es hoy un clásico a pesar de que en su momento fue criticada por los sectores más radicales del exilio que la catalogaron de poco rigurosa, ya que mostraba una imagen un tanto relajada de los exiliados. En realidad se trata de una película hilarante, irónica y transgresora. *Diálogos de exiliados* cuenta «*grosso modo*» cómo un grupo de exiliados chilenos en París discuten los problemas que les atañen (vivienda, dinero, trabajo...). Secuestran y tratan de aleccionar en sus convicciones a un cantante chileno de gira por Europa al que terminan llevándoselo de *farra* por París. Tanto los actores chilenos como los franceses que intervienen en la película lo hicieron gratis, por razones de solidaridad. La mayoría de los chilenos eran refugiados que interpretaron su propia experiencia.

Raúl Ruiz confecciona su película entre el documental y la ficción. No hay nostalgia aparente, aunque todos sus personajes no dejen de hablar de Chile y se muevan acompasados por la cueca. Chile, su ausencia, está presente en todos sus filmes.

Raúl Ruiz, fallecido en agosto de 2011, había nacido 70 años antes en la localidad chilena de Puerto Montt. Murió sólo unas semanas después de la que fuera su esposa, la cineasta Valeria Sarmiento, que montó muchas de sus películas. Su extensa filmografía alcanza más de 200 películas en cualquier soporte técnico, con guiones originales o adaptaciones de Balzac, Proust, Kafka o Camilo Castelo Branço cuya novela *Misterios de Lisboa* fue una de sus últimas adaptaciones cinematográficas. Raúl Ruiz hizo un filme de cuatro horas y media de duración y una versión más larga para televisión. En pleno rodaje le fue diagnosticado un cáncer hepático que finalmente acabaría con su vida. Le dio tiempo a hacer una última película *La noche de enfrente.*

En su larga filmografía figuran *Tres tristes tigres* (1968), hoy un clásico del cine chileno, *La vocación suspendida, La hipótesis del cuadro robado, El territorio, Tres vidas y una sola muerte* o *Genealogías de un crimen.* Actores aficionados o primeras figuras del cine como John Malkovich, Catherine Deneuve, Isabelle Huppert, Marcello Mastroianni, John Hurt, Emmanuele Beart o la española Marisa Paredes fueron dirigidos por Raúl Ruiz en filmes creativos, surrealistas o experimentales siempre, con esa ironía que caracterizó toda su filmografía.

Fue uno de los pocos directores a los que *Cahiers du Cinema* dedicó un número especial y en marzo de 1983 se decía:

«Todo el cine de Ruiz es un cine torcido porque es visto a través de curiosos prismas, siempre desnaturalizando la perspectiva clásica: un cine de «tuerto» que es el título de una de sus películas. Así como cada plano ruiziano lleva una marca, una cifra o un secreto, un poco como Welles y los más grandes [...] él propone ejes de toma de vista imposibles, y el uso de todos los trucos [...].»

Y dos de los especialistas en la obra de Ruiz, Jacqueline Mouesca y Carlos Orellana afirman que «era un entusiasta de la travesura experimental, constantemente improvisando, inventando imágenes visuales y verbales, tratando de encontrar 100 maneras diferentes de contar una misma historia».

Pero no se trata aquí de insistir en la calidad de este singular realizador y teórico del cine sino en seguir indagando en aquellas películas y cineastas vinculados al exilio y la emigración. Raúl Ruiz forma parte de una generación de directores chilenos como Miguel Littin, Helvio Soto y Patricio Guzmán abiertamente comprometidos con el proyecto de Salvador Allende y con el ánimo de denunciar cualquier tipo de injusticia o violación de los derechos humanos.

Si a Raúl Ruiz el golpe militar de Pinochet le sorprendió el mismo día que iba a iniciar el rodaje de su película *Interferencias*, a Patricio Guzmán le dio tiempo de filmar los primeros momentos de la rebelión militar y el ataque al Palacio de la Moneda. Patricio Guzmán estaba realizando *La batalla de Chile*, una trilogía documental, de cuatro horas de duración, que narraba lo que a la postre acabó siendo el último año de la vida de Salvador Allende.

Un documental que hoy está considerado como el mejor del cine chileno y para las publicaciones especializadas norteamericanas figura entre los diez mejores de la historia mundial del cine político.

El 20 de febrero de 1973 comenzó la filmación de lo que sería años después *La batalla de Chile* concebida en principio como un *gran mural* en que se detallara la realidad chilena. El equipo dirigido por Guzmán filmó durante meses reuniones políticas, concentraciones masivas, asambleas sindicales o entrevistas personales a personas y personajes de todo el espectro político y social de Chile. Así estuvieron trabajando hasta que se produjo el golpe militar y Patricio Guzmán fue detenido y permaneció dos semanas en el Estadio Nacional, que se convirtió en prisión provisional para buena parte de los políticos o ciudadanos próximos al gobierno de Salvador Allende. Una vez puesto en libertad decidió marchar al exilio.

El hecho de que *La batalla de Chile* pueda verse en la actualidad, se debe a que la mujer del cineasta consiguió junto a miembros del equipo, como Federico Elton, que los miles de metros de película filmados llegasen a la embajada de Francia y pudiesen ser enviados a Europa.

Patricio Guzmán se instaló primero en Francia donde intenta procesar el material pero al no conseguirlo viaja a Cuba, y gracias al apoyo del ICAIC, Instituto Cubano de las Artes y la Industria Cinematográfica, trabaja denodadamente de 1976 a 1979 para montar el material que conforma la trilogía *La batalla de Chile*, compuesta por *La insurrección de la burguesía*, *El golpe de estado* y *El poder popular*. Casi 20 años después, en 1997, completaría con *La memoria obstinada*, su visión global de Chile recorriendo los escenarios de su anterior filme y recogiendo las opiniones de algunos de los que participaron en *La batalla de Chile*.

CHILE: MÁS MIRADAS

En el terreno de la ficción, el greco-francés Costa-Gavras dirigió *Missing*, que narraba la desaparición de un periodista norteamericano durante el golpe militar. Fue una película que tuvo una gran repercusión internacional porque narraba la violencia del golpe y la implicación de Estados Unidos, con la presencia de actores del nivel de Jack Lemmon o Sisy Spacek. *Missing* es un filme de 1983 pero los chilenos ya habían contado la represión en imágenes en 1975. Helvio Soto, por ejemplo, en *Llueve sobre Santiago* reprodujo el golpe en un film que tuvo en Jean-Louis Trintignant a uno de sus principales protagonistas.

Otro importante realizador, Miguel Littin al que conocí durante su exilio en Madrid y en festivales a los que acudíamos, tuvo siempre presente el exilio en su filmografía con títulos como *La tierra prometida* (1974) o *Los náufragos* (1994) en que relata el regreso de *Aron* un exiliado chileno cuyo padre ha muerto durante sus años de ausencia y cuyo hermano es un *desaparecido.* El protagonista es un náufrago en su propio país y es también un reflejo del efecto que tuvo la dictadura de Pinochet en la sociedad chilena. En su filmografía, rodada en el exilio, figuran también entre otras películas *Actas de Marusia* (1975), y *La viuda de Montiel* (1980) ambas realizadas en México o las dos películas sobre Nicaragua *Alsino y el cóndor* (1981) o *Sandino* (1989) que dio origen a una serie de televisión. A su regreso a Chile rodó diversos filmes entre ellos Dawson. Isla 10 (2009) lugar donde fueron recluidos varios de los ministros de Allende tras el golpe militar.

Pero sin duda una de sus mayores aportaciones al exilio chileno fue *Acta General de Chile* en que narra su regreso clandestino al país sudamericano en 1986 para realizar un documental en tres partes, sobre la realidad política del país. Estas tres partes se titularon: *Miguel Littin: clandestino en Chile*; *Norte de Chile: Cuando fui para la Pampa*, y *De la frontera al interior de Chile: La llama encendida*.

El documental que recoge testimonios de los chilenos que tuvieron que soportar la dictadura, incluye también opiniones de la viuda de Allende, Hortensia Bussi; de Fidel Castro y de Gabriel García Márquez, entre otros.

Tras burlar a las autoridades chilenas y regresar a España para montar su trabajo, Gabriel García Márquez le propuso escribir la historia de su película, publicada con el título *Las aventuras de Miguel Littin: Clandestino en Chile* que se transformó rápidamente en un *bestseller*.

El exilio también aparece tanto en la obra literaria como cinematográfica de Antonio Skármeta. Conocí a Skármeta en diciembre de 1983 cuando concursó con su película *Ardiente paciencia* en el festival de Cine Iberoamericano de Huelva. La película consiguió la mayor parte de los premios principales y obtuvo el primer galardón que concedía Radio Exterior de España, emisora en la que trabajaba en aquellas fechas, a la película que *mejor reflejara la realidad socio-cultural de la comunidad iberoamericana*... Aquella historia entre un cartero y Pablo Neruda, ambientada en Isla Negra, aunque se rodó en Portugal, llegó al público y al jurado de Huelva y años después daría origen al *Cartero* de Michael Radford que compitió por los Oscar de Hollywood. La versión de Skármeta acababa con el inicio del golpe y la muerte de Neruda, que de forma simbólica fue la muerte de la democracia en Chile. Marcela Osorio, Óscar Castro y Roberto Parada interpretaron los papeles principales... Parada uno de los actores chilenos de mayor prestigio interpretó al poeta.

La película no se vio nunca comercialmente en nuestro país, aunque si fue proyectada por TVE y posteriormente por otros canales de TV. Si se publicó la novela del mismo nombre... Recuerdo que en un hotel madrileño, próximo a la Plaza de Colón, la editorial Plaza y Janés organizó una comida para un reducido grupo de periodistas donde presentó *Ardiente paciencia*. Mario Benedetti y Miguel Littin hicieron de padrinos. Era 1986, el año del Mundial de México y recuerdo que los tres, incluido Skármeta, estaban como locos por ver uno de los partidos de aquel día. Fue una presentación en *familia* y desde entonces mantuve contacto habitual con Antonio Skármeta del que he seguido toda su trayectoria.

Antes de *Ardiente Paciencia*, junto a Orlando Lübbert, había realizado en la entonces República Federal de Alemania cortometrajes como *Permiso de residencia* (1979) y *Si viviéramos juntos* (1983) que incidían en la situación de los exiliados en ese país europeo. Antonio Skármeta llegó a Alemania en 1975 becado por el programa de Las Artes de Berlín. Años después, una vez restablecida la democracia en Chile, sería embajador de su país en la Alemania unificada.

En este repaso a la extensa producción de los cineastas chilenos en el exilio hay que recordar así mismo a Sebastián Alarcón, quién se refugió en la Unión Soviética y llevó a cabo una extensa actividad cinematográfica. Suyas son películas como *La noche sobre Chile* (1977) en que narra lo acaecido en el Estadio Nacional en las primeras horas del golpe; *Santa Esperanza* (1980) y *Cicatriz* (1997) sobre el atentado contra Pinochet en el Cajón del Maipo.

En los países nórdicos destaca el cine de Angelina Vázquez, quién realizó un buen número de filmes teniendo permanentemente a su país en la memoria. Títulos como *Dos años en Finlandia* (1975), *Gracias a la vida* (1980), *Presencia lejana* (1982) y *Fragmentos de un diario inacabado* (1983) reflejan la lejanía y al mismo tiempo la proximidad con el país de origen.

En Suecia, Luis Vera rodó en 2000 *Bastardos en el paraíso,* una película de ficción en que ahondaba con los problemas que se encontraban los latinos en la sociedad sueca. En *Bastardos en el paraíso* describía la vida de un joven chileno, MANUEL GONZÁLEZ tanto en la relación con su familia exiliada; cómo el trato discriminatorio de buena parte de la sociedad sueca y el grupo multirracial de sus amigos en el barrio de Estocolmo donde residía.

El filme obtuvo numerosos premios internacionales, entre ellos el del festival de cine latinoamericano de La Habana y el del festival de Trieste en Italia.

Luis Vera que antes de residir en Suecia estuvo estudiando en Rumanía donde firmó varios documentales, realizó también otra película de ficción sobre el exilio, que tuvo bastante éxito. Se trata de *Consuelo* (1988), en la que relata el regreso de un exiliado a Santiago y el reencuentro con su antigua novia, generando un conflicto con su esposa sueca. Era una constatación de cómo el exilio había separado y roto muchas vidas.

En este recorrido por el cine chileno del exilio recuerdo de nuevo a Valeria Sarmiento (1948-2011) montadora de buen número de las películas de su marido, Raúl Ruiz, y directora de títulos como *La Nostalgia* (1979); a Gonzalo Justiniano con *Yo tuve un sueño contigo* (1999) o el documental *Residencia en la tierra* (1980) de Orlando Lübbert, con guión de Skármeta.

La lista resulta interminable con esa gran producción de los chilenos en el exterior durante la dictadura militar. Pero antes de cerrar este apartado quiero resaltar otros tres títulos muy diferentes entre sí. Se trata de GRINGUITO, de Sergio M. Castillo que entra de lleno en la infancia y los problemas de IVÁN un niño de nueve años, que ha vivido toda su vida en Nueva York. Sus padres, chilenos, deciden regresar a Santiago para que nazca allí su nuevo hijo. IVÁN no se adapta a la capital chilena y echa en falta su ambiente neoyorquino. Además con su nuevo hermano es ya *«el príncipe destronado»*. Es entonces cuando decide escaparse y comienza un recorrido por un paisaje ajeno al mundo que había conocido hasta entonces y que supondrá su encuentro con Chile, el país de sus padres y abuelos.

Tampoco hay que dejar de lado *La frontera*, de Ricardo Larrain, que mereció el Goya de mejor película Iberoamericana, en 1991. En ella asistimos al destierro de RAMIRO ORELLANA (Patricio Contreras), que en los últimos años de la dictadura es condenado al exilio dentro de su propio país. Es confinado en una zona fronteriza, límite histórico entre los mapuches y los conquistadores españoles y allí tendrá tiempo para meditar sobre su país y su propio mundo interior.

Finalizo mi recorrido por el cine chileno del exilio con una película producida conjuntamente por España, Chile y Estados Unidos. Se trata de *Time's up* (*Ya es la hora*) dirigida por Cecilia Barriga, una cineasta chilena con una gran trayectoria en el cine documental y que en su primer filme de ficción se fue hasta Nueva York para contar la historia de Rebeca Kaplan (Leonor Benedetto) una psicoanalista que atiende a sus pacientes neoyorquinos en un autobús. Rebeca recuerda los traumas que le hicieron huir de Chile y comprende que ha de enfrentarse a la verdad.

Time's up es también un retrato de la soledad en una ciudad tan populosa como Nueva York. La película funciona en ocasiones como comedia negra y en otras como drama sobre el exilio, sobre la pérdida de las raíces. Cecilia Barriga, que ha vivido intermitentemente en Madrid desde 1977, realizó posteriormente en 2013 *Tres instantes un grito*, un elaborado y excelente documental sobre el movimiento de los indignados en tres ciudades diferentes: Madrid, Nueva York y Santiago de Chile. Cecilia Barriga a la que también he tenido la suerte de conocer y entrevistar en diversas ocasiones, es de la opinión de que «*cuando emigras aparece la posibilidad de empezar a ser otra persona, y eso te puede permitir otras muchas cosas. No tiene por qué ser negativo, sino una posibilidad que la vida te da*».

FICHAS DE LAS PELÍCULAS

TÍTULO: *Diálogos de exiliados.*
PAÍS: Francia / Chile. **AÑO:** 1975. **DURACIÓN:** 100'. Cine autor. **DIRECCIÓN:** Raúl Ruiz. **GUIÓN**: Raúl Ruiz. **FOTOGRAFÍA**: Gilberto Azevedo. **MÚSICA**: Alix Comte. **INTÉRPRETES**: Françoise Amoul, Edgardo Cozavinsky, Sergio Hernández, Carla Cristi, Daniel Gélin, Percy Matas.
FRASE Una frase de Brecht con la que comienza la película: «Los inmigrantes son los mejores dialécticos».
VALORACIÓN: ★★★⯪☆
VIDEO: ver plataformas digitales / youtube.

TÍTULO: *Acta general de Chile.*
PAÍS: Chile / Cuba / España. **AÑO:** 1986. **DURACIÓN:** 115'. Documental. **DIRECTOR:** Miguel Littin. **GUIÓN**: Miguel Littin. **FOTOGRAFÍA**: Tristán Bauer, Ugo Adilardi y Jean Ives. **MÚSICA**: Angel Parra. **MONTAJE**: Carmen Frías. **VOZ EN OFF**: Miguel Littin.
CALIFICACIÓN: ★★★⯪☆
DVD: Plataformas digitales.

TÍTULO: *Bastardos en el paraíso.*
PAÍS: Chile / Suecia. **AÑO:** 2000. **DURACIÓN:** 115'. Drama. **DIRECTOR:** Luis Vera. **GUIÓN**: Luis Vera. **FOTOGRAFÍA**: Sammy de la Cruz. **MÚSICA**: Daniel Bingert. **INTÉRPRETES**: Camilo Alanis (Manuel), Lotta Kardge (Lena) Daniel Ojala (Kalle).
CALIFICACIÓN: ★★★☆☆
VIDEO: Plataformas digitales.

TÍTULO: *Gringuito.*
PAÍS: Chile. **AÑO:** 1988. **DURACIÓN** 100'. Drama. **DIRECTOR**: Sergio M. Castillo. **GUIÓN:** Sergio M. Castillo y J. B. Miller. **FOTOGRAFÍA:** Chuy Chávez. **MÚSICA**: Jamie Lawrence. **INTÉRPRETES**: Sebastián Pérez, Mateo Iribarren, Catalina Guerra, Alejandro Goic.
CALIFICACIÓN: ★★★☆☆
VIDEO: Plataformas Digitales.

TÍTULO: *La frontera.*
PAÍS: Chile / España. **AÑO:** 1991. **DURACIÓN:** 120'. Drama. **DIRECCIÓN:** Ricardo Larrain. **GUIÓN**: Jorge Goldenberg y Ricardo Larrain. **MÚSICA**: Jaime de Aguirre. **INTÉRPRETES**: Patricio Contreras (Ramiro Orellana), Gloria Laso (Maite), Alonso Venegas (Delgado), Sergio Schmied, Aldo Bernales, Héctor Noguera.
CALIFICACIÓN. ★★★½☆
VIDEO: Plataformas Digitales.

TÍTULO: *Time's up.*
PAÍS: Chile / España / Estados Unidos. **AÑO:** 2000. **DURACIÓN:** 89'. Drama. **DIRECTOR:** Cecilia Barriga. **GUIÓN:** Cecilia Barriga. **MÚSICA**: Isabel Montero. **FOTOGRAFÍA**: Edgar Gil. **INTÉRPRETES**: Leonor Benedetto, Cristina Hernández, María Starkman, Santiago Douglas.
CALIFICACIÓN: ★★★☆☆
VIDEO: Plataformas digitales.

Tangos,el exilio de Gardel, de Fernando «Pino» Solanas fue el exilio de todos los argentinos.

1. SIN SALIR DE CASA

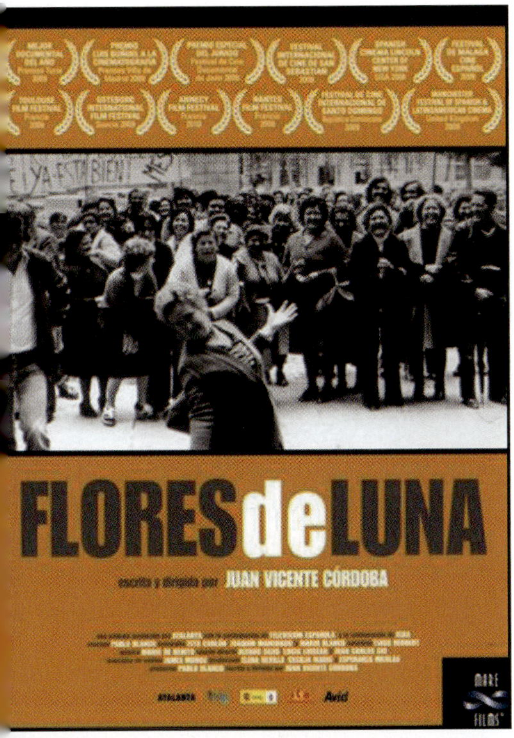

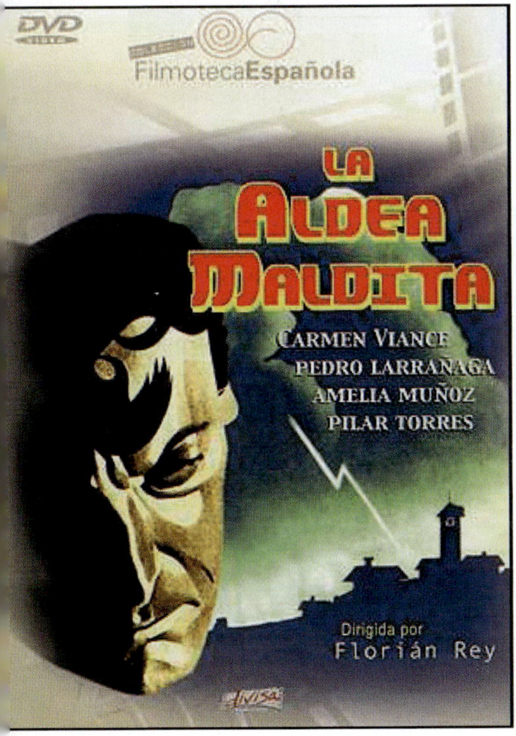

2. Adiós España

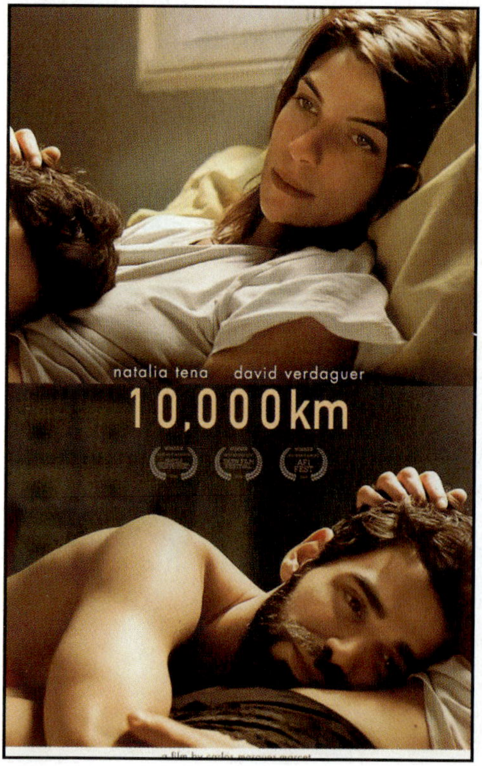

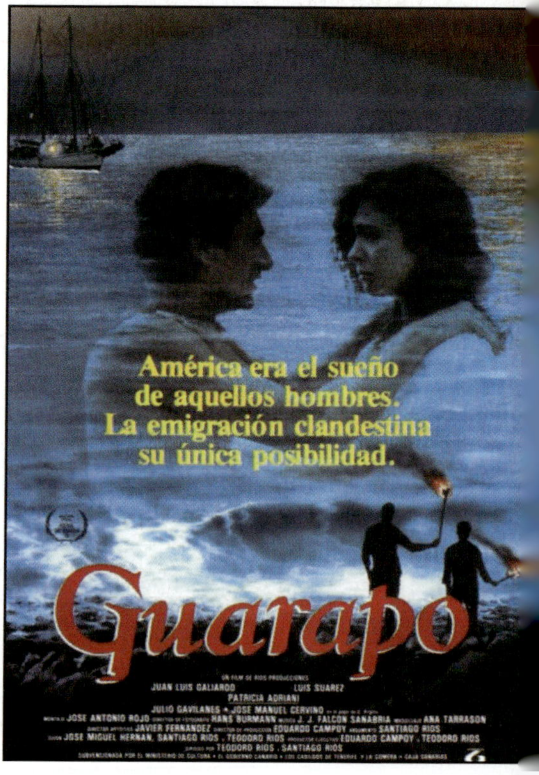

3. Los exilios

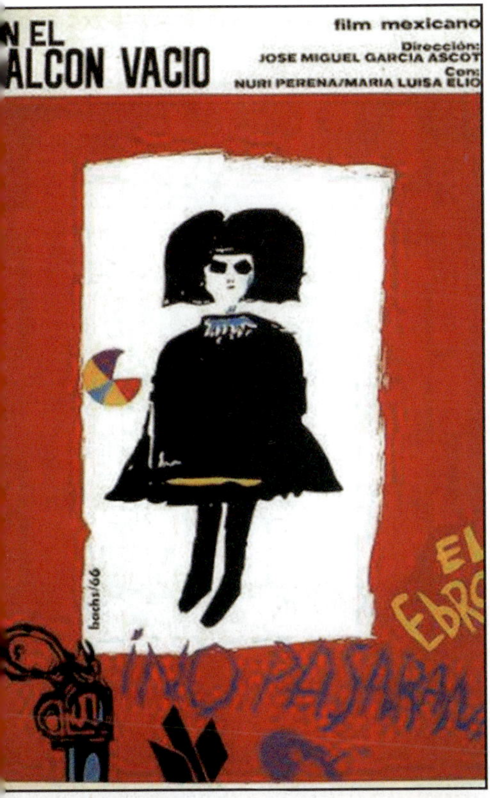

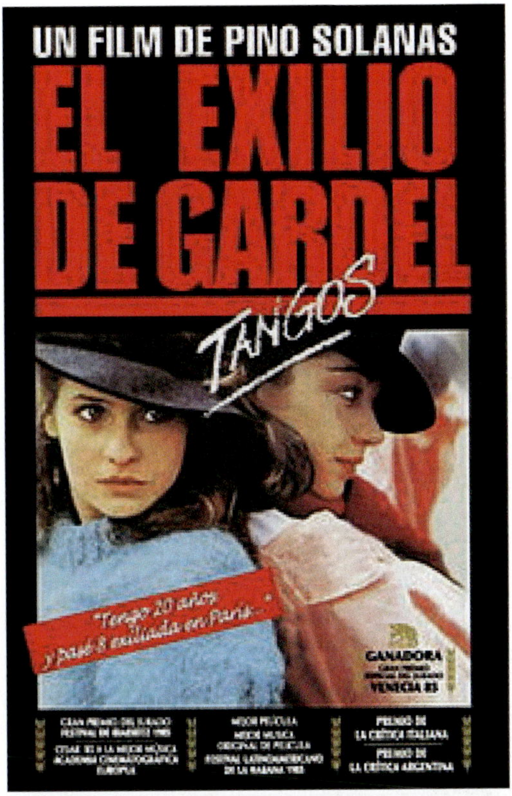

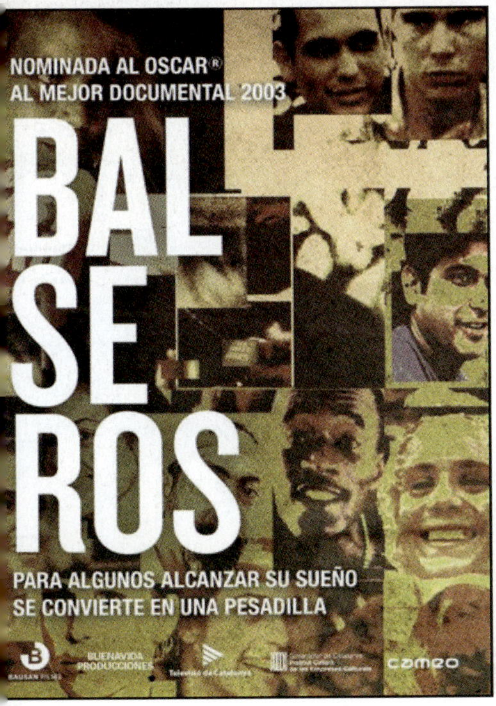

4. USA, LA TIERRA PROMETÍDA

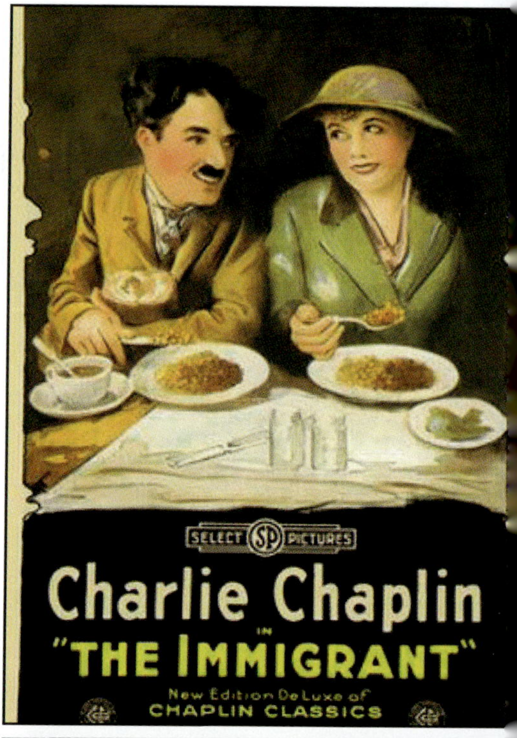

5. Europa, el otro sueño americano

BRITISH
GEMS
MEJOR FILM BRITÁNICO
PREMIOS BAFTA 1999
ESPIGA DE ORO MEJOR PELÍCULA
MEJOR ACTRIZ (LINDA BASSET)
SEMINCI 1999
Una película de DAMIEN O'DONNELL
Oriente es Oriente
Esta es la hilarante (y a veces punzante) historia de lo que ocurre cuando dos culturas radicalmente opuestas chocan dentro de una misma familia.
cameo

tiff.
CIRKUS
COLUMBIA
UNA PELÍCULA DE DANIS TANOVIC
"EN TIERRA DE NADIE"
"Una historia tan loca como su extravagante protagonista".
LaButaca.net
wanda visión
cameo

FRANCESCO ROSI
GIAN MARIA VOLONTÉ
IRENE PAPAS
Cristo
SE PARÓ EN Éboli
GANADORA BAFTA AWARDS, 1983
DOS PREMIOS DAVID DI DONATELLO AWARDS, 1979
GANADORA ESCC AWARDS, 1981
GANADORA INSEJ AWARDS, 1979
GANADORA MOSCOW FILM FESTIVAL, 1979

LA NUEVA OBRA MAESTRA DEL DIRECTOR DE "UN PROFETA"
PALMA DE ORO
FESTIVAL DE CANNES
DHEEPAN
UN FILM DE
JACQUES AUDIARD

6. España, viajeros de esperanza y muerte

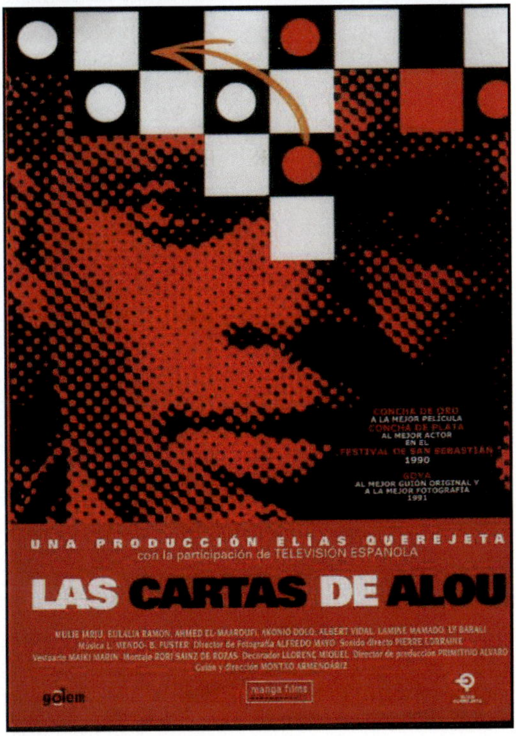

7. Esclavitud s.XXI

ARGENTINA: EL TANGO DEL EXILIO (FERNANDO «PINO» SOLANAS, ADOLFO ARISTARAIN, MARCELO PIÑEYRO...)

Sin llegar a las cifras de Chile, los cineastas argentinos también llevaron adelante una intensa labor en diversos países durante la dictadura argentina de 1976 a 1983. Todavía recuerdo cómo en el Festival de Cine Iberoamericano de Huelva una nutrida representación de directores, actores, técnicos y periodistas fueron vitoreados por una sala absolutamente abarrotada coincidiendo con la caída del gobierno militar. Ese cine argentino que ha estado a la cabeza de la cinematografía latinoamericana vio cómo el golpe militar del 76 cerraba las puertas a varios profesionales que tomaron el camino del exilio.

Fernando «Pino» Solanas después de pasar un tiempo en Madrid se trasladó a París donde realizó algunas de sus más importantes películas, entre ellas *Tangos, el exilio de Gardel,* en la que a través del tango acerca la cámara a un grupo de exiliados que tratan de sobrevivir en París durante la dictadura. La nostalgia, la tristeza pero también la esperanza de los protagonistas, la mayor parte de ellos exiliados como el propio director.

Tangos, el exilio de Gardel, que consiguió el Premio Especial del Jurado en el festival de Venecia y el Gran Coral, en La Habana, es uno de los símbolos de la cinematografía argentina del exilio de la mano de un director que incluye en su filmografía *Sur* en que a través de la relación de una pareja refleja simbólicamente la historia de amor por un país. *Sur* es la historia de un regreso y un homenaje a todos los que dijeron «no» a la dictadura militar. La película, que consiguió la Palma de Oro en Cannes, obtuvo varios premios en La Habana y refuerza el trabajo de este cineasta comprometido con las libertades y los derechos humanos, cómo continuó reflejando en su cine una vez pudo regresar a Buenos Aires. La crisis económica de 2001, el llamado «corralito» lo llevó al cine para dar voz a un sociedad estafada y robada por los sucesivos gobiernos, en sus documentales *Memoria del saqueo* (2004) y *La dignidad de los nadies* (2005).

El regreso, como en *Sur*, está presente en la filmografía de otros cineastas argentinos. Héctor Olivera denunció la violencia de los militares en títulos como *La noche de los lápices* o *No habrá más penas ni olvido,* basada en *Una sombra ya pronto serás* (1994), una novela de Osvaldo Soriano. En esta última película un personaje regresa a Argentina sin que sepamos muy bien cuáles han sido las razones de su marcha. Es el espectador quién tiene que ir descubriendo ese viaje o si no recurrir a una frase de Borges que define al personaje: «Yo casi no soy nadie, soy tan solo un deseo que se pierde en la tarde». Un drama sobre la identidad que tiene como protagonistas a Miguel Ángel Solá, Pepe Soriano, Alicia Bruzzo, Luis Brandoni, Roberto Carnaghi y el español Eusebio Poncela.

A Eusebio Poncela le hemos visto con frecuencia en el cine argentino. Es uno de los actores que tomó, como José Sacristán, el puente aéreo que une ambas culturas.

A Poncela le recuerdo en *Martín Hache*, la película de Adolfo Aristarain en la que un director de cine, Federico Luppi lleva más de 20 años viviendo en Madrid sin querer saber nada de Argentina, el país que dejó atrás. Como en *Una sombra ya pronto serás*, tampoco conocemos las causas de su marcha, se niega a recrearse en la nostalgia y no se permite un reencuentro con el pasado. Regresa temporalmente tras el accidente de su hijo Hache (Juan Diego Botto) pero siente un profundo rechazo por su país.

La idea del exilio aparece con frecuencia en la obra de Aristarain, uno de los realizadores argentinos más conocidos en España, especialmente durante los años noventa, con otros títulos como *Un lugar en el mundo*, *Roma* o *Lugares comunes*, con Federico Luppi, su *alter ego*, como protagonista.

Anterior a los títulos citados encontramos *El rigor del destino* (1985), de Gerardo Vallejo, que relata cómo después de siete años de exilio en España, un chico de Tucumán se reencuentra con su abuelo y ambos rememoran al padre *desaparecido* durante la dictadura. La película de Vallejo se mueve por el interior, algo no muy habitual de los cineastas argentinos de aquellos años, que centraban la acción en Buenos Aires. En el filme, el protagonista recupera la historia de su padre y de su pueblo, pero también sintetiza la memoria colectiva y encuentra un lugar y un tiempo que formarán parte de su destino.

En *Made in Argentina* (1987) basada en la obra teatral *Made in Lanús* de Nelly Fernández Tiscornia, el director Juan José Jusid cuenta el regreso a Buenos Aires de Mabel (María Bianchi) y Osvaldo (Luis Brandoni) que habían estado exiliados en Nueva York durante diez años y ya, restaurada la democracia, viajan para asistir a una boda. Allí se reencuentran con sus familiares Yoli (Leonor Manso) y El Negro (Patricio Contreras) que han soportado toda la dictadura en Argentina. Es una mirada al exilio pero sobre todo a las dificultades por las que atravesaron los que no pudieron salir del país. Unos han encontrado ya una vida nueva y acomodada a miles de kilómetros de su ciudad de origen. Los otros ya no piensan en salir, sólo en continuar sobreviviendo en un barrio humilde como es Lanús. Al mismo tiempo las hijas de Mabel y Osvaldo regresan a un país que no conocen.

Es una película que incide en la pérdida de identidad, en la sensación de no saber de dónde se es, que es una de las características de todo proceso migratorio. La película, que cae en ocasiones en un tono excesivamente melodramático, se sustenta en buenos diálogos y excelentes actuaciones y muestra el buen oficio de su director, Juan José Jusid, uno de los realizadores más convincentes del cine argentino con títulos que se han acercado al cine político (*Asesinato en el senado de la nación o Bajo Bandera*), comedias de tono nostálgico (*Espérame mucho* o *¿Dónde estás amor de mi vida que no te puedo encontrar?*) cine de corte policiaco (*Muerte dudosa* o *Mis días con Gloria*) o películas vinculadas al mundo de la inmigración como la que aquí nos ocupa o *Un argentino en Nueva York* (1998).

Los cuatro actores protagonistas de *Made in Argentina* vivieron el exilio y fueron pareja en la vida real. Jusid buscó un acercamiento a la realidad a través de la ficción, una de las características de su cine.

En *Los días de junio*, Alberto Fischerman (1983) relata el regreso de Emilio (Norman Brisky), un actor exiliado que vuelve para protagonizar una obra teatral en plena guerra de Las Malvinas. Como en *Made in Argentina* hay un pasado y unos amigos que formaban parte de su vida hasta que tuvo que exiliarse ocho años atrás. Las cosas ya no son iguales.

De sus amigos, Jorge es biólogo y sufre el terror inquisitorial que reina en la universidad; José, abogado, dejó la profesión tras la *desaparición* de su socio y sobrevive dando clases en un colegio nocturno y Alberto, finalmente, es un librero que estuvo preso y que tuvo que dedicarse a fabricar banderas, aprovechando el campeonato del mundo de fútbol, para salir adelante. Ninguno lo ha tenido fácil pero siguen ahí manteniendo un juramento que hicieron en su infancia de solidaridad entre todos ellos.

Fischerman, director fallecido en 1995, realizó otras películas en el exilio como el episodio «El hambre» dentro de *De la misteriosa Buenos Aires* (1981), basada en los cuentos de Manuel Mújica Laínez. Antes de salir de Argentina realizó *Ángeles caídos* (1969), película de tono experimental, considerada como un clásico del cine argentino.

También del regreso habla *Vidas privadas*, película dirigida por el cantante Fito Paéz que relata el regreso de Carmen (Cecilia Roth) a Buenos Aires después de 20 años en Europa. Carmen vuelve a su ciudad porque su padre (Héctor Alterio) quiere repartir su fortuna antes de morir.

Carmen se ha convertido en una mujer fría y distante aunque muy práctica. El exilio ha marcado su vida y tampoco siente nostalgia del pasado por lo que su intención es retornar lo antes posible a Europa. Vive en el piso de su adinerada familia, pero al mismo tiempo alquila un apartamento donde contrata a parejas para que hagan el amor, mientras ella los escucha en la habitación de al lado.

Vidas privadas es, sobre todo, Cecilia Roth, una actriz muy conocida en España, donde pasó la mayor parte de su exilio y que de alguna manera retrata esa desazón de los exiliados y de sentimientos encontrados entre los deseos del retorno y al mismo tiempo el rechazo a ese pasado. *Vidas privadas* no es una película redonda, incluso los deseos sexuales de Carmen parecen en muchos momentos sacados de contexto, pero es una aportación más a esa amplia filmografía existente sobre el exilio argentino.

Termino este recorrido por el exilio argentino a Europa y Estados Unidos con *Mirta de Liniers a Estambul,* película proyectada en el Festival de Cine Iberoamericano de Huelva en 1987, con unos jóvenes estudiantes como protagonistas. Relata cómo Mirta debe marcharse con su novio a Estocolmo tras el golpe militar. La difícil adaptación a la sociedad sueca, las dificultades que se van encontrando, contribuirán a que la pareja se vaya desmoronando lentamente. Cada uno deberá buscar su propio camino. La película fue dirigida por Guillermo Saura y Jorge Coscia. Éste último llegó a ser director del Instituto de Cinematografía de Argentina y a fecha de 2013, era secretario de Cultura del gobierno argentino.

Fuera de Europa y de España, los cineastas argentinos también tuvieron una intensa actividad como ocurrió en México donde se realizaron varias películas, entre ellas *Papá Iván,* de María Inés Roqué, que indaga sobre la identidad de su padre asesinado por los militares y al que no conoció. La cineasta fue muy tajante cuando le preguntaron sobre la investigación que había llevado a cabo «Preferiría tener un padre vivo a un héroe muerto». *Papa Iván* fue realizada en 2004, dura 55 minutos y el guión es de la propia Maria Inés Roqué.

En este contexto hay que hacer referencia a los documentales para televisión como la serie *Argenmex*, nombre que afectuosamente daban los mexicanos a los hijos de los 14.000 argentinos que se exiliaron a México en 1976 y a los 30.000 que llegarían años después, en 2001, como consecuencia de la crisis económica. Jorge Denti dirigió *Argenmex* en 1996, 20 años después del golpe militar, para tener presente «La memoria de una generación».

En una extensa entrevista que puede encontrarse en www.grupokane.com, Jorge Denti explica que siempre son los padres quienes opinan y que la idea fue escuchar a los chicos que habían nacido durante el proceso, conocer sus inquietudes y cómo se sentían en un país que no era el de sus orígenes. Para Denti, Argentina vivió en una permanente dictadura desde los años 30 presidida por los gobiernos militares, *apoyados por los dueños de la tierra, la burguesía nacional y la derecha conservadora.* El cine de Jorge Denti es un cine combativo y su cámara ha querido ser testimonio del tiempo que vivimos. Entre sus documentales destacan algunos que recogen las opiniones de intelectuales exiliados como *País verde y herido* (1979) sobre Mario Benedetti, *Las cuatro estaciones de Eliseo Diego* o *Juan Gelman y otras cuestiones* (2005).

Si Denti en *Argenmex* hablaba de los hijos de los exiliados hay otros cineastas que también han insistido en esos hijos que sin comprender muy bien lo que pasaba, se escondían en diferentes casas, veían cómo sus padres pasaban varios días, semanas o meses sin verlos, o tenían que dejar atrás su país y a los amigos con que jugaban en la calles argentinas. Hay dos títulos especialmente significativos, uno de 2001, *Kamchatka* y otro de 2011, *Infancia clandestina.*

El primero dirigido por Marcelo Piñeyro (*Caballos salvajes, El método*) está basado en la novela del mismo nombre de Marcelo Figueras, que publicó Alfaguara en España. La película nos sitúa al inicio del golpe militar del 76 y cómo una familia debe recluirse en una casa de campo alejada de la ciudad para evitar ser detenida. Todo lo que ocurre lo seguimos a través de la mirada de Harry, el hijo mayor de 10 años, que percibe todo lo que está ocurriendo y el peligro que les acecha mediante los códigos que maneja con sus padres. Ese código que le sirve para comunicarse está compuesto por los símbolos y los gustos de la familia que incluye juegos como el TEG; la serie de televisión, *Los invasores* o los trucos del mago Houdini.

En *Kamchatka* no hay escenas de violencia pero el miedo, la situación de inseguridad se traslada a los espectadores. El escritor argentino Horacio Vázquez Rial consideró que *Kamchatka* era una de las mejores formas de contar la dictadura : *los militares no aparecen, pero están, y si aparecieran supondrían la muerte para la persona perseguida.*

Marcelo Figueras que participó en el ciclo «*Literaturas del exilio*» organizado por la desaparecida SEACEX (Sociedad Estatal para la Acción Cultural en el Exterior) que de 2006 a 2008 recorrió Buenos Aires, Santiago de Chile, México D.F y República Dominicana, me comentó que él pertenecía a una familia de clase media que vivió un tanto ajena al golpe. *Yo estaba* –me dijo– *en mi mundo de fantasía y de juegos y aun así vivía en pánico. Tenía pavor a los uniformes, a los militares y a los policías, sin saber muy bien por qué.* Kamchatka *me pareció que era otra manera de narrar la dictadura, sin negar todo el llanto y el dolor. Y así me daba el permiso de reír en medio del desastre, dejando a los nenes jugando en medio de la fuga de sus padres También nos podemos reír de esa forma, aunque el pasado nos siga pisando los talones.*

Tampoco hay escenas de violencia física en *Infancia clandestina*, película de Benjamín Ávila basada en su propia experiencia. Hay violencia psicológica pero la física aparece representada con ilustraciones para que, de algún modo, éstas ayuden a constatar el universo de *Juan,* el niño al que interpreta, Teo Gutiérrez.

Infancia clandestina, basada en hechos reales, cuenta el regreso de Juan, de doce años, junto a su familia, a Argentina después de haber vivido algunos años en el exilio en Brasil. En el poder continúa el régimen militar que les obligó a huir. Aunque es testigo de la militancia de sus padres, Juan intenta llevar a cabo una vida normal en el colegio y en las fiestas a las que asiste.

Su principal apoyo es el Tío Beto (Ernesto Alterio) que al contrario que su padre, cree que los ideales y la lucha no están reñidos con las ganas de vivir. El mundo de Juan se transforma cuando se enamora de una compañera de clase, algo que su padres rechazan porque puede ser una relación que comprometa su lucha en la clandestinidad.

Benjamín Ávila, quien confesó que desde los trece años quiso dedicarse al cine y se estuvo preparando para hacer esta película, contó que le costó mucho encontrar productores para la película, que consideraban su proyecto como uno más sobre la dictadura militar aunque él mantuvo que la idea era diferente y que *prevalecía la mirada de un niño que intentaba ser feliz en un mundo hostil.*

De hecho, junto a *Kamchatka*, es la única película que mira la dictadura militar en Argentina a través de los ojos de un niño. Hay otras ya citadas como *Made in Argentina* o *El rigor de su destino* que también tienen a niños como protagonistas pero sus personajes describen el desarraigo que se produce al regresar y la necesidad de encontrar una identidad propia.

A diferencia de estos filmes *Kamchatka* e *Infancia clandestina* tiene como víctimas a los niños que deben descubrir que pasa a su alrededor. Seguramente como ocurre con los autores de estas películas, sobre todo Benjamín Ávila, tendrán que llegar a una edad madura para describir sus recuerdos de aquellos años difíciles, en que les fue robada la infancia.

FICHAS DE LAS PELÍCULAS

TÍTULO: *Tangos, el exilio de Gardel.* **PAÍS:** Argentina / Francia. **AÑO:** 1985. **DURACIÓN**: 119'. Musical / Drama. **DIRECCIÓN:** Fernando «Pino» Solanas. **GUION**: Fernando Pino Solanas. **MÚSICA**: Astor Piazzolla, José Luis Castiñeira de Dios y Fernando Solanas. **FOTOGRAFÍA**: Félix Monti. **INTÉRPRETES:** Marie Laforet, Miguel Angel Solá, Ana María Picchio, Philippe Leotard, Lautaro Murúa.
CALIFICACIÓN. ★★★⯪☆
VIDEO: Plataformas digitales.

TÍTULO: *Sur.*
AÑO: 1988. **PAÍS**: Argentina / Francia. **DURACIÓN**: 118'. Drama. **DIRECCIÓN:** Fernando Pino Solanas. **GUIÓN:** Fernando Pino Solanas. **MÚSICA**: Astor Piazzolla y tangos de Aníbal Troilo, Mariano Mores y Homero Expósito. **FOTOGRAFÍA**: Felipe Monti. **INTÉRPRETES**: Susu Pecoraro, Miguel Angel Solá, Philippe Leotard, Ulises Dumont.
CALIFICACIÓN: ★★★⯪☆
VIDEO: Plataformas digitales.

TÍTULO: *Martín Hache.*
PAÍS: Argentina / España. **AÑO:** 1997. **DURACIÓN**: 123'. Drama. **DIRECTOR**: Adolfo Aristarain. **GUIÓN**: Adolfo Aristarain y Kathy Saavedra. **MÚSICA:** Fito Páez. **FOTOGRAFÍA**: Porfirio Enríquez. **INTÉRPRETES**: Federico Luppi, Cecilia Roth, Juan Diego Botto, Eusebio Poncela, Sancho Gracia, Ana María Picchio.
CALIFICACIÓN: ★★★⯪☆
VIDEO: ALTA FILMS / Plataformas digitales.

TÍTULO: *El rigor del destino.*
AÑO: 1985. **PAÍS**: Argentina. **DURACIÓN**: 100'. Drama. **DIRECCIÓN**: Gerardo Vallejo. **GUIÓN**: Gerardo Vallejo. **GÉNERO**: Drama. **MÚSICA**: José Luis Castiñeira de Dios. **FOTOGRAFÍA:** Yito Blanc. **INTÉRPRETES:** Carlos Lavella, Leonor Manso, Ana María Picchio, Alberto Benegas, Víctor Laplace, Alejandro Copley.
CALIFICACIÓN: ★★★☆☆
VIDEO: Plataformas digitales.

TÍTULO: *Made in Argentina.*
PAÍS: Argentina. **AÑO:** 1987. **DURACIÓN**: 82' Comedia dramática. **DIRECTOR:** Juan José Jusid. **GUIÓN:** Nelly Fernández Tiscornia a partir de la obra teatral, *Made in Lanús.* **FOTOGRAFÍA:** Hugo Colace. **MÚSICA**: Emilio Kandarer. **INTÉRPRETES:** Luis Brandoni (Osvaldo), Marta Bianchi (Mabel), Leonor Manso (Yoli) Patricio Contreras (Negro), Alberto Busaid, Mario Luciani, Hugo Arana, Jorge Rivera López.
CALIFICACION: ★★★☆☆
VIDEO: Plataformas digitales.

TÍTULO: *Los días de junio.*
PAÍS: Argentina **AÑO**: 1983.. **DURACIÓN**: 90'. **GÉNERO:** Drama **DIRECTOR**: Alberto Fischerman. **GUIÓN:** Alberto Fischerman, Marina Gaillard y Gustavo Wagner. **MÚSICA**: Luis María Serra. **FOTOGRAFÍA**: Marcelo Camorino. **INTÉRPRETES:** Norman Brisky, Víctor Laplace, Arturo Maly, Lorenzo Quintero, Ana María Picchio).
CALIFICACIÓN: ★★★☆☆
VIDEO: Plataformas digitales.

TÍTULO: *Vidas privadas.*
PAÍS: Argentina / España. **AÑO**: 2001. **DURACIÓN**: 96'. Drama. **DIRECTOR**: Fito Páez. **GUIÓN**: Alan Pauls y Fito Páez. **MÚSICA:** Rodolfo Gandini y Fito Páez. **FOTOGRAFÍA**: Andrés Mazzon.
INTÉRPRETES: Cecilia Roth (*Carmen),* Gael García Bernal *(Gustavo*), Luis Ziembrowski (*Alejandro),* Dolores Fonzi *(Ana),* Héctor Alterio *(padre).*
CALIFICACIÓN: ★★☆☆☆
VIDEO: Plataformas Digitales.

TÍTULO: *Mirta de Liniers a Estambul.*
PAÍS: Argentina / Suecia. **AÑO:** 1987. **DURACIÓN**: 100'. Drama. **DIRECCIÓN**: Jorge Coscia y Guillermo Saura. **GUIÓN**: Jorge Coscia. **MÚSICA:** Oscar Cardozo Ocampo. **FOTOGRAFÍA**: Diego Bonacina. **INTÉRPRETES:** Emilia Mazer, Norberto Díaz, María Vaner, Marcelo Alfaro, Víctor Laplace, Cristina Banegas.
CALIFICACIÓN: ★★★☆☆

TÍTULO: *Kamchatka.*
PAÍS: Argentina / España / Italia. **AÑO**: 2001. **DURACIÓN**: 105'. Drama. **DIRECCIÓN**: Marcelo Piñeyro. **GUIÓN:** Marcelo Piñeyro y Marcelo Figueras. **MÚSICA**: Bigen Mendizábal. **FOTOGRAFÍA:** Alfredo F. Mayo. **INTÉRPRETES**: Ricardo Darín, Cecilia Roth, Héctor Alterio, Fernanda Mistral, Mónica Scapparone.
CALIFICACIÓN: ★★★★☆
VIDEO: MANGA / Plataformas digitales.

TÍTULO: *Infancia clandestina.*
PAÍS: Argentina, España, Brasil. **AÑO:** 2012. **DURACIÓN:** 112'. Drama. **DIRECTOR:** Benjamín Ávila. **GUIÓN**: Benjamín Ávila y Marcelo Müller. **FOTOGRAFIA:** Iván Gierasinchuk. **MÚSICA:** Marta Roca y Pedro Onetto. **INTÉRPRETES:** Natalia Oreiro, Ernesto Alterio, Benjamín Ávila, César Troncoso, Mayana Neira, Violeta Palukas, Cristina Banegas.
CALIFICACIÓN: ★★★☆☆
VIDEO: Wanda / Cameo. Plataformas digitales.

BRASIL: LA REPRESIÓN MÁS SILENCIADA

Durante 25 años la dictadura militar gobernó Brasil. El golpe militar de 1964 acabó con el florecimiento cultural que se estaba produciendo en el país. El denominado Cinema Novo, creado por Nelson Pereira dos Santos Glauber Rocha, Carlos Diegues, Arnaldo Jabor y Joaquin Pedro de Andrade, entre otros grandes cineastas, constató la rápida transformación que se estaba produciendo en el país.

El Cinema Novo formaba parte de un movimiento que intentaba repensar Brasil en todos los campos culturales. Una nueva música, la *bossa nova* de Vinicius de Moraes o Joao Gilberto, la literatura de Guimaraes Rosa o Cabral y la arquitectura de Niemeyer Había voluntad de dotar a la cultura brasileña de una personalidad e identidad propia que encontrara su lugar en el panorama internacional. Todo aquel dinamismo cultural fue aplastado por el golpe militar que acabó con cualquier expectativa. Durante un cuarto de siglo se apagó la cultura y sólo algunas películas consiguieron burlar la censura. Muchos de los integrantes del Cinema Novo emprendieron el camino del exilio o hicieron un cine que se alejaba de cualquier crítica social o política.

Nelson Pereira dos Santos (*Vidas secas*, *Memorias de cárcel*) que desde los años cincuenta había ido construyendo un cine con una fuerte crítica social que se adentraba en la sociedad brasileña, más marginada y empobrecida vio prohibidas sus películas y la imposibilidad de seguir contando historias que de alguna forma cuestionasen o reflejasen la realidad brasileña.

Otro de los grandes, Carlos Diegues (*Ganga zumba, Lluvia de verano, Tieta do Agreste*) se exilió en 1969 y durante unos años estuvo alejado de su país. Consideró que *la generación del Cinema Novo hizo de la represión lenguaje [...] permitimos a Brasil tener un cine vivo y actuante a la espera del fin de la dictadura militar.»*

Por su parte Glauber Rocha que, como otros integrantes del Cinema Novo, era de tendencia progresista y marxista, estuvo bajo estrecha vigilancia de la dictadura. El director de *Dios y el diablo en la tierra del sol* (1964) acabó marchándose de Brasil para contar la visión de su país desde otros lugares. *El león de las siete cabezas* está rodado en la República Popular del Congo o *Cabezas cortadas*, en España. Fue prohibida la exhibición de sus películas en Brasil donde no regresó hasta 1976 coincidiendo con un cierto aperturismo del gobierno militar.

Unos años antes estuvo trabajando en un proyecto sobre los refugiados brasileños en Chile, pero no llegó a llevarlo a cabo porque no quería hacer un documental de corte militante. Glauber Rocha hasta su fallecimiento en 1981 fue un cineasta trasgresor que actuó independientemente dentro del Cinema Novo, movimiento con el que mantuvo algunas diferencias a su regreso a Brasil. Hasta su prematuro fallecimiento continuó viajando con frecuencia para acudir a festivales o encuentros donde participó activamente para aportar su concepción del arte cinematográfico.

El mismo año del regreso de Glauber Rocha a Brasil, Jorge Bodanzky y Orlando Senna realizan *Iracema* mezcla de documental y ficción que contó con producción de Francia y Alemania. Aquella película, casi una isla, en el oscuro panorama cinematográfico brasileño, mostraba la construcción de una obra gigantesca en el Norte de Brasil. Ese supuesto progreso llevaba aparejado infinidad de problemas ambientales y sociales. La devastación de la selva, la prostitución, el exterminio de poblaciones indígenas, la comercialización de la tierra o el caos social estaban presentes en la construcción de la Transamazónica. El resultado fue que el gobierno militar prohibiese su exhibición durante los primeros años y apenas fue lanzada en el circuito comercial en 1981.

Nombres como los citados o algunos que se codean con Hollywood desde hace muchos años, como Héctor Babenco (*El beso de la mujer araña*), o más recientemente Walter Selles (*On the road*), Fernando Meiralles (*El jardinero fiel*) o José Padilha (*Robocop*). Los cuatro, por este orden, llegaron al cine comercial tras haber acercado la realidad brasileña a espectadores de todo el mundo, con filmes que consiguieron el reconocimiento internacional: *Pixote* (Babenco. 1981) *Estación*

Central de Brasil (Selles. 1998), *Ciudad de Dios* (Meiralles. 2002) y *Tropa de élite* (Padilha. 2007).

Junto a ellas hay títulos que abordan directamente el exilio como *El año que mis padres se fueron de vacaciones* que me retrotrae a títulos como *Papá está en viaje de negocios* (1985), de Emir Kusturica o incluso *Kamchatka* (2002), de Marcelo Piñeyro.

La película, firmada por Cao Hamburger, relata cómo *Mauro* (Michel Joelsas) un chico de doce años llega a un barrio de Sao Paulo, *Bom Retiro*, que se caracteriza por su multiculturalidad y en particular por sus numerosas comunidades judía e italiana. Sus padres deben irse de *vacaciones* como tantos otros militantes de izquierda, en la época del gobierno militar y lo han dejado al cuidado de su abuelo *Shlomo (*Germano Haiut).

El chico inicia una relación muy especial y dialogante con su abuelo pero lo que realmente le preocupa es que Brasil gane el Mundial de 1970 con Pelé a la cabeza. Por cierto lo ganó, goleando a Italia en la final por cuatro a uno.

El año que mis padres se fueron de vacaciones es un filme lineal en el que destaca la sencillez y la sensibilidad en que se abordan temas como la tolerancia y la solidaridad por encima de cualquier diferencia. Hamburger contrasta al niño y al anciano. Inocencia y conocimiento. Dos mundos diferentes que acaban siendo cómplices, dos mundos que en su pequeño círculo, saben que en el país están ocurriendo otras muchas cosas que impiden las libertades.

Su director, Cao Hamburger definió su película como «un filme sobre el exilio. Sobre las distintas formas de exilio, sobre cómo Mauro aprende que la vida es transitoria y cómo aprende a convivir con otros y a sobrevivir en este mundo».

Hamburger contó que la idea inicial la tuvo en Londres donde residía y trabajaba en una productora de programas infantiles, «además –comentó– que a pesar de que la película nos sea sobre fútbol, este es utilizado como uno de los trasfondos y quería tratar el tema de la selección del Mundial de 1970 y el mito en que se ha convertido [...] También quería ayudar a eliminar prejuicios comunes, estereotipos e ideas falsas que los extranjeros tienen sobre Brasil. Todo esto se juntó y me inspiró para intentar contar una historia en la que pudiera tratar estos temas».

La película, para el director, describe diversas generaciones e incide en la propia experiencia del director y de otros miembros del equipo. Cao Hamburger explicó que al igual que *Mario*, vio como sus padres eran detenidos durante la dictadura militar, su padre era judío y su madre católica. Esa experiencia y su gran afición por el fútbol ayudaron a configurar de forma determinante la película.

FICHA DE LA PELÍCULA

TÍTULO: *El año que mis padres se fueron de vacaciones.*
PAÍS: Brasil **AÑO:** 2006. **DURACIÓN:** 104'. Drama. **DIRECTOR:** Cao Hamburger. **GUIÓN:** Cao Hamburger, Claudio Galperin, Braulio Mantovani, Anna Muyalaert. **FOTOGRAFÍA**: Adriano Goldman. **MÚSICA:** Beto Villares. **MONTAJE**: Daniel Rezende. **INTÉRPRETES:** Michael Joelsas (Mauro), Germano Haiut (Sholomo), Daniela Piepszyk (Hanna), Caio Blat (Mótel), Simone Spodalore (Bia), Eduardo Moreira (Daniel), Liliana Castro (Irene). Rodrigo de Santos (Edgar), Paulo Hatran (aparición especial).
CALIFICACIÓN: ★★★☆☆
DVD: Vértigo films / Plataformas digitales.

EL CASO CUBANO

En Cuba se dieron dos tipos de emigraciones, una fundamentalmente política y otra que tenía y aún tiene un marcado carácter económico. Tras el triunfo de la revolución en 1959 y la nacionalización de la práctica totalidad de la economía cubana fueron miles las personas que emigraron a Estados Unidos y países como España. Seis años después. Fidel Castro anunció que el puerto de Camarioca estaría abierto a todos los exiliados que quisieran llevarse a su familia. Se produjo un enorme descontrol y sólo fueron unos 5.000 los cubanos que dejaron atrás la isla. Aquel mismo año, 1965, se intentó buscar una fórmula que permitiera la salida voluntaria de la isla de quiénes quisieran hacerlo. Así el gobierno cubano firmó un acuerdo con el norteamericano de Lyndon B. Johnsson por el que la cifra de ciudadanos que abandonaron Cuba, por vía aérea, hasta 1973, fue de 260.000. El acuerdo fue posteriormente derogado aquel año por Richard Nixon.

Desde aquella fecha tan solo se produjeron dos salidas masivas de ciudadanos cubanos, en 1980 en que 125.000 personas accedieron en distintas oleadas a territorio norteamericano y la llamada crisis de los balseros, iniciada el 13 de agosto de 1994, y que ha dado origen a numerosos documentales y filmes de ficción.

No obstante, la situación de aislamiento y bloqueo norteamericano a Cuba dio un giro de 180 grados cuando el presidente Barack Obama anunció en diciembre de 2014 el inicio de una normalización de las actividades diplomáticas y comerciales con el país caribeño, inexistentes desde 1961.

Cincuenta y cinco años de bloqueo entre dos países, separados tan solo por 90 millas, y que han decidido regular la situación a pesar de los sectores más radicales de la comunidad cubana en Estados Unidos que cuenta, con unos dos millones de personas. Ambos países han normalizado los acuerdos migratorios que permiten la otorgación de no menos de 20.000 visas al año a emigrantes cubanos.

Volviendo a 1959 y al tema que nos ocupa, el cine fue creciendo en Cuba con el ICAIC, Instituto cubano del Arte y la Industria Cinematográfica, que nació a los pocos meses del triunfo de la Revolución de la mano de Alfredo Guevara quién acababa de regresar a la isla, tras el exilio que había vivido como consecuencia de la dictadura de Batista. El Instituto controla todo el cine que se produce en Cuba, edita la revista *Cine Cubano* y elabora periódicamente un noticiero. Además de filmes meramente propagandísticos, hay otros de indudable calidad cinematográfica con la firma de realizadores de la calidad de Tomás Gutiérrez Alea, Manuel Octavio Gómez, Humberto Solás, Julio García Espinosa, Octavio Cortázar o uno de los grandes maestros del documental, Santiago Álvarez.

En el otro lado y desde la óptica de muchos exiliados se fomentó el anticastrismo y se realizaron algunas películas independientes u otras con el apoyo de Hollywood que tiene en *La Ciudad perdida* (*The Lost City*), de Andy García uno de sus últimos ejemplos. Andy García, uno de los profesionales que más se ha opuesto a los nuevos acuerdos en USA y Cuba, declaró que su intención fue hacer un homenaje a las generaciones de exiliados que emigraron a Estados Unidos, como le ocurrió a él mismo que, en 1961 con cinco años, viajó con sus padres a Estados Unidos, país en el que reside desde aquella fecha.

La Ciudad perdida, basada en un guión de Guillermo Cabrera Infante, le llevó 18 años de trabajo, hasta que consiguió producirla. Se acerca a la historia de Cuba a través de una familia en que los hermanos se enfrentan por ser unos, partidarios de la Revolución y otros, defensores de un nuevo nacionalismo cubano. Aunque Andy García apenas conociera la isla, la película es también un ejercicio de nostalgia a través de la cultura, la música o la danza de Cuba presente durante todo el filme. En *La ciudad perdida* Andy García describe las animadas noches de La Habana, en la época de Batista, con sus clubes y casinos repletos de miembros de la oligarquía cubana y millonarios norteamericanos que contribuyeron a que la isla fuera calificada como el *burdel de América.*

Si *La ciudad perdida* es una película relativamente reciente (2006) hay otro título emblemático para el exilio cubano, *El súper*, filme independiente de 1979, que habla de la incapacidad de adaptación del inmigrante, del desarraigo y de la nostalgia permanente por la tierra que dejaron atrás. El clima de Nueva York, la persistencia del frío, las calles nevadas y la oscuridad son otros de los sinsabores que sufren los exiliados acostumbrados al calor y el color del trópico.

La ciudad de los rascacielos es un mundo que los protagonistas ven desde la profundidad del sótano en que viven, como si estuviesen condenados a las profundidades y nunca pudiesen alcanzar el cielo y el bienestar.

El súper está basada en la obra teatral homónima de León Acosta y fueron los cineastas León Ichaso (*Azúcar amarga*, 1993) y Orlando Jiménez Leal, junto al productor Manuel Arce, los que se unieron para llevarla a la pantalla. Orlando Jiménez Leal, fue uno de los primeros blancos de la censura castrista por el corto *PM*, que realizó junto a Sabá Cabrera Infante. El tono crítico y ácido que empleó causó una gran polémica entre la intelectualidad de la isla y la película fue prohibida. En su filmografía figuran también documentales como *La otra Cuba* o el dedicado al general Ochoa, héroe de la revolución cubana y posteriormente fusilado por el régimen castrista. En

1984 codirigió, junto al director de fotografía Néstor Almendros, *Conducta impropia*, una panorámica histórica de la represión que se llevó a cabo en Cuba contra todos aquellos cuya conducta personal se salía de los cánones establecidos por el régimen de Castro. El filme obtuvo numerosos premios, entre ellos, el del Festival de Derechos Humanos de Estrasburgo.

Volviendo a *El súper* y a grande rasgos, hay que decir que cuenta la vida diaria de un matrimonio cubano y su hija, que llevan diez años establecidos en Nueva York, viviendo en la portería y ocupándose del mantenimiento del edificio. Raimundo Hidalgo (ROBERTO, el portero o superintendente) Zully Moreno (AURELIA, su mujer) y Elisabeth Peña (AURELIA, su hija). Sólo esta última, la hija adolescente de la pareja, vive en el presente, mientras los padres añoran permanentemente la isla.

El súper pasa de la comicidad al dramatismo, y al deseo del matrimonio de regresar. Se proponen, si no puede ser así, buscar un destino más cálido que les aleje del frío de Nueva York. Su sueño es viajar a Miami donde se ha establecido la mayor colonia de cubanos de Estados Unidos y donde el clima es prácticamente igual que el de su país. *El súper* es una película de culto para los exiliados cubanos, un filme que ha recorrido festivales de todo el mundo y que en la isla pasó clandestinamente de mano en mano, convirtiéndose en un mito para la oposición al castrismo. Concretamente se vio en festivales como Venecia y en el prestigioso ciclo Nuevos directores / Nuevos filmes, del Museo de Arte Moderno (MOMA) de Nueva York. Uno de los más reputados críticos de la época, Vincent Canby, escribió en The New York Times: «Es un divertido y ecuánime drama, nada sentimental, de la gente que vive una etapa de transición. *El Súper* trata mucho menos de la política que de los desorientados exiliados, metáforas vivientes de la condición humana».

Hay que recordar en este repaso a las películas relacionadas con el exilio cubano *Antes que anochezca*, del realizador y pintor norteamericano Julián Schnabel, quién realizó un *biopic* sobre el poeta homosexual Reynaldo Arena expulsado de Cuba por su condición sexual. Javier Bardem encarnó al poeta y su excelente interpretación le valió una nominación al Oscar.

La cuestión de la homosexualidad, una de las cuestiones en las que el gobierno castrista se ha mostrado más intolerante, quedó reflejada en uno de los mayores éxitos internacionales del cine cubano, *Fresa y chocolate*, dirigida por Tomás Gutiérrez Alea, referente de toda la cinematografía latinoamericana.

Junto a los títulos citados hay que recordar otros muchos que han sido dirigidos por realizadores españoles. Manuel Gutiérrez Aragón, con orígenes cubanos, dirigió en su carrera títulos como *Cosas que dejé en La Habana*, que trataremos más adelante y *Rosa de Francia*; los hermanos Ríos, dirigieron *Mambí*, sobre la guerra de Cuba; Fernando Colomo, *Cuarteto en la Habana*; Benito Zambrano, quién estudió en la Escuela de San Antonio de los Baños, referente de la cinematografía cubana y latinoamericana, *Habana blues* o Carles Bosch y Josep M.ª Domenech, *Balseros*, filme documental que abordó el intento migratorio a Estados Unidos de miles de cubanos durante los años noventa y que posteriormente se ha tratado en numerosos filmes como *90 millas*, de Francisco Rodríguez.

Igualmente, un cineasta cubano reconocido internacionalmente cómo Juan Carlos Tabío, ha tratado en buena parte de su filmografía asuntos relacionados con la emigración y las relaciones entre cubanos y españoles con títulos como *El cuerno de la abundancia* y *Aunque estés lejos.* Juan Carlos Tabío codirigió *Fresa y Chocolate* y *Guantanamera* con Tomás Gutiérrez Alea.

El francés Laurent Cantet meses antes del anuncio del fin del bloqueo estadounidense a la isla, realizó *Regreso a Ítaca* que narra el retorno de un exiliado a La Habana tras 16 años en España. La película se estructura como una reunión de amigos que se reencuentran tras ese largo periodo y junto a cuestiones personales o asignaturas pendientes recuerdan su juventud y la falta de libertades que propició el régimen castrista. La película no deja de ser una radiografía al castrismo y a lo determinante que resultó para sus vidas.

FICHAS DE LAS PELÍCULAS

TÍTULO: *La ciudad perdida.*
PAÍS: EE UU. **AÑO:** 2005. **DURACIÓN:** 143'. Drama. **DIRECTOR:** Andy García. **GUIÓN:** Guillermo Cabrera Infante, según su propia novela. **(FOTOGRAFÍA):** Emmanuel Kadosh. **MÚSICA:** Andy García y otros. **INTÉRPRETES:** Andy García, Dustin Hoffman, Bill Murray, Inés Sastre, Tomás Milian, William Márquez, Julio Óscar Mechoso, Enrique Murciano, Elisabeth Peña.
CALIFICACIÓN: ★★☆☆☆
VIDEO: Magnolia / Plataformas digitales.

TÍTULO: *El súper.*
PAÍS: EE UU-Cuba. **AÑO:** 1979 **DURACIÓN:** 90'. Comedia dramática. **DIRECTOR:** León Ichaso y Orlando Jiménez Leal. **GUIÓN:** Manuel Arce y León Ichaso, según la obra teatral de Iván Acosta. **FOTOGRAFÍA:** Orlando Jiménez-Leal. **MÚSICA**: Enrique Ubieta. **MONTAJE**: Gloria Piñeiro. **INTÉRPRETES:** Raymundo Hidalgo (Aurelio), Zully Montero (Aurelia) Elisabeth Peña (Aurelia, hija) Reynaldo Medina (Pancho), Juan Guando (Cuco), Hilda Lee (La China), Phil Joint (Inspector), Leonardo Soriano (Predicador).
CALIFICACIÓN: ★★★☆☆
VIDEO: Plataformas digitales.

OTRAS PELÍCULAS

TÍTULO: *Habana blues.*
PAÍS: ESPAÑA / CUBA. **AÑO:** 2005. **DURACIÓN:** 119'. Drama / Musical. **DIRECTOR:** Benito Zambrano. **GUIÓN:** Benito Zambrano y Ernesto Chao. **FOTOGRAFÍA:** Jean-Claude Larrieu. **MÚSICA:** Varios. **MONTAJE**: Fernando Pardo. **INTÉRPRETES:** Alberto Yoel, Roberto Sierra, Yailene Sierra, Tomás Cao, Zenia Marabal, Marta Calvó, Roger Pera, Gorki Águila.

ARGUMENTO: Dos jóvenes cubanos Ruy y Tito tienen un sueño en común: convertirse en estrellas de la música. El camino comienza a abrirse cuando reciben una oferta internacional para actuar fuera de Cuba. La propuesta hace que cambien sus vidas y las relaciones con sus familiares y amigos.

COMENTARIO: Benito Zambrano que había recibido los mejores elogios tras su ópera prima *Solas*, volvió tras la cámara con esta película que rodó en Cuba, el país donde estudió cinematografía. Un filme musical, con ritmo y excelentes canciones, que al mismo tiempo critica la falta de libertad para los jóvenes cubanos. Es una metáfora sobre la libertad y la dignidad en una historia en la que no falta la amistad y el amor. El filme estuvo prohibido en Cuba.

CALIFICACIÓN: ★★★⯪☆

DVD / DISTRIBUIDORA: WARNER y Plataformas digitales.

TÍTULO: *Balseros.*

PAÍS: España. **AÑO:** 2002. **DURACIÓN:** 120'. Documental. **DIRECTORES:** Carles Bosch y Josep María Domenech. **GUIÓN**: Carles Bosch, Josep María Domenech y David Trueba. **FOTOGRAFÍA:** Josep María Domenech. **MÚSICA**: Lucrecia. **INTÉRPRETES:** Algunas de las personas que relatan su experiencia son Mericys González, Oscar del Valle, Rafael Cano, Miriam Hernández.

ARGUMENTO: En el verano de 1994 un equipo de la TV3 de Cataluña entrevistó a siete cubanos y sus familias durante los días en que preparaban su arriesgado viaje a Estados Unidos, huyendo de las dificultades económicas que asolaban a Cuba. Siete años después los componentes del equipo de televisión regresan a Cuba para saber el paradero de los «*balseros*». Los supervivientes pasaron un año retenidos en la base de Guantánamo sin que sus familias supiesen nada de ellos y hasta que se les autorizó su entrada a Estados Unidos.

COMENTARIO: Un excelente documental que como señaló, uno de sus codirectores, Carles Bosch «narraba la historia de los verdaderos supervivientes de nuestro tiempo, la aventura humana de unos náufragos entre dos mundos». La película fue candidata a los Goya (2002) y el Oscar (2003). Carles Bosch en 2010 ganó el Goya al mejor documental por *Bicicleta, cuchara, manzana* en que contaba la vida del político catalán Pasqual Maragall y su lucha contra el alzheimer.

CLIFICACIÓN: ★★★★☆

VIDEO / DISTRIBUCIÓN: LAUREN FILM / NETFLIX y Plataformas digitales.

TÍTULO: *90 millas.*

PAÍS: España. **AÑO:** 2005. **DURACIÓN:** 105'. Drama. **DIRECTOR:** Francisco Rodríguez. **GUIÓN**: Jorge Herrera. **FOTOGRAFÍA:** Domingo Solano y Pablo Hernández. **MÚSICA:** Pedro Luis Martínez. **MONTAJE**: Alberto García. **INTÉRPRETES:** Alexis Valdés, Daisy Granados, Claudia Rojas, Enrique Molina, Jorge Herrera, Sergio Lucas, Joel Guillén, Emilio Aragón.

ARGUMENTO: Una familia cubana decide abandonar la isla de forma ilegal, en una pequeña y endeble embarcación de fabricación casera. La odisea la viven mientras atraviesan el estrecho de Florida, camino de Estados Unidos.

COMENTARIO: Francisco Rodríguez, director de películas como *Gusanos de seda* o *Jaque a la dama*, realizó un filme de corte trágico pero al que no le son ajenos varios momentos del mejor humor cubano.

CALIFICACIÓN: ★★⯪☆☆

VIDEO: DIVISA.

TÍTULO: *Aunque estés lejos.*

PAÍS: Cuba / España. **AÑO:** 2003. **DURACIÓN:** 98' comedia dramática. **DIRECTOR:** Juan Carlos Tabío y Arturo Arango. **GUIÓN:** Juan Carlos Tabío. **FOTOGRAFÍA:** Hans Burman. **MÚSICA:** Nicolás Reynoso. **MONTAJE:** Carmen Frías. **INTÉRPRETES**: Laura

Ramos, Susana Pérez, Carlos Kaniowsky, Marta Beláustegui, Antonio Valero, Mirtha Ibarra, Roberto Enríquez.

ARGUMENTO: Una productora y un guionista cubanos intentan ponerse de acuerdo con un productor y actor español para realizar una película sobre los cubanos que se van de su país, los que no se quieren ir y aquellos que se quieren marchar y no se lo permiten las autoridades. Parece sencillo pero españoles y cubanos también tienen sus diferencias en el momento de enfocar el mismo tema.

COMENTARIO: Juan Carlos Tabío es un referente del cine cubano. Un cine coral que, en momentos muestra claras influencias de Berlanga. Es un filme complejo en que se cuentan historias cruzadas y que incluye personajes que, a veces, pertenecen a la ficción y en otras ocasiones a la realidad de la propia historia. Es una película difícil de catalogar en un género determinado. Es cine dentro del cine; se mueve entre la comedia y el melodrama y reúne elementos de denuncia social. El final, algo precipitado, resulta decepcionante para el buen ritmo que lleva la narración. Una crítica a la realidad cubana bastante alejada de los tópicos.

CALIFICACIÓN: ★★⯪☆☆

VIDEO: MANGA FILMS.

MIRADA FINAL

Chile, Argentina, Brasil, Cuba países que han vivido la falta de libertades en sus territorios. No son los únicos. Centroamérica ha sufrido continuos desplazamientos de sus nacionales huyendo de la violencia y ciudadanos de Honduras, Guatemala, El Salvador o Nicaragua también se han visto obligados a emigrar tanto por razones económicas como políticas Uruguay, en el cono sur, sufrió diversos momentos represivos como ha quedado reflejado en películas como *Paisito*, (España, Uruguay, Argentina. 2008), de la realizadora española Ana Díez que recoge el reencuentro en la Pamplona de nuestros días de una pareja de enamorados que se vieron obligados a separarse por la dictadura militar de los años setenta.

La realizadora uruguaya Manane Rodríguez, radicada en España, realizó en 2001 *Los pasos perdidos*, una coproducción entre España y Argentina que denunció los casos de niños robados durante la dictadura. En este filme un escritor (Federico Luppi) busca en España a su nieta (Irene Visedo) arrebatada a su nuera de un centro de torturas poco antes de que ella y su hijo fueran asesinados. La niña, ya una joven de 20 años, vive con sus supuestos padres. Él (Luis Brandoni) fue un militar torturador y asesino y ella es su esposa española (Concha Velasco).

La emigración económica que aparece en títulos ya citados como *Lugares comunes* (2002) o la serie *Vientos de agua* tiene también su reflejo en países empobrecidos como lo fueron Ecuador o Bolivia. En ocasiones y con anterioridad a la numerosa emigración de ciudadanos de estos países a España, algunos buscaron trabajo en los países más prósperos de la región como Chile o Argentina, coincidiendo con la crisis de 2001.

Bolivia, película del argentino Adrián Caetano, rodada íntegramente en Buenos Aires, en un expresivo blanco y negro, denuncia el trato al que eran sometidos los inmigrantes que llegaban a la capital argentina provenientes de las zonas más depauperadas de Sudamérica. Describe cómo *Freddy* (Freddy Flores) deja en Bolivia a su mujer e hijos, para intentar encontrar una vida más digna en Buenos Aires. Consigue un trabajo con *Enrique* (Enrique Galmes) dueño de un pequeño restaurante, que se aprovecha de la situación de *Freddy*, que carece de papeles, pagándole un mísero salario. La historia de *Bolivia* gira en torno a cinco personajes, los ya citados, dos taxistas, uno de ellos culpa a los inmigrantes como los causantes de los males de Argentina, olvidando que él es uruguayo y una camarera paraguaya, también inmigrante, que establece un vínculo de amistad con Freddy. Un filme sencillo, muy bien contado que se adentra en cuestiones como la xenofobia, la violencia en los barrios marginales o el desarraigo familiar. La película obtuvo numerosos premios, entre ellos el de la Critica Joven en el Festival de Cannes. Su director Adrián Caetano ha realizado otros filmes, varios de temática policíaca como *Un oso rojo* (2002) y *Mala* (2013).

TÍTULO: *Bolivia.*
PAÍS: Argentina. **AÑO:** 2001. **DURACIÓN**: 75'. Drama. **DIRECTOR**: Adrián Caetano. **GUIÓN**: Adrián Caetano basado en un cuento de Romina Lanfranchini. **FOTOGRAFÍA:** Julián Apezteguía (B/N). **MÚSICA:** Los Kjarkas. **INTÉRPRETES:** Freddy Flores, Rosa Sánchez, Óscar Bertea, Enrique Galmes, Marcelo Videla, Héctor Anglada.
CALIFICACIÓN: ★★★★☆
VIDEO: Plataformas digitales.

Cuarta parte
LA TIERRA PROMETIDA

Capítulo 7. EE UU: EL SUEÑO AMERICANO

«Un viaje de mil millas, empieza con un paso.»
Lao Tse (Filósofo chino. Siglo vi a de c).

Ya hemos visto cómo los españoles en los últimos 30 años han hecho alguna que otra incursión a Nueva York u otras ciudades estadounidenses pero si nos detenemos en otros países europeos la lista es mucho más amplia ya que fueron miles los emigrantes de Irlanda, Italia, Grecia o Suecia los que se fueron asentando en Estados Unidos, configurando el país que hoy conocemos... Su presencia en Estados Unidos no tiene nada que ver con inmigraciones posteriores como la protagonizada por mexicanos y centroamericanos que han vivido una situación muy diferente. En este libro quiero dedicarle un capítulo muy especial a los llamados *espaldas mojadas*, cuya temática ha dado pie a casi un subgénero cinematográfico dada la cantidad de películas que se han realizado sobre el tema. En noviembre de 2014, el presidente Barack Obama mediante decreto aprobó una regularización masiva de los *sin papeles* pese a la oposición frontal de los congresistas republicanos. Cinco millones de trabajadores clandestinos «pudieron salir de las sombras» en las que encontraban para evitar la deportación. Otros tantos millones de indocumentados continúan en Estados Unidos aunque su situación no se abordará hasta 2017 cuando haya un nuevo inquilino en la Casa Blanca. El decreto promulgado por Obama encontró la resistencia de los sectores más radicales del republicanismo y un juez de Texas decidió bloquear en su estado la aplicación de este decreto.

Elia Kazan describió la emigración greco-armenia a Estados Unidos en *América-América.*

EL VIAJE (*AMÉRICA, AMÉRICA*)

América, América, de Elia Kazan está considerada como la gran película sobre la emigración a Estados Unidos y de la comunidad griega, en particular. Elia Kazan que ya se había asentado en Hollywood merced a títulos tan imprescindibles como *Viva Zapata*, *La ley del silencio*, *Al este del Edén* o *Esplendor en la yerba*, realizó en 1963, *América, América*, película de marcados rasgos autobiográficos en que el realizador de origen griego contaba su viaje a América y todas las vicisitudes por las que pasó hasta conseguir embarcarse. Kazan sitúa la acción en Anatolia, a finales del siglo XIX. Griegos y armenios convivían en aquella región conquistada por los turcos pero a raíz de unos atentados que se produjeron en Constantinopla hubo una represión inmediata contra la comunidad armenia.

La situación se fue enconando en Anatolia y el padre de STAVROS decide que éste, su primogénito, viaje a Constantinopla para invertir en el negocio de un familiar y posteriormente, una vez asentado, trasladar el resto de la familia. STAVROS recibe el dinero y las joyas de la familia con la esperanza de que todos puedan comenzar una nueva vida en Constantinopla.

En un accidentado viaje STAVROS es engañado y robado. Llega a Constantinopla sin absolutamente nada. Orgulloso y testarudo, STAVROS, deja el mísero trabajo que le proporciona el primo de su padre, para irse a trabajar como estibador al puerto y aceptar los trabajos más duros con tal de guardar algo de dinero y poder conseguir el pasaje para América. En el puerto le apodan *América, América.* La miseria está en todos lados y los hombres cargan como animales. No tiene amigos salvo un anarquista, que tiene una idea para este mundo: «destruirlo y volverlo a empezar». Su amigo le introduce en una célula que reivindica mejores condiciones de vida y trabajo. Propugnan atentar contra los más poderosos y contra todos los que promueven las diferencias que se dan en la sociedad. Son descubiertos y la mayor parte de sus miembros, asesinados por el ejército. A STAVROS lo dan por muerto pero logra sobrevivir. Sin fuerzas y sin dinero ya que una prostituta le roba también los ahorros que había hecho en el puerto, Stavros acepta la recomendación del primo de su padre para convertirse en el pretendiente de una de las hijas, poco agraciada, de un rico comerciante que está deseando casarlas y tener un nieto. Su vida cambia. Se convierte en una persona respetable, bien vestida y con dinero pero sólo le mueve el deseo de viajar a América e iniciar una nueva vida. Siente remordimientos por su novia pero le puede más su deseo de marcharse y conseguir llevarse a todos los suyos.

América, América, que tiene una duración de casi tres horas trascurre durante dos horas y trece minutos en tierra, es decir, esperando que Stavros sea capaz de iniciar ese viaje que tanto anhela.

En el viaje coincide con un amigo que ha sido reclutado por un empresario que les paga el pasaje, pero a cambio, estarán dos años trabajando como limpiabotas, sin cobrar un solo centavo.

Stavros viaja en la zona más modesta pero de vez en cuando se pasa a primera clase para acostarse con la mujer de un millonario a la que ha conocido en Constantinopla. Es una especie de *gigoló* que es descubierto por el marido, poseedor de una gran fortuna y enormes influencias, que le asegura que una vez lleguen a Estados Unidos será devuelto a Turquía.

En la Aduana y después de los reconocimientos médicos en el barco, se hacinan hombres, mujeres y niños que esperan ansiosos su entrada en Estados Unidos. Stavros se hace con otra identidad y logra pasar. Nada más pisar suelo norteamericano se agacha y lo besa. Inmediatamente envía los 50 dólares que le ha dado la mujer del millonario para enviárselos a su familia. En la carta en que incluye el dinero, le dice a su padre:

Aquí hay una nueva oportunidad, una nueva vida, vendréis todos. Estoy trabajando para traeros a todos, uno a uno».

Trabajando primero como limpiabotas y después en otros muchos oficios, Stavros consiguió trasladar a su familia a Estados Unidos, excepto a su padre, *aquel hombre viejo que murió* –dice la voz en off– *cuando yo volvía a nacer.*

América, América, reúne todas las características para que la situemos como uno de los filmes esenciales sobre la emigración y además, en este caso, uniendo la emigración económica y la política.

Stavros, como he apuntado, malvivía junto a su familia en una aldea de Anatolia. Los turcos representan en la zona la fuerza dominante y opresora. Toda la familia debe huir de la miseria, pero también de la violencia que se acrecienta en la zona.

Stavros hace una primera tentativa emigrando interiormente. Viaja de una región depauperada a una ciudad con más posibilidades aunque enseguida comprende que va a tener pocas oportunidades para salir adelante. Sólo queda América, ese sueño que ha ido fraguando y que entiende como la tierra de las oportunidades. Es la única manera de comenzar una nueva vida.

Un filme épico y realista, con muchos momentos próximos al documental, que nació de la mano de uno de los grandes de Hollywood, aunque Elia Kazan no contó con la simpatía del sector que consideró que había delatado a algunos compañeros durante la *caza de brujas* del senador McCarthy, en los años cuarenta, algo que él siempre negó.

Seis años después de *América, América* realizaría *El compromiso* (1969) en que nos encontramos de nuevo con algunos de aquellos emigrantes griegos ya formando parte de la sociedad norteamericana. Los jóvenes que llegaron 40 años atrás han construido nuevas familias aunque no olvidan sus raíces. Sus hijos poco quieren saber del pasado. No obstante, aunque en *El Compromiso* hay alguna referencia a la emigración, el principal sustento del filme está en el drama pasional que viven los protagonistas. EDDIE *(*Kirk Douglas*), es* un creativo publicitario, *que* intenta suicidarse, harto de su vida y de sus éxitos, harto también de su mujer FLORENCE (Deborah Kerr). Él sueña con su amante GWEN (Faye Dunaway). Un triángulo amoroso y el contraste de la familia griega ortodoxa, encabezada por SAM (Richard Boone), un padre dominante, que empieza a tener pérdidas de memoria y al que su mujer y sus otros hijos quieren recluir en una residencia. *El compromiso* está basada en una novela del propio Kazan, quien produjo, dirigió y por supuesto escribió el guión del filme.

Una película critica, honesta y sincera en que Elia Kazan denuncia la hipocresía de la sociedad algo que de una u otra forma está presente en toda su filmografía, compuesta tan solo por diecinueve títulos, pero todos y cada uno de una enorme calidad.

Sonrisas y lágrimas en el corto *El emigrante*, de Charles Chaplin.

EL EMIGRANTE DE CHAPLIN

Bastantes años antes, en 1917, el genial Charles Chaplin dirigió un cortometraje en que, con su humor ácido, describía el viaje de un grupo de emigrantes rumbo a Estados Unidos. Hacinados en el barco los emigrantes soportan como pueden la incomodidad del viaje y los malos momentos de la navegación.

En el barco hay excelentes *gags* como en el que vemos a Chaplin, aparentemente dispuesto a tirarse por la borda cuando, en realidad, está pescando; o la inolvidable cena en que se sirven sopas en plena marejada o la antológica partida de dados. Siempre hay algo en las películas de Chaplin que mantenemos en la memoria. Chaplin fue emigrante y años después, con la *caza de brujas*, obligado a exiliarse. Fue uno de esos genios que sacaba partido de cualquier escena o situación. En una de la secuencias de la película Chaplin patea a un oficial de emigración. Esa secuencia fue citada posteriormente en el juicio que tuvo, como prueba de su antiamericanismo.

En *El emigrante*, la llegada a tierra, es la llegada a la tierra de la libertad, con la estatua como símbolo y los sonidos del himno. Pero todo lo bonito se rompe enseguida cuando vemos a los emigrantes tratados bruscamente y situados tras una cuerda hasta que el funcionario de turno vea sus papeles.

El sueño o la ilusión se pierden cuando no hay trabajo y no hay dinero para comer. Chaplin da una oportunidad a su protagonista, quién encuentra una moneda que le permite acceder a un modesto restaurante... La moneda da muchas vueltas a lo largo de la comida y posterior sobremesa, pero también es impagable verle comer los frijoles, uno a uno, con cuchillo y tenedor o convencer a su enamorada (Edna Purviance) de que se case con él. *El emigrante* de Chaplin acaba dejando abierta una puerta a la esperanza.

NUEVO MUNDO. ITALIANOS RUMBO A AMÉRICA

Nuevo Mundo, película del italiano Emanuel Crialese, se sustenta en tres grandes bloques. En el primero, como en *América, América*, vemos la pobreza y la miseria en la tierra natal de los protagonistas. En este caso, la acción se sitúa en Sicilia a principios del siglo XX y observamos cómo la familia Mancuso, padre, dos hijos y abuela, embarcan rumbo a América. Los que viajan son analfabetos, no comprenden que haya solo agua a su alrededor cuando únicamente llevan un día de navegación desde que salieron de Sicilia. Están convencidos de que el dinero en América, crece en los árboles. Es un viaje terrible. Hacinados en la sentina, como animales. Las mujeres en una zona. Los hombres en otra. Todos vestidos humildemente salvo una inglesa, pelirroja, que también se sube al barco y pone la nota exótica y al mismo tiempo onírica de la película. Ese viaje en el barco, duro y trágico, claustrofóbico, constituye el segundo bloque narrativo del filme en el que la mujer inglesa decide contraer un matrimonio de conveniencia para acceder a Estados Unidos.

El tercer y último bloque es el que me parece más interesante y más novedoso respeto a otros filmes que tratan el tema de la emigración. Emanuele Crialese, que ganó el León de Plata en Venecia y fue candidato al Oscar, desarrolla minuciosamente el momento en que se produce la llegada a puerto y las interminables pruebas a las que son sometidos los inmigrantes, provenientes de los más diversos rincones del mundo. Cada uno reza o sueña a su manera, teniendo tan cerca la tierra prometida.

Antes les esperan exhaustivos reconocimientos médicos y pruebas de inteligencia. Los aduaneros y otras autoridades se extrañan que la mujer inglesa haya viajado con los italianos. No consideran conveniente que ella (la consideran de raza y clase superior) haya hecho el viaje con quiénes califican de ciudadanos de tercera. Le explican por qué a su juicio no debería haber viajado con ellos:

«Por desgracia se ha comprobado que la falta de inteligencia es contagiosa y al mismo tiempo hereditaria».

La abuela Mancuso, una mujer tradicional, seca y distante se encara con quiénes quieren continuar haciéndole pruebas.

–Señora, tenemos que decidir sin son aptos para entrar en el Nuevo Mundo.

–Se creen ustedes que son Dios ¿por qué tienen que decidir si valemos o no valemos, si somos o no somos buenos para entrar en este mundo suyo?

–Para entrar en Estados Unidos debe aceptar nuestras reglas. Si no hace el examen será deportada, la mandaremos a casa.

Esa secuencia junto a la de los compromisos nupciales, me parece muy descriptiva. Las parejas se comprometían a casarse sin conocerse. En la estación marítima las jóvenes se sentaban en una sala y frente a ellas había un grupo de hombres la mayoría con un ramito de flores.

Se decía el nombre de la mujer y a continuación se preguntaba el nombre del futuro marido para ver si la estaba esperando. Las mujeres se llevaban sorpresas muy desagradables cuando se encontraban con hombres mayores, que les habían engañado en la edad, pero acababan accediendo al matrimonio ya que era la única manera que tenían de ingresar a Estados Unidos. En *Nuevo mundo*, también se da el caso contrario cuando una cincuentona pregunta por su futuro marido y se encuentra con un muchacho veinteañero. Ella a diferencia de los hombres, se sienta en su silla, compungida, sabiendo que no podrá acceder nunca al *Nuevo Mundo.*

Nuevo Mundo (*Nuovomondo*) es una mirada de Crialese a sus raíces sicilianas y a las penurias que pasaron quienes dejaron atrás su tierra para emprender la aventura americana. Años después, en 2011, el cineasta realizó *Terraferma*, que también trataremos en este libro, sobre los inmigrantes que intentan llegar a la isla italiana de Sicilia.

Emanuel Crialese es un director que se ha implicado en varias ocasiones en los temas migratorios. En 2013 realizó otro filme *La mía clase* que trata de la integración de un grupo de inmigrantes en Italia, sus esfuerzos por aprender el idioma, conocer las costumbres del nuevo país y al mismo tiempo estar pendientes de no sufrir la extradición, al carecer de papeles. Para aquella película contó con inmigrantes reales provenientes de diversas partes del mundo que trasladaron a los espectadores su propia experiencia.

TRAYECTOS DE IDA

Sería interminable la relación de títulos que narran la emigración a Estados Unidos proveniente sobre todo de países europeos. Hay títulos clave que son difíciles de encontrar y que necesitan reediciones como la epopeya de la emigración sueca narrada por Jan Tröell en dos películas que sumaron un total de 395 minutos. Se trata de *Los emigrantes,* de 1971 y al año siguiente *La nueva Tierra*, ambas basadas en la épica novela de Vilhelm Moberg, un clásico de la literatura sueca.

Con una narración lineal, Tröell, cuenta cómo Kristina y Karl-Oskar, a mediados del siglo xix, viven en una aldea rural, Smäland, en el sur de Suecia. Intentan cultivar un pequeño trozo de tierra pero las malas cosechas hacen que su situación se vuelva desesperada. Cuando uno de sus hijos está a punto de morir deciden emigrar para salir de la miseria. Venden la casa, sus tierras y sus escasas pertenencias y cómo otros miles de emigrantes se embarcan rumbo a Estados Unidos.

En *La nueva tierra*, la segunda parte de este filme épico vemos a la familia instalada en Minnesota donde la tierra en que se establecen es mucho más fértil que la dejada atrás pero deben luchar contra los elementos, con una meteorología mucho más impredecible. Tröell pone también el acento en cómo intentan mantener la identidad sueca y cómo, al mismo tiempo, la cultura del nuevo país va influyendo progresivamente en su modo de vida.

La presencia de dos grandes actores como protagonistas, Max von Sydow y Liv Ulmann encabezando el reparto en ambas películas, da consistencia a esta épica historia. Liv Ulmann fue candidata al Oscar a mejor actriz.

Ambas películas, como el resto de la obra de Jan Tröell (*Hamsum*), tienen una gran carga de sensualidad y lirismo, con un ritmo muy épico. Tröell cerró esta trilogía sobre la emigración sueca a Estados Unidos con *La esposa comprada* (1974), sobre un pionero de lo más profundo del sur de Estados Unidos que adquiere por correo a una esposa sueca, método habitual de maridaje postal que se llevaba a cabo en la primera etapa migratoria.

Pelle el conquistador, película del danés Billie August, simboliza, como las anteriores, el deseo de alcanzar el sueño americano. Los protagonistas tienen una vaga idea de América, pero están convencidos de que cuando lleguen superarán todas las penurias y serán libres, abandonando el régimen de semiesclavitud que soportan.

Estamos a finales del siglo xix. Pelle y su padre Lasse son dos emigrante suecos que llegan a una isla danesa, donde esperan reunir dinero suficiente para viajar a América. Encuentran trabajo en una granja donde son explotados sin ningún miramiento. Sus condiciones de trabajo no se diferencian de la esclavitud. Capataces crueles que disfrutan azotándoles, vejándoles o amenazándoles con denunciarles a las autoridades si consideran que no cumplen con las labores que les encomiendan. Trabajan horas y horas en las peores condiciones y con contratos abusivos pero no se enfrentan a sus patrones por miedo a ser detenidos o perder el trabajo. Sólo uno de los campesinos,

ERIK les planta cara. Es el que más presente tiene el sueño americano, la persona que está convencida que allí encontrará la libertad. Su entusiasmo se lo traslada a PELLE.

ERIK en el regreso del campo a las cuadras y barracones donde les alojan le enseña a PELLE el recorte de un periódico con un barco en que se anuncian los viajes a América.

«Este es el barco que va a América –le dice–. Me quedan dos años de trabajo en esta maldita granja [...] y en cuanto el capataz me pague, tendré el dinero para pagarme el pasaje y seré un hombre libre. Me marcharé y conquistaré el mundo. Cruzaré el océano en ese barco. Primero América luego China, España, Australia. Conquistaré el mundo entero. Es muy fácil si quieres hacerlo. Sólo tienes que desearlo de veras y entonces podré hacerlo.

PELLE: Iré contigo.

ERIK: Sí. No lo olvides, dentro de dos años, cuando empiece a fundirse la nieve tu y yo saldremos de viaje para conquistar ese hermoso, grande y maravilloso mundo».

Esa idea del viaje, esa ilusión, está latente durante toda la película. Padre e hijo son analfabetos. PELLE es enviado a una escuela y pese al acoso que recibe por parte del resto de alumnos va aprendiendo y, al mismo tiempo, enseñando a su padre. Le pide que huyan los dos de la granja. Le habla de América, de una casa y de la mujer que ansía el padre, que enviudó unos años atrás.

Pero LASSE una persona sencilla y acostumbrado toda su vida al maltrato que recibe no cree que deban huir, porque le detendrá la policía y él no es un delincuente. El ya se considera un hombre viejo pero anima a su hijo para que no se deje vencer. «Si lo deseas –le dice–, puedes conquistar el mundo».

Esa llama de esperanza se mantiene durante toda la historia, hasta en los momentos más difíciles. *Pelle el conquistador* es un impresionante drama sobre la pobreza y la dignidad humana, un relato magistral de cómo los hombres sobreviven en las peores condiciones y aún encuentran hueco para el baile, la música y el amor. Los campesinos de *Pelle...*; los campesinos de *Los santos inocentes*, los esclavos de *Doce años de esclavitud*, ¿qué diferencia hay entre unos y otros? Todos son maltratados. Da igual la época o el lugar. Todos viven en la miseria y unos pocos luchan por alcanzar los sueños.

Pelle el conquistador, junto a *Las mejores intenciones*, es la más significativa película de Billie August. Obtuvo numerosos premios, entre ellos el Oscar de Hollywood a la mejor película en lengua extranjera; el globo de oro en la misma categoría y la Palma de Oro en el Festival de Cannes. Tres de los reconocimientos más importantes en el mundo del cine a los que debió añadirse un premio como mejor actor a un inconmensurable Max von Sydow, sin lugar a dudas, uno de los mejores actores dramáticos de la historia del cine. No obtuvo el Oscar pero sí fue galardonado como mejor actor del cine europeo como también ocurrió con el niño Pello Venegaard, elegido actor revelación.

WESTERN'S... OTRA MANERA DE VER EL SUEÑO AMERICANO

Los pioneros llegados de muchos y muy diferentes lugares, fueron configurando el actual Estados Unidos de América. El cine del oeste, los *western* recogen el continuo trasiego de hombres y mujeres buscando lugares donde vivir. Estados Unidos era un país nuevo en el que había múltiples posibilidades para gentes llegadas, de una envejecida Europa. Como en cualquier conquista siempre había unos perdedores. Los pieles rojas, los indios americanos fueron expulsados de sus tierras. Para Hollywood representaban a los *salvajes* que se negaban a aceptar el progreso. Los indios siempre fueron los *malos* hasta que en los setenta se hicieron filmes como *Un hombre llamado caballo*, *El pequeño gran hombre* o *Soldado azul*, que les confería la dignidad de la que habían carecido para la industria de Hollywood.

El *western* está pleno de buscadores de oro, obreros de ferrocarriles, agricultores, ganaderos, cantinas, pistolas, diligencias y por supuesto caravanas. Esas carretas que trasladaban sueños como los que vimos en *Caravana de mujeres*, película de William A. Wellman (*Ha nacido una estrella*, *El enemigo público*) en que basándose en documentos históricos cuenta la odisea de 140 mujeres que atravesaron 5.000 kilómetros de Chicago a California para encontrar pareja.

Las mujeres aprenden a defenderse en el western *Caravana de mujeres*.

Caravana de mujeres se sitúa en 1854, cuando el Lejano Oeste era una región aislada. Los hombres trabajaban en aquellas tierras pero apenas había mujeres. ROY WHITMAN (John McIntire) contrata los servicios de BUCK WYATT (Robert Taylor), un experto guía, conductor de caravanas, para que traslade a las mujeres que lo deseen, de Chicago a su rancho californiano, con el fin de conseguir esposas para sus vaqueros.

ROY *y* BUCK se reúnen con las mujeres que aspiran a viajar y les explican todas las dificultades que encontrarán. BUCK desdeña a las mujeres. Tiene una conducta machista que se va dulcificando con el discurrir de la historia. En el local donde se celebra la reunión y tras comprobar que la mayor parte de las mujeres van a aceptar el reto, coloca un panel con fotografías de los hombres que las están esperando.

Esos 5.000 kilómetros estaban llenos de peligros. Inclemencias del tiempo, trazados peligrosos por sus pendientes, desiertos, ataques de los indios o la propia actitud machista y violenta de la docena de hombres que contrata para el viaje a los que BUCK prohíbe acercarse a las mujeres. No todos obedecen y BUCK WYATT puede ser despiadado. Busca la disciplina ante todo para que esas mujeres lleguen a su destino. Tres meses después cuando alcancen la meta llevarán la foto que han elegido, para encontrarse con los hombres que compartirán sus vidas. Algo habitual, como vimos antes en *Nuevo Mundo*, cuando las mujeres llegaban a puerto para conocer a sus parejas. Esas fotografías condicionaban el futuro.

En *Caravana de mujeres* las sobrevivientes antes de acceder al pueblo, donde les esperan un centenar de hombres *en celo*, piden a BUCK que les traiga ropa o cualquier prenda con la que puedan hacerse un vestido, para aparecer dignamente arregladas y no sucias y desaliñadas después de tres meses de penalidades, a través de inhóspitos territorios.

La idea de *Caravana de mujeres* fue de Frank Capra quién había leído en una revista cómo un grupo de mujeres sudamericanas se habían unido para formar un convoy que les llevara a un asentamiento minero en el que sólo había hombres. Todas querían encontrar marido. Capra quiso trasladar la historia al lejano oeste y la llamó en principio *Pioneer woman*, con el propósito de que Gary Cooper fuese el protagonista.

Sin embargo, Capra no encontró una productora que hiciese el filme y los derechos acabaron en la Metro que eligió a Wellman para dirigirla. Dado que no había excesivo presupuesto desechó la posibilidad de contratar a Gary Cooper y buscó un reparto no muy conocido salvo en el caso de Robert Taylor. Junto al ya citado John McIntire, la Metro eligió para el principal personaje femenino a la actriz francesa Denise Darcel, interpretando a una mujer que quiere dejar atrás su turbulento pasado para encontrar una nueva vida en California. Denise no tuvo una carrera fructífera en Hollywood aunque, posteriormente protagonizara películas como *Veracruz* junto a Gary Cooper, Burt Lancaster y Sara Montiel.

La nota amable de la película la puso un actor de origen japonés Henry Nakamura, quién interpretaba al cocinero de la caravana y era el único capaz de apaciguar la actitud violenta de BUCK.

Wellman impuso disciplina durante rodaje, casi como en un cuartel. Hizo que todas las mujeres aprendiesen a montar a caballo, utilizasen un arma, manejaran un lazo o condujesen un carromato. Combatiente en las dos guerras mundiales, donde alcanzó el grado de coronel, Wellman era apodado entre sus compañeros de profesión como «El salvaje Bill» por su fuerte temperamento y su pasado aventurero.

Según relataba su biógrafo, Frank Thompson, William Wellman tenía predilección por géneros como el bélico, el negro o el western. Le gustaba rodar con hombres y no soportaba rodar con mujeres, en una actitud abiertamente misógina. Por eso cuando le propusieron rodar un filme con 150 mujeres no daba crédito al proyecto aunque acabó accediendo porque intuía que la película iba a ser un filme completamente diferente a todo lo que se había hecho en el western hasta el momento.

Y así fue porque sin *Caravana de mujeres* no se hubiesen realizado filmes como *Encubridora,* de Fritz Lang o *Johnny Guitar*, de Nicholas Ray, en los que la mujer toma el mando de la situación. Hasta ese momento eran los hombres quienes copaban todos los western y la mujer tenía un papel secundario y sumiso.

Caravana de mujeres se rodó durante 11 semanas en la zona rocosa de Utah y los desiertos de California, a 50 kilómetros de la primera ciudad habitada. Wellman contaba que el rodaje fue excelente para su propósito ya que a las dos semanas todos los actores estaban prácticamente agotados y el cansancio de las actrices se reflejaba en sus rostros. «Basta –decía– con echarle un vistazo, para creerte que eran auténticas pioneras que estaban cruzando el oeste americano».

Ese realismo se trasmite al espectador durante toda la película. Sientes y vives con las mujeres su angustiosa situación. *Caravana de mujeres*, en opinión de la historiadora cinematográfica Jennifer Basinger es el primer western en que la mujer «no es ni un mero objeto decorativo ni un ser digno de compasión». Los protagonistas del filme de Wellman –añade Basinger– «son personajes con carácter, que no piden nada a nadie. Sino que luchan por su derecho a labrarse una nueva vida. Nadie les regala nada. Se lo ganan ellas con su sudor y su sangre. Al principio de la película todos creen que las mujeres no pueden cabalgar, ni disparar Pero cuando la historia llega a su fin han demostrado que son capaces de hacer todo eso y mucho más si se lo proponen. Las mujeres de esta película acaban convertidas en personajes de leyenda precisamente porque desde el primer fotograma son conmovedoramente reales».

Caravana de mujeres, de 1951, es un western femenino y reivindicativo del papel de la mujer capaz de adaptarse a cualquier medio y a cualquier circunstancias. La película tuvo sus réplicas muchos años después en la vida real. En España, por ejemplo, en Plan, un pueblo de Huesca, se organizó en 1985, una «*caravana*» de mujeres para que los solteros encontraran pareja. La iniciativa tuvo después otras muchas imitaciones y alguna versión cinematográfica como fue el caso de *Flores de otro mundo*, de Icíar Bollaín a la que también me referiré en este libro.

JOHN FORD Y LAS UVAS DE LA IRA

John Ford, ya hemos visto, fue un realizador preocupado por el tema migratorio y en particular por los orígenes de su familia. *Las uvas de la ira*, es una de sus grandes películas y uno de los grandes clásicos del cine social norteamericano junto a títulos como *El pan nuestro de cada día*, de King Vidor (1934) y *El secreto de vivir*, de Frank Capra (1936). Ford adaptó la novela de Steinbeck, humanizando los personajes y convirtiéndolos en líderes del orden familiar, agrario y comunitario. La película resalta aspectos como solidaridad y la lucha contra la injusticia.

Ambientada durante la depresión económica de los años treinta, *Las uvas de la ira* cuenta el regreso de un joven, TOM, que ha pasado un tiempo en la cárcel por homicidio. Cuando vuelve a casa se encuentra a su familia arruinada. Es entonces cuando se produce el éxodo de la familia JOAD que, expulsada de su granja de Oklahoma, junto a otras muchas, emprende viaje hacia California. Allí sufrirán todo tipo de vejaciones y unas condiciones de vida y trabajo infrahumanas, hasta que consiguen alcanzar un campo de recolección eventual del gobierno.

Hay un tono reivindicativo y por momentos revolucionario. Hay una secuencia en que el camión de la familia JOAD es reconocido como el causante de la muerte de un policía al que antes había atacado TOM. Éste decide abandonar el campamento gubernamental donde viven para no crear problemas a su familia. Al despedirse de MA, TOM la tranquiliza: «Quisiera estar con vosotros, pero no tengo ahora esa oportunidad. He estado pensando en CASY, en lo que decía y cómo murió, y he pensado en nosotros y en miles de personas que viven como cerdos y he estado pensando en que si toda nuestra gente se uniera [...] Un hombre no tiene alma propia, sino un pedacito de un alma grande que pertenece a todos. Estaré en todas partes, donde quieras mirar, donde haya una pelea para que la gente hambrienta coma, allí estaré yo; donde haya un policía golpeando a alguien, allí estaré. Y también donde la gente esté comiendo lo que cultivó y viviendo en las casas que construyeron. Allí estaré».

Tanto John Ford (mejor director) como Jane Darwell (mejor actriz de reparto) consiguieron sendos Oscar en una película impecable en la que Ford supo encajar todas las piezas para darle una gran fuerza narrativa. Una obra maestra que partía de una novela de enorme éxito, ganadora del premio Pulitzer, tan solo un año antes. John Ford contó con un reparto excepcional y con un equipo técnico en el que destacaba Gregg Toland, el gran director de fotografía de la época, del que el crítico Diego Galán escribió:

«El trabajo de Toland es genial. Lejos de otras obras previas suyas, un tanto barrocas y bastante elaboradas, en este caso la fotografía sorprende por su desnudez y por su naturalismo, y presenta el germen de una de sus marcas de la casa: el uso de la profundidad de campo, que luego desplegaría aún más en sus posteriores colaboraciones con Ford y en *Ciudadano Kane*, de Orson Welles.»

En conjunto la obra de John Ford, como escribió el crítico y ex responsable de la Cinematografía española, Miguel Marías: «sabe relatarnos como nadie lo que significan la soledad, el desarraigo, la vejez, la amistad, la retirada, la familia o sus sucedáneos, "el largo viaje de retorno al hogar", la búsqueda, "la gloria en la derrota" o frente a la adversidad. Y lo hizo, y lo hacen todavía las vibrantes y sencillas imágenes de sus películas, de forma memorable y emocionante, con calor y vida: captando al mismo tiempo la belleza del gesto elocuente y la música de las voces, los sollozos, el viento que agita las ramas de los árboles. Por eso todos recordamos tan intensamente sus personajes como los escenarios en que, ante nosotros, sienten luchan o se despiden». (Revista Casablanca. «Por siempre, John Ford». Número 25. Madrid, enero, 1981).

COPPOLA Y SU PADRINO

La mafia se ha tratado con frecuencia en el cine de Hollywood pero su análisis comienza a ser diferente con la trilogía de *El Padrino,* filmada por Francis Ford Coppola según la novela de Mario Puzo. Desde 1972 y hasta 1990 en que firmó la tercera parte, Coppola dio un nuevo giro a la concepción cinematográfica del crimen organizado. Ya no asistíamos a la ascensión y caída del gánster sino que nos adentrábamos en los entresijos de la mafia y en la implicación de todos los sectores de la sociedad (*La política y el crimen son lo mismo,* afirmaba Michael Corleone). Coppola a partir de la novela de Puzo, nos adentró en la intimidad del clan, con la figura patriarcal de *El Padrino,* gestionando los favores («Los italianos piensan que el mundo es tan duro que hace falta tener dos padres, por eso tenemos un Padrino»). Un mundo en que todo vale y en que prevale la lealtad entre los miembros de la *familia* donde no se permite ni el menor atisbo de traición.

Coppola trasladó la mafia a los espectadores como si de una dinastía se tratara. *El Padrino es un Rey* y el hijo que él designe su sucesor. Desde ese entorno cualquier forma es válida con tal de conseguir asentar el poder y controlar a todo aquel que pudiera hacer sombra. Es fácil corromper a políticos, policías o empresarios que se convierten en aliados interesados de los negocios sucios («Mi padre –le dice Michael Corleone a Frank Pantagelo– me enseñó muchas cosas [...] Me dijo: Mantén cerca a tus amigos pero aún más cerca a tus enemigos»).

Los enemigos son los que contribuyeron a que Vito Andolini, tuviese que dejar Sicilia, como narra Coppola en el *Padrino 2.ª parte.* Vito había nacido en Corleone pero amenazado de muerte por el capo de la zona, Don Ciccio, emigra en barco al Nueva York de 1900. Al llegar a Estados Unidos, un aduanero le registra por error como Vito Corleone. Debe pasar la cuarentena en un hospital por la viruela que ha contraído durante la travesía. El joven emigrante debe hacerse a un país nuevo, aunque no quiera dejar atrás sus raíces. Vito Corleone se adentra paulatinamente en un mundo dominado por el hampa y la pobreza. En ese mundo, situado en *Little Italy,* comienza a delinquir, primero como un pequeño ladronzuelo y posteriormente controlando la entrada de inmigrantes y los negocios del barrio de los que obtiene beneficios cada vez más sustanciales. Hace realidad el sueño americano aunque los métodos que emplea se sustentan en la corrupción y el crimen organizado.

La primera parte de *El Padrino* se rodó en Nueva York, incluyendo amenazas reales del capo mafioso Joe Colombo; la segunda parte de *El Padrino* tuvo numerosos escenarios como la ya citada Sicilia, la propia Nueva York, Miami y la recreación de la Cuba de los primeros años de la Revolución. Junto a la creatividad de Coppola y Puzo, *El Padrino* contó con extraordinarios actores y un equipo técnico que tuvo en la fotografía de Gordon Willis una de sus señas de identidad. Willis que a raíz del primer *Padrino* fue apodado «El príncipe de la oscuridad», dio a su fotografía un tono tenebrista que subrayaba cada instante de la narración.

Francis Ford Coppola logró con la segunda entrega de *El Padrino*, una obra tanto o más conseguida que la primera. Coppola y Puzo escribieron el guión que incluía numerosos *flashbacks* sobre la vida de VITO CORLEONE (ahora interpretado por Robert de Niro en lugar de Marlon Brando) y su hijo MICHAEL (Al Pacino, quién repitió el papel y fue protagonista absoluto en la tercera entrega de la saga). Mereció seis Oscar, entre ellos, película, director, guión adaptado y actor secundario (Robert de Niro) tres más que el primer *Padrino* (Película, guión adaptado y actor protagonista, Marlon Brando).

Si *El Padrino* fue la primera película que nos introdujo en el mundo oculto de la *familia* mafiosa, posteriormente han sido otros muchos los títulos sobresalientes que nos han acercado a ésta organización criminal como *Malas calles* (1972), *Uno de los nuestros* (1990), *Casino* (1995) o incluso, la floja *Gánster de Nueva York* ; todas de Martin Scorsese; *Atlantic city* (1980), Louis Malle; *El precio del poder / Scarface* (1983), de Brian de Parma, *Erase una vez en América* (1984), de Sergio Leone; *El honor de los Prizzi* (1985) de John Huston o *Muerte entre las flores* de los hermanos Coen. También la televisión incluye numerosas series sobre la mafia con títulos tan inolvidables como *Los Soprano.*

La interculturalidad en *The visitor* del director estadounidense Tom McCarthy.

VISITAS NO DESEADAS (*THE VISITOR...*)

Los inmigrantes no son bienvenidos ni a Estados Unidos ni a Europa. Seguramente siempre fue así pero el ataque terrorista contra las Torres Gemelas de Nueva York, en 2001, alentó ese momento de desconcierto, de miedo y de ira que se produjo en la población estadounidense. La Administración Bush aprovechó esas circunstancias para cerrar aún más sus fronteras y deportar al mayor número posible de inmigrantes sin papeles.

El cineasta Tom McCarthy realizó en 2008 una interesante película, *The Visitor*, en que denunciaba las injusticias que se estaban llevando a cabo contra los inmigrantes. McCarthy, para llevar a cabo el filme, recorrió numerosos centros de detención de inmigrantes, o lugares donde vivían y se relacionaban para conocer de primera mano sus inquietudes y sus esperanzas.

The Visitor cuenta cómo Walter Vale, un solitario y huraño profesor de piano llega a Nueva York para dar una conferencia. Cuando accede al apartamento que posee en Manhattan se encuentra con una pareja, a la que un hombre, haciéndose pasar por el dueño, se la ha alquilado. Ambos carecen de papeles, son inmigrantes. Él, Tarek, es un músico sirio-palestino. Ella, Zainab, una diseñadora de joyas étnicas, procede de Senegal. No tienen dónde ir y el profesor les ofrece que pasen unos días en la casa hasta que encuentren donde alojarse.

La película valora la amistad entre gentes de distinta raza y condición por encima de cualquier ley o disposición gubernamental. El profesor, representante del americano medio, vivía ajeno a los problemas de los inmigrantes. Poco a poco va conociendo cómo los dos jóvenes sólo buscan un lugar en el mundo donde poder vivir.

Al mismo tiempo Tom McCarthy incide en la personalidad del viejo profesor. Un hombre ya sin aspiraciones, desencantado y terriblemente solitario. Un hombre que vive la soledad de la gran ciudad, sin amigos e ilusiones. Tarek y Zainab le hacen creer en la amistad y la llegada de Mouna, la madre de Tarek, le hace volver a pensar en el amor, que había aparcado desde que su mujer falleció años atrás.

Tom McCarthy, quien en 2015 dirigió *Spotlight,* donde describe la investigación del Boston Globe sobre los casos de pederastia en la Iglesia Católica, compagina su labor de director con la de guionista con trabajos como *Up*. En *The visitor* denuncia las Injusticias que se producen con los inmigrantes y en particular con los que carecen de documentos que acrediten su legalización.

La actitud del profesor que pasa del escepticismo y un cierto recelo hacia la pareja de inmigrantes, al compromiso de amistad y solidaridad con ellos me recuerda a la actitud que adopta Ramón Barea, un electricista en paro, con un cubano sin papeles (Andy García) en el Madrid de los noventa, en una película de Enrique Gabriel, titulada *En la puta calle*, también recogida en este libro.

Avalon, *En América*, *El banquete de boda, Georgia*, son todos títulos en que la familia es el centro de la narración. Esa lucha entre tradición y las nuevas costumbres de la tierra que les acoge.

Hay otros títulos que abordan los matrimonios de conveniencia para conseguir el permiso de residencia, como *Si no amaneciera*, un clásico de 1941, o la propiamente titulada *Matrimonio de conveniencia*, dirigida por Peter Weir. Otro director, Alfonso Cuarón dirigió en 2006 *Hijos de los hombres*, un drama futurista, con muchos elementos de la realidad actual, que tiene a la inmigración como centro de la trama narrativa.

FICHAS DE LAS PELÍCULAS

TÍTULO: *América, América.*
País: USA. **AÑO**: 1963. **DURACIÓN:** 174'. Drama. **DIRECTOR**: Elia Kazán. **GUIÓN**: Elia Kazán. **FOTOGRAFÍA**: Haskel Wexler. **MÚSICA:** Manos Hadjidakis y Nikos Gatsos. **MONTAJE**: Dede Allen. **INTÉRPRETES:** Stathis Giallelis, Frank Wolf, Harry Davis, Eleina Karam, Gregory Rozakis, John Marley, Paul Mann, Linda Marsh, Katherine Balfour, Robert H. Harris, Salem Ludwing, Joanna Frank.
CALIFICACIÓN: ★★★★✯
VIDEO: Warner Bross. B/N.

TÍTULO: *El emigrante.*
PAÍS: USA. **AÑO:** 1917. **DURACIÓN:** 24'. Comedia dramática. **DIRECTOR**: Charles Chaplin. **GUIÓN**: Charles Chaplin. FOTOGRAFÍA: Roland H. Toheroh. **INTÉRPRETES**: Charles Chaplin, Edna Purviance, Albert Austin, Henry Bergman, Eric Campbell, Kitty Bradbury.
CALIFICACIÓN: ★★★★✯
VIDEO: SAV y plataformas digitales. B/N.

TÍTULO: *Nuevo mundo.*
PAÍS: Italia / Francia. **AÑO**: 2006. Drama. **DURACIÓN**: 113'. **DIRECTOR**: Emanuele Crialese. **GUIÓN:** Emanuele Crialese. **FOTOGRAFÍA**: Ágnes Godard (C). **MÚSICA:** Antonio Castrignano. **MONTAJE**: Maryline Mathieu. **INTÉRPRETES**: Charlotte Gainsbourg, Vincenzo Amato, Aurora Quatrocchi, Francesco Casisa, Filippo Pucillo, Vincent Schiavelli.
CALIFICACIÓN: ★★★☆☆
VIDEO: Cameo.

TÍTULO: *Los emigrantes* (utvandrarna).
PAÍS: Suecia. **AÑO**: 1971. **DURACIÓN**: 191'. Drama. **DIRECTOR**: Jan Tröell. **GUIÓN**: Jan Tröell & Bengst Forslund (según la novela de Vilhelm Moberg). **FOTOGRAFÍA**: Jan Tröell (C). **MÚSICA**: Erik Nordgren. **INTÉRPRETES**: Max von Sydow, Liv Ulmann, Eddie Axberg, Svenelov Bern, Aina Alfredsson, Allan Edwall.
CALIFICACIÓN: ★★★★☆
VIDEO: Plataformas digitales.

TÍTULO: *La nueva tierra* (Nybyggarna).
PAÍS: Suecia. **AÑO:** (1972). Drama. **DURACIÓN:** 204'. **DIRECTOR**: Jan Tröell. **GUIÓN**: Jan Tröell& Bengst Forslund (según la novela de Vilhelm Moberg. **FOTOGRAFÍA**: Jan Tröell. **MÚSICA:** Bengt Ernryd, Georg Oddner. **INTÉRPRETES**: Max von Sydow, Liv Ullmann, Eddie Axberg, Pierre Lindstedt, Allan Edwall, Mónica Zetterlund, Hans Alfredson, Agneta Prytz, Halvare Björk.
CALIFICACIÓN: ★★★✯☆
Video: Plataformas digitales.

TÍTULO: *Pelle, el conquistador* (Pelle erobreren).
PAÍS: Dinamarca / Suecia. **AÑO**: 1987. **DURACIÓN**: 143'. Drama. **DIRECTOR**: Billie August. **GUIÓN**: Billie August, Per Olov Enquist y Bjaune Reuter según la novela de Martin Andersen Naxo. **FOTOGRAFÍA:** Jorgen Persson (C). **MÚSICA**: Steffan Nilsson. **MONTAJE**: Janus Billeskow Jansen. **INTÉRPRETES:** Pelle Vanegaard, Max von Sydow, Erik Paaske, Bjorn Grannath, Astrid Villaume, Axel Strobye, Troels Asmussen, Kristina Tornquist, Karen Wegener, Sofie Grabol, Laus Simonsen, Buster Larsen, John

Wittig, Truels Munk, Nis Bak Mikkelsen, Lena Pia Bernhardsson, Anne Lise Hirsch Bjerrum.
CALIFICACIÓN: ★★★★☆
VIDEO / DVD: JRB producciones.

TÍTULO: *Caravana de mujeres* (Westward the woman).
PAÍS: USA. **AÑO:** 1951. **DURACIÓN:** 118' Western. **DIRECTOR:** William A. Wellman. **GUIÓN:** Charles Schnee sobre una historia de Frank Capra. **FOTOGRAFÍA:** William C. Mellor. **MÚSICA:** Jeff Alexander. **PRODUCTOR:** Dore Schary. **INTÉRPRETES:** Robert Taylor, Denise Darcel, Hope Emerson, John McIntire, Henry Nakamura, Julie Bishop, Beverly Dennis, Renatta Vanni.
CALIFICACIÓN: ★★★★½
DISTRIBUIDORA: Warner Bross / Video IMPULSO. B/N.

TÍTULO: *Las uvas de la ira* (The grapes of wraht).
PAÍS: USA. **AÑO:** 1940. **DURACIÓN:** 129'. Drama. **DIRECTOR:** John Ford. **GUIÓN:** Nunnally Johnson, basado en la novela homónima de John Steinbeck. **FOTOGRAFÍA:** Gregg Toland. **MÚSICA:** Alfred Newman. **MONTAJE**. Robert Simpson. **PRODUCTOR:** Darryl F. Zanuck. **INTÉRPRETES:** Henry Fonda (Tom Joad), Jane Darwell (Ma Joad), John Carradine (Casey), Russell Simpson (Pa Joad), Charley Grapewin (Grandpa Joad), Dorris Bowdon (Rosaharn), O. Z. Whitehead (Al), John Qualen (Muley), Eddie Quillan (Connie), Teddie Tilbury (Grandma Joad), Frank Sully (Noah), Frank Daried (Tío John), Darryl Hickman (Winfield) Shirley Mills (Ruth Joad).
CALIFICACIÓN: ★★★★★
VIDEO: Twentieth Century Fox Home Entertainment.

TÍTULO: *El padrino 2.ª parte (The godfather II).*
PAÍS: USA. **AÑO:** 1974. **DURACIÓN:** 192'. Drama. **DIRECTOR:** Francid Ford Coppola. **GUIÓN:** Francis Ford Coppola y Mario Puzo. **FOTOGRAFÍA:** Gordon Willis (C). **MÚSICA:** Nino Rota y Carmine Coppola. **INTÉRPRETES:** AL Pacino (Michael Corleone), Robert de Niro (Vito Corleone), Robert Duvall (Tom Hagen), Diane Keaton (Kay Corleone), John Cazale (Fredo Corleone), Talia Shire (Connie Corleone), Michael V. Gazzo (Frankie Pentangeli), Richard Bright (Al Neri), Lee Straberg (Hyman Roth).
CALIFICACIÓN: ★★★★★
VIDEO / Distribuidora: PARAMOUNT.

TÍTULO: *The visitor.*
PAÍS: USA **AÑO:** 2008. **DURACIÓN:** 104'. Drama. **DIRECTOR:** Tom McCarthy. **GUIÓN:** Tom McCarthy. **FOTOGRAFÍA:** Oliver Bokelberg. **MÚSICA:** Jan A. P.Kaczmarek. **MONTAJE:** Tom McArdle. **INTÉRPRETES:** Richard Jenkins (Walter), Haaz Sleiman (Tarek), Danai Gurira (Zainab), Hiam Abbas (Mouna), Bárbara Seldes (Bárbara), Maagie Moore (Karen)Michael Cumpsty (Charles), Amir Arison, Tzahi Moskovitz, Richard Kind, Bill McHenry...
CALIFICACIÓN: ★★★★☆
VIDEO / DISTRIBUIDORA: KARMA.

OTROS TÍTULOS

TÍTULO: *Avalon.*
PAÍS: USA. **AÑO**: 1990. **DURACIÓN:** 126'. Drama. **DIRECTOR:** Barry Levinson. **GUIÓN:** Barry Levinson. **FOTOGRAFÍA:** Allen Daviau. (Color) **MÚSICA**: Randy Newman **INTÉRPRETES**: Armin Mueller-Sthal (*Sam Krichinsky*), Elisabeth Perkins (*Ann*), Joan Plowright (*Eva Krichinsky*) Aidan Quinn (*Jules*) Elijah Wood (*Michel*).
ARGUMENTO: Una familia judía de origen polaco llega a Baltimore, el 4 de julio de 1914, día de la Fiesta Nacional de Estados Unidos. Sam Krichinsky y sus hermanos se sienten emocionados por el ambiente festivo y deciden que Baltimore el barrio de Avalon, sea el lugar donde residirán también sus hijos y sus nietos.
COMENTARIO: A través de la familia Krichinsky vivimos medio siglo de la historia de Estados Unidos y en particular de los inmigrantes europeos que llegaron a finales del siglo XIX y primeros del XX y que ayudaron a conformar la actual sociedad estadounidense.

Barry Levinson, su director, quiso reflejar el modo de vida norteamericano a través de los inmigrantes y después de haberse acercado a la sociedad de su país en otros filmes como *Diner* y *Dos estafadores y una mujer*. Sin embargo, sus dos películas más conocidas internacionalmente son *Good morning Vietnam* y *Rain Man* que consiguió cuatro Oscar, entre ellos el de mejor director.
CALIFICACIÓN: ★★★☆☆
VIDEO: Plataformas digitales.

TÍTULO: *Un sueño americano (An americam romance).*
PAÍS: EE UU. **AÑO:** 1944. **DURACIÓN:** 151'. Drama. **DIRECTOR**: King Vidor. **GUIÓN:** Herbert Dalmas & William Ludwing. **FOTOGRAFÍA:** Harold Rosson. **MÚSICA:** Louis Gruenberg. **INTÉRPRETES:** Brian Donlevy (Stefan Dangos) Ann Richards, John Qualen, Walter Abel, Stephen McNally...
ARGUMENTO: Un emigrante checo sale de su país sin dinero y sin ningún bien camino de Estados Unidos en busca de una vida más digna. Trabaja denodadamente en las minas, sin apenas descanso, hasta que pasado un tiempo prospera hasta convertirse en un poderoso industrial.
COMENTARIO: La quintaesencia del sueño americano narrada por un emigrante húngaro como King Vidor. Una película intensa y bien narrada que reafirma a uno de los grandes realizadores del Hollywood dorado.
CALIFICACIÓN: ★★★☆☆
DVD: MGM.

TÍTULO: *La aventura del plymouth (The plymouth adventure).*
PAÍS: EE UU. **AÑO:** 1952. **DURACIÓN:** 105'. Aventura / Melodrama. **DIRECTOR:** Clarence Brow. **GUIÓN**: Helen Deutsch, basado en la novela del irlandés Ernest Gébler. **FOTOGRAFÍA:** William H. Daniels (C). **MÚSICA**: Miklós Rózsa. **INTÉRPRETES**: Spencer Tracy (Capitán *Christhoper Jones*) Gene Tierney (*Dorothy Bradford*) Van Johnson (*John Alden)* Dawn Addams (*Priscilla Mulins)* Leo Genn *(William Bradford).*
ARGUMENTO: Los orígenes de Estados Unidos. Narra el viaje de los llamados padres peregrinos irlandeses desde Southampton, en Inglaterra, hasta la costa este de Estados Unidos, en el barco *Myflowers*. En él viajaron, en 1620, 102 personas, la mayoría puritanos de la Iglesia Anglicana, que huían de Enrique VIII y que consiguieron establecerse en la costa de Massachusetts.
COMENTARIO: No se estrenó comercialmente en España pese a que ya estaba doblada. La censura no permitió que el público español viera cómo una mujer casada (Gene Tierney) se enamorara del capitán (Spencer Tracy) y que la única manera de que ella *redimiera sus culpas* fuera suicidándose.

Su director Clarence Brow, que dirigiera buena parte de las películas de Greta Garbo (*El demonio y la carne, Anna Christie, Anna Karenina...*) o melodramas (*Vinieron las lluvias*) en *La Aventura de Plymouth*, desarrolla junto a la historia de amor que viven los protagonistas una denuncia de las condiciones a las que eran sometidos los inmigrantes, engañados por gente sin escrúpulos que únicamente obedecían los intereses de las grandes compañías. Fue la última película que dirigió Brow, un director que a pesar de haber estado nominado en varias ocasiones, nunca consiguió el Oscar.

CALIFICACIÓN: ★★★☆☆

VIDEO / DISTRIBUIDORA: Feel Films / SUEVIA.

TÍTULO: *El sueño de Ellis (The inmigrant).*

PAÍS: EE UU. **AÑO:** 2013. **Duración:** 117'. Drama **DIRECTOR:** James Grey. **GUIÓN:** Richard Menello y James Grey. **FOTOGRAFÍA:** Darius Khondji. **MÚSICA**: Chris Spelman. **INTÉRPRETES**: Marion Cotillard (Ewa), Joaquin Phoenix (Bruno), Jeremy Renner (Orlando), Dagmara Domynczyc, Angela Sarafyan, Antoni Corone, Dylan Hartigan.

ARGUMENTO: En 1921 *Ewa* y su hermana *Magda* dejan su Polonia natal y emigran a Nueva York. Cuando llegan a Ellis Island, *Magda,* enferma de tuberculosis, es puesta en cuarentena. *Ewa* se queda sola y las autoridades estadounidenses deciden deportarla. *Bruno,* un proxeneta, sin ningún escrúpulo, se ofrece a ayudarla. Mediante engaño le facilita un trabajo como costurera, que es una tapadera para introducirla en la prostitución. *Ewa* se resiste pero acaba accediendo con el propósito de reunir dinero suficiente para ayudar a su hermana. *Bruno*, su *protector, se enamora enfermizamente* de ella y se muestra dispuesto a que no sea de ningún otro hombre, si no es uno de los clientes que él le facilita. Por eso la irrupción de *Orlando,* un ilusionista primo de *Bruno*, que también se enamora de *Ewa*, le da esperanza de conseguir una vida mejor. Sin embargo, ninguno de los dos cuenta con los descontrolados celos de *Bruno.*

COMENTARIO: James Grey, un director que va creciendo tras títulos como *La noche es nuestra* (2007) y *Two Lowers* (2008) dirigió esta película basada en las experiencias de su propia familia... Durante el festival de Cannes definió la película como personal: «Lo es –dijo– porque trata sobre problemas y emociones cercanos a mí, que puedo entender profundamente y que sé cómo expresar». Una película que no aporta muchas variantes respecto a otros filmes que abordan el tema pero incide en la corrupción imperante y la connivencia entre delincuentes como Bruno y agentes aduaneros y policías. La trata de mujeres es otra de las cuestiones que aborda el filme con una convincente Marion Cotillard en el papel protagonista. Cuando a Ewa le preguntan qué espera de Estados Unidos únicamente dice: «*Quiero ser feliz*».

CALIFICACIÓN: ★★★☆☆

VIDEO / DISTRIBUIDORA: Vértigo.

TÍTULO: *Mortadela.*

PAÍS: Italia / Francia. **AÑO:** 1971. **DURACIÓN:** 103' Comedia. **DIRECTOR:** Mario Monicelli. **GUIÓN**: Susso Cecchi D'Amico, Leonard Melfi, Mario Monicelli, Beeson Caroll. **FOTOGRAFÍA:** Alfio Contini. **MÚSICA:** Lucio Dalla y Rosalino Cellamare. **MONTAJE:** Ruggero Mastroianni. **INTÉRPRETES:** Sophía Loren (Maddalena), William Devane, Luigi Proietti, Beeson Caroll, David Doyle, Danny DeVito, Susan Sarandon.

ARGUMENTO: *Maddalena* una joven y temperamental italiana viaja a Nueva York para reunirse con su novio, con el que lleva cuatro años prometida. Sus compañeras de trabajo le regalan una apetitosa mortadela que las autoridades norteamericanas le impiden pasar porque está prohibido por la legislación. *Maddalena* no está dispuesta a renunciar a la mortadela, a pesar de que su novio intenta convencerla. Un periodista se muestra más amable pero en el fondo pretende manipular a la recién llegada. Ella ni corta ni perezosa acaba comiéndose la apetitosa mortadela para que no vaya a parar al estómago de los aduaneros.

COMENTARIO: Producida por Carlo Ponti para mayor gloria de su mujer, Sophia Loren, *Mortadela*, tiene sus mejores momentos durante su primer tramo cuando la acción se

desarrolla en el aeropuerto. Posteriormente cuando salen a la Gran Manzana los diálogos fáciles bajan el tono de una película que tiene un desenlace de marcado acento feminista, frente a unos personajes masculinos que están a años luz de una espléndida Sophia Loren.
CALIFICACIÓN: ★★⯪☆☆
VIDEO: Plataformas digitales.

TÍTULO: *En América (In América).*
PAÍS: Irlanda / Reino Unido. **AÑO:** 2002. **DURACIÓN:** 105'. Drama. **DIRECTOR**: Jim Sheridan. **GUIÓN:** Jim, Naomi y Kristen Sheridan. **FOTOGRAFÍA:** Declan Quinn. **MÚSICA:** Gavin Freeday y Maurice Seezer. **MONTAJE:** Naomi Geraghty. **INTÉRPRETES:** Samantha Norton (Pady), Paddy Considine (Johnny), Djimon Hounsou (Mateo), Sarah Bolger (Christie), Emma Bolger (Ariel).
ARGUMENTO: Una familia irlandesa de nuestros días, se instala en un edificio neoyorquino, tras perder a uno de sus hijos en un accidente. Es un edificio multicultural al que no le son ajenos una serie de personajes marginales. El matrimonio ve Nueva York como una ciudad llena de peligros y situaciones complejas mientras sus hijas se sienten cada vez más integradas en la ciudad, a la que sienten como un lugar mágico, donde puede suceder cualquier cosa. La noche de *Halloween* tendrá una especial significación para toda la familia.
COMENTARIO: Un filme ligeramente autobiográfico en que Jim Sheridan (*Mi pie izquierdo, En el nombre del padre*, etc), embarcó literalmente a sus hijas para que aportaran sus vivencias. La película es una reflexión sobre los recuerdos, los secretos, el amor, la familia, la muerte y las nueves oportunidades que nos da la vida. Son las dos niñas protagonistas Christy y Ariel quienes narran la historia siempre con un conmovedor tono humano.
CALIFICACIÓN: ★★★⯪☆
VIDEO / DISTRIBUIDORA: 20CENTURY FOX.

TÍTULO: *La otra América (Someone else's America).*
PAÍS: Yugoslavia (Antigua Serbia). **AÑO:** 1995. **DURACIÓN:** 92'. Drama. **DIRECTOR:** Goran Paskaljevic. **GUIÓN**: Gordon Mihic. **FOTOGRAFÍA**: Yorgos Arranitis (C). **MÚSICA:** Andrew Dickson. **INTÉRPRETES**: Tom Conti, Miki Manojlovic, María Casares, Zorka Manojlovic, Jorger Trifunovic, José Ramón Rosario.
ARGUMENTO: La acción se sitúa en los años 90 en Nueva York. El montenegrino *Bayo* que vive en Broklyn ha conseguido trabajo en el restaurante de un inmigrante español que tiene problemas porque su madre (María Casares) ya muy anciana, quiere regresar a España. Mientras, la familia de *Bayo* sueña con América y se embarca en un pesquero con destino a Nueva York.
COMENTARIO: *La otra América* es un intenso y sincero drama sobre la inmigración, al mismo tiempo que satiriza el tan llevado sueño americano. La película fue premiada con la Espiga de Oro en la Seminci de Valladolid y abrió el camino internacional de Paskaljevic uno de los exponentes del cine social en Europa que con posterioridad volvió a abordar el tema de la inmigración, con títulos como *Honeymoons.*
CALIFICACIÓN: ★★★☆☆
VIDEO: Walt Disney.

TÍTULO: *Georgia (Four friends).*
PAÍS: EE UU. **AÑO:** 1981. **DURACIÓN:** 114'. Drama. **DIRECTOR:** Arthur Penn. **GUIÓN:** Steven Tesich. **FOTOGRAFÍA:** Ghislain Cloquet. **MÚSICA:** Elisabeth Swadon. **INTÉRPRETES:** Craig Wasson, Jodi Thelen, Michael Huddleston, Jim Metzler, Max Perlich, Scott Hardt, Elisabeth Lawrence, Miklos Simon.
ARGUMENTO: Años sesenta. Cuatro amigos de un pequeño pueblo de Indiana, sueñan con su futuro una vez acabado el Instituto. *Danilo*, hijo de inmigrantes yugoslavos desea ser escritor; *Georgia*, quiere viajar y bailar como Isadora Duncan; *Tom* es llamado al ejército y finamente *David* no tiene grandes deseos y terminará llevando el negocio funerario de su familia. La convulsa década de los sesenta irá apaciguando sus deseos y esperanzas.

COMENTARIO. Son cuatro amigos pero en realidad el centro es *Georgia*, por una vez creo que era apropiado el título de la película en castellano, porque ella es el polo de atracción del resto de protagonistas. Todos están enamorados de ella. Estructurada episódicamente cubre distintos años de la vida de los protagonistas con especial atención a *Danilo* y *Georgia*, los dos jóvenes mayormente atrapados por el sueño americano. La película de Arthur Penn (*Bonnie and Clyde, La jauría humana*) habla de la pérdida de la inocencia; del dolor que produce el paso del tiempo, de la amistad, del amor, de la soledad o la tristeza. También marca las diferencias entre el padre de *Danilo,* un trabajador que mira a sus orígenes y el joven que busca dejar atrás su pasado y convertirse en un americano más.
CALIFICACIÓN: ★★★★☆
VIDEO / DISTRIBUIDORA: Metro Goldwin Meyer.

TÍTULO: *Si no amaneciera* (hold back the dawn).
PAÍS: EE UU. **AÑO:** 1941. **DURACIÓN:** 115'. MELODRAMA. **DIRECTOR:** Mitchell Leisen. **GUIÓN:** Charles Brackett y Billy Wilder. **FOTOGRAFÍA:** Leo Tove (B/N). **MÚSICA:** Víctor Young. **INTÉRPRETES:** Charles Boyer (Georges Isvonescu), Olivia de Havilland (Emmy), Paulette Goddard (Anita), Víctor Francen (Van Den Luecken), Walter Abel (Inspector Hammock), Verónica Lake, Mitchell Leisen.
ARGUMENTO: *George Isvonescu* acude a los estudios de la Paramount para relatar su propia vida a cambio de quinientos dólares. A través de flash-back, *George*, bailarín y gigoló cuenta cómo llegó a un pueblo mexicano lindante con Estados Unidos, con intención de acceder a éste país. Como consecuencia de las trabas que le impiden entrar en Estados Unidos, George busca una mujer con la que casarse y así conseguir el visado. Durante la celebración del cuatro de julio enamora a una maestra (Olivia de Havilland) y se casa con ella.
COMENTARIO: Basada en una novela, en parte autobiográfica, de Ketty Frings, fue la tercera y última colaboración entre Mitchell Leisen y los guionistas Brackett y Wilder. La película refleja las restricciones que se pusieron a los europeos que querían refugiarse en Estados Unidos como consecuencia de la II Guerra Mundial. Medidas migratorias muy duras que no se suavizaron hasta la entrada de Estados Unidos en el conflicto. Los matrimonios de conveniencia eran una de las soluciones más utilizadas, pero los contrayentes debían hacer acopio de grandes dosis de astucia, para burlar las preguntas y pruebas a las que les sometían las autoridades estadounidenses. Un filme que no ha perdido un ápice de actualidad y que refleja las condiciones de vida en que vivían los inmigrantes que intentaban alcanzar el sueño americano.
CALIFICACIÓN: ★★★★☆
VIDEO / Distribuidora: Paramount.

TÍTULO: *Matrimonio de conveniencia (Green card).*
PAÍS: EE UU. **AÑO:** 1990. **DURACIÓN:** 107'. COMEDIA DRAMÁTICA. **DIRECTOR:** Peter Weir. **GUIÓN:** Peter Weir. **FOTOGRAFÍA:** Geoffrey Simpson. (C). **MÚSICA**: Hans Zimmer. **MONTAJE:** William M. Anderson. **INTÉRPRETES**: Gerard Depardieu, Andie McDowell, Bebe Neuwitth, Gregg Edelman, Robert Prosky, Ethan Philips, Lois Smith, Mary Lois Wilson.
ARGUMENTO: Un ciudadano francés se traslada a Estados Unidos donde intenta conseguir trabajo pero carece de la tarjeta verde o permiso de residencia. La única solución que tiene es casarse lo antes posible, aunque sea una boda amañada. Encuentra la solución en una apasionada de la botánica que no puede alquilar un apartamento por no estar casada.
COMENTARIO: El australiano Peter Weir (*La última ola*, *El año que vivimos peligrosamente, El club de los poetas muertos*) ha sabido hacer un cine comercial, no exento de calidad. *Matrimonio de conveniencia* no es uno de sus mejores trabajos pero es una simpática comedia de enredos legales que funciona gracias a la química de la pareja protagonista. Obtuvo el globo de oro a la mejor comedia y Gerard Depardieu el de mejor actor.
CALIFICACIÓN: ★★½☆☆
VIDEO / DISTRIBUIDORA: Touchstone Pictures.

TÍTULO: *El banquete de boda (The wedding banquet).*

PAÍS: USA / Taiwan. **AÑO:** 1993. **DURACIÓN:** 106'. Comedia Dramática. **DIRECTOR:** Ang Lee. **GUIÓN:** Ang Lee, Neil Feng, James Schamus. **FOTOGRAFÍA:** Jong Lin **MÚSICA:** Mader. **MONTAJE:** Tim Squyres. **INTÉRPRETES:** Ah Lee Gua (*Wei-Wei*), Sihung Lung (*Padre)*, May Chin *(Madre*), Winston Chao (*Wai-Tung*), Michel Lichetenstein (*Simón)*, Dion Birney, Jeanne Kuo Chang, Paul Chen, Yun Chunh.

ARGUMENTO: *Simón* y *Wai Tung* son dos gays que viven juntos en Manhattan. Para agradar a los padres de Wai Tung, que desean verle casado, Simón sugiere que organice una boda de conveniencia con Wei-Wei, una joven inmigrante que necesita el permiso de residencia para poder continuar viviendo en Estados Unidos. Pero cuando los padres de *Wai-Tung* llegan a Nueva York insisten en organizar una boda tradicional con el consiguiente banquete. Mientras, se van a vivir a la casa de su hijo que trata de esconder la realidad de su «*matrimonio*» y su homosexualidad.

COMENTARIO: Tradición frente a modernidad en la primera película que le dio reconocimiento internacional a Ang Lee, ya que mereció el Oso de Plata al mejor director en el festival de Berlín. Al año siguiente realizó *Comer, beber, amar* un conmovedor retrato de un cocinero viudo, semi retirado y sus tres hijas, que viven en el occidentalizado Taipei, que se va alejando de los principios de la familia taiwanesa tradicional.

Posteriormente ha sido uno de los realizadores más premiados de su generación con títulos como *Brokeback Mountain*, *Tigre y Dragón* y *La vida de Pi*, todas ellos galardonadas con diferentes Oscar. En *El banquete de boda* el padre, militar, es mucho más tolerante de lo que aparenta y su única ilusión es que su hijo se case y le dé un nieto, Cuando él y su mujer descubren la realidad, acaban aceptándola. Drama y humor se mezclan en este excelente filme.

CALIFICACIÓN: ★★★⯪☆

DVD / DISTRIBUIDORA: Pride Film International.

TÍTULO: *Hijos de los hombres (Children of men).*

PAÍS: Reino Unido. **AÑO:** 2006. **DURACIÓN**. 114'. Drama. **DIRECTOR:** Alfonso Cuarón. **GUIÓN:** Alfonso Cuarón, David Arata, Timothy J. Seston, Hawk Ostby, Mark Fergus, según la novela del mismo nombre de P. D.James. **FOTOGRAFÍA:** Emmanuel Lubezki. **MÚSICA:** John Tavener. **INTÉRPRETES :** Clive Owen, Julianne Moore, Michael Caine, Chiwetel Ejiofor, Charlie Hunnam, Clare-Hope Ashitey, Peter Mullan, Pam Ferris, Oana Pallea, Paul Sharman.

ARGUMENTO: Año 2027. El último niño ha nacido hace 18 años... No hay futuro ni esperanza. La humanidad se encamina hacia la destrucción. Theo (Clive Owen), un ciudadano medio, antiguo activista radical en Londres, se convierte en el imprevisto salvador del género humano cuando su antigua amante (Julianne Moore) le pide que escolte fuera del país, lo más rápidamente que pueda, a una joven que está embarazada. Theo arriesgará todo con tal de protegerla.

COMENTARIO: Escenario desolador y futurista que no parece muy alejado de la realidad que vivimos. Una sociedad opresiva, militarizada en la que los inmigrantes se han convertido en el enemigo a batir. Los inmigrantes sin papeles aparecen internados en campos de concentración como los que hubo en un pasado no muy lejano. Alfonso Cuarón en realidad, crea un cuadro desolador de nosotros mismos, de una sociedad agonizante por su propia historia. Una película intensa y agobiante que nos hará preguntarnos muchas cosas. Alfonso Cuarón con *Gravity*, en 2014, se convirtió en el primer director latinoamericano en obtener el Oscar en esta categoría.

CALIFICACIÓN: ★★★★☆

VIDEO / DISTRIBUIDORA: UNIVERSAL.

Capítulo 8. LATINOS EN USA. MEXICANOS, CENTROAMERICANOS Y OTROS CUATES

> «Migran las semillas en las alas de los vientos, migran las plantas de continente a continente llevadas por las corrientes de las aguas, migran los pájaros y los animales y, más que todos, migra el hombre, tanto en forma colectiva como en forma separada, que aún a través de las catástrofes y la necesidad se mueve rumbo a la meta, que es el perfeccionamiento del hombre sobre la tierra.»
>
> J. B. Scalabrini.
> (Obispo de Piacenza y de los Emigrantes. 1839-1905).

Estados Unidos, como hemos visto, es, desde sus orígenes y su propia formación como Estado, un país al que se han trasladado inmigrantes de todos los rincones del mundo. El nacimiento de una nación como el título de la película de David W. Griffiht, consecuencia de la llegada de ingleses, irlandeses, franceses, italianos o españoles que fueron abriendo camino para construir un país que, aún hoy, continúa siendo la primera potencia del mundo.

México, por su proximidad geográfica, se convirtió en uno de los principales proveedores de mano de obra barata y durante muchos años los mexicanos trabajaban en las casas, en las obras, en los restaurantes o en el campo hasta que se consideró que era muy alto el número de inmigrantes y se pusieron todo tipo de trabas, primero para que no pudiesen cruzar a territorio estadounidense y si lo conseguían, limitando la concesión de permisos de trabajo y buscando, como consecuencia de ello, su deportación.

En noviembre de 2014, como dije anteriormente, Barack Obama impulsó un decreto por el que se regularizó la situación de millones de inmigrantes sin papeles, la mayor parte mexicanos o procedente de países centroamericanos. En la actualidad hay más de 41 millones de personas de origen mexicano en Estados Unidos, lo que supone el 15'3 % de la población total del país.

Hombres, mujeres y niños continúan intentando alcanzar el sueño americano. Atravesar la frontera, vallada, con un sofisticado sistema de vigilancia y centenares de patrullas fronterizas, es una empresa que con frecuencia no tiene un buen final.

El investigador mexicano Guillermo Alonso en su libro *El desierto de los sueños rotos. Detenciones y muertes de migrantes en la frontera México-EE UU (1993-2013)* consideraba que al menos 9.000 emigrantes han muerto al intentar llegar a Estados Unidos. Entre las victimas el mayor porcentaje son mujeres, que registran entre el 20 y el 30 % de los fallecimientos, mientras que el de los menores, muchos de ellos niños de corta edad, se sitúa entre el 10 % y el 20 %. Entre las víctimas hay también un alto porcentaje de miembros de minorías étnicas y adultos con edades superiores a los 50 años.

Durante estos últimos años han sido decenas de miles los menores que cruzaron la frontera y durante 2013 las ciudades fronterizas se vieron desbordadas por esa afluencia masiva de inmigrantes menores de edad por lo que se habilitaron centros y varias bases norteamericanas prepararon recintos especiales para acoger a los menores.

Muchos de estos chicos proceden de Honduras, jóvenes que huyen de la pobreza pero también de las *maras* y la violencia que hacen que el pequeño país centroamericano sea proporcionalmente donde más asesinatos se cometen anualmente en todo el mundo. Para llegar a USA tienen que saltar las vallas y burlar el sistema de seguridad o, lo que casi es más peligroso, cruzar el desierto.

Ya durante su viaje por México, guatemaltecos, salvadoreños, hondureños y otros inmigrantes se enfrentan a innumerables peligros. Se calcula que cada año 400.000 emigrantes cruzan México intentando llegar a Estados Unidos. Viajan a lomos de un tren al que denominan *La bestia* o *El tren de las moscas*, donde sufren robos, mutilaciones, violaciones o asesinatos. Según el reportaje del periodista Jon Sistiaga, *A lomos de la bestia,* emitido por Canal+, unos 20.000 de estos emigrantes serán secuestrados por los carteles de la droga mexicanos, y otros 5.000 desaparecerán o serán asesinados. Estos emigrantes son convertidos en esclavos que trabajan como jornaleros en los campos de amapolas y marihuana del estado de Sinaloa; a las mujeres se les obliga a la prostitución en Chiapas o se pide un rescate a sus familias para su liberación. La mayor masacre que se produjo hasta la fecha tuvo lugar en el estado de Tamaulipas donde 72 inmigrantes, hombres y mujeres, algunos menores, de El Salvador, Honduras, Brasil y Ecuador fueron asesinados a tiros por narcotraficantes del cartel de los *zetas*.

Las rutas de la droga coinciden en muchos casos con la de los *coyotes* que desde hace más de medio siglo introducen a personas de todas las edades en California o Texas.

Según el testimonio de uno de los emigrantes entrevistado por Canal+ «Cruzar cuesta 2500 dólares, pero hay que tener cuidado con el coyote que eliges. Algunos te pueden robar y dejarte tirado en medio del desierto, otros trabajan para los carteles de la droga y te pueden acabar entregando a ellos para pagar cuota». Los carteles y en particular los *zetas* controlan el tráfico de personas que les genera beneficios millonarios.

El emigrante es un ser indefenso en tierra extraña. Ha perdido su identidad, está lejos de su familia, de su tierra. Está en manos de esas organizaciones mafiosas que harán todo lo posible por arruinar sus sueños. En el mismo reportaje de Canal+ el padre Pedro Pantoja, director del albergue «Belén Posada de Emigrante», en Saltillo, a 300 kilómetros de Texas afirmó que «en el norte de México los carteles de la droga conforman la empresa perfecta, porque está infiltrada en los estamentos de la sociedad. Aquí los mafiosos son ganaderos, son banqueros, y están en los aparatos del gobierno y de la policía».

El sacerdote dedica su vida a ayudar a los inmigrantes. Incluso en el Centro tiene un mapa de la frontera donde pueden verse pasos clandestinos, indicaciones de peligro, formas de escapar de los *zetas*; cómo sobrevivir en el desierto o trucos para sortear un río o un control de emigración. Llama a estos datos *Cursos de capacitación para el viaje.*

Los centroamericanos atraviesan selvas, ríos o lomas y por si no fuera suficiente el reto de la naturaleza, ya he comentado, están abocados a sufrir ataques de bandas organizadas, especialmente las *maras*, y posteriormente los *zetas* u otros carteles cuando llegan a México. Como contraste a la violencia que puede asomar en cualquier lugar del largo trayecto que les lleva desde sus países de origen a Estados Unidos, atravesando México, hay casos de solidaridad protagonizados por campesinos y gentes humildes que tratan de ayudarles con sus escasos medios y viendo las pésimas condiciones en que se encuentran después de semanas de viaje.

Hay un cortometraje realizado en 2011, *El tren de las moscas*, (www.banatufilmax.com) dirigido por los españoles Nieves Prieto y Fernando López que cuenta cómo un grupo de mujeres del estado de Veracruz espera el paso de los trenes, con los inmigrantes hacinados en vagones de mercancías o en los techos, para entregarles todos los días pequeñas bolsas de alimentos, corriendo junto a las vías. Ejemplos como el de estas mujeres que dan lo poco que tienen para quien lo necesite todavía más, contrastan con esa violencia a la que antes aludía y que tiene también ramificaciones y contactos dentro de la propia policía.

Cineastas de México, Estados Unidos o incluso España han contado esa continua emigración de ciudadanos centroamericanos que en los últimos años está teniendo un mayor componente económico que en las décadas de los 80 y 90 cuando los más altos índices de inmigrantes eran consecuencias emigración de las guerras civiles en países como El Salvador o Nicaragua y posteriormente con la represión llevada a cabo por las diferentes dictaduras en regímenes como el propio El Salvador o Guatemala.

Son, como digo, varias las películas que describen el calvario de los centroamericanos intentando alcanzar *el sueño americano* y cómo en muchos casos terminan perdiendo su vida. Títulos como *La jaula de oro*, *Los sin nombre* o *La vida precoz de Sabrina Rivas* o *El norte* del realizador chicano Gregory Nava.

Vi esta última película en el Festival de Cine Iberoamericano de Huelva de 1984 y tuve ocasión de conocer al por entonces, joven realizador que comenzaba una carrera que tuvo una cierta proyección internacional con títulos como *My family* (1995) *Selena* (1997) o *Ciudad del silencio* (2006), siempre con una mirada hacia los hispanos y lo difícil que tienen conseguir *el sueño americano.*

En *El norte*, la primera película que recuerdo en que se aborda la inmigración centroamericana hacia Estados Unidos, Gregory Nava describe la explotación que sufre una comunidad de campesinos mayas, que trabajan de sol a sol y perciben míseros salarios. Ante la mínima protesta, el ejército, apoyando a los terratenientes, masacra las aldeas acabando con la vida de hombres, mujeres y niños. Los indígenas en Guatemala eran objeto de una explotación que se remontaba a la conquista española. Apenas había cambiado nada y eran objeto de un auténtico *apartheid* por parte de la minoría blanca. El filme se rodó coincidiendo con el mandato de Efraín Ríos Mont condenado, en 2013, a 80 años de cárcel por genocidio y violación de los derechos humanos y concretamente por el múltiple asesinato de indígenas de la etnia ixil, naturales de la región de Quiché. La sentencia fue anulada posteriormente por la Corte Constitucional de Guatemala, lo que llevó a la repetición del juicio. Un informe médico exhibió al dictador de 89 años de asistir a un segundo juicio.

Volviendo a *El norte*, es un filme rodado con pocos medios, con actores semiprofesionales y realizado con pocos medios, aunque su interés radica sobre todo en que es un testimonio de su época, denuncia de una situación que 30 años después sigue produciéndose... *El Norte* cuenta la historia de dos hermanos adolescentes que logran salvarse de la masacre en su aldea y deciden huir a Estados Unidos. Tras recibir ayuda clandestina y consejos de viejos emigrantes logran cruzar México en autobús, sorteando abusos y violencia hasta alcanzar Los Ángeles, donde deben iniciar una nueva vida como inmigrantes sin papeles, sin ninguna preparación y en manos de quienes les contratan, dispuestos a explotarles sin ningún escrúpulo.

A diferencia de *La jaula de oro* y *Sin nombre*, *El norte*, salvo el inicio del filme, no tiene excesivas escenas de violencia. Lo que produce en el espectador es impotencia por no poder parar la actitud de los que ostentan el poder y las continuas vejaciones a que someten a los más humildes:

«Para el rico –le dice un viejo emigrante a ENRIQUE, el campesino protagonista– el campesino solamente es brazo, eso es lo que somos, pero brazo para trabajar. Sus mismos animales trabajan en mejores condiciones que nosotros. Muchos años llevamos buscando y probando que el rico entienda que el pobre tiene alma y corazón, que siente».

Hay un deseo de rebeldía, de oponerse a la explotación a la que son sometidos pero existe el miedo y sobre todo la necesidad de dejar atrás la pobreza. Los dos hermanos tienen sueños que, parecerían absurdos, a cualquier europeo de aquella época:

ENRIQUE a ROSA su hermana: *Ahí* [EE UU], *hasta el más pobrecito tiene un excusado igualito al de don Rodrigo. Uno echa el agua y todo desaparece en un ratito [...].*

La ingenuidad y la inocencia en una película pionera en ahondar en la inmigración de los centroamericanos. Hombres y mujeres que recorren miles de kilómetros en busca de *El dorado,* aunque este sólo sea una ilusión, un sueño, una utopía en la búsqueda de una vida mejor.

LA JAULA DE ORO Y LOS SIN NOMBRE

La jaula de oro del español Diego Quemada-Díez es el más cercano referente, aunque no será el último, del continuo trasiego de centroamericanos camino de Estados Unidos, huyendo de la violencia o la pobreza en sus países.

La jaula de oro cuenta la historia de tres amigos adolescentes que salen de la zona 3 de Ciudad de Guatemala, uno de los distritos más depauperados de la capital guatemalteca, para intentar llegar a Estados Unidos, atravesando primero México. Sara, la única chica se ha cortado el pelo, fajado sus pechos y lleva una camiseta amplia y una gorra para aparentar ser un chico y de esta manera evitar como mujer, ser objeto de secuestro y obligada a prostituirse.

Su primera aventura termina pronto. Se suben a un tren, como otros muchos miles de emigrantes y viajan atravesando México. En una de las paradas son detenidos por la policía que les roba todas sus pertenencias, incluidas las botas. Junto a Juan, Samuel y Sara también es apresado Chauk, un indígena tzotil de la sierra de Chiapas, que no sabe hablar castellano y que a pesar de su dificultad idiomática, se va integrando en el grupo pese a la oposición de Juan.

No se desaniman. De vuelta a Guatemala preparan su próximo viaje. Samuel renuncia y decide quedarse. Los otros tres se lanzan de nuevo a la aventura.

La jaula de oro es una historia de amistad y solidaridad entre los más pobres, pero sobre todo denuncia la corrupción, la violencia y la absoluta impunidad de los delincuentes que roban las escasas pertenencias de los migrantes, secuestran o asesinan con las autoridades mirando para otro lado o participando directamente en acciones delictivas. Los migrantes sueñan con *esa jaula de oro* que es Estados Unidos pero la realidad es otra muy diferente.

Los cuatro protagonistas de la película fueron elegidos entre un *casting* de 3.000 jóvenes, llevado a cabo en diversas zonas marginales de la capital guatemalteca. El resto del reparto, unas 600 personas fueron emigrantes, y relataron algunas de las escenas que vivieron en la realidad, durante sus viajes. Diego Quemada-Díez, que reconoció influencias de Ken Loach y de otros representantes del cine social europeo, trata de acercarse a la realidad, con personas que no son actores y utilizando localizaciones reales. La totalidad del reparto recibió el premio de la sección «Una cierta mirada», del festival de Cannes.

El director Diego Quemada-Díez es de origen español aunque lleva más de dos décadas viviendo en diversos países latinoamericanos. Ha realizado varios cortos, entre ellos *Quiero ser piloto*, que ha conseguido medio centenar de premios en festivales internacionales. Antes ha trabajado como asistente u operador de fotografía en películas de Ken Loach, Isabel Coixet, Alejandro González Iñárritu, Oliver Stone o Fernando Meiralles.

Hay otro título anterior a *La jaula de oro*, *Sin Nombre* realizado por Cari Joji Fukunaga, un joven cineasta norteamericano que posteriormente ha realizado una nueva versión de *Jane Eyre* y la serie de televisión *True detective*, estrenada también en España.

La película aborda directamente el tema de las *maras* con sus códigos de violencia y muerte. Entre los jóvenes hondureños, de los sectores más desfavorecidos, pertenecer a esas pandillas violentas es casi una obsesión. En *Sin nombre,* CASPER es un joven perteneciente a la *Mara* Salvatrucha que vive en Tapachulas, en el estado mexicano de Chiapas. El chico tiene que huir, tras matar al líder de la banda que ha violado y asesinado a su novia. CASPER lo mata mientras asaltan un tren y roban a los inmigrantes. Es desde ese momento un condenado a muerte. Los mareros van a por él. La *mara* tiene ojos en cualquier parte y no hay un sitio seguro para CASPER, que no puede ni debe confiar en nadie, ni siquiera en SMILEY, un niño de doce años que acaba de ingresar en la banda y que tenía a CASPER como un ídolo.

En su huida CASPER se topa con un grupo de inmigrantes hondureños y de otros países de la región que viajan en el techo de los trenes intentando llegar primero a México y posteriormente a Estados Unidos. Soportan la lluvia, el frío, el calor y saben de atracos, violaciones y muerte. Es un viaje casi hacia lo imposible pero ahí están, en ese *tren de las moscas* o la *bestia* que debe acercarles a su destino. En ese tren viaja SAYRA, una inmigrante hondureña que busca alcanzar el norte. CASPER la protege en su huida después de que SAYRA haya perdido a su padre y a su tío. El padre muere y su tío es deportado. Los dos jóvenes tienen que seguir sorteando todas las dificultades para cruzar el río que les lleve al incierto norte.

Sin nombre es un viaje de dolor y de esperanza como el que soportan otros inmigrantes de cualquier parte del mundo. Es un filme muy bien rodado y estructurado que retrata con crudeza ese clima de violencia contra los más desfavorecidos que arriesgan su propia vida para dejar atrás la miseria en que viven.

Dos de los más importantes actores mexicanos, Diego Luna y Gael García Bernal, participaron en la producción del filme que ganó en Sundance el premio a la mejor dirección.

CARLA: EMIGRANTE Y REFUGIADA

Ken Loach, un director que ha denunciado permanentemente en su cine la violación de los derechos humanos y los abusos que se producen en la misma sociedad británica, ha hecho algunas incursiones fuera de sus fronteras naturales para contar la Guerra Civil española, *Tierra y libertad* (1995), la guerra en Irak *Route Irish* (2010), la emigración en Estados Unidos, *Pan y rosas* (2000) y la guerra en Nicaragua (*La canción de Carla*).

La canción de Carla (1996) es una producción española, con guión de Paul Laverty que nos aproxima a la Nicaragua sandinista y a los ataques de la contra que se produjeron poco después del triunfo de la revolución.

Robert Carlyle (George) es un conductor de autobús en Glasgow que se siente atraído por una joven morena y misteriosa (Carla) a la que ayuda, después de que un inspector de la compañía de transportes, la acosara solicitándole el billete y amenazándola con llamar a la policía si no le entregaba sus papeles.

La chica escapa con la ayuda de George al que le cuesta volver a localizarla. Cuando se vuelven a encontrar George se enamora de ella y decide romper con todo su entorno, familia, novia y trabajo y acompañarla en su aventura de regreso a Nicaragua. Carla quiere encontrar a su antiguo novio, Antonio, compañero de guerrilla, brutalmente golpeado y herido por miembros de la contra. George, *testigo* por amor, se ve involucrado en una situación de violencia y horror que desconocía en su tranquila ciudad escocesa.

La película es una mirada desde el punto de vista occidental a la realidad nicaragüense. George ve la violencia que protagoniza la «contra», pero también la solidaridad, el cariño y las ganas de salir adelante de los sandinistas. Carla, por mucho que quiera a George, cree más en sus raíces y en la necesidad de seguir luchando, como la letra de esa canción que comienza: «Te cambio una canción por el coraje de tus jóvenes manos combatientes».

En *La canción de Carla*, Loach denuncia la implicación del gobierno de Estados Unidos y de la CIA en particular, deseosos de acabar con el régimen sandinista por temor a que la línea revolucionaria alcanzara otros países de la región. El gobierno de Ronald Reagan, con el apoyo de algunas dictaduras latinoamericanas, como la argentina, logró conformar un ejército mercenario de hasta 15.000 hombres. La contra fue un invento de Estados Unidos. De hecho en Nicaragua hubo una nueva Guerra Civil hasta 1990 en que Violeta Chamorro, apoyada por el gobierno de Ronald Reagan expulsó a los sandinistas de Daniel Ortega, que muchos años después, en 2007, volvió a ocupar la presidencia del país. Ortega ha sido duramente cuestionado en estos últimos años, acusado de corrupción y criticado por la reforma de la Constitución, que abre la posibilidad al presidente de aspirar a la reelección de manera indefinida.

La canción de Carla se basa en la propia experiencia de Paul Laverty, abogado de profesión, que pasó cinco años en Nicaragua ayudando a organizaciones humanitarias. A raíz de esta película comenzó a trabajar como guionista y en estrecha colaboración con Ken Loach, para quién ha escrito gran parte de sus películas (*Mi nombre es Joe, Buscando a Eric. El viento que agita la cebada, Route Irish,* etc) También es suyo el guión de *Y también la lluvia*, película que firma su mujer, la directora y actriz, Icíar Bollaín.

Carla, la protagonista, es una mujer fuerte que seguirá luchando cuando le impiden iniciar una nueva vida en Estados Unidos. Inmigrante y exiliada que busca refugio ante el horror y que sólo encuentra la negativa a sus propósitos.

LOS ESPALDAS MOJADAS: *¡ALAMBRISTA!*

Premiada en el festival de San Sebastián con la Concha de Oro, *¡Alambrista!*, ópera prima del realizador norteamericano Robert. M. Young, fue una de las primeras cintas que intentó llevar al gran público el drama de la emigración de los mexicanos a Estados Unidos.

Young, especialista en reportajes marinos desde la década de los cincuenta, aprovechó que contrajo una enfermedad durante un rodaje en Borneo para escribir el guión de *¡Alambrista!*, gracias a una beca que le fue concedida por la Fundación Guggenheim. Para conocer la situación se fue a la frontera dónde compartió las experiencias de los emigrantes. El tiempo que pasó allí le permitió escribir y posteriormente filmar la historia de Roberto, quién tras ser padre por primera vez decide cruzar ilegalmente a Estados Unidos, empujado por la miserable vida que lleva en el estado de Michoacán y teniendo como único objetivo alimentar a su familia. Una vez en California, algunos compatriotas le ayudan a integrarse y sobre todo a sobrevivir en una sociedad muy diferente a la que había dejado atrás. Pasado un tiempo es apresado por la policía y deportado a México. Es obligado a regresar pero también sabe que la única manera de vivir dignamente es volver a Estados Unidos, atravesando de nuevo la frontera.

Young, un cineasta independiente en la agobiante industria norteamericana, denuncia en este filme tanto la actuación de la policía de fronteras, como la de los *coyotes* o las pésimas condiciones de trabajo que soportan los inmigrantes. Pero no solo se limitó a esto porque *¡Alambrista!* es también una denuncia a los gobernantes mexicanos que permiten que las clases más humildes vivan en condiciones infrahumanas lo que les lleva inexorablemente a tratar de emigrar y conseguir una vida mejor.

Robert Young, que fue el primero en llevar al cine el problema de los *espaldas mojadas*, fue también uno de los primeros en tratar los malos tratos a la mujer en *Extremities*, 1986). *¡Alambrista!*, premiada en San Sebastián como dije, también obtuvo La cámara de Oro a la mejor ópera prima en el Festival de Cannes.

LA FRONTERA

Uno de los grandes del *free cinema* británico, Tony Richardson (*La soledad del corredor de fondo*, 1962 o *Tom Jones*, 1963) denunció en *La Frontera*, la connivencia de los policías fronterizos norteamericanos con las mafias dedicadas al tráfico de inmigrantes.

El cineasta británico en su primero película en Hollywood se adentró en la corrupción que se había adueñado de El Paso, y su entorno, donde los chalets presuntuosos, con piscinas y otros lujos contrastaban abiertamente con las casitas de los mexicanos donde se hacinan familias, viviendo en pésimas condiciones. Richardson quiso contrastar ambos mundos y de esta manera denunciar los abusos que se producían en la zona. El origen del filme estuvo en una serie de reportajes publicados en *Los Ángeles Times* que abordaba la emigración clandestina y denunciaba la actitud inmoral de los guardias fronterizos.

Para reafirmar su proyecto se hizo con un reparto sólido, encabezado por Jack Nicholson quien interpreta a Charlie Smith, un agente de policía que llega a El Paso, procedente de Los Ángeles, con la idea de iniciar una nueva etapa profesional como guardia de frontera. Al mismo tiempo una joven mexicana, María, busca salir de la miseria y pasar la frontera junto a su hermano y su hijo de pocos meses. Quiere atravesar Río Grande y el desierto para llegar a Estados Unidos.

Marcy (Valerie Perrine), la mujer de Charlie es ambiciosa y no se conforma con el sueldo de un guardia de fronteras. Busca los lujos que tiene los compañeros de Charlie y hace que este consiga unos extras haciendo la vista gorda a los tejemanejes que se traen las mafias con los inmigrantes o el tráfico de drogas. Los compañeros de Charlie han establecido una red de corrupción que controla lo que ocurre a uno y otro lado de la frontera. Charlie finalmente acaba actuando contra sus propios compañeros comprendiendo que las auténticas víctimas eran los inmigrantes y en particular María, la joven mexicana que intentaba pasar la frontera.

Richardson describe la organización y la forma de trabajo de la patrulla fronteriza. Un colectivo inmune a cualquier control en una zona desértica de la que sólo conocen sus artimañas los integrantes de la mafia o los inmigrantes ilegales. La cinta como la mayor parte de estos filmes insiste en la figura de los inmigrantes, los *espaldas mojadas*, que aspiran alcanzar Estados Unidos para integrarse en la comunidad chicana.

La frontera también tiene tintes trágicos en *Babel* (2006, Paramount), aunque aquí los *espaldas mojada*s no son los protagonistas como tal sino unos mexicanos que van a pasar un día de fiesta a su país y al regreso se encuentran con todo tipo de problemas. El oscarizado Alejandro González Iñárritu (*Birdman,* 2014) narra una serie de acontecimientos que tienen lugar en Marruecos, Túnez, México y Japón y cómo estos se interrelacionan entre sí. En un instante se encadenan los eslabones de cuatro grupos diferentes de personas que viven en tres continentes distintos. El destino les conecta de una u otra manera.

Babel que ganó la Palma de oro en Cannes al mejor director, y el Globo de Oro a mejor película, describe cómo la cuidadora chicana de unos niños en Los Ángeles, accede a llevarles a la boda de un familiar al otro lado de la frontera, tras la insistencia de su sobrino (Gael García Bernal). Todo trascurre de la mejor manera posible hasta que regresan y se encuentran con una actitud intransigente y abiertamente xenófoba de la policía fronteriza. Lo que era una fiesta se convierte en casi una tragedia. El filme que cerraba la trilogía iniciada con *Amores perros* y continuada con *21 Gramos* es también un toque de atención a la falta de comunicación que existe en la sociedad occidental y a esas barreras que hacemos infranqueables entre unas y otras culturas.

En ese contexto la inmigración es uno de los temas que siempre ha interesado a Alejandro González Iñárritu como vimos también en uno de sus filmes posteriores, *Beatiful*, que rodara en Barcelona, con Javier Bardem como protagonista. El guión de *Babel* es de Guillermo Arriaga, por aquel entonces colaborador habitual de Iñárritu. Las diferencias que surgieron entre ambos hicieron que cada uno continuase su carrera por su cuenta. Arriaga escribió el guión de otra interesante película *Los tres entierros de Melquiades Estrada* (2006, Cameo) que, dirigida por Tommy Lee Jones, cuenta la historia del asesinato de un mexicano y cómo su mejor amigo decide descubrir al asesino y llevar el cadáver a su México natal atravesando el desierto. Una historia de amistad y sobre todo de justicia ante la discriminación que sufren los mexicanos en Estados Unidos.

AL OTRO LADO. LA SOLEDAD DE LOS NIÑOS

Más que interesante película del cineasta Gustavo Loza que aborda el tema de la emigración desde la óptica de los que se quedan, situándose en tres países diferentes.

Tres conceptos o tres culturas diversas pero todas con un mismo punto en común: los hijos buscan a sus padres. *Al otro lado* (2005) narra tres historias sobre la soledad y la ausencia que experimentan menores de edad de México, Cuba y Marruecos cuyos padres están ausentes, porque en dos de los casos emigraron en busca de un futuro mejor, y en el otro porque nunca llegaron a conocerle.

La historia de México se ubica en Michoacán, uno de los estados donde hay mayor número de emigrantes, con un niño de ocho años, PRISCILIANO, que ve cómo su padre se marcha *al otro lado,* para encontrar trabajo. El niño pierde a su cómplice, a su compañero de juegos y no duda en intentar encontrarlo.

El segundo episodio tiene como protagonista a FÁTIMA, una niña de diez años, que sale del pueblo marroquí en que vive y se sube a una patera para llegar a Málaga y encontrar a su padre que trabaja como albañil. La niña logra su objetivo pese a que está a punto de caer en una red de prostitución que trabaja entre Tánger (Marruecos) y la costa del Sol española.

El tercer hilo narrativo se sitúa en Cuba, donde ÁNGEL sueña con conocer a su padre, que antes de que naciera se marchó a Estados Unidos. El director, Gustavo Loza explicó que la película se gestó en Cuba, donde se le quedó grabada la imagen de un niño sentado sobre el malecón de La Habana, con la mirada perdida en el horizonte pensando quizá en una ausencia.

En una entrevista telefónica que mantuve con Gustavo Loza, cuando exhibió la película en la Seminci, me dijo *que el tema de la emigración estaba presente en toda la película pero que no era la única lectura que había que hacer porque el filme hablaba también de ausencias, soledades o vacíos.*

«La película –comentó– refleja la nostalgia y desazón de los familiares que siguen viviendo el día a día en el país de origen, con la convicción de los hijos de que sus padres no regresarán nunca y por tanto harán todo lo posible para reunirse con ellos o traerlos de vuelta, afrontando cualquier riesgo.»

Gustavo Loza consideró en aquella entrevista que «la manera en que los niños afrontan la ausencia y la soledad, sea o no causada por las migraciones no es un problema del Tercer Mundo, es un tema de ambos lados, de corresponsabilidad».

La película es de hecho un llamamiento a la sociedad mundial. Contempla la emigración como un problema global que afecta a cientos de miles de personas que todos los años abandonan sus países en vías de desarrollo para dirigirse a los países económicamente más fuertes con el propósito de conseguir mejoras para ellos y sus familias.

Ese planteamiento también lo apreciamos en otra película, *Aquí y allá* (2012), debut en la dirección del cineasta español, Antonio Méndez Esparza, que cuenta el regreso al estado mexicano de Guerrero, de un hombre que ha estado varios años trabajando en Estados Unidos. Se reúne con su esposa y sus dos hijas que muestran un cierto distanciamiento hacia él. Es casi un desconocido para su familia y a él también le cuesta adaptarse. Su deseo es formar una banda de música. Sin embargo, la situación económica no mejora y se plantea de nuevo intentar volver a Estados Unidos para mejorar las condiciones de vida de todos los suyos.

Una brillante mirada a la emigración, tratada con sensibilidad pero mostrando al espectador la auténtica tragedia de un fenómeno que recorre el planeta. El director más que mostrar esa tragedia busca que el espectador la sienta, como si hubiese un segundo plano en cada secuencia que nos está diciendo por qué les sucede este u otro problema a la familia protagonista del filme.

Antonio Méndez Esparza, madrileño, licenciado en Derecho, se marchó al terminar la carrera a Estados Unidos, para estudiar cine en la Universidad de Columbia, en Nueva York. Su película, un filme que se mueve entre la ficción y el documental, fue galardonada en la Semana de la Critica del Festival de Cannes. Antonio Méndez que vivió durante varios años en Estados Unidos, contó en varias entrevistas que el origen de la película se lo dio el actor protagonista, Pedro de los Santos, que llevaba muchos años trabajando en Nueva York en un supermercado. Pedro le contó que quería regresar a Guerrero, al pueblecito de Capanatoyac para fundar una banda de música, los Copa Kings que, por cierto, siguen dando conciertos. Él como el resto de actores de *Aquí y allá*, no era profesional. La mayoría era del pueblo y las dos hijas del matrimonio fueron elegidas después de un riguroso *casting*, tras visitar multitud de escuelas para seleccionar a las dos niñas protagonistas.

El resultado fue una película de largos silencios y pocas palabras, con actores que se adaptaron muy rápido a lo que buscaba el director. Es una película que habla de la emigración, de la familia, del día a día, de todos aquellos hechos que importan en la vida. Antonio Méndez Esparza consigue que su historia llegue al espectador con total naturalidad. *No quise que fuera un documental* –comentó– *me siento más libre con la ficción que me permite crear otro tipo de situaciones o momentos adecuados para desarrollar tal o cual secuencia. Toda la película es un juego constante, serio, dramático, pero juego al fin y al cabo. Eso no me lo habría permitido el documental.*

Los mineros de *La sal de la tierra*, película *maldita* en Estados Unidos.

LA SAL DE LA TIERRA. HISTORIA DE UN RODAJE

Hay un título que sorprende que pudiese realizarse en pleno *mcartysmo* y que aun hoy hace que nos sintamos profundamente solidarios con los protagonistas de la historia. Se trata de *La sal de la tierra* (1953), película que, en tono épico y casi con estructura de documental, narra la lucha y las huelgas de los mineros del zinc en el estado de Nuevo México y denuncia la discriminación racial y a su vez, la discriminación que sufrían las mujeres, en aquellos años.

Hay dos revoluciones: la de los mineros mexicanos hartos de soportar salarios por debajo de los *«anglos»*, con peores condiciones de seguridad en las minas y viviendas sin acceso a agua caliente; y la de las mujeres, que buscan los mismos derechos que los hombres, consolidando su participación en la lucha contra los patrones mineros. Interesa tanto la atención a la película como los esfuerzos que hicieron diversos sectores de la sociedad norteamericana por impedir no solo su conclusión final sino su difusión por los diferentes estados.

La sal de la tierra que fue incluida en 1999 (otras fuentes hablan de 1992) entre las películas a preservar por el «National Film Registry» de la Biblioteca del Congreso de Estados Unidos, por ser considerada «cultural, histórica o estéticamente significativa», nació cuando se conocieron los guionistas Herbert Biberman, Paul Jarrico y Michael Wilson y se plantearon buscar una historia real para realizar una película. Los tres eran militantes comunistas y estaban incluidos en la famosa lista negra del senador McCarthy, lo que les impedía trabajar en el cine de Hollywood.

En el verano de 1951 Paul Jarrico conoció a Clinton y Virginia Jecks, dos sindicalistas que habían contribuido a potenciar el sindicato del metal de Nuevo México y estaban ayudando a los mineros en la organización de la huelga contra el Empire Zinc Company, ubicada en la ciudad de Bayard en Nuevo México, y que a su vez era subsidiaria de la multinacional New Jersey Zinc Company. En *La sal de la tierra* aparecen nombres ficticios. La compañía es «Delaware Zinc» y la ciudad «Zinctown».

No se trata específicamente de inmigrantes ya que la mayor parte de los mineros que aparecen en el filme, eran naturales de esas tierras anexionadas posteriormente por el gobierno de Estados Unidos. Pero sí queda definida la discriminación que han sufrido los mexicanos respecto a los *«anglos»*, como los llaman ellos. Aquellas notables diferencias dieron origen a una larga y difícil huelga en que los mineros y sus mujeres sufrieron todo tipo de presiones, vejaciones, intimidaciones o privaciones de libertad por parte de la compañía minera y las autoridades, alineadas con el poder.

Aquel caso motivó a los tres guionistas represaliados por Hollywood. Los tres decidieron de común acuerdo repartirse las funciones para hacer la película. H. Biberman, asumió la dirección; Paul Jarrico, la producción Michael Wilson, escribió el guión. Los actores, salvo contadas excepciones fueron los propios mineros y varios sindicalistas. Hubo algunos profesionales como el sheriff encarnado por el actor Will Greer o la protagonista, Esperanza Quintero, que interpretó la actriz mexicana Rosaura Revueltas.

La presión que recibieron fue tal que el equipo técnico sólo pudo configurarse con varios profesionales incluidos en la lista negra ya que los sindicatos prohibieron a sus afiliados trabajar en la película.

Según se cuenta, las primeras semanas de rodaje transcurrieron tranquilamente hasta que un maestro de la zona escribió una carta a *Screen Actors Guild* y a la *Motion Pictures Association of America* porque, según él, unos comunistas se habían instalado en Grant Country y habían embaucado a unos pobres e inocentes mexicanos para que trabajasen en la película, que consideraba sediciosa desde cualquier ángulo.

Días después *Hollywood Reporter* atizó el fuego y escribió: «[...] los rojos de Hollywood están rodando una película de propaganda racial antinorteamericana en Silver City».

La paranoia siguió creciendo y aparecieron diversas informaciones que aseguraban que la película era una tapadera ya que realmente *el equipo de rodaje estaba allí para espiar las pruebas de armas secretas que el ejército norteamericano realizaba en Los Álamos.*

Hubo un senador, Donald Jackson, que se convertiría en uno de los principales azotes de *La sal de la tierra*. Llegó a asegurar con todo convencimiento que «cuando intentas esconder armas secretas, encuentras concentraciones de comunistas».

Aquel representante de la América más retrograda declaró, entre otras muchas lindezas, que La sal de la tierra, *era un arma de Rusia, que estaba escrita deliberadamente para encender odios raciales y si esta película se exhibía en Latinoamérica, Asia e India* (a lo mejor desconocía que India pertenecía al continente asiático) *perjudicaría no solo a EE UU sino a la causa de la libertad en el mundo.*

Declaraciones de este tipo provocaron que hubiera intentos diarios de acabar con el rodaje. Camiones con megáfonos insultando al equipo; avionetas sobrevolando el *set*, agresiones al personal por gente del pueblo y hasta amenazas de muerte.

La cosa estaba tomando tal cariz que el Sindicato Minero llegó a llamar al Gobernador del estado solicitándole protección para el equipo de rodaje. Como este se mostraba un tanto reacio a tomar medidas, los representantes sindicales le aseguraron que si esto no era así, 10.000 mineros saldrían de todas las minas de Nuevo México para protegerles: «Si quiere una revolución, la va a tener». A la mañana siguiente trescientos policías protegían a actores, realizadores, técnicos o productores.

El último intento para que no terminasen la película fue la detención y posterior deportación de la actriz Rosaura Revueltas, alegando que carecía de papeles, por lo que varias escenas finales necesitaron de una doble. Rosaura puso después la voz en sesiones clandestinas llevadas a cabo en la habitación de un hotel de Hollywood.

Pero aunque finalizaron el rodaje la caza no había terminado. Todavía quedaba un largo camino por recorrer. El senador Jackson intentaba por todos los medios que la película no se terminase y Howard Hughes, dueño de la RKO, adujo que una rápida intervención del gobierno impediría que la película fuera a otro país y pudiera completarse.

Daba la impresión que *La sal de la tierra* iba a acabar con el sistema americano. Nunca una película fue perseguida y censurada en Estados Unidos de la manera en que lo fue *La sal de la tierra.*

También los laboratorios, por miedo a represalias, rehusaron procesar la película. Sin embargo, el productor Paul Jarrico, etiquetó las latas de celuloide con nombres falsos y consiguió procesarla en diversos lugares del país. El montaje se hizo clandestinamente en Los Ángeles, con montadores sucesivos, y uno de ellos resultó ser un agente del FBI, por lo que tuvieron que buscar un lugar diferente.

Lo que si consiguieron tantas presiones es que la película nunca se estrenara comercialmente en Estados Unidos. Las *majors* amenazaron a las salas con boicotear la distribución de sus películas si estrenaban *La sal de la tierra.* Tras mucho buscar consiguieron que finalmente se estrenara en un cine de barrio obrero, en Nueva York y lograron que se viera en otras doce salas marginales. Lo más importante es que pudieron sacar algunas copias del país y llevarlas a festivales internacionales como el de Karlovy Vary, donde ganó el premio al mejor director y la mejor actriz.

Biberman fue el primer cineasta que desafió al Comité de Actividades Antinorteamericanas al negarse a responder con un «sí» o con un «no» a la pregunta de si pertenecía al partido comunista. Fue condenado a seis meses de cárcel y la imposibilidad de trabajar en la industria durante muchos años. El, junto a Wilson y Jarrico se querelló, en 1956, contra el senador Jackson y el productor Hughes a los que acusaron de conspiración para conseguir que no se hiciera la película, o en su defecto, como sucedió, impedir su distribución. El juicio fue retrasado una y otra vez hasta que en 1964, el senador y el productor fueron absueltos.

La lucha de las mujeres es clave en *La sal de la tierra.*

UNA MIRADA A BIBERMAN

Curiosamente en 2001, España participó en una coproducción con el Reino Unido, *Punto de mira* (*One of the Hollywood ten*) que entre el drama biográfico y el *thriller* político, relata la agitada carrera cinematográfica de Herbert J. Biberman, que se contaba entre los «Diez de Hollywood», el grupo de cineastas acusados de pertenencia y apología del comunismo por el Comité de actividades Norteamericanas que impulsó el senador Joseph McCarthy.

La película arranca con la ceremonia de entrega de los Oscar, en la que Gale Sondergaard, esposa ce Biberman, ganó el Oscar a mejor actriz de reparto. El filme cuenta las dificultades que tuvieron que soportar muchos cineastas en el Hollywood de los años 40 y 50, así como el complicado rodaje de *La sal de la tierra,* que ya he detallado anteriormente.

Punto de Mira está dirigida por Karl Francis, director de origen galés, con una decena de títulos entre los que figura *Hija de Rebecca,* sobre el poeta Dylan Thomas. *Punto de mira* está interpretada por Jeff Goldblum en el papel de BIBERMAN, Greta Scacchi como su mujer y los españoles Ángela Molina y Antonio Valero, entre otros.

PAN Y ROSAS Y LA LUCHA POR UN TRABAJO DIGNO

La integración de los mexicanos y de los ciudadanos latinoamericanos de otros países ha sido extremadamente dura en Estados Unidos. Los mexicanos o chicanos como se les denomina en Estados Unidos, siguen reivindicando un trabajo en las mismas condiciones que los ciudadanos de origen anglosajón y de otros países europeos. El color de la piel en Estados Unidos, como en otros muchos países, marca diferencias. A estas alturas, por mucho que se luche por la igualdad de razas o credos la diferencia o la discriminación son palpables.

Tras *La sal de la tierra* han sido varias las películas que han tratado la cuestión laboral de los ciudadanos de origen latino. Sergio Aráu dirigió, en 2004, *Un día sin mexicanos*, película que plateaba la hipótesis de que de un día para otro desapareciesen todos los mexicanos del estado de California.

Una comedia, con aires fantásticos, que plantea problemas que no son una mera especulación pues el estado de California caería en el caos más absoluto cuando la tercera parte de su población desapareciera. La comodidad y la despreocupación no son posibles cuando ese porcentaje alto de la población deja de contribuir al bienestar del estado. Ellos, los mexicanos, los latinos, trabajan en los empleos que no quiere el resto de la población. Es decir se ocupan de la agricultura, la jardinería, el servicio doméstico o la construcción, todas aquellas tareas que resultan incómodas para los más acomodados. Un filme interesante dirigido por Sergio Aráu, hijo del polifacético cineasta Alfonso Aráu, director entre otras de *Como agua para chocolate*, basada en la novela del mismo título de Laura Esquivel que, por entonces era su mujer. La película hace una pregunta muy directa: *¿qué haríamos si un día todos los inmigrantes hubiesen desaparecido?...*

No tiene una respuesta fácil porque dependemos unos de otros. Lo justo es que todos, hombres y mujeres, nacionales o inmigrantes cobremos el mismo salario por un mismo trabajo. Pero ese concepto continúa siendo una quimera en la mayor parte del mundo.

En *Pan y rosas*, Ken Loach se aventuró a hablar de las trabajadoras latinas en Los Ángeles. No es donde mejor se desenvuelve el director británico, un maestro cuando denuncia injusticias sociales en el Reino Unido pero, en todo caso, *Pan y rosas*, es una muestra de su compromiso con la sociedad, de su afán por denunciar las injusticias que se cometen en cualquier partes del mundo.

El filme cuenta cómo MAYA y ROSA, dos hermanas mexicanas, trabajan como limpiadoras en un edificio de oficinas del centro de Los Ángeles. El encuentro con SAM, un sindicalista contrario a la situación laboral que tienen, es decisivo para que emprendan una campaña contra los responsables de la empresa en que trabajan. Su lucha y la de sus compañeros, sin embargo, pone en peligro su puesto de trabajo y al carecer de papeles pueden ser expulsadas del país. A pesar de ello se plantan ante la injusticia y luchan por sus derechos, aún a riesgo de ser represaliadas.

Pan y rosas se basa en la campaña «Justicia para los limpiadores», colectivo que a finales de los años ochenta vio mermado considerablemente sus ingresos y prestaciones. Si en 1976 una empleada de la limpieza percibía 12.50 dólares la hora, más el seguro de enfermedad; en 1987 las empresas de limpieza con trabajadores no afiliados al sindicato, estaban pagando 4.25 euros la hora, sin horas extras pagadas, sin vacaciones remuneradas, sin seguros de enfermedad y sin bajas por enfermedad retribuidas.

El sindicato de trabajadores de la limpieza se volvió combativo y pasó a la acción interrumpiendo reuniones de directivos o llevando a cabo manifestaciones con el lema «Sin Justicia no hay Paz». Hasta 1990 no se consiguieron acuerdos justos para las empleadas aunque la lucha continuó y continúa en la actualidad.

Paul Laverty, guionista de la película, explicó que *Pan y rosas* empezó en una estación de autobuses cuando escuchó acentos latinos, por todos lados. México, Honduras, Nicaragua. *Voces, la mayoría de mujeres, que charlaban animadamente.* Ellas –prosigue Laverty– «me contaron que trabajaban como limpiadoras para grandes empresas, bancos o agentes de Hollywood en las más prestigiosas oficinas de Los Ángeles». A Laverty le impresionó su energía y la lucha que estaban llevando a cabo, desafiando al poder empresarial. Ken Loach también se entusiasmó y decidieron hacer una película.

Las secuencias iniciales de *Pan y rosas* nos muestran a Maya cruzando la frontera con otros inmigrantes y dos *coyotes* como guías, parte esencial en el gran negocio existente en la frontera de México-Estados Unidos, con el tráfico de seres humanos. Maya, y al mismo tiempo los espectadores, van descubriendo esa otra ciudad de Los Ángeles, muy lejos del *glamour* y del lujo. Gente que intenta sobrevivir. Gente que hace los peores trabajos, los que no quiere nadie y percibe los peores salarios.

Ken Loach en una rueda de prensa, celebrada durante la promoción de la película, afirmó que *Pan y rosas* «trata de los inmigrantes y, en Hollywood, en general, éstos no aparecen. Es algo parecido al mundo de los escritores ingleses anteriores a Dickens, donde los trabajadores eran invisibles.»

Unos trabajadores que cantan, como algunos movimientos ciudadanos de todo el mundo, «Si se puede» y que tienen reivindicaciones muy sencillas y directas, como exponen en la película: «queremos pan pero también queremos rosas. Queremos todo lo bello que hay en la vida [...] Luchar. ¿Sabéis cuando tendréis las rosas? Cuando dejéis de suplicar y os organicéis y forméis un movimiento laboral capaz de enfrentarse a estas grandes empresas que controlan vuestras vidas».

FICHAS DE LAS PELICULAS

TÍTULO: *El norte.*
PAÍS: EE UU. **AÑO:** 1983. **DURACIÓN:** 139'. Drama. **DIRECTOR:** Gregory Nava. **GUIÓN**: Gregory Nava y Anna Thomas. **FOTOGRAFÍA**: James Glennon (Color). **MÚSICA**: Los Folkloristas, Malico Martínez, Linda O'Brien. **INTÉRPRETES:** Zaida Silvia Gutiérrez (*Rosa*), David Villalpando (*Enrique*) Abel Franco (*Raimundo)* Lupe Ontiveros (*Nacha)* Ernesto Cruz, Trinidad Silva, Alicia del Lago, Enrique del Castillo.
CALIFICACIÓN: ★★★⯪☆
DISTRIBUIDORA: MANGA / Plataformas digitales.

TÍTULO: *La jaula de oro.*
PAÍS: México-España. **AÑO:** 2013. **DURACIÓN:** 114'. Drama. **DIRECTOR:** Diego Quemada-Díez. **GUIÓN:** Diego Quemada Díez, Gibrán Portela y Lucía Carreras. **FOTOGRAFÍA**: María Seco (C). **MONTAJE**: Paloma López Carrillo y Flipe Gómez. **MÚSICA:** Jacobo Lieberman y Leonardo Heiblum. **INTÉRPRETES**: Brandon López (Juan) Rodolfo Domínguez (Chauk), Karen Martínez (Sara) Carlos Chajón (Samuel).
CALIFICACIÓN: ★★★⯪☆
DISTRIBUIDORA: GOLEM.

TÍTULO: *Sin nombre.*
PAÍS: EE UU / México. **Año** 2009. **DURACIÓN:** 96'. Drama / Thriller. **DIRECTOR:** Cary Joji Fukunaga. **GUIÓN**: Cary Joji Fukunaga **FOTOGRAFÍA:** Adriano Goldman (C). **MÚSICA**: Marcelo Zarvos. **MONTAJE**: Craig McKay y Luis Carballar. **INTÉRPRETES**: Edgar Flores (Casper), Kristyan Ferrer (Smiley), Paulina Gaytán (Sayra) Diana García (Martha Marlene), Tenoch Huerta («Lil Mago»).
CALIFICACIÓN: ★★★☆☆
VIDEO / DISTRIBUIDORA: Universal Pictures.

TÍTULO: *La canción de Carla.*
PAÍS: España. **AÑO:** 1996. **DURACIÓN:** 122'. **DIRECTOR:** Ken Loach. **GUIÓN**: Paul Laverty. **FOTOGRAFÍA**: Barry Ackroy (C). **MÚSICA**: George Fenton. **MONTAJE**: Jonathan Morris. **INTÉRPRETES**: Robert Carlyle, Oyanka Cabezas, Scott Glenn, Salvador Espinoza, Louise Goodall, Richard Loza, Gary Lewis, Pamela Turner.
CALIFICACIÓN: ★★★☆☆
VIDEO: CAMEO.

TÍTULO: *¡Alambrista!*
PAÍS: EE UU. **AÑO:** 1977. **DURACIÓN:** 110'. Drama. **DIRECTOR:** Robert M. Young. **GUIÓN**: Robert M. Young. **FOTOGRAFÍA:** Robert M. Young y Tom Hurwitz (C). **MÚSICA:** Michael Martin. **INTÉRPRETES**: Domingo Ambriz (Roberto Rodríguez), Trinidad Silva (Joe), Ned Beatty (Angelo Coyote), Linda Gillin (Sharon), Ludevina Méndez (mujer de Roberto), M.ª Guadalupe Chávez (madre de Roberto), Dennis Harris (hermano de Sharon), Edward James Olmos, Julius Harris.
CALIFICACIÓN: ★★★★☆
DVD / DISTRIBUIDORA: Plataformas digitales.

TÍTULO: *La frontera (The border).*
PAÍS: EE UU. **AÑO:** 1982. **DURACIÓN:** 108'. Drama / Thriller. **DIRECTOR:** Tony Richardson. **GUIÓN:** Walon Green, Deric Washburn y David Freeman. **FOTOGRAFÍA**: Vilmos Zsigmond y Ric Waite (C). **MÚSICA**: Ry Cooder. **INTÉRPRETES:** Jack Ni-

cholson (Charlie) Smith, Valerie Perrine (Marcy), Harvey Keitel (Cat), Warren Oates (Red), Elpidia Carrillo (María) Manuel Viescas (Juan) Jeff Morris (J. J.)Shannon Wilcox (Savannah), Lenny Chapman (Andy).
CALIFICACIÓN: ★★★☆☆
VIDEO / DISTRIBUIDORA: Universal Pictures y plataformas digitales.

TÍTULO: *Al otro lado.*
PAÍS: MÉXICO. **AÑO:** 2005. **DURACIÓN:** 106'. Drama. **DIRECTOR:** Gustavo Loza. **GUIÓN:** Gustavo Loza. **FOTOGRAFÍA:** Gerónimo Denti, Saldívar Tanaka y Patrick Murguía. **MÚSICA**: Héctor Ruiz. **INTÉRPRETES**: Héctor Suárez (Tío Guadalupe), Carmen Maura (Esperanza), Ignacio Guadalupe (Rafael), Vanessa Bauche (Vicenta), Susana González (Caridad), Martha Higareda (Eréndira), Adrián Alonso (Prisciliano), Jorge Milo (Ángel), Nuria Badih (Fátima).
CALIFICACIÓN: ★★★½☆
VIDEO. Plataformas digitales.

TÍTULO: *Aquí y allá.*
PAÍS: España / México. **AÑO:** 2012. **DURACIÓN:** 112' Drama. **DIRECTOR:** Antonio Méndez Esparza. **GUIÓN:** Antonio Méndez Esparza. **FOTOGRAFÍA:** Barbu Balasoiu (C). **MÚSICA** (Varios autores). **INTÉRPRETES:** Pedro de los Santos, Teresa Ramírez Aguirre, Lorena Guadalupe Pantaleón Vázquez, Haidi Laura Solano Espinoza.
CALIFICACIÓN: ★★★½☆
VIDEO / DISTRIBUIDORA: A contracorriente films.

TÍTULO: *La sal de la tierra* (Salt of the earth).
PAÍS: EE UU. **AÑO:** 1953. **DURACIÓN**: 93'. Drama / Histórico. **DIRECTOR:** H. Biberman. **PRODUCTOR**: Paul Jarrico. **GUIÓN**: Michael Wilson. **FOTOGRAFÍA**: Stanley Meredith y Leonard Stark. **MÚSICA**: Sol Kaplan **MONTAJE:** Joan Laird y Ed Spiegel. **INTÉRPRETES:** Rosaura Revueltas (Esperanza), Juan Chacón (Ramón) Henrietta Williams, Angela Sands, Virginia Jecks, Clinton Jecks, Will Greer, David Wolfe, David Saris, Merrin Williams.
CALIFICACIÓN: ★★★★½
VIDEO / DISTRIBUCION: Independen productions.

TÍTULO: *Pan y rosas* (Bread and Roses).
PAÍS: Reino Unido, Alemania, España. **AÑO:** 1998. **DURACIÓN:** 110'. Drama. **DIRECTOR:** Ken Loach. **GUIÓN:** Paul Laverty. **FOTOGRAFÍA**: Barry Ackroyd (C). **MÚSICA**: George Fenton. **MONTAJE**: Jonathan Morris **INTÉRPRETES**: Pilar Padilla (Maya), Adrien Brody (Sam) Elpidia Carrillo (Rosa), George López (López), Alonso Chávez (Rubén).
CALIFICACIÓN: ★★★☆☆
VIDEO / DISTRIBUIDORA: Filmax / Alta films.

TÍTULO: *Un día sin mexicanos (A day without a mexican).*
PAÍS: México, España, USA. **AÑO:** 2004. **DURACIÓN:** 100'. **DIRECTOR**. Sergio Aráu. **GUIÓN:** Sergio Aráu, Yereli Arizmendi, Sergio Guerrero. **FOTOGRAFÍA:** Alan Caudillo (C). **MÚSICA**: Juan Colomer. **INTÉRPRETES:** Caroline Aaron, Tony Abatemarco, Melinda Allen, Frankie J. Allison, Fernando Aráu, Yareli Arizmendi, Todd Babcock, María Beck.
CALIFICACIÓN: ★★★☆☆
VIDEO / DISTRIBUIDORA: Plataformas digitales.

FICHAS DE OTRAS PELÍCULAS

TÍTULO: *Río abajo (On the line).*
PAÍS: España-USA. **AÑO:** 1984. **DURACIÓN:** 98'. Drama. **DIRECTOR:** José Luis Borau. **GUIÓN:** José Luis Borau. **FOTOGRAFÍA:** Teo Escamilla (C). **MÚSICA:** Michael Sanklin, Armando Manzanero, Sue Savage y Georg Michaliski. **INTÉRPRETES**: David Carradine Bryant), Scott Wilson (Mitch), Victoria Abril (Engracia), Jeff Delger, Sam Jaffe, Jesse Vint...
ARGUMENTO: La frontera México-Estados Unidos. Un agente fronterizo estadounidense hace todo lo posible por detener a un hombre que se dedica al tráfico de inmigrantes y al contrabando.
COMENTARIO: El maestro José Luis Borau construyó un guion sólido y convincente para realizar este filme que él definió como un *alegato contra las fronteras*. La película no trata sobre *espaldas mojadas* como tal, sino sobre todos los personajes que habitan ese mundo que nace y vive alrededor de una frontera y el choque político y cultural que se produce entre ellos. Por unas u otras circunstancias Borau tuvo que estar pendiente del rodaje durante casi cuatro años. La película costó 600 millones de pesetas y no tuvo la respuesta comercial que esperaba el cineasta. Borau me comentó durante un festival de Málaga, que la misma historia podía haberla contado con las pateras que atravesaban el estrecho de Gibraltar si, en 1984, la inmigración a España hubiese sido tan regular como la que comenzó a darse en la década de los noventa.
CALIFICACIÓN: ★★★★☆
VIDEO / DISTRIBUIDORA: CB Films.

TÍTULO: *Coyote.*
PAÍS: México-Guatemala-USA. **AÑO:** 2009. **DURACIÓN:** 81'. Documental. **DIRECTOR:** Chema Rodríguez. **GUIÓN:** Chema Rodríguez. **FOTOGRAFÍA**: René Soza. **MÚSICA:** Michel Peraza y Los Temas.
ARGUMENTO: El protagonista de este documental es un traficante de personas, un *coyote* guatemalteco que, según Chema Rodríguez, hizo la película por vanidad mientras que los tres inmigrantes que accedieron a que se filmara su experiencia, tenían como único premio, alcanzar su meta: Estados Unidos.
COMENTARIO: Opiniones de Chema Rodríguez recogidas en los medios de comunicación *«Siempre he pensado que hay que apoyar a cualquiera que decida emigrar legal o ilegalmente. Después de la muerte de un hijo, creo que la tragedia más fuerte que alguien puede vivir es la desaparición de quién emigra ilegalmente. El que se va como el que se queda, no sabe si va a volver a ver al otro.* El realizador sevillano Chema Rodríguez dirigió anteriormente el documental *Estrellas de la línea*, por el que fue premiado en la Berlinale y en otros muchos certámenes. *Coyote* obtuvo, entre otros premios, el 2.º galardón de Documenta Madrid.
CALIFICACIÓN: ★★★☆☆
VIDEO: Plataformas digitales.

TÍTULO: *On the line.*
PAÍS: ESPAÑA. **AÑO:** 2008. **DURACIÓN** 19'. **DIRECTOR:** Jon Garaño. **GUIÓN**: Jon Garaño. **MÚSICA**: Pascal Gaigne. **INTÉRPRETES**: Jeff Smallwood (Adam), Tania de la Cruz, Yvette Flavio, Mikel Morris.
ARGUMENTO: La incomprensión de los problemas de los mexicanos un sábado cualquiera, en el sur de California.
COMENTARIO: Rodada en los territorios más inhóspitos de Navarra y Guipúzcoa, *On the line* cuenta los esfuerzos y penurias que sufren los inmigrantes que quieren cruzar la frontera de Estados Unidos y cómo su captura, a veces, se convierte en un entretenimiento para policías y rancheros.
CALIFICACIÓN: ★★★☆☆
VIDEO: Plataformas digitales.

TÍTULO: *La misma luna.*

PAÍS: México / EE UU. **AÑO:** 2007. **DURACIÓN:** 110'. Comedia Dramática / Aventura. **DIRECTORA:** Patricia Riggen. **GUIÓN:** Ligiah Villalobos. **FOTOGRAFÍA:** Checco Varesse. **MÚSICA:** Carlo Siliotto. **INTÉRPRETES**: Adrián Alonso (Carlitos), Kate del Castillo (Rosario), Maya Zapata (Alicia), Eugenio Derbez (Enrique), Carmen Salinas (Doña Carmen), Angelina Peláez (Benita), Gabriel Porras (Paco).

ARGUMENTO: Una mujer cruza la frontera de México con Estados Unidos dejando atrás a su hijo. Cuatro años después todavía no ha conseguido reunirse con él. Sólo los domingos mantienen una breve conversación telefónica. *Carlitos* (Adrián Alonso) decide lanzarse a la aventura y viajar en busca de su madre.

COMENTARIO: Esta cinta cuenta con el ingenio de un niño que como el *Marco*, creado por Edmundo de Amicis, es capaz de sortear todas las dificultades para reencontrarse con su madre. Sin alcanzar un tono lacrimógeno, la historia resulta demasiado previsible.

CALIFICACIÓN: ★★⯪☆☆

DVD: Plataformas digitales.

TÍTULO: *Made in L. A. (Hecho en Los Ángeles).*

PAÍS: España-USA. **AÑO:** 2008. **DURACIÓN**: 70'. Documental. **DIRECTORA:** Almudena Carracedo. **GUIÓN**: Almudena Carracedo, Robert Bahar, Lisa Leeman. **FOTOGRAFÍA:** Almudena Carracedo. Color.

ARGUMENTO: Documenta la historia de tres inmigrantes latinoamericanas, costureras en talleres de Los Ángeles que, para conseguir unas protecciones laborales básicas, aceptan unas difíciles condiciones de trabajo por un periodo de tres años, en una famosa tienda de ropa.

COMENTARIO: Es un excelente documental conmovedor y profundamente humano, que muestra la decisión y la fuerza de tres mujeres que luchan por hacer oír su voz en una sociedad que las ignora. Obtuvo numerosos premios, entre ellos un Emmy; una mención especial de la Seminci (Valladolid) y el premio de mejor documental en el Festival Mujeres en Dirección de Cuenca (España).

CALIFICACION: ★★★★☆

VIDEO: www, MadeinLA.com o en contact@madeinla.com

TÍTULO: *Nueba yol.*

PAÍS: República Dominicana. **AÑO:** 1995. **DURACIÓN**: 102'. Comedia. **DIRECTOR:** Ángel Muñiz. **GUIÓN**: Ángel Muñiz. **FOTOGRAFÍA:** Christhoper Norr (C). **MÚSICA:** Penghian Sang Ben. **INTÉRPRETES**: Luisito Martí (Balbuena), Caridad Revelo (Nancy), Rafael Villalona (Pedro), Alfonso Zayas (Chef), Joel García (Juan Carlos), Raúl Carbonell, hijo (Fellito), Garciela Mass (Teresita).

ARGUMENTO: *Balbuena* es un dominicano de 40 años que acaba de perder a su mujer y ve la posibilidad de viajar a Nueva York para iniciar una nueva vida. *Fellito,* un amigo siempre metido en problemas, le facilita la visa que le hará llegar a la ciudad de los rascacielos. Allí, descubre, enseguida, que los dólares no pueden alcanzarse en cualquier lado como le decía *Fellito*, y encontrar un empleo, por muy precario que sea, es una tarea casi imposible. Además, la solidaridad que demuestra su primo Pedro, acogiéndole en su casa, se va mermando por el rechazo de sus hijos, que han olvidado sus raíces de las que reniegan.

COMENTARIO: La película batió todos los récords de taquilla en República Dominicana apoyada en la popularidad de su protagonista, Luis Martí (Balbuena), un humorista, cantante y presentador de televisión que se adapta perfectamente al papel del inmigrante perdido en la Gran Manzana. La película tiene tono de comedia aunque hay secuencias muy ácidas que refuerzan la trama narrativa. Luis Martí protagonizó una secuela dos años después, *Nueva Yol 3. Bajo la nueva Ley* que tuvo también un gran éxito. El actor, Luisito Martí, falleció en enero de 2010.

CALIFICACION: ★★★☆☆

VIDEO: Editado en dvd en Rep. Dominicana y USA. Buscar en plataformas digitales.

TÍTULO: *Un pasaje de ida.*
PAÍS: Republica Dominicana. **AÑO:** 1988. **DURACIÓN:** 91'. Drama. **DIRECTOR:** Agliberto Menéndez. **GUIÓN:** Adelsos Cass, Danilo Taveras. **FOTOGRAFÍA**: Pedro Guzmán. Color. **MÚSICA:** Rafael Solano. **MONTAJE:** Pericles Segura. **INTÉRPRETES**: Ángel Muñiz, Carlos Alfredo, Rafael Villalona, Horacio Veloz, Miguel Bucarelly, Víctor Checo, Delta Soto, María Castillo, Juan María Almonte, Félix Germán.
ARGUMENTO: Está basada en un hecho real. Un barco de carga que transportaba en las bodegas a casi medio centenar de inmigrantes dominicanos, el «*Regina Express*», se saldó con la muerte de la mayor parte de los hombres, asfixiados en el buque cuando se dirigía a la costa de Estados Unidos. Ocurrió el 6 de septiembre de 1981.
COMENTARIO. Pude ver la película en el trascurso del festival de cine iberoamericano de Huelva, creo que fue la primera película dominicana que compitió en la historia del certamen. Consiguió una mención especial de Radio Exterior de España y hoy día es casi una película de culto en Latinoamérica.
CALIFICACIÓN: ★★★★☆
VIDEO: Plataformas digitales.

TÍTULO: *Paraíso travel.*
PAÍS: Colombia-EE UU. **AÑO:** 2008. **DURACIÓN**: 117'. Comedia Dramática. **DIRECTOR**: Simón Brandt. **GUIÓN:** Juan Rendón y Jorge Franco. **FOTOGRAFÍA**: Rafa Lluch (color). **MÚSICA**: Angelo MIlli. **INTÉRPRETES**: Aldemar Correa (Marlon), Ana de la Reguera (Reyna), Vicky Rueda, Margarita Rosa de Francisco, Luis Fernando Muñera, Ana María Sánchez, Angélica Blandón, Pedro Capo.
ARGUMENTO: Una joven obsesionada por Nueva York convence a su novio para que viajen clandestinamente a Estados Unidos atravesando, en un arriesgado viaje, Colombia, Guatemala y México, previa escala en Panamá. Cuando por fin llegan a Nueva York descubren que han dejado una vida relativamente apacible en Medellín, para sobrevivir en un mundo que les es completamente ajeno. *Marlon* se pierde en la gran ciudad y pierde todo contacto con *Reyna.* Simbólicamente el primer lugar en el que encuentra ayuda es un restaurante que lleva por nombre «Mi tierra colombiana».
COMENTARIO: Más que una historia de amor entre dos jóvenes, casi dos adolescentes, *Marlon* desea acostarse con *Reyna,* quién le promete sexo completo siempre y cuando viajen a Nueva York. La película se sustenta en un sólido guión, basado en la novela del mismo título de Jorge Franco, en que mediante continuos flash-back, narra la odisea sufrida por la pareja camino de Estados Unidos y la de sus compañeros de aventura. Todo el viaje es violento por los asesinatos, los robos, los engaños pero cuando alcanzan la meta, el sueño se convierte en pesadilla.
CALIFICACIÓN: ★★★☆☆
VIDEO / DISTRIBUIDORA. Plataformas digitales.

TÍTULO: *Las mujeres de verdad tienen curvas (Real women have curves).*
PAÍS: USA. **AÑO:** 2002. Comedia Dramática. **DURACIÓN**: 90'. **DIRECTORA**: Patricia Cardoso. **GUIÓN:** George LaVoo & Josefina López. **FOTOGRAFÍA:** JIm Denault (c). **MÚSICA:** Emma García de Mantilla & Heitor Pereira. **INTÉRPRETES**: América Ferrera (Ana), Lupe Ontiveros (Carmen), Ingrid Oliu, George López, Lourdes Pérez.
ARGUMENTO: *Ana* es una adolescente norteamericana, de origen mexicano que vive junto a sus padres en el Este de Los Ángeles. A punto de terminar el Instituto su profesor le anima a que solicite una beca para estudiar en la universidad. Sus padres se oponen porque consideran que debe ponerse a trabajar para ayudar a la familia. Dividida entre la tradición y los deseos de estudiar *Ana* decide trabajar con su madre en el taller de su hermana en el centro de Los Ángeles, pero siente el profundo deseo de cambiar de vida.
COMENTARIO: Un filme de corte realista en que la directora, Patricia Cardoso, más que buscar el lado dramático de la situación que vive *Ana,* se inclina por quitar dramatismo y realizar una comedia, con oportunos toques de humor, sobre una adolescente que quiere

ser independiente frente al tradicionalismo de sus padres. Un filme reivindicativo de la condición femenina y de la lucha generacional, lleno de sensibilidad y raciocinio. *Las mujeres de verdad tienen curvas* es una película inteligente premiada por el público en los festivales de Sundance y San Sebastián.

CALIFICACIÓN: ★★★⯪☆

VIDEO / DISTRIBUIDORA: HBO / Plataformas digitales.

TÍTULO: *My family (mi familia).*

PAÍS: EE UU. **AÑO:** 1995. **DURACIÓN:** 130'. Drama. **DIRECTOR**: Gregory Nava. **GUIÓN:** Gregory Navas & Anna Thomas. **FOTOGRAFÍA:** Edward Lachman (c). **MÚSICA:** Marc McKenzie. **INTÉRPRETES:** Edward James Olmos, Esai Morales, Jimmy Smits, Jennifer López, León Singer, Constance Marie, Jonathan Hernández, Jenny Gago, Maru Steenburgurgen, Elpidia Carrillo.

ARGUMENTO: Tres familias de chicanos, radicadas en Los Ángeles, ven crecer la ciudad a su alrededor, tratan de integrarse en el modo de vida americano. Su objetivo es una mejora social y económica.

COMENTARIO: Gregory Nava ha trabajado intensamente la comunidad chicana en Estados Unidos. Su cine refleja la realidad que vive la comunidad latina y posiblemente *My Family*, sea su mejor película. Un amplio plantel de actores de origen hispano, entre ellos una jovencísima Jennifer López, en un emotivo drama humano de unos hombres y mujeres que luchan por su bienestar.

CALIFICACIÓN: ★★★⯪☆

VIDEO / DISTRIBUIDORA: POLYGRAM / ARABA y plataformas digitales).

TÍTULO: *Americam Visa.*

PAÍS: Bolivia. **AÑO:** 2005. **DURACIÓN:** 100'. **DIRECTOR:** Juan Carlos Valdivia. **GUIÓN:** Juan Carlos Valdivia, basada en una novela de Juan Recacoechea **FOTOGRAFÍA**: Ernest Fernández Tellería. (C). **MÚSICA:** Pepe Stephens. **MONTAJE:** Ignacio Quiróz. **INTÉRPRETES**: Damián Bichir (Mario). Kate del Castillo (Blanca) Alberto Etcheverry (D. Antonio), Roberto Barbieri, Alejandra Lanza, Raúl Gómez, Vivian Colomo, Fred Nuñez, Hugo Pozo, Cacho Mendieta.

ARGUMENTO: *Mario* viaja a La Paz. Allí intenta obtener un visado para Estados Unidos con el fin de visitar a su hijo y, eventualmente, quedarse a vivir en aquel país. Al principio el proceso parece ir bien. *Mario* entrega sus papeles en el consulado de Estados Unidos, donde le dicen que todo está en orden y que puede volver en una semana para recibir la visa. Al creer que tiene asegurada su entrada a Estados Unidos, *Mario* compra un billete para Miami. Cuando vuelve al consulado le deniegan el visado y sólo puede obtenerlo pagando de forma fraudulenta, 5.000 dólares. Obsesionado como está por viajar a Estados Unidos roba dinero para poder conseguir reunirse con su hijo.

COMENTARIO: «*El sueño americano*» de un profesor de inglés que sólo ansía reunirse con su hijo. La corrupción entre gentes de su país y miembros del consulado norteamericano que convierten a los ciudadanos en seres indefensos ante sus arbitrariedades. Película convincentemente realizada por Juan Carlos Valdivia que, en su filmografía, tiene títulos tan reconocidos como *Jonás y la ballena rosada* (1995) y *Zona sur* (2009).

CALIFICACIÓN: ★★★☆☆

VIDEO: Plataformas digitales.

Capítulo 9. EUROPA, EL OTRO SUEÑO AMERICANO

Europa no conseguirá sobrevivir sin inmigración. No debería tenerse tanto miedo de eso: todas las grandes culturas surgieron a partir de formas de mestizaje.

Günter Grass
(Premio Nobel de Literatura).

Europa ha sido tierra deseada como lo es Estados Unidos para millones de personas. Los países más industrializados o con un mayor nivel de vida, Alemania, Suiza, Francia, Holanda, Bélgica o Austria atrajeron desde mediados del siglo pasado a los europeos del sur que buscaban mejorar sus condiciones de vida o dejar atrás regímenes autoritarios. Esos inmigrantes turcos, italianos, portugueses, griegos o españoles poblaron con sus acentos las calles y las ciudades de la Europa más rica.

Durante el último tercio del siglo xx los inmigrantes procedentes del Magreb o el África subsahariana fueron alcanzando el viejo continente junto a otros que dejaron la antigua Europa comunista o huyeron de las dictaduras militares en Latinoamérica. Muchos de ellos se asentaron en países con una larga tradición migratoria como España, Italia, Portugal o Grecia que vivieron años de bonanza hasta que, en 2008, la crisis económica mundial les afectó particularmente, llevando a que muchos de los inmigrantes que habían llegado desde finales del siglo xx, tuviesen que regresar a sus países o incluso, como ya hemos visto en este libro, que sus propios nacionales hayan tenido que emigrar para encontrar el trabajo que escasea en sus países. El paro en Europa es la mayor preocupación de los ciudadanos y en países como España (2015) con más de cuatro millones de desempleados la situación es particularmente inquietante.

En el Viejo Continente hay un grupo de cineastas que en su trayectoria se ha distinguido por hacer un cine social o de denuncia que tiene una larga tradición. Nombres como Ken Loach, Robert Guediguian, Fatih Akim, Goran Paskaljevic, Mike Leight, Michael Winterbotton, Bertrand Tavernier, Amos Gitai, Constantin Costa Gavras, Jean Pierre y Luc Dardenne, Gianni Amelio, entre otros, han sido portavoces de la realidad que se vive en sus países y la emigración no ha sido una excepción.

Sin incluir a los españoles, que ya hemos tratado en otro de los capítulos de este libro, fueron los cineastas italianos, franceses y británicos los que dejaron mayor constancia de la emigración durante todo el siglo pasado. Emigración a Europa y también dentro de sus propios países como contó Luchino Visconti en *Rocco y sus hermanos* (1960); Ettore Scola en *Trevico-Torino* (1972) y Lina Wertmüller en *Mimí, metalúrgico, herido en su honor* (1972). En 1998, Gianni Amelio dirigió *Así reían*, que relata cómo dos hermanos emigran de Sicilia a Turín con la esperanza de mejorar sus condiciones económicas.

Obligado a exiliarse en su propio país: Gian Maria Volonte interpretó al escritor Carlo Levi en *Cristo se paró en Éboli*.

ITALIA EMIGRA (ROSI, GERMI, VISCONTI, AMELIO...) Y HUBO UN DÍA EN QUE CRISTO SE PARÓ EN ÉBOLI

Un filme que refleja la emigración interior, pero con claras connotaciones políticas es *Cristo se paró en Éboli,* basada en una novela autobiográfica del escritor Carlo Levi, desterrado a Éboli, un pueblecito de la región de Lucania en el sur de Italia, por su oposición al régimen fascista de Mussolini. Gian María Volonté e Irene Papas son los protagonistas de la película que firmó Francesco Rosi.

Levi, intelectual antifascista, pintor y médico, fue confinado por el régimen de Mussolini en 1935 en esta tierra olvidada del sur de Italia. De su experiencia nacería diez años después un libro que acercaba a todos la cultura y la realidad de aquellas gentes que habían pasado desapercibidas para la Italia más rica.

En 1978, Francesco Rosi, napolitano, admirador de la obra de Levi, consiguió por fin financiación para realizar la película, con una coproducción que llevaron a cabo productoras de Francia e Italia. Con guión de Tonino Guerra, colaborador habitual de Fellini o Antonioni, y un electo técnico y artístico de primer orden, Francesco Rosi, encuadrado en el llamado cine político de denuncia contra el poder y sus prácticas abusivas (*Salvatore Giuliani, El caso Mattei*), realizó una de sus obras más honestas y bellas, ya que además de reflejar la marginación que el poder ejercía sobre el Sur, Rosi se deja llevar por la mágico y lo poético para embutirse en la personalidad de unas gentes solidarias, luchadoras o capaces de superar las barreras que les imponen porque, por encima de todo, está su dignidad. Francesco Rosi detalla minuciosamente los hábitos rurales de los lugareños y hace que los espectadores asistamos como el propio Levi, a lo cotidiano, al día a día de quienes viven alejados del mundo. Conversaciones llenas de sentido común; picaresca de los comerciantes; historias de emigrantes que volvieron; el cura como fuerza viva y casi surrealista en el pueblo; el alcalde, autoridad suprema que le da las normas a Levi y le recuerda que hay otros diez desterrados; los médicos a los que los campesinos casi ignoran; los lazos negros en las casas para recordar a un difunto o la mujer que cuida la casa de Levi, porque sólo ella puede trabajar con un hombre soltero, por su mala reputación. Retrato de unas gentes y unas costumbres que vamos conociendo al mismo tiempo que Levi que, entre curioso y sorprendido, pregunta por todo lo que desconoce.

La secuencia que abre el filme nos presenta a un avejentado Carlo Levi (Gian Maria Volonté) en una habitación en que contempla los cuadros que pintó durante su exilio. Hay un tono nostálgico y melancólico en que lamenta no haber regresado a Lucania tal y como había prometido, una vez liberado de su cautiverio.

La película pasa seguidamente a relatar el exilio de Levi, desde el inicial traslado en tren a la región, custodiado por policías, hasta que le fue levantado el castigo. Junto a la película, de dos horas de duración, Rosi hizo un filme para televisión que se alarga en una hora y que incide en algunos diálogos de corte didáctico o incluso combativo contra el régimen fascista. En películas como *La frontera*, que ya hemos tratado en este libro, dirigida por el cineasta chileno Ricardo Larrain, se aprecia una clara influencia del filme de Francesco Rosi.

En la trayectoria del cineasta italiano apreciamos ya, en su segundo largometraje, *Los mercaderes* (*I magliari*, 1959) su interés por la emigración contando la historia de un joven obrero italiano que viendo que no logra salir adelante decide abandonar la ciudad alemana de Hannover para regresar a su país.

Poco antes de regresar, un comerciante italiano, con falsas promesas, le convence para que continúe allí y entre en el negocio de telas y alfombras que controla junto a un empresario alemán. El abuso y la mentira van de la mano en este filme que obtuvo algunos galardones como una mención especial en el Festival de San Sebastián y que nunca se estrenó comercialmente en España, ya que, como hemos visto, los asuntos de la emigración no eran del agrado del régimen franquista, que no promovía filmes de estas características, que consideraba iban contra sus propios intereses. España era país de emigrantes pero mejor no airearlo y menos si se trataba de forma real las dificultades por las que pasaban nuestros nacionales.

CAMINO DE LA ESPERANZA

Pietro Germi realizó *Camino de la esperanza* en 1950, tan solo cinco años después de que hubiera finalizado la II Guerra Mundial. Se basó en la novela *Corazones en los abismos* escrita por Nino di María, que fue coguionista del filme y en la que relataba el hecho real de la muerte de varios campesinos sicilianos que murieron congelados en su intento por alcanzar Francia.

La película, que nunca fue estrenada comercialmente en España, dada su línea reivindicativa y de lucha, comienza en una localidad siciliana con la huelga de los mineros a los que han cerrado la mina y continúa con otra posterior llevada a cabo por jornaleros del campo hartos de soportar tanta miseria. Ante esa situación varias familias sicilianas deciden emigrar clandestinamente a Francia en busca de trabajo. Llegan a Nápoles en tren y el coordinador del viaje intenta abandonarlos pero uno de los emigrantes, que tiene problemas con la ley, le conmina a que no lo haga. Cuando llegan a Roma el coordinador denuncia al emigrante que se ha enfrentado a él y todos se convierten en expatriados a los que se obliga a regresar a Sicilia.

Germi, director de filmes como *Divorcio a la italiana* o *En nombre de la ley,* supo describir la miseria en el pueblo de origen, de donde debían partir; el drama social que supone toda emigración o la falta de escrúpulos de las mafias capaces de cualquier cosa, ajenas al dolor de los demás, con tal de sacar rendimiento a sus sucios negocios. Aquellos individuos no estaban muy lejos de los modernos *coyotes* que acompañan a los *espaldas mojadas* mexicanos o a los traficantes del norte de África que tantas mentiras y muertes han ocasionado.

Camino de la esperanza es otra de esas películas combativas y honestas, con un guión que firmó el mismísimo Federico Fellini junto a Tulio Pinelli y que nos trae a la memoria otros títulos que de alguna manera influyeron en este filme como las ya citadas *La sal de la tierra*, de Sal Mineo o *Las uvas de la ira,* de John Ford.

La cinta aboga por un planeta sin fronteras y la voz en off recuerda que : «desde Messina a Francia y mientras la contemplaban, sus pensamientos volvían con ternura a su pueblecito siciliano, a las casas y a las personas queridas que habían abandonado para siempre, pero sobre todo recordaban a los camaradas que habían perdido por el camino [...] Estos ya no podrían ver el camino de la esperanza [...] Porque los mapas y las fronteras sólo existen como obra del hombre pero tal y como Dios hizo la tierra aunque se recorran los mares y el curso de los ríos o las montañas, las fronteras no deberían existir.»

ROCCO Y SUS HERMANOS

Como José Antonio Nieves Conde en *Surcos* (1951), Visconti refleja en *Rocco y sus hermanos* (1960) la Italia de la época y las enormes diferencias existentes entre el sur (Lucania) y el Norte (Milán) donde se traslada una madre con sus cuatro hijos. Allí se reencuentran con el hijo mayor, un albañil, Vincenzo quién prepara su boda con Ginetta (Claudia Cardinale), e intenta ser boxeador profesional. Pronto, como vimos en *Surcos* surgen diferencias entre la familia recién llegada y los que llevan algún tiempo asentados en la gran ciudad. Dos modelos de conducta diferentes entre quienes se apegan al progreso y la posibilidad de riqueza y los que han venido exclusivamente a mejorar sus condiciones de vida, sin renunciar a ninguno de sus principios éticos.

En su condición de director teatral, Luchino Visconti domina la puesta en escena y da enorme fuerza a los diálogos y al análisis psicológico de los personajes. Visconti hace que los espectadores se adentren en el interior de Rocco (Alain Delon), Simone (Renato Salvatore) Nadia (Annie Girardot) o Rosario, la Mamma (Katina Paxinou*)* que son, al mismo tiempo, un retrato de la Italia de posguerra y de la industrial Milán a la que se desplazaron durante aquellos años, decenas de miles de italianos provenientes de las regiones más pobres del país.

Rocco y sus hermanos critica a las autoridades por su desprecio a los más necesitados y la falta de sensibilidad hacia aquellos que debieron desplazarse de su tierra para encontrar trabajo en la gran ciudad. Premio Especial del Jurado en el Festival de Venecia de 1960, el guión fue escrito conjuntamente por Visconti y Suso Cecchi D'Amico quién, tras trabajar con Vittorio de Sica en títulos como *Milagro en Milán*, se convirtió en colaborador habitual de Visconti en filmes tan reconocidos como *Bellissima*, *Senso* o *El inocente.*

Censurada en España, con numerosos cortes en el discurrir de la historia como la violación y el asesinato de Nadia o la homosexualidad de Mairini otro de los protagonistas, *Rocco y sus hermanos*, es una de las mejores películas de Visconti, en que combina momentos de gran dulzura con otros agrios y violentos. Para buena parte de la crítica supuso el fin del neorrealismo aunque desde mi punto de vista considero que engarza con este movimiento, al mismo tiempo que abre nuevas vías para la cinematografía italiana. Es una película puente entre lo que fue el mejor neorrealismo de De Sica o Rosellini y el cine italiano que alcanzó su mayor proyección internacional de la mano de Fellini, Pasolini y el propio Visconti. En *Rocco y sus hermanos* coinciden además tres jovencísimos actores que serían referente de la cinematográfica europea durante las décadas siguientes: Alain Delon, Annie Girardot y Claudia Cardinale.

En la película de Visconti, como en *Surcos*, también existe el desengaño de la familia que dejó su tierra para prosperar en la gran ciudad, como apreciamos en alguno de los diálogos:

Rocco (Alain Delon) cuestiona si debieron dejar la tierra en que vivían.

Ciro (Max Cartier), otro de sus hermanos, le dice: *Este era nuestro destino. El tuyo, el mío y el de Simone. No piensas en la vida que hubiéramos llevado de habernos quedado allí.*

Rocco*: Pero hubiéramos estado todos juntos.*

O en los instantes finales cuando Ciro denuncia a Simone (Renato Salvatori) por el crimen que ha cometido, le comenta a su hermano pequeño Luca (Rocco

Vidolazzi) que SIMONE pensaba que en la tierra que dejaron atrás, la gente vive como animales y *que solamente conocen el trabajo y la sumisión.*

Pero a cambio de ello –continúa CIRO– «todos viven sin tener que olvidarse nunca de sus propios deberes, pero esto Simone lo olvidó y por eso ha tenido el fin que ha tenido, un mal fin. Se ha perdido y nos ha llenado a todos nosotros de vergüenza. Le ha hecho daño a Rocco y a ti [...] Simone tenía antes raíces sanas pero se las envenenaron las malas plantas y menospreció la excesiva bondad y generosidad de Rocco.»

El niño, LUCA, dice que quiere regresar al pueblo si ROCCO *vuelve* y CIRO, asentado ya como trabajador en Alfa Romeo, sabe que no puede retornar porque ha echado raíces y además algún día su tierra, su mundo cambiará, porque los hombres están aprendiendo a ser conscientes de que incluso en ese remoto paraje, la vida tomará otros derroteros.

GIANNI AMELIO: CRONISTA DE NUESTRO TIEMPO

Como señalé anteriormente, Gianni Amelio, también trata la emigración interior en *Así reían* (1998), una película que ha llegado a ser considerada un homenaje a Visconti y *Rocco y sus hermanos* y que Amelio sitúa a lo largo de siete años, entre 1958 a 1964. Relata la vida de los dos hermanos protagonistas, en que el mayor, analfabeto, tiene como objetivo conseguir que su hermano pequeño aprenda lo que considera son los auténticos tesoros: los libros.

Así reían, que describe las enormes diferencias sociales que había en Italia en los años cincuenta y la miseria en que vivía el proletariado y el campesinado considera, como novedad respecto a otros filmes, que la cultura es la manera de dejar atrás esa miseria. GIOVANNI (Enrico la Verso) quiere que PIETRO (Francesco Giuffrida), un tanto vago y frívolo, sea capaz de salir adelante porque eso sería un triunfo para él y la clase trabajadora. La película consiguió el León de oro en la Mostra de Venecia.

Gianni Amelio cuatro años antes, en 1994, había realizado *Lamerica*, en que Italia aparecía como el paraíso para la depauperada Albania. Era el sueño próximo para los albaneses que acababan de salir de la dictadura comunista. En sus nueve largometrajes, Amelio, se ha inclinado por un cine de corte social, en el que la emigración ha sido uno de los temas que más ha tratado. Nacido en San Pietro de Maginaso, en Calabria, en 1945 su padre emigró a Argentina siendo muy niño y esa ausencia paterna marca su filmografía con otros títulos como *Las llaves de la casa* o incluso en *Niños robados.*

Además de *Lamerica*, una obra mayúscula, Gianni Amelio, realizó *La estrella ausente*, en que un ingeniero italiano tiene que irse a trabajar a China después de que cierre su fábrica italiana en vísperas de la crisis de 2008. Allí es recibido por los chinos de forma fría y un tanto racista.

En su último largometraje, el documental *Feliz de ser diferente* recoge testimonios de una veintena de personas que fueron perseguidos o tratados discriminatoriamente en la Italia del siglo pasado, por su condición de homosexuales a los que dio voz en el documental. Amelio, tras declararse homosexual, estrenó esta película en diferentes festivales como Berlín y San Sebastián, y fue el título que se proyectó en Madrid durante su homenaje en el VII Festival de Cine italiano que se celebró en la capital española en noviembre de 2014.

LAMERICA

Gianni Amelio, como en la *América, América,* de Elia Kazan, se adentra en la mentalidad de los emigrantes, en la necesidad que hay de dejar un país cuando el hambre se convierte en algo cotidiano. Es al mismo tiempo una película que recuerda que la historia se repite. Los ricos de los noventa se olvidaban de los países más pobres, sin recordar que poco antes habían sufrido las mismas penurias.

En estos últimos años hemos asistido a la llegada masiva a Italia de sirios o libios huyendo del hambre y de la guerra con muchos de ellos muriendo en el intento. Hay películas sobre estos viajes desesperados en embarcaciones precarias que hacen que se hayan producido centenares de muertos antes de que alcancen la costa italiana, como comprobaremos más adelante, pero volviendo a *Lamerica,* Gianni Amelio tomó como ejemplo el dramático éxodo de miles de albaneses que alcanzaron, desesperados, la costa italiana de Bari, en agosto de 1991.

Gianni Amelio, ya he contado, es un cineasta especialmente sensible al tema de la emigración, ya que él mismo, vio cómo su padre partió a Argentina cuando tan solo tenía 3 años y no volvió a reencontrase con él hasta los 18.

Amelio no ha olvidado nunca su pasado y el de millones de emigrantes en el mundo. Cuando se produjo la llegada de los albaneses a Bari fue al puerto para ver *in situ,* lo que sucedía:

«En vez de ver una familia, vi a un pueblo entero hacinado y hambriento. Quise comprender de donde venían esas gentes, todo un pueblo en busca de un paraíso en Italia cuando lo que encontraron fue un infierno».

Aquellos albaneses fueron internados en un campo de fútbol, les echaban mendrugos de pan por encima de las vallas y dado el calor sofocante del mes de agosto en esa zona de Italia, les regaban con mangueras. Viajaron a Italia como antes lo hicieron los italianos del sur que buscaban en América el paraíso. Italia era para los albaneses símbolo de la opulencia, de la belleza como veían en los anuncios de los canales de televisión italianos que podían verse en sus casas. Después de un largo período comunista el consumismo les atrapaba.

Lamerica de Gianni Amelio, Premio a la mejor dirección en el Festival de Venecia y Mejor película Europea en 1994, además del Goya en el mismo apartado, cuenta cómo dos buscavidas italianos se desplazan a Albania para comprar una fábrica de calzado. Las leyes del país exigen que entre los socios haya por lo menos un albanés que firme los papeles de compra. Encuentran en un antiguo campo de trabajo a SPIRO, un anciano desorientado, demente y solitario y al que no tardan mucho en convencer. FIORE (Michele Plácido), el más experto de los dos empresarios, vuelve a Italia, dejando al joven GINO (Enrico lo Verso) para que se encargue del asunto. Poco antes de una reunión en el ministerio de Industria, SPIRO (Carmelo di Mazzarelli) huye. GINO se ve obligado a buscarle por todo el país comprobando en qué condiciones infrahumanas viven la mayor parte de los albaneses. Va conociendo *in situ* la razón de por qué se ven obligados a emigrar, mientras el viejo SPIRO, en su demencia, cree estar en Italia al final de la guerra y que pronto viajará a América.

Para Amelio, el sentido último del filme radica en esta frase: «Todos somos albaneses. Ya sean italianos, españoles o de otros países. En otras épocas, nosotros hemos tenido los mismos problemas que ahora arrastra Albania. La clave narrativa del filme está en la figura de Spiro-Michelle. Un hombre, con dos nombres, albanés e italiano, el símbolo del individuo pobre y desnudo que sufre el devenir de la historia».

Heredero de una tradición neorrealista Gianni Amelio ha sabido encontrar su propio camino, abordando temas que son motivo de reflexión para quienes acuden a ver sus películas. Películas contemporáneas y referentes de la sociedad en que vivimos. La inmigración, la familia, la injusticia social son temas habituales en una cinematografía que no deja a nadie indiferente.

TERRAFERMA: MORIR EN EL MAR

Otro filme que he querido incluir en este libro es *Terraferma,* película dirigida por Emanuele Crialese en 2011, y que en un contexto general plantea mismos los fundamentos de *La piel quemada*, película de Josep María Forn, a la que me he referido extensamente. Hago esta afirmación porque ambas películas muestran el contraste entre el turismo y la emigración. Ambos filmes describen la llegada de los turistas a las respectivas localidades como fuente de ingresos y de prosperidad. Los inmigrantes son otra cosa, pertenecen a un mundo oscuro del que no quieren saber nada. *La piel quemada* y *Terraferma* representan a la modernidad frente a las tradiciones o las necesidades, si bien en *Terraferma* ese distanciamiento tiene consecuencias mucho más trágicas.

La película de Emanuel Crialese tiene antecedentes en su segundo largometraje *Respiro* (2002), también rodado en las islas Pelagias, la primera en Lampedusa, la segunda, *Terraferma*, en Linosa. Incluso comparten protagonista, FILIPPO, interpretado en ambas ocasiones por FILIPPO PUCILLO, aunque en la primera era todavía un niño.

Terraferma tiene un tono documental de corte costumbrista, aunque algunos la sitúan cercana al neorrealismo italiano, con actores no profesionales, y que junto a la crudeza que desprende el filme, incluye momentos un tanto cómicos que rebajan la tensión de la narración.

Hay confrontación entre varios mundos dispares. El más definido es el contraste entre los turistas que han encontrado lugares remotos y pintorescos para dar rienda suelta a la diversión y el placer frente a los miles de inmigrantes que buscan, cuanto menos, las migajas de la abundancia. Al mismo tiempo en el pueblo, la mayor parte de sus habitantes se inclina por la riqueza que traen los turistas, se olvidan de sus tradiciones y de la pesca y consideran a los inmigrantes como una auténtica lacra que puede destruir su forma de vida.

Gustan más los turistas en ferry que los inmigrantes en patera. Crialese los compara abiertamente. Nos enseña un barco cargado de turistas bebiendo y bailando y en una secuencia anterior vemos una barcaza con inmigrantes hacinados, sedientos y hambrientos intentando alcanzar la costa. Filippo y el personaje de su abuelo defienden la tradición. Los dos consideran al mismo tiempo que no debe dejarse a nadie en el mar cuando peligra su vida, a pesar de que las leyes italianas de Berlusconi prohibían recogerlos. A diferencia de ambos, tanto la madre de Filippo como su tío creen en el progreso, en la necesidad de vender la vieja barca de pesca y rechazar o mirar para otro lado cuando llegan los inmigrantes.

Crialese sitúa la acción en una isla pero ese espacio acotado representa la sociedad actual y al mundo globalizado. *Terraferma* cree en la idea de resistencia frente a un poder corrupto y regido por leyes insensibles a la desgracia humana. Hay un tono poético e idealista del abuelo y el nieto desafiando esas leyes y recogiendo del mar a unos náufragos inmigrantes, entre ellos una joven etíope embarazada que da a luz, escondida, en el trastero de la casa de Filippo y su familia.. Junto a esos personajes, unos policías prepotentes que abusando de su autoridad precintan la barca en que han recogido a los inmigrantes, y unos turistas que miran con curiosidad a los náufragos, como si formasen parte de un circo o provinieran de otro planeta.

Terraferma es una película de 2011. Como ya he contado dos años después, el 3 de octubre de 2013 se produjo una de las mayores tragedias vividas en Europa, con la muerte de más de 387 inmigrantes procedentes de Eritrea y Somalia que intentaban alcanzar la costa italiana. Iban quinientas personas, muchas de ellas niños y mujeres embarazadas, que vieron cómo su embarcación se hundía a solo media milla de la isla de Lampedusa. Una cifra de muertos que conmovió al mundo pero que desde 1990 ha arrojado a la isla siciliana 8.000 cadáveres.

La alcaldesa de la isla, Giusi Nicolini espetó al primer ministro de entonces Giuseppe Letta, por no buscar soluciones: «El mar está lleno de muertos. Venga aquí a mirar el horror a la cara. Venga a contar los muertos conmigo». Letta realizó una fugaz visita y ni siquiera asistió dos semanas después al funeral de estado que se celebró a 200 kilómetros del lugar de la tragedia, sin presencia de ninguno de los supervivientes en el naufragio.

Los supervivientes fueron denunciados por inmigración ilegal, penada con 5.000 euros de multa y la expulsión. Esa Ley de Berlusconi de 2009, no fue derogada hasta abril de 2014, en que la inmigración ilegal dejó de ser considerada delito.

El Papa Francisco habló de vergüenza cuando se produjeron las muertes en Lampedusa y algo más de un año después, en el Parlamento Europeo de Estrasburgo fue categórico pidiendo mayor implicación de la Unión Europea en los asuntos relacionados con la inmigración. «No se puede tolerar –dijo Francisco– que el mar Mediterráneo se convierta en un gran cementerio. En las barcazas que llegan cotidianamente a las costas europeas hay hombres y mujeres que necesitan acogida y ayuda. La ausencia de un apoyo recíproco dentro de la Unión Europea corre el riesgo de incentivar soluciones particularistas del problema, que no tienen en cuenta la dignidad humana de los inmigrantes, favoreciendo el trabajo esclavo y continuas tensiones sociales.»

En aquellos días trágicos recuerdo un titular del entonces corresponsal del diario *El País*, en Roma, Pablo Ordaz quien, sobre una fotografía con una inacabable fila de ataúdes, escribía: «sólo los muertos pueden quedarse», y es que se daba la paradoja de que los fallecidos recibían la nacionalidad italiana mientras los supervivientes eran multados y expulsados.

En el mismo diario, el profesor Sami Nair, uno de los mayores expertos en materia migratoria a nivel mundial escribió: «La solución de estas migraciones de la desesperación no reside fundamentalmente en políticas represivas ni de contención. Es Europa al completo la que se enfrenta a estos dramas y sólo una estrategia europea común puede hacerles cara [...] Los muertos de Lampedusa deberían apelar a la buena conciencia occidental tan fácil de conmover en cuanto a la defensa de derechos del hombre en casa de los demás, que debería mirarse a la cara una vez más en su propia casa y aportar solidaridad, compasión y una humanidad elemental a esas mujeres, a esos niños, a esos hombres que acuden al encuentro de la tragedia para huir de su destino infernal».

Pues bien, si Sami Nair abogaba por esa estrategia común de la Unión Europea en materia migratoria, el único acuerdo parece que está en la aportación económica para frenar la llegada de inmigrantes.

Amnistía Internacional, en un informe de 2014, señaló que la Unión Europea gastó casi dos mil millones de euros en proteger sus fronteras externas entre 2007 y 2013 frente a los 700 millones destinados a mejorar la situación de personas refugiadas y solicitantes de asilo.

Hoy Italia tiene cinco millones de inmigrantes en una población total que ronda los sesenta millones de habitantes. En 2014 miles y miles de personas huyendo de conflictos armados como Siria, Eritrea o Somalia intentaron alcanzar sus costas. Nadie puede vetar a quién, parafraseando a Sami Nair, quiere cambiar *un destino infernal*.

Más recientemente, el 19 de abril de 2015, se hundió un pesquero de Libia rumbo a Italia ocupado por setecientos personas, de las que sólo pudieron ser rescatados con vida 28 supervivientes y 24 cadáveres. El horror se adueñó nuevamente del

Mediterráneo. Los ministros de Exteriores de la Unión Europea se reunieron al día siguiente en Luxemburgo y acordaron ampliar el acoso y la lucha contra las mafias que facilitan estas tragedias que se suceden cada vez con más frecuencia.

Películas como las que tratamos en este libro nos dicen que es lo que fuimos ayer y qué es lo que somos hoy. *Terraferma* hará que mantengamos viva la memoria.

OTROS QUE EMIGRARON

El cine italiano ha producido numerosos filmes que han tenido como principal temática el fenómeno migratorio. Mientras, en España, la censura se encargó de prohibir películas que trataran esta cuestión, en Italia y en otros países los cineastas se hacían eco de la continua marcha de sus conciudadanos, en busca de un futuro mejor a continentes como América o Australia... Comedias como *Bello, honesto, emigrado a Australia quiere casarse con chica intocada* firmada por Luigi Zampa, con Claudia Cardinale y Alberto Sordi, en los papeles protagonistas, o *Un italiano en la Argentina*, de Dino Risi con Vittorio Gassman y el todavía emergente en aquella época, Nino Manfredi.

Precisamente este actor, otro de los grandes del cine italiano, protagonizó en 1974, *Aventuras y desventuras de un italiano emigrado,* en donde cuenta cómo después de perder su trabajo como camarero en Suiza, las autoridades de este país le deportan para que vuelva a Italia. Poco antes de partir se apea del tren y decide continuar en Suiza, aunque como inmigrante sin papeles. Su antigua vecina, una exiliada griega (Silvia Koscina), le acoge en su casa pese a las reticencias iniciales, ya que ella tiene un hijo pequeño que carece de papeles de residencia y temen que puedan descubrirla y expulsarla. La soledad y la lejanía de los suyos hacen que inicien una relación amorosa.

El realizador, Paolo Brusati, un director con una pequeña trayectoria critica abiertamente a la sociedad suiza por el tono dominante y despectivo que ejerce sobre los inmigrantes. Pone el acento en la xenofobia, en el miedo al diferente y como contraste el esfuerzo del que llega a labrarse una vida mejor. Nino Manfredi en una de sus mejores interpretaciones, pasa de la alegría a la tristeza; de la ilusión a la desesperanza, pero siempre intenta encontrar algo a lo que agarrarse. Es un sobreviviente.

El título original *Pane e ciocollata* es bastante explicativo. Los inmigrantes buscan el pan para poder vivir dignamente. Los suizos viven en la abundancia y la dulzura del chocolate.

Además de los citados hay otros títulos como *Bianco Rosso e Verdone*, película de 1981 dirigida e interpretada por Carlo Verdone, que narra el regreso de tres emigrantes a Roma, desde ciudades y países diferentes, con el objetivo de votar en las elecciones o *Cuando naces... ya no puedes esconderte* (*Quando sei nato non puoi piú nasconderti*) dirigida en 1995 por Marco Tulio Giordana que narra la relación que se establece entre el hijo de un rico industrial y un joven inmigrante rumano que le salva de morir ahogado.

En 2013, dentro del Festival de Cine Italiano de Madrid se proyectó *La mía clase*, dirigida por Daniele Gaglianone que tiene como protagonistas a un grupo de inmigrantes procedentes de distinto lugares y países que tienen como objetivo común aprender italiano para conseguir sus papeles, integrarse y ganarse la vida en su nuevo país.

Sólo el profesor era un actor e intenta como los espectadores, conocer la situación de unos alumnos que muestran su realidad y que saben que pueden ser expulsados, en cualquier momento. Una *ficción real* que hace nos identifiquemos con esa *clase* multicultural que activa la convivencia.

ITALIA: FICHAS DE LAS PELÍCULAS

TÍTULO: *Cristo se paró en Eboli* (Cristo si e' fermato a Eboli).
PAÍS: Italia / Francia. **AÑO:** 1979. **DURACIÓN**: 146' Drama Biográfico. **DIRECTOR:** Francesco Rosi. **GUIÓN:** Tonino Guerra. **FOTOGRAFÍA:** Pasqualino de Santis (C). **MÚSICA:** Piero Piccioni. **MONTAJE:** Ruggero Mastroniani. **INTÉRPRETES:** Gian María Volonté (Carlo Levy), Paolo Bonacelli, Alain Cuny, Lea Massari, Irene Papas, Francois Simon.
CALIFICACIÓN: ★★★★☆
VIDEO / DISTRIBUCIÓN: Idafilms.

TÍTULO: *El camino de la esperanza* (Il cammino della speranza).
PAÍS: Italia. **AÑO:** 1950. **DURACION:** 96'. Drama **DIRECTOR:** Pietro Germi. **GUIÓN:** Federico Fellini, Tulio Pinelli y Pietro Germi. Según la novela Cuore negli abizzi (Corazones en los abismos) de Nino de Marítu. **FOTOGRAFÍA:** Leonida Borboni (ByN). **MÚSICA:** Carlo Rustichelli. **INTÉRPRETES:** Raf Vallone (Sara Commarata), Elena Varzi (Bárbara Spadaro), Saro Urzi (Ciccio), Saro Arcidiacono (Accountant), Franca Navarro (Vanni) Mirella Ciotti (Lorenza) Paolo Reale (Brasi).
PREMIOS: Oso de plata en el Festival de Berlín a la mejor dirección.
CALIFICACIÓN: ★★★½☆
VIDEO / DISTRIBUCIÓN: DeaPlaneta.

TÍTULO: *Rocco y sus hermanos* (Rocco e i suoi fratelli).
PAÍS: Italia / Francia. **AÑO:** 1960. **DURACIÓN:** 180'. Drama **DIRECTOR**: Luchino Visconti. GUIÓN: Luchino Visconti, Suso Cecchi d'Amico y Pasquale Festa. **FOTOGRAFÍA:** Giuseppe Rotunno (ByN) **MÚSICA:** Nino Rota.
INTÉRPRETES: Alain Delon (Rocco), Renato Salvatori (Simone), Nadia (AnnieGirardot), Katina Paxinou (Rosario (madre), Roger Hanin (Morini), Paolo Stoppa (Cechi), Rocco Vidolazzi (Luca), Max Cartier (Ciro), Spiros Focas (Vincenzo), Claudia Cardinale (Ginetta).
PREMIOS: Premio Especial del Jurado del Festival de Venecia.
CALIFICACIÓN: ★★★★½
VIDEO / DISTRIBUIDORA: Manga films.

TÍTULO: *Lamerica.*
PAÍS: Italia. **AÑO:** 1994. **DURACIÓN:** 106'. Drama. **DIRECTOR:** Gianni Amelio. **GUIÓN:** Gianni Amelio, Andrea Porporatti, Alessandro Sersoreta. **FOTOGRAFÍA:** Lucca Vigazzi (C). **MÚSICA:** Franco Piersanti. **MONTAJE:** Simona Paggi. **INTÉR-**

PRETES: Enrico lo Verso, Michele Placido, Piro Mikani, Elida Janushi, Sefer Pema, Esmeralda Ara, Carmelo di Mazzarelli, Nicolin Elezi, Vesim Kurti.
PREMIOS: Mejor Director en la Mostra de Venecia. Mejor Película Europea 1994. Goya a Mejor Película Europea.
CALIFICACIÓN: ★★★★☆
VIDEO / DISTRIBUIDORA: Alta films / Buenavista Home Cinema.

TÍTULO: *Terraferma.*
PAÍS: Italia. **AÑO:** 2011. **DURACIÓN**: 88'. Drama. **DIRECTOR:** Emanuele Crialese. **GUIÓN:** Emanuele Crialese y Vittorio Morani. **FOTOGRAFÍA:** Fabio Cianchetti. **MÚSICA:** Franco Piersanti. **MONTAJE:** Simona Paggi. **INTÉRPRETES:** Filippo Puccilo, Donatella Finochiaro, Mimo Citicchio, Giuseppe Fiorello, Timmit T., Martina Codecasa, Filippo Scaregia, Pierpaolo Spolon, Claudio Santamaría.
PREMIOS: Gran premio del Jurado del 68.º Festival Internacional de Cine de Venecia.
CALIFICACIÓN: ★★★☆☆
VIDEO: Vértigo.

TÍTULO: *Aventuras y desventuras de un italiano emigrado* (Pane y ciocollata).
PAÍS: Italia. **AÑO**: 1974. **DURACIÓN**: 115'. **DIRECTOR:** Franco Brusati. **GUIÓN:** Franco Brusati, Nino Manfredi y Jaja Fiastri. **FOTOGRAFÍA**: Luciano Tovoli (C) **MÚSICA:** Daniele Patucchi. **INTÉRPRETES:** Nino Manfredi (Nino Garafolo), Jonnhy Dorelli (empresario italiano) Anna Karina (Elena) Gianfranco Barra (El «Turco»), Paolo Turco (Gianni).
PREMIOS: David Donatello a la mejor película y al mejor actor (Nino Manfredi).
CALIFICACIÓN: ★★★☆☆
VIDEO / DISTRIBUCIÓN: Plataformas digitales.

ALEMANIA: MOTOR Y FRENO DE EUROPA (FASSBINDER, VON TROTTA, AKIN)

Alemania cuenta con siete millones de inmigrantes para una población superior a los ochenta millones de personas, la segunda en número más alta de Europa, tras Rusia.

Los turcos, con cerca de dos millones, encabezan una población de inmigrantes que incluye también a marroquíes, italianos, griegos y ciudadanos de países de la antigua Yugoslavia. Los españoles tienen una población en Alemania de 120.000 residentes de los que 26.000 llegaron a partir de 2009, en los inicios de la crisis.

Alemania no ha sido un país de emigrantes y el cine alemán tampoco ha sido demasiado prolífico en contar historias de inmigrantes aunque hay casos señalados como los de Rainer Warner Fassbinder y actualmente Fathi Akin.

Este último, realizador de origen turco, nacido en Hamburgo, en 1973, es un referente en el actual cine alemán y un hombre que en su filmografía ha tratado habitualmente el tema de la emigración. Una de sus primeras películas, *Solino* (2002) fue una coproducción con Italia y su argumento trata de una familia italiana que se desplaza, en 1964 a Duisburg, una localidad industrial de la zona del Ruhr, donde abren la primera pizzería de la ciudad.

En *Solino*, como en todo su cine, Akin se interesa sobre todo en reflejar las contradicciones que existen en los individuos que pertenecen a dos mundos totalmente diferentes. Este planteamiento queda definido en *Solino* donde los dos hijos se van alejando de sus padres a medida que pasan los años e incluso comienzan a rivalizar entre ellos, enamorados ambos de la misma mujer. Giancarlo, triunfa en la televisión alemana mientras su hermano Gigi, a pesar de su talento como cineasta, regresa con su madre, a Solino, el pueblo en que nació.

El filme trascurre en un periodo de 20 años y recoge con precisión y habilidad la vida en Alemania en los años sesenta y esa llegada masiva de inmigrantes procedentes de los países del sur que encontraron empleo en las industrias del acero, el carbón o la construcción. La película, junto a cuestiones familiares y generacionales, incide en los problemas de adaptación a un país diferente tanto en sus habitantes como en sus costumbres. Esa lejanía de la tierra natal puede, sin embargo, redescubrir las raíces y valorar aquello que se dejó atrás y que pervive siempre en la memoria.

Dos años después, Fathi Akin, casado con una actriz mexicano-alemana, y conocedor de primera mano de la sensación que se tiene de pertenecer a una cultura distinta a la que sus progenitores quieren inculcarle, siguió adentrándose en esos dos mundos totalmente diferentes, que representan a turcos y alemanes. En *Contra la pared* (2004), la película que le abrió las puertas del mercado internacional, plantea una historia de amor turbulenta en que los protagonistas, una pareja de turcos emigrados a Alemania, se conocen después de un intento de suicidio.

En una entrevista realizada por el escritor y pintor turco-alemán Feridun Zaimoglu para la distribuidora española Golem, en su promoción en España, Fathi Akin, explicaba que *Contra la pared* nació de *una relación que mantuvo con una novia medio turca, que le preguntó si se casaría con ella en un matrimonio de conveniencia.* «Dije que no, pero la idea siguió conmigo. Pensé que era una buena historia para una película [...] Posteriormente conocí al actor Biro Ünel cuando rodamos Kurz und schmerzlos. Me quedé fascinado. Un hombre autodestructivo, tan brillante y con tanto talento, que nada más importa. Además de todo eso, él es turco, los dos tenemos los mismos orígenes, y las tradiciones le importan un bledo. Me inspiré mucho en eso para hacer la película. Y el tercer punto en importancia fue el cine turco y la ciudad de Estambul [...] Comencé a quedarme más tiempo en la ciudad de Estambul conocí a gente, descubrí la música y el cine turco. Han producido verdaderas obras de arte que nadie conoce en Europa en las que la tragedia y la comedia se dan la mano [...] También empezaron a fascinarme las chicas turcas. Quería saber cómo reaccionaban divididas entre la tradición y las costumbres alemanas».

Debió explicarlo bien porque *Contra la pared* fue un enorme éxito en Europa donde obtuvo el premio de cine europeo y consiguió los osos de oro y plata como mejor película y director, respectivamente, en el Festival de Berlín.

Al año siguiente, en 2005, recuperó los sonidos y la música de la ciudad de Estambul, a la que aludía en aquella entrevista, con el documental *Cruzando el puente:*

los sonidos de Estambul y posteriormente rodó otro de sus títulos más reconocidos, *Al otro lado*, un drama en el que trasmite el dolor que supone sentirse prisionero de dos culturas diferentes. A través de los encuentros de seis personajes, Akin habla de las tradiciones, los radicalismos, el amor, la muerte o la cultura.

Fathi Akin comentó que uno de sus personajes, Nejat, era un profesor. «El nivel de alfabetización y los estudios tienen un papel fundamental en *Al otro lado* [...]. En la película, la lectura se convierte en un elemento clave. La lectura simboliza los estudios y sólo la educación salvará al planeta».

Fathi Akin (1973) es un reconocido admirador de *Ladrón de bicicletas*; Martin Scorsese o Marlon Brando. Sigue viviendo entre dos mundos pero con una concepción global de nuestra sociedad. Su estilo es directo, apasionado, real y lleno de referencias a esos mundos que vive y que forman parte de nuestra sociedad.

Todos nos llamamos Alí de Rainer Werner Fassbinder o la interracialidad.

MIRANDO ATRÁS: *TODOS NOS LLAMAMOS ALÍ*

Rainer Werner Fassbinder referencia del llamado cine alemán de los 70 y 80 junto a Win Wenders, Margarethe von Trotta, Werner Herzog o Volker Schlöndorff fue uno de los cineastas que primero trató en Alemania el tema de la emigración y las diferencias culturales y raciales que se produjeron.

Todos nos llamamos Alí es una historia de amor y de deseo entre una mujer alemana que supera los sesenta, que había sido miembro del partido nazi y un joven treintañero marroquí. Cuenta cómo Emmi, una mujer de la limpieza, viuda de un inmigrante polaco, se refugia de la lluvia en un bar próximo a su casa. Hay un ambiente sórdido y desasosegado. Igual de sola que en su casa, se sienta en una mesa y pide una coca-cola. Desde allí distingue a Alí entre un grupo de inmigrantes. Él se la acerca, hablan, se miran y comienzan una relación que acabará en matrimonio. En un principio todo el mundo les rechaza, sus amigos, su familia (Fassbinder interpreta al yerno de Emmi, un neonazi) y sus vecinos:

–La Kurowski se ha traído un extranjero

–¿Cómo?

–Sí. A un negro.

– ¿A un negro?

–Bueno no muy negro, pero bastante

–Ella tampoco es alemana, por completo

–Kurowski, ¡qué apellido!

Conversaciones de esta índole aparecen en *Todos nos llamamos Alí* que mereció el premio de la Critica en el festival de Cannes y que es una mirada a la soledad; la hipocresía y el racismo.

Hay otro momento en la película en que la cámara desnuda una a una las actitudes xenófobas de los personajes. Concretamente cuando EMMI presenta a sus hijos, al *moro*, como es llamado despectivamente. La cámara se detiene en cada uno de los rostros: desprecio, tristeza, odio, incomprensión e ira. Uno de los hijos destroza a patadas el televisor de EMMI y ninguno es capaz de comprender la soledad de su madre y el hecho de que la vida es corta y hay que aprovechar cada momento que nos dé.

Rodada durante 15 días, en septiembre de 1973, está película supuso el reconocimiento internacional del cineasta alemán, autor de otros títulos clave del cine europeo como *Las amargas lagrimas de Petra von Kant* o *Lili Marlen*. Fassbinder puso todo de su parte, tanto que además de dirigirla, escribió el guión, la produjo y compuso el tema principal de la banda sonora de la película, aparte de reservarse un pequeño papel en el filme.

Todos nos llamamos Alí es un filme sobre la emigración, pero Fassbinder evita el cine de denuncia centrando la historia en la relación amorosa que viven de los dos personajes. La narración adquiere un tono melodramático que nos recuerda algunos filmes de Douglas Sirk como *Sólo el cielo lo sabe* que interpretaron Jane Wyman y Rock Hudson.

LA PROMESA

Hay otra directora, Margarethe von Trotta, quién precisamente trabajó como actriz en una película de Fassbinder, *El soldado americano* (1970), en donde interpreta a una camarera con un papel similar al de EMMI en *Todos nos llamamos Alí*, que ha tenido una larga trayectoria vinculada al cine social y político.

En su filmografía como directora y guionista figuran títulos como *Las hermanas alemanas* (León de Oro en Venecia en 1981), *Rosa Luxemburgo* (1986), *La calle de las rosas* (2003), *Hannah Aredt*, (2012), basada en el pensamiento y la vida de la filosofa alemana del mismo nombre o *El mundo abandonado* (2015).

Otro de sus filmes, *La promesa* (1994), cuenta una larga historia de amor a lo largo de 30 años a raíz de que dos jóvenes intentan cruzar el muro y ella consigue llegar a la República Federal Alemana, mientras él no logra abandonar el Berlín comunista.

Con esta película trató de contar la historia del muro de Berlín y los daños que ocasionó a miles de berlineses que se vieron separados durante décadas, hasta que en 1989 se reunificaron las dos Alemanias. *La promesa* cuenta la historia de una pareja, que pudo ser la de muchas otras, que a lo largo de esos casi 30 años se vieron separados por un *muro infranqueable*. Una emigración de carácter político que Margarethe von Trotta divide en cuatro partes: 1961 (Construcción del muro); 1969 (Reencuentro en Praga y ella se queda embarazada); 1980 (El hijo cruza el muro como símbolo de unión de unos padres separados por motivos políticos) y 1989 (cuando empieza la caída y se abre el camino a la reunificación de las dos alemanias).

Película excesivamente lineal y formal que, sin embargo, no deja de ser un documento cinematográfico de algunos momentos esenciales de la historia alemana del siglo xx.

ALEMANES VIAJEROS

Si nos detuviéramos en los años del nazismo fueron millones los judíos que hubieron de desplazarse de Alemania y otros países sometidos al nazismo intentando huir de aquel régimen criminal. Fueron muchas las películas que recogieron ese éxodo pero pocas las que se acercaron a un continente, África, al que llegaron algunas familias alemanas.

Situándonos en este siglo xxi hay que referirse a *En un lugar de África*, dirigida por Caroline Link que narra la emigración de una familia judía de Alemania a Kenia. En 1938, anticipándose al inicio de la II Guerra Mundial, el abogado judío Walter Redlich *(*Merab Ninidze*)* emigra con su familia para ocuparse de una aislada granja. Jettel (Juliane Köhler), su mujer, proveniente de una familia burguesa, tiene muchas dificultades para adaptarse y esa pérdida de sus raíces y la nostalgia que siente por su país hace que se tambalee la estabilidad del matrimonio. En cambio Regine, la hija, se adapta con facilidad al nuevo entorno y disfruta de su nueva vida a pesar de que los Köhler, por su condición de judíos, sufren el rechazo de la comunidad británica y de la propia comunidad hebrea en esta región africana.

Una vez finalizada la II Guerra Mundial, Walter recibe una propuesta de trabajo que le permitirá ejercer como juez en Frankfurt, pero toda su familia se ha adaptado a su nueva vida y no desean dejar el continente africano... Un planteamiento que tiene mucho en común con la película de la española Cecilia Bartolomé, *Lejos de África*, citada en este mismo libro, que narra los años que pasó en Guinea Ecuatorial durante la dominación española.

En ambas se entremezclan dos mundos diferentes y sus protagonistas van descubriendo paso a paso que les une y que les separa del lugar en el que están viviendo. *En un lugar de África*, se basa en la novela autobiográfica de Stefanie Zweig que, en realidad, se llamaba *En ningún lugar de África* (1998) y que tuvo su continuación, aquel mismo año con *En un lugar de Alemania*, en que la familia regresa a Alemania y les resulta mucho más difícil adaptarse de lo que esperaban.

En este apartado vinculado al cine alemán hago mención, finalmente a *Almanya. Bienvenido a Alemania*, una comedia que tuvo un gran éxito comercial pero que frivoliza la emigración turca al país germano, olvidando las muchas dificultades que hubieron de soportar con respecto a algunos sectores de la sociedad alemana. *Almanya* cuenta también un viaje, el regreso a Turquía de una familia después de que el padre HÜSEYIN YILMAZ, tras 45 años de trabajo, como «*gastarbeiter*» (trabajador invitado), les anuncie que ha comprado una casa en su país de origen. Ni a hijos ni a nietos les apetece el regreso a una tierra desconocida para ellos, lo que genera un auténtico conflicto. Por si no fuera suficiente, CANAN, una de sus nietas, anuncia que está embarazada de su novio inglés, del que nadie sabe nada. Además su primo CENK, de seis años, en el primer día de colegio es tratado de *extranjero* por lo que CANAN decide contarle un cuento, una historia fantástica que le explica por qué la familia viajó a Alemania, 45 años atrás. *Cuando llegaron* –cuenta– *descubrieron a gigantes rubios que comían cerdo; adoraban a un hombre en una cruz y bebían un agua llamada Coca-Cola...*

Dos líneas, tres conceptos sencillos para explicar la fascinación que ejerció Alemania sobre sus abuelos, sin detenerse para nada en el choque cultural y en cuestiones habituales en otros filmes como el racismo o la explotación laboral. Yasemin Samdereli y su hermana Nesrim Samdereli, directora la primera y coguionistas las dos, optaron por el tono más amable de la emigración. Aparecen apuntes de racismo e intolerancia pero todo se soluciona con una sonrisa. Queda eso sí, el choque generacional, el sentido de la tradición de los mayores y la occidentalización de los más jóvenes que no sienten interés por las raíces de sus abuelos.

Es una película que tuvo buena acogida de público y que va en la línea de otros filmes recientes que tratan de manera más ligera la emigración como la película inglesa *Occidente es occidente* a la que me referiré más adelante.

ALEMANIA: FICHAS DE LAS PELÍCULAS

TÍTULO: *Solino.*
PAÍS: Alemania / Italia. **AÑO:** 2002. **DURACIÓN:** 124'. Drama. **DIRECTOR:** Fathi Akin **GUIÓN:** Ruth Toma. **FOTOGRAFÍA**: Rainer Klausman. **MÚSICA**: Jannos Eolou. **INTÉRPRETES:** Moritz Blibtreu (Giancarlo Amato), Barbaby Metschurat (Gigi Amato), Gigi Savoia (Romano Amato), Antonella Attili (Rosa Amato) Patrycia Ziolkowska (Jo), Tiziana Lodato (Ada).
CALIFICACIÓN: ★★★☆☆
VIDEO / DISTRIBUCIÓN: Plataformas digitales.

TÍTULO: *Contra la pared* (Gegen die band).
PAÍS: Alemania. **AÑO**: 2004. **DURACIÓN:** 124'. Drama. **DIRECCIÓN:** Fathi Akin. **GUIÓN:** Fathi Akin. **FOTOGRAFÍA**: Rainer Klausman (C) **MÚSICA:** Klaus Maeck. **MONTAJE:** Andrew Bird. **INTÉRPRETES**: Birol Ünel (Cahit), Sibel Kekilli (Sibel), Catrin Striebeck (Maren), Güven Kiraç (Seref), Meltem Cumbul (Selma), Cem Akim (Yimaz Güner), Aysel Iscan (Birsen Güner), Demir Gökgöl (Yunus Guner).
CALIFICACIÓN: ★★★★☆
VIDEO / DISTRIBUCIÓN: Cameo.

TÍTULO: *Al otro lado* (Auf der anderen seite).
PAÍS: Alemania. **AÑO:** 2007. **DURACIÓN:** 124' Drama. **DIRECTOR:** Fathi Akin. **GUIÓN**: Fatih Akin. **FOTOGRAFÍA**: Rainer Klausman (C). **MÚSICA**: Shantel. **INTÉRPRETES:** Tuncel Kurtiz (Ali Aksu), Nursel Köse (Yeter / Jessy), Patricya Ziolkowska (Charlotte) Hanna Schygula (Susanne Staub).
CALIFICACIÓN: ★★★★☆
VIDEO. Cameo.

TÍTULO: *Todos nos llamamos Alí* (Angst essen seele auf).
PAÍS: Alemania. **AÑO**: 1974. **DURACIÓN**: 93'. Drama. **DIRECTOR:** Rainer Werner Fassbinder. **GUIÓN:** Rainer Werner Fassbinder. **FOTOGRAFÍA**: Jürgen Jürges (C). **MÚSICA**: Peer Raben. **MONTAJE**: Henryka Dancygier. **INTÉRPRETES:** Briggite Mira (Emi Kurowski), El Hedi ben Salem (Alí), Barbara Valentin (Barbara) Irm Hermann (Krista).
CALIFICACIÓN: ★★★★☆
VIDEO: AVÁLON.

TÍTULO: *La promesa* (das versprechen).
PAÍS: Alemania. **AÑO:** 1994. **DURACIÓN:** 119'. Drama **DIRECTORA:** Margarethe von Trotta. **GUIÓN**: Margarethe von Trotta & Peter Schneider **FOTOGRAFÍA**: Frantz Rahtz (C). **MÚSICA**: Jürgen Knieper. **INTÉRPRETES**: Meret Becker, Corinna Harfouch, Anian Zollner, August Zimer, Eva Mattes, Hark Bohm, Susann Ugé.
CALIFICACIÓN: ★★★☆☆
VIDEO / DISTRIBUIDOR: Plataformas digitales.

TÍTULO: *En un lugar de África* (Nirgendwo in Afrika).
PAÍS: Alemania. **AÑO**: 2001. **DURACIÓN:** 141'. Drama. **DIRECTORA:** Caroline Link. **GUIÓN**: Caroline Link y Sthepanie Zweig. **FOTOGRAFÍA**: Gernot Rolf (C). **MÚSICA**: Niki Reiser. **INTÉRPRETES:** Juliane Khöler (Jettel Redlich), Meran Ninidze (Walter Redlich) Sidede Onyulu (Owuor), Lea Kurka (Regina Redlich, joven) Karoline Eckertz (Regina Redlich, adulta).
PREMIOS: Oscar a la mejor película en lengua no inglesa (2002).
VIDEO / DISTRIBUIDORA: Plataformas digitales.

TÍTULO: *Almanya. Bienvenido a Alemania* (Almanya-wilkommen in Deutschland).
PAÍS: Alemania. **AÑO:** 2011. **DURACIÓN:** 97'. Comedia. **DIRECTORA:** Yasemin Samdereli. **GUIÓN:** Yasemin Samdereli y Nesrin Samdereli. **FOTOGRAFIA**: The Chau Ngo (c). **MÚSICA**: Gerd Baumann. **MONTAJE:** Andrea Martens. **INTÉRPRETES**: Vedat Erincin (Hüseyin, de mayor) Fahri Ogun Yardim (Hüseyin, de joven), Demel Gül (Fayma de joven), Lilay Huser (Fayma, de mayor), Denis Moschitto (Ali), Petra Schmidt-Schaller (Gabi), Aylin Tezel (Canan), Manfred-Rafael Koussouris (Cenk).
CALIFICACIÓN: ★★½☆☆
VIDEO: Cameo.

FRANCIA: ¿LIBERTÉ, ÉGALITÉ, FRATERNITÉ? (RENOIR, COSTA-GAVRAS, GUÉDIGUIÁN, GATLIF, CANTET...)

Hay un título reciente que define la idea de multiculturidad de Francia, un país en el que el cine vinculado a la emigración recoge innumerables títulos y la implicación de cineastas de prestigio en numerosos proyectos.

Ese título es una comedia *Dios mío, ¿pero que te hemos hecho?* (2014. DUR: 97') dirigida por Philippe de Chauveron y protagonizada por Christian Clavier, uno de los cómicos de más éxito en Francia. El drama, habitual en la mayor parte de las películas relacionadas con la emigración, se trastoca en una comedia de tono ligero, en que cuatro representantes de etnias diferentes, se unen a una familia francesa tradicional.

Christian Clavier y su mujer en la ficción Chantal Lauby son un matrimonio de la alta burguesía que vive en una gran mansión, en una ciudad de provincias. La pareja mantiene las tradiciones y la religiosidad católica a pesar de que sus hijas poco a poco les van modificando todos sus cánones de conducta. Él, además, es un hombre de derechas, chauvinista y profundo admirador del general Charles De Gaulle.

De sus cuatro hijas, dos se nos muestran ya casadas con un musulmán y un judío, respectivamente; la tercera contrae matrimonio con un chino, sólo les queda la cuarta para preservar sus principios. Les dice que sí, que su novio es católico, ante la alegría de la madre, pero lo que desconocen es que es negro.

Asiáticos, árabes, judíos, subsaharianos toda una amalgama de personajes en un país dónde hay 7.400.000 emigrantes sobre una población de 65 millones de habitantes. Esa mezcolanza, esas diferencias religiosas y de costumbres tan asentadas, hacen posible que el cine trate con humor temas que pueden resultar conflictivos y que en España tuvimos un ejemplo muy claro con *Ocho apellidos vascos,* incluso su secuela *Ocho apellidos catalanes,* donde las diferencias que antes parecían infranqueables fueron abordadas con humor e ingenio.

En *Dios mío, ¿pero que te hemos hecho?,* según su director Philippe de Chauveron, «no ha habido problemas con ninguna de las comunidades representadas, ya que todos reciben por igual el mismo trato. Con buen humor se puede tocar cualquier tema. Lo que importa es que sea gracioso.»

La película se inscribe en la llamada comedia popular francesa que tan buen resultado ha tenido y que dio a conocer internacionalmente a actores del nivel de Louis de Funes, Fernandel o Jacques Tati. Christian Clavier (*Los visitantes, Operación Chuleta de ternera*) es un digno heredero de aquellos grandes cómicos y asegura la carcajada en sus interpretaciones.

Dios mío, ¿pero que te hemos hecho? trata con humor un tema que ha sido abordado dramáticamente en la mayor parte de las películas producidas en Francia, dónde encontramos muy pocos antecedentes con la inmigración en forma de comedia. Si nos remontamos unos años atrás encontramos *Eres muy guapo* (*Je vous trouvez trés beau. 2005. 97'*), película dirigida por Isabelle Mergault que cuenta cómo AYMÉ (Michel Blanc) que acaba de perder a su mujer en un accidente en la granja, se siente agobiado por el excesivo trabajo que tiene y busca los servicios de una agencia matrimonial para encontrar una nueva esposa.

La directora de la agencia decide enviarle a Rumanía donde hay numerosas mujeres que se casarían con él, con tal de salir de la miseria en que viven. Aymé considera que sería como comprar una mujer pero la directora de la agencia le dice que es todo lo contrario, porque se trata de sacar a una mujer de la pobreza y convertirse en un benefactor. Un tema complejo pero tratado con delicadeza y buen humor que en ningún momento resulta ofensivo o degradante. Tuvo un notable éxito en Francia donde obtuvo el César a la mejor Opera prima en 2006.

Hay que citar también en este apartado a *Samba* (2014. 120'), la nueva película de Olivier Nakache y Éric Toledano, los creadores de *Intocable* (2011), que contaron nuevamente en el reparto con Omar Sy, en esta ocasión interpretando a un inmigrante sin papeles que recibe la ayuda de una trabajadora social voluntaria (Charlotte Gainsburg) con la que posteriormente inicia una apasionada relación. Una tragicomedia que, junto a momentos de humor, describe la crudeza de la inmigración y la permanente inseguridad de quiénes carecen de permiso de trabajo.

LA INMIGRACIÓN: UN TEMA HABITUAL EN EL CINE FRANCÉS

Sin exagerar podemos acercarnos a más de un centenar de títulos relacionados directamente con la emigración en Francia. Películas que tratan de la presencia de magrebíes (argelinos, marroquíes, tunecinos); de subsaharianos, de habitantes de sus antiguas colonias en Costa de Marfil, Camerún o Senegal; de exiliados españoles, chilenos o argentinos; de emigrantes italianos, griegos o también españoles y una gran variedad de temas que van desde la supervivencia de los inmigrantes en barrios multiculturales, del que el realizador Robert Guediguian es un claro exponente, a cuestiones como el racismo y la xenofobia sin olvidar al inmigrante sin papeles, ilegalizado y criminalizado por el gobierno de turno.

Títulos como *La noire de* (1966), de Osmane Sembéne, coproducción con Senegal; *El té en el jardín de Arquímides* (*Le the au harem d'Archimide.* 1985); *El domingo, si Dios quiere* (*Inch Allah dimanche.* 2001), dirigida por Yamina Benguigui y en coproducción con Argelia; *Desde que Otar se marchó* (*Depuis qu' Otar est parti.* 2003), de Julie Bertucelli; *Cuscús* (*Le graine et le mulet.* 2007)... Además, por supuesto de Las películas de Robert Guediguian, Tony Gatlif o Laurent Cantet, o filmes clásicos como *Toni* (1935) de Jean Renoir, conforman ese interés de los cineastas galos por el fondo de la emigración en sus más diversas vertientes.

TONI: ¿JEAN RENOIR, EL PRIMER NEORREALISTA?

Renoir no estaba totalmente de acuerdo con que a TONI se la considerara precursora del neorrealismo italiano. Jean Renoir en su libro de memorias *Mi vida y mi cine*, publicado en España por Akal, escribió que «las películas italianas constituyen magníficas realizaciones dramáticas. En *Toni* me esforcé por no resultar dramático. Doy tanta importancia a una campesina a la que sorprendemos en el lavadero lavando su ropa blanca como al protagonista de la historia».

Según contó el cineasta francés, TONI corresponde a una de sus crisis de realismo crudo, *uno de esos momentos en que uno piensa que la única manera de hacer cine es grabar con exactitud fotográfica todo lo que ve»*.

Por eso escogió una historia real, un suceso que le contó un amigo suyo, entonces comisario de policía en la Provenza. Éste le relató la historia de TONI, un inmigrante español que trabajaba como cantero en Les Martigues, un pueblecito de esta región del sudeste francés. Una historia de amor, pasión y muerte que, contaba Renoir, *resultaba extremadamente triste, estremecedora, verdadera y que ocurrió en un entorno de inmigrantes.*

Para conseguir ese *realismo crudo,* al que se refería el director de *La gran ilusión*, recorrió con el comisario todos los lugares en que TONI había vivido o amado y fue construyendo la historia que plasmó en un guión. *Me fui a Les Martigues* –recordó– *conviví con su gente, me llevé a mi sobrino Claude (director de fotografía) y una cámara. Respiré y comí en ese país. Con actores despojados de teatralidad y hablando el dialecto de la región o con los acentos extranjeros que correspondían a los inmigrantes.*

Eran inmigrantes que llegaban en tren al sur de Francia cantando canciones de la tierra que habían dejado atrás. Eran los años treinta, el periodo entreguerras, y Jean Renoir acababa de realizar otra de sus obras cumbres, *Madame Bovary.*

Aunque Renoir no considerara que *Toni* fuera, como ya he dicho, un filme precursor del neorrealismo en el más puro sentido de la palabra, es indudable que la película reúne muchos de los elementos que posteriormente utilizarían los cineastas italianos (De Sica, Rossellini, Visconti...) incluso en lo que se refiere a resaltar los sentimientos de los protagonistas aunque, Renoir, a diferencia de los italianos, no deja la composición de la trama en un segundo plano. Para él todo tiene la misma importancia. Incluidos los aspectos técnicos como el sonido:

«Soy un apasionado creyente del sonido auténtico. Prefiero un sonido técnicamente malo, pero que ha sido grabado al mismo tiempo que la imagen, a un sonido que es perfecto pero que ha sido doblado. En Toni el sonido del tren llegando a la estación de Les Martigues no es solamente el sonido real de un tren, sino que es el sonido real de ese mismo tren que vemos en la pantalla».

El tren en *Toni*, es una vez más símbolo de los inmigrantes. El lugar donde intercambian sus canciones, su bebida o su comida y que representa al mismo tiempo su esperanza en el regreso. El tren que atraviesa el puente antes de llegar a la estación simboliza el paso de la vida campesina a la industrial. Ese puente es el que une dos mundos,

dos conceptos diferentes, la tradición y la modernidad. Los inmigrantes esperanzados, cuando llegan, tendrán que adaptarse a una tierra extraña y a un trabajo desconocido.

Toni nos acerca a los inmigrantes de hace 80 años pero al mismo tiempo desnuda las pasiones humanas. El amor, el deseo, los celos, el odio... Todos sus personajes se nos muestran tal y como son. No hay trucos. Toni está enamorado de una inmigrante española, Josefa pero es seducida por Albert, el capataz, y es forzada a casarse con él, al que finalmente acabará asesinando. Toni acude a ayudarla y le propone que simulen la muerte de Albert como si hubiera sido un suicidio.

Renoir consideraba que *Toni* no era tampoco un melodrama, pero, según el historiador cinematográfico Ángel Quintana, profesor de la universidad de Gerona, hay *una estructura que le acerca al melodrama de inspiración naturalista.* En este sentido el crítico cinematográfico y profesor de Historia del Arte de la Universidad de Barcelona, José Enrique Monterde, afirma que «los personajes se convierten en víctimas tanto de su condición social como de su destino. Este intersección entre la fatalidad trágica y el determinismo ambiental y social no pueden dejar de remitir a la tradición del naturalismo de Zola, con su caminar entre lo trágico y lo melodramático».

Toni tiene muchas lecturas y opiniones para todos los gustos pero es un filme que nos acerca a la inmigración de los años 30, a una tierra, el sur de Francia, «donde la naturaleza –escribe Renoir en el inicio del filme– contraviniendo el espíritu de Babel sabe cómo conseguir la fusión de las razas».

Al año siguiente, 1936, Jean Renoir volvería al campo, a la naturaleza para realizar un filme muy diferente, mucho más estético y poético: *Una partida de campo.*

COSTA GAVRAS: EN BUSCA DEL PARAÍSO

Una amalgama de títulos y realizadores que completa un amplio espectro de la inmigración en Francia y que voy a continuar relatando con un filme más amable, una fábula firmada por uno de los directores más combativos del cine europeo, Konstantinos Gavras más conocido como Costa Gavras, griego de origen, francés de adopción, que formaría parte de ese grupo de realizadores a los que el comunicólogo, investigador e historiador cinematográfico iraní Hamid Nacify ha denominado integrantes de un *cine acentuado,* que incluye a aquellos directores que han emigrado o se han exiliado y usan los medios de que disponen *como una respuesta estética en que prevalece la mezcla de la tradición; la defensa de las culturas diferentes y el uso del plurilingüismo.*

Para Hamid Nacify, autor de una voluminosa historia del cine social iraní y del ensayo *El cine acentuado: Exilio y diáspora cinematográfica,* hay otros directores no inmigrantes que sienten necesidad de acercarse a los sectores vinculados a las migraciones y pertenecen también a ese cine acentuado, que se distingue por la multiculturalidad de las historias y los personajes que las interpretan.

Costa Gavras es autor de algunas de las películas de denuncia más contundentes del cine europeo como *La confesión*, *Z*, *Estado de sitio*, *Missing* o *Amén*. El octagenario realizador tampoco ha sido ajeno a la crisis que ha afectado a la sociedad occidental (*Arcadia*) y por supuesto ha tratado el tema de la emigración en *Edén al oeste* que es una fábula que caricaturiza la Europa de los ricos y el difícil acceso que tiene cualquiera que intente alcanzar ese mundo idílico que puede transformarse en un infierno.

A grandes rasgos, *Edén al oeste* se inicia con el viaje de cientos de inmigrantes amontonados en una deteriorada barcaza que les lleva a Europa, ese Edén idealizado. La llegada de barcas patrulleras hace que los miembros de las mafias que han organizado el viaje huyan precipitadamente y unos cuantos inmigrantes se lancen al agua para alcanzar la costa. ELÍAS, es uno de los inmigrantes que llega a tierra y se adentra en una urbanización de lujo donde el Edén no parece muy alejado. ELÍAS fue el primero en lanzarse al mar, jugándose la vida, porque no quiere renunciar a su sueño. Quiere llegar a París pero el camino será difícil y tendrá que sortear todo tipo de actitudes por parte de las personas que se encuentra. Intolerantes, agresivos, amorales pero también personas solidarias y generosas. Durante la presentación de la película en Madrid, Costa Gavras dio una rueda de prensa en que explicó que la intención *era contar la historia de un inmigrante concreto y había que contarla de manera que no diera miedo. Todos los figurantes que hay en la barcaza son inmigrantes procedentes de los más diversos países o nacionalidades como kurdos, pakistaníes, afganos, indios, africanos que viven en un campo de refugiados e inmigrantes en Grecia.*

Costa Gavras emigró desde Grecia a París en 1951, en una época en que era más sencillo encontrar trabajo que en la actualidad. Sin admitir que hay un tono biográfico en la película, Gavras comentó que «eran cosas que él conocía. Cosas que vivía directa o indirectamente porque tenía relación con los inmigrantes en París y podía asegurar que había inmigrantes que no cogían el metro porque no tenían papeles y en el metro hay numerosos controles.» Para Costa Gavras la sociedad occidental «ha creado un sistema que hace que el inmigrante aparezca como un peligro, como un enemigo».

Edén al oeste es un homenaje a los inmigrantes, a jóvenes, como el protagonista, *Elías*, con vocación homérica que lleva a cabo su particular odisea. «Es la historia maravillosa de un joven soñador –contó Costa Gavras– que tuvo la suerte de llegar bastante lejos y quizá encontrar la fortuna y la suerte».

Por mi parte considero que *Edén al Oeste* es una historia profunda, de denuncia y de crítica pero tiene algo también de mágico, de fábula, de cuento de hadas. Costa Gavras personaliza la historia en un inmigrante que representa a todos los demás. Buscó intencionadamente que no se supiese de donde provenía. De hecho *Gavras* –explicó *en aquella rueda de prensa*, que crearon una lengua. «De hecho –dijo– tomamos el francés, escribimos los diálogos en francés pero invertimos las palabras. Si escucháis los diálogos entre inmigrantes no sabemos qué lengua es pero si lo oyésemos al revés, casi se puede entender el francés.

Para borrar esa identidad –añadió– quise que se llamara Elías, un nombre que está en todas las religiones. En la cristiana, la musulmana, la judía y además viene del griego antiguo, Helios, el sol. Elías puede ser de cualquier sitio. Si le hubiésemos asignado una nacionalidad, automáticamente estaría catalogado. Ya sería otra cosa y no un simple emigrante.»

Edén al oeste cuenta una historia generalizada de todos los inmigrantes. El filme aborda asuntos relacionados con la inmigración clandestina, las mafias, el excesivo lujo, la criminalización del emigrante («*cazaremos a los inmigrante ilegales nosotros mismos, dicen en la urbanización)* la magia *(un mago puede hacerle desparecer) sexo-deseo* (utilizan al inmigrante como objeto de satisfacción); timadores y ladrones sin escrúpulos; explotación en el trabajo; colectivos como los gitanos que son inmigrantes permanentes, racismo o unos turistas que lejos de sobrecogerse por la muerte de unos inmigrantes cuyos cadáveres aparecen en la playa, únicamente continúan preocupándose de ellos mismos: «Ya no podremos bañarnos aquí. Menos mal que tenemos la piscina».

Muchos temas en una película que juega con la metáfora y la poesía para mostrarnos una realidad latente en la sociedad occidental y que se diferencia de otros realizadores como Ken Loach o Robert Guédiguian, que elaboran un relato social mucho más duro.

Marius y Jeanette, la emigración,motor del cine realizado por Robert Guédiguian, con Ariane Ascaride su musa y su mujer en la vida real.

ROBERT GUÉDIGUIAN: EL INMIGRANTE EN LA CIUDAD

«Una de las cualidades que amo en el arte es ser cronista de la realidad. Para mí el cine tienen una función de archivo, de documento histórico y para mí es importante participar con mis películas en la sociedad a la que pertenezco». Una declaración de intenciones de Robert Guédiguian, cineasta francés, hijo de padre armenio y madre alemana, que nació en Marsella en 1953 y ha hecho objeto de su cinematografía a su multicultural ciudad natal que es, casi, una protagonista más de sus cintas.

Los personajes femeninos de sus películas tienen mayor protagonismo que los hombres. Su mujer, Ariane Escaride es musa y protagonista de la mayor parte de sus filmes, y en una entrevista publicada en el diario *El Mundo*, en 2003, Guédiguian explicaba ese mayor protagonismo de las mujeres en sus filmes porque *se acercaban más a lo que entendía por vivir. Son más combativas mientras que el hombre es depresivo y bárbaro.*

El autor de *Marius y Jeanette* (1997), *La ciudad está tranquila* (2000), *Marie-Jo y sus dos amores* (2002), *Lady Jane* (2008) o *Las nieves del Kilimanjaro* (2011) ha abordado en su cine temas como el desempleo, la inmigración, la xenofobia o el avance de la extrema derecha, algo que quedó constatado en Francia con el triunfo de Marine Le Pen en las elecciones al Parlamento europeo de 2014. El suyo es un cine combativo, que reivindica la dignidad de las clases más desfavorecidas. Tiene influencias del neorrealismo italiano pero también y en particular, de una película francesa de 1934, *Toni*, que dirigió Jean Renoir, y a la que me he referido anteriormente. En la misma entrevista en el diario *El Mundo*, Guédiguian decía que fue *Toni* la película que cambió su concepción del cine. «Creía –afirmaba– que el cine eran las películas de Tarzán y de pronto descubrí que Renoir me estaba contando una historia triste, grave sobre unos inmigrantes italianos y españoles en Francia. Lo mismo me ocurrió con *Los olvidados*, de Buñuel [...] Esto es extrapolable, a mi juicio, a gran parte de la filmografía de Pasolini, Fassbinder o Ken Loach.»

Las películas de Guédiguian según contó el mismo en aquella entrevista pueden surgir de una noticia en un periódico, una frase o un poema. «Todos mis personajes –afirmaba– pasan por experiencias que yo he conocido. A través del cine, estas experiencias, las exploto y amplifico».

Cualquier hecho puede dar origen a una cinta cinematográfica que, en su caso, no sólo ha querido apelar a las opciones morales de la sociedad sino también a las del corazón humano. Sus películas siempre tienen un contenido moral porque entiende el cine como un gesto político. Su compromiso con la sociedad lo ha trasladado a la pantalla.

Prácticamente todo su cine se desarrolla en el barrio marsellés de «L' Estaque», donde creció. Es el territorio mítico e íntimo de «sus cuentos» que, como él afirma «no tratan de reflejar la realidad del barrio, sino de presentar una propuesta, una dirección hacia la que encaminarse», de ahí el tono optimista de sus películas que, salvo *La ciudad está tranquila* describe la *alegría de vivir* que muestran sus personajes. Marsella y su barrio es el vehículo que le sirve para expresarse y mostrar su propia evolución.

Tras algunos años realizando filmes alejados de su temática habitual como *Presidente Miterrand. El paseante del champ de Mars (2005) o* el *thriller Lady Jane* (2008), en 2012 regresó a su barrio marsellés con *Las nieves del Kilimanjaro.* En una entrevista realizada aquel año y preguntado por *Las nieves del Kilimanjaro*, Guédiguian contaba que «había regresado a lo que podíamos llamar mis "fundamentos" tanto en el fondo como en la forma. La diferencia es que en una de mis primeras películas *Dernier eté,* mis personajes tenían 25 años, la misma edad que yo entonces. En *Marius y Jeanette. Un amor en Marsella*, los protagonistas tenían 40 años, los mismos que yo; y en 2012, cincuenta y pico, la misma edad que yo ahora».

Quizá esa continuidad, esa coherencia que hay en su cine esté en que los actores hayan sido los mismos en la mayor parte de sus películas con repartos encabezados por su mujer Ariane Escaride, Jean Pierre Darrousin, Gerard Meylan o Jacques Boudet... Continuidad que también le ha dado a su equipo técnico empezando por el guionista Jean Louis Milesi.

TONY GATLIF: ESPEJO DE LA CULTURA GITANA

Junto al serbio Emir Kusturica, el francés de origen argelino Tony Gatlif ha consagrado su obra cinematográfica a reflejar la cultura, idiosincrasia y tradiciones de la cultura gitana, a la que pertenece por derecho propio. Emigró a los 15 años. Vivió y durmió en la calle, robó y fue internado en un reformatorio que, como el mismo ha confesado, le cambió para siempre.

Dejó de ser un adolescente violento y provocador para convertirse en actor, músico (ha compuesto la música de muchas de sus películas como *Vengo* o *Gadjo*) y director con una veintena de filmes entre los que figura *Exils*, por la que obtuvo la Palma de Oro en el festival de Cannes a la mejor dirección en 2004.

Gatlif representa como ningún otro la multiculturalidad en su vida y en su cinematografía. *Exils*, su película más reconocida internacionalmente, nace de una idea y un concepto: «Aquellos que nos han dejado –comentó–, siempre acaban por regresar»... El cineasta francés explicó que «la película no tiene su origen en una mera idea, sino en mi anhelo de contemplar mis propias heridas. Me han hecho falta 43 años (2004) para regresar a la tierra de mi infancia, Argelia. Y casi 4 años y miles de kilómetros en la carretera, en tren, en barco o simplemente andando».

Exils relata como un día a Zano (Romain Duris) se le ocurre llevar a Naïma (Lubna Azabal), su novia a Argelia, la tierra de la que se fue con sus padres muchos años atrás. Con la música casi como única compañera de viaje, la joven pareja, emprende un viaje para conocer sus orígenes. Después de pasar unos días en Andalucía cruzarán el mar Mediterráneo para alcanzar la costa argelina, en un viaje inverso al del exilio y con el único propósito de encontrarse a sí mismos cuando alcancen la tierra donde nacieron.

Gatlif explicó que con *Exils* quería acercarse lo más posible a la realidad de su propia experiencia, con la intención de capturar la sensualidad física de los personajes. *Quería abrazar la realidad y filmar ese viaje desde París, desde un edificio alto o, por el contrario, la plaza principal de Sevilla o el cementerio de Argel desde el suelo al amanecer.*

La música, como dice en un momento determinado ZANO, el protagonista de *Exils*, es *su religión*. Unas composiciones que aparecen en toda la obra de Tony Gatlif y tiene su protagonismo absoluto en el documental *Latcho drom* dedicado a los ritmos y cantes gitanos. La película es un viaje musical que le llevó, durante más de un año, a Andalucía, en España, Turquía, Rumanía, Hungría y Francia.

INDIGNADOS

Una de sus últimas títulos *Indignados* (2012), basado en el libro de Stéphane Hessel, una mezcla de ficción y cine documental, es un homenaje a la obra de Hessel que es fundamental en la creación y fortalecimiento de los movimientos sociales en Europa desde finales de 2010.

Gatlif contó en el Festival de Berlín, donde presentó la película, que ésta surgió después del discurso del entonces presidente francés Nicolás Sarkozy, en que atacó a la comunidad gitana. «Como reacción no se me ocurrió otra cosa que hacer una película. Así nació *Indignados*, cuando leí el libro sentí lo mismo que Stéphane Hessel, la necesidad de una insurrección pacífica».

Gatlif movió su cámara por París, Madrid o Atenas para denunciar el ataque producido contra gitanos e inmigrantes. «Mi filme es un tributo a los ultrajados» y un testimonio de la difícil situación que atraviesan muchos europeos, desencantados y frustrados aunque espero en que se puedan cambiar las cosas y levantar un mundo mejor». Personajes que como en el libro de Hessel, «no están armados y si indignados» En lugar de escribir en los muros –manifestó Tony Gatlif– escribimos en las pantallas con la cámara. Dialogamos a través de eslóganes».

Tony Gatlif, francés, argelino, mediterráneo y ante todo ciudadano del mundo, solidario y comprometido con los más desfavorecidos. Su cine, cualquiera de sus películas, es su seña de identidad.

BIENVENIDOS: REGRESEN A SU PAÍS LO ANTES POSIBLE

Hay otros títulos y realizadores que merecer ser considerados como es el caso de *Welcome*, película de Philipe Loiret quién en 2009 realizó esta película que se inspira en las noticias sobre inmigrantes que llegaban a Calais para tratar de entrar en el Reino Unido. Para documentarse recurrieron a testimonios reales y de asociaciones humanitarias. De hecho varios de los actores no son profesionales, entre ellos el protagonista, un kurdo de 17 años, Bial, interpretado por Firat Ayverdi.

Bial ha cruzado Oriente Próximo y Europa para reunirse con su novia que ha emigrado a Inglaterra. Pero sus intenciones se truncan en Calais cuando las autoridades francesas le impiden cruzar el Canal de la Mancha. Bial decide entonces cruzar el Canal a nado y para ello se entrena todos los días y casi compulsivamente ayudado por Simon (Vincent Lindon) y la esposa de éste Marion (Audrey Dana), quien trabaja en una asociación humanitaria. La pareja decide ayudar al chico, aparcando sus problemas ya que se encuentran en pleno proceso de separación. Es una película sobre la solidaridad y un testimonio de hechos que ocurren con frecuencia en otros muchos puntos de Europa. El filme tiene un final trágico pero sirvió para cuestionar una ley francesa llamada «Delito de solidaridad», que era una penalización de aquellos que socorren a los extranjeros sin papeles. No fue aprobada su derogación en 2009, durante el gobierno de Nicolas Sarkozy, pero cuatro años después, durante el gobierno socialista de François Hollande esta ley fue derogada al considerarse que no había delito cuando la ayuda se ofrece sin ánimo de lucro y *con el único objeto de ofrecer condiciones de vida digna y decente en el extranjero. Esto permite* según la misma disposición, *incriminar a los que introducen ilegalmente extranjeros y a los traficantes al mismo tiempo que eliminan la posibilidad de acusar, con el mismo fundamento, a comportamientos cuyo motivo es humanitario y totalmente desinteresado.*

Por su parte el realizador finlandés Aki Kuarismäki (*Nubes pasajeras*, *Una vida de bohemia*) dirigió en 2011 *Le Havre*, que tiene como protagonista a un bohemio escritor, Marcel (André Wils) que se traslada a esta ciudad portuaria del noroeste de Francia, donde se dedica a trabajar como limpiabotas, con muy escasos clientes, si acaso algún mafioso con intenciones de huir de sus perseguidores. Con su esposa enferma (Kati Outinen), sin que sea consciente de su gravedad, Marcel centra sus atenciones en un joven inmigrante africano que acaba de llegar en patera y al que intenta detener la policía. Marcel le ayuda, lucha contra la indiferencia y encuentra el apoyo y la solidaridad de los habitantes del barrio. Un *Don Quijote* que se enfrenta a la maquinaria burocrática de un Estado democrático que, a través de su policía, sólo quiere apresar a quién ha trasgredido sus leyes por muy injustas que estas sean.

Kuarismäki no construye un drama y más bien utiliza su particular sentido del humor dándole un tono positivo a su película. En *Le Havre* el realizador elige que sus personajes sean personas a las que no ha acompañado la suerte y busca la parte positiva de la vida en zonas o lugares en que sería difícil encontrarla. En *Le Havre* tienen tanto protagonismo los actores como la ambientación del barrio elegido, en interiores deteriorados y envejecidos que dan cierto tono de decadencia que podría ser una metáfora de la sociedad europea occidental.

ESCUELAS MULTICULTURALES

En la escuela, en los colegios está el futuro de nuestras sociedades. La enseñanza, el respeto al otro, la aceptación de las diferencias tienen un germen decisivo en los primeros años de formación de los seres humanos.

Hay una película, *La clase*, dirigida por Laurent Cantet que es un filme didáctico y descriptivo de cuáles son las inquietudes, los sueños y las esperanzas de unos adolescentes procedentes de lugares muy diferentes, que confluyen en un mismo espacio, que determinará su futuro en la sociedad.

La película es la crónica de un año escolar. El encuentro de 25 personas que no han elegido estar juntas y que, sin embargo, deberán tratar de relacionarse durante todo el curso.

François Bégaudeau, autor de la novela en que se basa la película y protagonista del filme, interpreta a un joven profesor de lengua francesa en un instituto de París de los considerados conflictivos. La inmigración, el desarraigo, la falta de sentimiento de pertenencia a un país y los propios problemas del proceso educativo, se mezclan con un proceso de aprendizaje del sistema democrático. Un microcosmos en que el personaje de *François* pasa de la complicidad y empatía con sus alumnos a la impotencia más absoluta en cuestión de minutos.

Según contó Laurent Cantet, aunque la película se ciñe a la experiencia del propio *François*, hay algunas licencias de ficción, como la historia de una agresión protagonizada por un alumno y el consiguiente proceso disciplinario al que fue sometido, que confiere cierto suspense al filme.

En *La clase* asistimos a un continuo reto verbal. *François* se sustenta en el poder de la palabra para debatir con sus jóvenes alumnos. Hay que llevar la clase con inteligencia como hace *François*, para que de esas dialécticas verbales, todos saquen algo positivo. Hay preguntas, respuestas, intercambio de ideas pero también muchos momentos de desasosiego.

Laurent Cantet consideró que «la película comunica un mensaje positivo porque reconoce que el colegio es, a menudo caótico. Se viven momentos de desaliento, pero también de gran felicidad. Y entre este gran caos surge bastante inteligencia [...] Pocos profesores se arriesgan tanto como François con sus alumnos. No se arriesgan a fracasar. Es más fácil trasmitir el saber mediante una clase magistral que intentar hacerles partícipes a todos sin que se den cuenta. Algunos se lo reprochan y otros le envidian. Este hombre tiene algo de Sócrates».

Posterior a *La clase* es otro título notable, *La profesora de historia* (*Les héritieurs.* 2014. 100'. Acontracorriente), de Marie-Castille Mention-Schaar que trata de los problemas en una clase multicultural con alumnos adolescentes. La propuesta de la profesora de realizar un estudio sobre el holocausto va a cambiar su visión de la vida y posiblemente su futuro. Hay una interpretación excepcional de Ariane Ascaride, la mujer y musa de Robert Guèdiguian.

HOY EMPIEZA TODO

Si hay un cineasta francés por el que siento especial predilección no puedo dejar de referirme a Bertrand Tavernier, director y guionista nacido en 1941. Es, sin lugar a dudas, uno de los más comprometidos realizadores de su país, que afronta en su amplia filmografía, diferentes géneros aunque siempre a partir de tramas de fuerte contenido ideológico.

Admirador de Chabrol, Godard o Sautet, Bertrand Tavernier debutó en 1974 en el largometraje con una adaptación de la novela de Georges Simenon, *El relojero de St. Paul* (que recibió el Oso de Plata en el Festival de Berlín. Siguió con títulos como el premiado drama histórico *Que la fiesta comience* (*Que la féte commence*, 1975) y el drama psicológico *El Juez y el asesino* (*Le juge et l'assassin*, 1975). Luego dirigió un polémico y premiado film de ciencia-ficción, *La muerte en directo* (*La mort en direct*, 1980), que no deja de ser un anticipo de los *reality shows*, cuando una cadena de televisión convence a una mujer desahuciada (Romy Schneider) a que se deje filmar en las últimas semanas de su vida, para que los espectadores puedan comprobar su deterioro físico y la enfermedad que le conduce a la muerte. *Alrededor de la medianoche (Round Midnight* 1986), *Un domingo en el campo.*

(*Un dimanche à la campagne*, 1984), *La carnada* (*L'appat*, 1995), *Capitán Conan* (*Captaine Conan*, 1996) u *Hoy empieza todo* (*Ca commence aujourd'hui*, 1999), son otros de los títulos destacados en su obra cinematográfica.

Hoy empieza todo no es un filme propiamente dicho sobre la emigración pero los inmigrantes forman parte del entorno, de los sectores más desfavorecidos de la población. *Hoy empieza todo* es una película de denuncia, utilizando ciertas técnicas cercanas al documental, que constata la escasa implicación de las instituciones públicas hacia la educación y en particular en zonas como la que retrata la película: un pequeño pueblo del norte de Francia donde el 30 % de los 7.000 habitantes está sin trabajo a causa de la crisis de la minería. El filme refleja toda la problemática de una pequeña comunidad minera: paro, desestructuración familiar, y falta de esperanza en el futuro ante las nulas soluciones que se aportan a sus problemas.

En ese entorno Daniel Lefébvre (Philippe Torreton), un hombre de 40 años, es el director y profesor de la escuela infantil que trata de dignificar su trabajo. Da-

NIEL sin eludir sus propios problemas personales, se implica en los que afectan a sus pequeños alumnos solicitando la ayuda de la comunidad.

DANIEL se empeña en que su centro, sea un lugar que haga felices a sus alumnos, donde los niños pueden escapar de la cruda realidad que les envuelve. *Hoy empieza todo* es, además, un homenaje a la figura del educador, capaz de enfrentarse a la burocracia y a todas las precariedades que afectan al centro con tal de ayudar a sus alumnos.

LAS MANOS EN EL AIRE

Es una película emocionante, solidaria y profundamente humana que, en cierto modo, se adelanta a filmes como el ya citado *La clase* o el más reciente *Las manos en el aire* (2010) (*Les mains en l'air*), película de Romain Goupil que trata sobre la expulsión de inmigrantes sin papeles.

Este último filme se sitúa en 2067 en una sociedad del futuro. MILANA, una mujer mayor de origen checheno, recuerda sus años de colegio en 2009, y en particular la alianza que hicieron entre los niños de su clase para salvarla de la expulsión del país, como ya había sucedido con otro niño.

Centrada en el mundo de la infancia, más que en el de los adultos, la película tuvo cierto morbo ya que una de las protagonistas era Valeria Bruni, que interpretaba a la madre de unos compañeros de MILANA, a la que acoge en su casa. Hermana de la por aquel entonces primera dama francesa y cuñada del ex presidente de la República, Nicolás Sarkozy, la película criticó uno de los puntos más controvertidos de su Gobierno, la política migratoria que incluía expulsiones inmediatas en avión hacia Kabul, de inmigrantes afganos sin papeles.

Las manos en el aire es una película valiente, de compromiso, que muestra la capacidad solidaria de los más pequeños que no entienden de razas, credos o ideologías y que en medios como la revista *Cinemanía* fue calificada como «una fábula de enorme calado fílmico y emotivo, una sutil introspección humanista [...] Apasionante».

MAGREBÍES, AFRICANOS Y YA CIUDADANOS FRANCESES

La población inmigrante en Francia procedente del Magreb es la más numerosa de todas cuantas se asientan en su territorio. Los magrebíes, entre inmigrantes e hijos de inmigrantes nacidos en Francia, se acercan a los doce millones de habitantes y proceden especialmente de tres países: Argelia, Marruecos y Túnez. El estudio de las migraciones internacionales ha sido objeto de numerosos trabajos desde hace tiempo, como el de Pierre George de 1976, en el que distingue tres tipos de inmigrantes: por un lado, lo que llama «*trabajadores extranjeros*» que no son nada más que inmigrantes temporales, que tienen un contrato de trabajo en el país que les acoge durante sólo un período de tiempo definido; por otro, los llamados propiamente «*inmigrantes*», que son los que desean cambiar de país y en un plazo más o menos largo de nacionalidad.

Finalmente, también hay que señalar la presencia de los llamados «*inmigrantes ilegales*». Los tres tipos de inmigrantes extranjeros se dan en el caso francés. La inmigración comenzó desde la primera guerra mundial por cuestiones militares o para cubrir la mano de obra ya que los nacionales fueron movilizados para combatir contra los alemanes. Pero no es hasta la segunda contienda mundial en que comienzan a producirse los primeros grandes flujos migratorios, procedentes sobre todo de Argelia, país que fue colonia francesa desde 1830 hasta el 1 de noviembre de 1962 tras una cruenta y larga guerra que se inició en 1954. En el cine tenemos varias referencias a aquella guerra con títulos como *La batalla de Argel*, dirigida en 1966 por Gillo Pontecorvo; el filme más comercial *Lost command* (1966), que en España se llamó *Mando perdido*, del estadounidense Mark Robson con un reparto estelar encabezado por Anthony Quinn, Alain Delon, Michele Morgan, Claudia Cardinale y George Segal y, en 2010 *Hors-la-loi,* película francesa dirigida por el realizador Rasid Bouchareb. En 2012, el cineasta Alexandre Arcady se atrevió con la adaptación de la novela de Yasmina Khadra, *Lo que el día debe a la noche*, filme de tono épico que incide en la ruptura que se va produciendo entre los colonos y los jóvenes nativos que acabará desembocando en una cruenta guerra. El origen de los inmigrantes argelinos en Francia se centralizaba en las regiones montañosas argelinas, en concreto la Cabilia.

En un extenso artículo publicado por M.ª Rosa Ferrer, en la revista de Geografía y Ciencias Sociales de la Universidad de Barcelona, en el lejano 1999, se dan algunas de las claves de la inmigración argelina que puede hacerse extensible a la de otros inmigrantes provenientes de Marruecos, Túnez y el África subsahariana. Escribe M.ª Rosa Ferrer que «los emigrantes eran miembros de familias campesinas y, en un principio, comprendía sólo hombres. La localización espacial de los inmigrantes es sobre todo fuerte en las grandes aglomeraciones urbanas; y dentro de ellas, en las zonas más pobres de las ciudades, convertidas normalmente en guetos donde convergen los inmigrantes de una misma nacionalidad.

Los inmigrantes extranjeros viven en edificios antiguos en una proporción muy superior a la de los propios franceses. Se trata, además, de viviendas pequeñas, en las que, en muchos casos, viven hacinadas más personas de las que sería deseable.»

Hay algunas películas que definen especialmente esta situación como *El chico de la Chaâba* (*Le Gône du Chaâba.* 1998) de Christophe Ruggia que se sitúa en la Chaâba, un barrio de chabolas en la región de Lyon, habitado por familias de procedencia argelina que llegaron a Francia huyendo de la violencia y la pobreza. La película cuenta la historia de un niño de 9 años nacido en Francia, hijo de inmigrantes argelinos, que vive en ese barrio de miseria, de cartones y chapas de latón, y que forma parte de la primera generación de franceses procedentes de la inmigración de la antigua colonia.

El filme está basado en la novela del mismo título de Azouz Begag, quién relata su propia infancia en la Châaba y describe, como también hizo Christophe Ruggia en la adaptación cinematográfica, la miseria, el desarraigo, la crisis de identidad, las diferencias interculturales o la difícil adaptación a la escuela.

EL PROBLEMA DE LA INTEGRACIÓN

El problema de la integración tiene que ver con las relaciones entre inmigrantes y población del país de acogida. La presencia de inmigrantes extranjeros es percibida por determinados sectores de la población autóctona como inquietante cuando éstos sobrepasan un determinado volumen de población, a este punto hay que añadir la extremada diferencia cultural que existe ambas poblaciones.

La adaptación de los magrebíes afecta no sólo al idioma, sino también a sus creencias religiosas, o forma de vida. Para el experto en inmigración, Paul Oriol (pauloriol-over-over.fr), *una política de integración supone que los inmigrantes puedan conservar su personalidad, pero que no cuestionen las reglas impuestas por la sociedad de acogida, que permite una cierta unidad dentro de la diversidad. La integración se realiza, sobre todo, a través de la escuela aunque para los adultos, la diferencia cultural hace que la integración sea difícil y ello lleva a un auto-aislamiento de los propios inmigrantes. Los inmigrantes suelen reunirse en lugares que tienen que ver con su país de origen. Crean una especie de gueto en el que no se relacionan con la sociedad de acogida.*

Esa situación ha sido profusamente tratada por el cine francés de forma directa con películas como *El domingo si Dios quiere* (*Inch'Allah dimanche.* 2001) de Yamina Benguigui; *Vivir en el paraíso* (*Vivre au paradis.* 1998) de Bourlem Guerdjou que inciden en la adaptación de las mujeres argelinas en la sociedad francesa ; *Cuscús* (*Le graine et le mulet.* 2007) de Abdellif Kechique que describe la lucha de un tunecino que pierde su trabajo y cómo abre un restaurante apoyado por su familia y su ex mujer y *El té en el jardín de Arquímedes* (*Le the au harem d' Archimide.* 1985), de Mehedi Charef, en que la amistad entre un árabe y un francés prevalece por encima de cualquier otra cuestión.

Películas que tratan esa problemática y las dificultades que existen para integrarse en una sociedad que te resulta ajena en su estructura y costumbres. Una integración que debe producirse y en la que nunca hay por qué olvidar las raíces... Lo hemos visto también en películas como *El largo viaje* (*Le gran voyage.* 2004) de Ismael Ferroukhi que narra cómo un joven estudiante de origen marroquí lleva a su padre en coche desde el sur de Francia, donde viven, hasta la Meca... El joven ve con escepticismo el viaje pero a lo largo de los 4800 km que hay de distancia entre un punto y otro va acercándose a su padre y a sus raíces, al mismo tiempo que él aproxima a su progenitor a las virtudes de la civilización occidental. Es un viaje de paz y de acercamiento entre culturas, por encima de cualquier radicalismo y en que prevalece la inteligencia y la razón.

Hay otra título que es una coproducción entre Francia y España *Lejos* (Loin. 2001) firmada por André Techiné que como en *Lamerica*, de Gianni Amelio o *América*, de Elia Kazan muestra los deseos de un joven marroquí por alcanzar Europa que es el sueño que ha idealizado desde niño. Una ciudad tan cosmopolita como Tánger es el punto de reunión de los protagonistas del filme: un camionero español, su amante judía y el joven marroquí que se relaciona con extranjeros o inmigrantes clandestinos con la esperanza de viajar a Europa. Una amalgama de culturas en una ciudad que es símbolo de convivencia y tolerancia, pero la integración resulta siempre difícil y la presencia de los inmigrantes magrebíes en Francia crea un rechazo por parte de un sector de la sociedad francesa. La hostilidad de parte de la población hacia la inmigración argelina, marroquí o tunecina se ha traducido en los resultados electorales de los últimos años. La extrema derecha, el Front National de Marine Le Pen gana cada vez más adeptos en las zonas receptoras de inmigración. Un movimiento de rechazo que está creciendo en otros puntos de Europa y que está sustentando un sentimiento islamofóbico alimentado por atentados terroristas como los que ocurrieron en París el siete de enero de 2015, con el asesinato de 12 periodistas, humoristas o policías que trabajaban en el semanario satírico *Charlie Hebdo* o más próximamente en el tiempo los brutales ataques contra la sala Bataclan el 13 de noviembre de 2015, restaurantes y el estadio de Saint Denis que supusieron la muerte de 137 personas y más de 400 resultaron heridas. Asesinos yihadistas que nada tienen que ver con las diferentes comunidades musulmanas instaladas en diversos países europeos.

FRANCIA: FICHAS DE LAS PELÍCULAS

TÍTULO: *Edén al oeste* (Edén a l'ouest).
PAÍS: Francia. **AÑO:** 2009. **DURACIÓN:** 110'. Drama. **DIRECTOR:** Costa-Gavras. **GUIÓN:** Costa-Gavras y Jean Claude Grumberg. **FOTOGRAFÍA**: Patrick Blossier. **MÚSICA:** Armand Amar. **INTÉRPRETES:** Riccardo Scamarcio (Elías), Odysseas Papaspiliopoulos (Amigo de Elías), Lea Wiazewsky (Nina), Gil Alma (Bob), Eric Caravaca (Jack), Stella-Melina Vasilaki (Azafata) Konstantinos Markoulakis (Yvan), Ulrich Tukor, Juliane Köehler, Anny Duperey.
CALIFICACIÓN: ★★★⯪☆
VIDEO: Cameo.

TÍTULO: *Marius y Jeannette, un amor en Marsella* (Marius et Jeannette).
PAÍS: Francia. **AÑO:** 1997. **DURACION**: 105'. **DIRECTOR**: Robert Guédiguian. **Guión**: Robert Guédiguian, Jean Louis Milesi. **Fotografía**: Bernard Cavalié. **Música:** Richard Strauss, Antonio Vivaldi **Montaje:** Bernard Sasia. **Intérpretes**: Ariane Ascaride, Gérard Meylan, Jean-Pierre Darroussin, Jacques Boudet, Frédérique Bonnal, Laetitia Pesenti, Pascale Roberts.
CALIFICACIÓN: ★★★⯪☆
VIDEO: Cameo.

TÍTULO: *Las nieves del Kilimanjaro* (Les neiges du Kilimandjaro)
PAIS: Francia. **AÑO:** 2011. **DURACIÓN:** 109' Drama. **DIRECTOR:** Robert Guédiguian. **GUIÓN**: Robert Guédiguian, Jean-Louis Milesi. Basado en el poema de Víctor Hugo, «*La gente pobre*». **FOTOGRAFÍA:** Pierre Milon. **MONTAJE:** Bernard Sasia. **INTÉRPRETES:** Ariane Ascaride, Jean-Pierre Darroussin, Gérard Meylan, Marilyne Canto.
CALIFICACIÓN: ★★★☆☆
VIDEO: Cameo.

TÍTULO: *Toni.*
PAÍS: Francia. **AÑO:** 1934. **DURACIÓN:** 82'. Melodrama. **DIRECTOR:** Jean Renoir. **GUIÓN**: Jean Renoir, Carl Einstein. Basada en la novela *Toni*, de Jean Lever. **PRODUCTOR**: Marcel Pagnol. **MÚSICA**: Paul Bozzi, **FOTOGRAFÍA**: Claude Renoir (B&W). **MONTAJE:** Suzanne de Troeye y Marguerite Renoir. **INTÉRPRETES:** Charles Blavette (Toni), Celia Montalván (Josefa), Edouard Delmont (Fernand), Max Dalban (Albert), Jenny Hélia (Marie), André Kovachevitch (Sebastien).
CALIFICACIÓN: ★★★★☆
VIDEO: VERSUS Entertainment.

TÍTULO: *Exils.*
PAÍS: Francia. **AÑO:** 2004. **DURACIÓN:** 103'. **DIRECTOR:** Tony Gatlif. **GUIÓN**: Tony Gatlif. **FOTOGRAFÍA**: Céline Bozon. **MÚSICA:** Tony Gatlif y Delphine Manatoulet. **MONTAJE:** Monique Dartonne **INTÉRPRETES:** Romain Duris (Zano), Lubna Azabal (Naïma), Leila Makhlouf (Leila), Habib Cheik (Habib), Zouhir Gacem (Said).
CALIFICACIÓN: ★★★☆☆
VIDEO: DIVISA HOME VIDEO.

TÍTULO: *Welcome.*
PAÍS: Francia. **AÑO:** 2009. **DURACIÓN:** 110'. Drama. **DIRECTOR:** Philippe Loiret. **GUIÓN**: Philippe Loiret, Emmanuel Courcol y Olivier Adam. **FOTOGRAFÍA:** Laurent Dailland (C). **MÚSICA:** Nicola Piovani, Wojciech Kolar y Armand Amar. **INTÉRPRETES:** Vincent Lindon (Simón), Firat Ayverdi (Bilal), Audrey Dana (Marion), Derya Ayverdi (Mina), Thierry Godard (Bruno), Selim Akgül (Zoran).
CALIFICACIÓN: ★★★☆☆
VIDEO: CAMEO y Plataformas digitales.

TÍTULO: *Le havre.*
PAÍS: Francia / Finlandia / Noruega. **AÑO:** 2011. **DURACIÓN:** 90'. Comedia dramática. **DIRECTOR:** Aki Kuarismäki. **GUIÓN**: Aki Kuarismäki. **FOTOGRAFÍA**: Timo Salnimen. **MONTAJE:** Timo Linnasalo. **INTÉRPRETES**: André Wilms, Kati Outinen, Jean-Pierre Darroussin, Blondin Miguel.
CALIFICACIÓN: ★★★½☆
VIDEO: Cameo.

TÍTULO: *Eres muy guapo* (Je vous trouvez très beau).
PAÍS: Francia. **AÑO:** 2005. **DURACIÓN:** 96'. Comedia dramática. **DIRECTORA:** Isabelle Mergault. **GUIÓN**: Isabelle Mergault. **FOTOGRAFÍA**: Laurent Fleutot (C). **MÚSICA**: Bob Lenox y Adam Wisniak. **MONTAJE**: Marie-Josephe Yoyotte y Colette Beltrán.
INTERPRETES: Michel Blanc (Ayné), Medeea Marinescu (Elena), Wladimir Yordanov, Eva Darlan.
CALIFICACIÓN. ★★★☆☆
VIDEO: DIVISA.

TÍTULO: *La clase* (Entre les murs).
PAÍS: Francia. **AÑO:** 2008. **DURACIÓN:** 128'. Drama. **DIRECCIÓN:** Laurent Cantet. **GUIÓN**: Laurent Cantet, Robin Campillo, François Bégaudeau (Según la novela *Entre les murs*). **FOTOGRAFÍA:** Pierre Milon. **MONTAJE:** Robin Campillo. **INTÉRPRETES**: François Bégaudeau (François), Louise Grinberg (Louise) Frank Keita (Souleymane), Nassim Amrabt (Nassim), Esmeralda Ourtani (Esmeralda), Laura Baquela, Cherïf Bounaïdja, Juliette Demaille, Dalla Doucoure, Arthur Fogel, Damien Gomes.
CALIFICACIÓN: ★★★★☆
PREMIOS. Palma de oro en el festival de Cannes (2008).
VIDEO: CAMEO. / www.golem.es/laclase

TÍTULO: *Hoy empieza todo. (Ca commence au jour d'hui).*
PAÍS: Francia. **AÑO:** 1999. **DURACIÓN:** 95'. Drama. **DIRECTOR:** Bertrand Tavernier. **GUIÓN**: Dominique Sampierom (que fue maestro durante más de 20 años en Hernaing, una localidad del norte de Francia y cuyas experiencias trasmite en la película), Tiffany Tavernier y Bertrand Tavernier. **FOTOGRAFÍA**: Alain Choquart (C). **MONTAJE**: Sophíe Brunet **MÚSICA**: Louis Sclavis.
INTÉRPRETES: : Philippe Torreton (Daniel Lefébvre), María Pittaresi (Valeria), Nadia Kaci (Samia), Veronique Ataly (señora Liénard), Nathalie Bécue (Cathy), Emmanuelle Bercot (señora Tiévaux), Betty Teboulle (señora Henry), Gérard Giroudon (Alcalde), Didier Bezace (Inspector), Marief Guittier (Daniel), Daniel Delabesse (Marc).
PREMIOS: Destacan el Premio de la Crítica Internacional del Festival de Berlín y Premio del Público en el Festival de San Sebastián. Hay que señalar que obtuvo diversos premios en sindicatos de enseñanza.
CALIFICACIÓN. ★★★★☆
VIDEO: Vértigo / Manga films.

TÍTULO: *Las manos en el aire (Les mains en l'air).*
PAÍS: Francia. **AÑO:** 2009. **DURACIÓN:** 88'. Comedia Dramática. **DIRECTOR:** Romain Goupil. **GUIÓN**. Romain Goupil. **FOTOGRAFÍA:** Irina Luftohansky. **MÚSICA:** Philippe Hersant. **MONTAJE**: Laurence Briaud.
INTÉRPRETES: Valeria Bruni Tedeschi *(Cedrine)*, Linda Doudaeva (Milana), Jules Ritmanic (Blaise), Louka Masset (Ali), Jeremie Yousaf (Claudio), Dramane Saramboumou (Youssef), Emma Charpentier (Emma), Jules Charpentier (Arthur) Hippolyte Girardot (Rodolphe).
CALIFICACIÓN: ★★★☆☆
VIDEO: KARMA.

TÍTULO: *Cuscús. (Le graine et le mulet).*
PAÍS: Francia. **AÑO:** 2007. **DURACIÓN:** 151'. **DIRECTOR:** Abdellatif Kechique. **GUIÓN:** Abdellatif Kechique. **FOTOGRAFÍA**: Lubomir Bakchev (C). **MÚSICA:** Varios compositores.
INTÉRPRETES: Habib Boufares (Skimane), Bouraouïa Marzouk (Souad), Farida Benkhetache (Karima), Sabrina Ouazani (Olfa) Hafsia Herzi (Rym).
PREMIOS: Especial del Jurado y FIPRESCI en el Festival de Venecia 2007 y los Cesar a mejor película, director, guión y montaje.
VIDEO: EMON / VERTIGO / DeAPLaneta.

OTROS TÍTULOS RECOMENDABLES:

Azur & Asmar (2006. Duración 99'), de Michel Ocelot; *Cheb*, de Rachid Bouchared (1990. Duración 86'); *De todo corazón* (*A la place du coeur*), de Robert Guedeguian (1998. Duración 100') y *El odio* (*La haine*), de Mathieu Kassovitz (1994. Duración 96').

BÉLGICA: LOS HERMANOS DARDENNE

Jean Pierre (1951) y Luc (1954) Dardenne forman una de las parejas de cineastas más creativas del panorama europeo. Los hermanos belgas han creado su propio sello de identidad, desde que rodaran sus primeras películas hace más de 30 años. Desde el éxito de *La promesa*, que ganó la Espiga de oro en la Semana Internacional de Cine de Valladolid en 1996, su cine se ha hecho imprescindible en festivales europeos como Cannes donde han conseguido dos palmas de oro por *Rosetta* (1999) y *El niño* (2005).

Formados en el documental durante los años setenta, su cine se ha caracterizado siempre por la intensidad y dinámica de sus planos y la utilización de la cámara tan cerca de los protagonistas que, en algunos momentos, parece perseguirles. Esa cercanía hace que el espectador se implique en el relato y que de alguna manera se sienta acompañante del protagonista de la historia «Filmamos –han dicho– lo que no se suele ver, lo que no se quiere ver». Son películas que encuadraríamos en el llamado realismo social pero son también dramas morales en los que se puede apreciar un cierto fatalismo. Dickens en la literatura y Ken Loach en la cinematografía se antojan como dos de sus referentes. Los niños, los adolescentes son habituales en sus películas y como Loach se interesan por personas de la clase trabajadora, su vida cotidiana y la marginalidad económica de sus personajes. Pero a diferencia del realizador británico, que en sus películas aborda el conflicto de los individuos con el estado o con las empresas en que están empleados; los hermanos Dardenne se preocupan sobre todo por la integridad moral del individuo. Por eso la redención juega un papel importante en su cine.

Jonathan Rommey critico de *Cahiers du Cinema* (octubre de 2011), escribió que «los personajes de los hermanos Dardenne se guían por un propósito que les ayuda a enfrentarse al mundo, viéndose envueltos frecuentemente en acciones moralmente dudosas».

En su cine vemos la vida tal y como es, sin engaños. En la mayoría de sus películas, ya he dicho, aparecen casi siempre niños o adolescentes (*La promesa, El niño, El hijo, El niño de la bicicleta)* inmigrantes *(La promesa, El silencio de Lorna);* desempleados *(Rosetta, Dos días, una noche).* El escenario, desnudo, siempre en un segundo plano, se sitúa siempre en la región belga de Seriang, en Lieja, muy cerca de la frontera alemana. Es una zona minera y hasta los años setenta contó con una importante industria del acero. Hoy es una región depauperada después de los años de bonanza que vivió y en esa región crecieron los dos cineastas a los que gusta definirse como «una persona con cuatro ojos». Una comunión, una simbiosis que les ha permitido contar historias que no dejan indiferente al espectador: «Amamos –han manifestado– el mundo marginal, la forma de buscarse la vida de sus gentes. No creemos que filmamos a víctimas sino a personas en circunstancias muy duras».

Por encima del paisaje o el entorno están sus personajes, actores habituales en sus películas, Olivier Gourmet, Jérémie Renier y Fabrizio Rongione y el equipo técnico con el que cuentan empezando por el director de fotografía Alain Marcoen o la montadora Marie Héléne Dozo. Otra de las características del cine de los hermanos Dardenne es que carece de partituras musicales o bandas sonoras tendencia que se ha roto levemente con alguna de sus últimas películas como *El silencio de Lorna* (Premio al mejor guión en Cannes 2008) y *El niño de la bicicleta* (Premio especial del Jurado en Cannes 2011).

Tanto *El silencio de Lorna*, como anteriormente *La promesa*, tienen a los inmigrantes como protagonistas del relato.

La promesa, de los hermanos Dardenne, dos cineastas belgas preocupados por el tema migratorio y la integración social.

La promesa, su tercer largometraje de ficción, les abrió las puertas del mercado internacional. Cuenta cómo un adolescente que trabaja como aprendiz de un mecánico es tentado por su padre para que le ayude en el alquiler de apartamentos para inmigrantes ilegales, como una forma de ganar dinero rápidamente. *Igor* (Jeremie Reiner) deja el taller y se dedica por completo a trabajar con su padre explotando a los clandestinos, aprovechándose de la situación. Tiene 15 años y no es consciente del mal que está haciendo. Esto cambia cuando uno de los inmigrantes, huyendo de una inspección, cae por las escaleras y muere accidentalmente. Momentos antes de morir le hace prometer a Igor que cuidará de su mujer y su hijo. *Igor* acepta a espaldas de su padre, quién preparaba un futuro diferente para la joven viuda. Su intención era venderla para prostituirla. *Igor* decide huir con ella en una muestra de solidaridad y en esa continua redención que plantean los hermanos Dardenne en su cine.

En cuanto al *El silencio de Lorna*, los cineastas belgas abordan el tema de las mafias que controlan inmigrantes y los matrimonios de conveniencia para conseguir la nacionalidad en un país de la Unión Europea. Aquí se trata de una inmigrante albanesa que ha conseguido la nacionalidad belga tras casarse con un heroinómano. Los mafiosos que la controlan le piden que se deshaga del yonqui para quedarse viuda y poder casarse con un ruso que ofrece una importante cantidad de dinero. Daría lugar a un nuevo matrimonio de conveniencia pero se ha quedado embarazada y quiere por encima de todo, tener a su hijo. Los delincuentes intentan asesinarla pero los Dardenne le dan una nueva oportunidad.

Dardenne, Jean Pierre y Luc, dos cineastas comprometidos con el mundo actual y sus gentes y una declaración de intenciones que define su cine:

«Amamos el mundo marginal, la forma de buscarse la vida de sus gentes.»

Ambos son sin lugar a dudas los referentes de la cinematografía belga y dos cineastas que figuran a la cabeza de la cinematografía europea. De Bélgica recuerdo otra película *25 grados en invierno*, dirigida por Stephane Vuillet y que en 2004 mereció el premio del público en el festival de Berlín. Es una comedia dramática que cuenta cómo un inmigrante español, asentado en Bélgica desde varios años atrás, coincide con una inmigrante ucraniana, sin papeles, que huye de la policía y acaba ayudándola para que encuentre a su marido que se ha desplazado a Bélgica y del que hace tiempo que no tiene noticias. La actriz española Carmen Maura tiene uno de los papeles protagonistas.

BÉLGICA: FICHAS DE LAS PELÍCULAS

TÍTULO: *La promesa* (La promesse).
PAÍS: Bélgica / Francia. **AÑO:** 1996. **DURACIÓN:** 93'. Drama. **DIRECTOR:** Luc y Jean Pierre Dardenne. **GUIÓN:** Luc y Jean Pierre Dardenne. **FOTOGRAFÍA**: Alain Marcoen (C). **MONTAJE**: Marie-Hélene Dozo. **INTÉRPRETES:** Jérémie Reinier (Igor), Olivier Gourmet (Roger), Assita Ouedraogo (Assita), Frédéric Bosson (Dueño garaje) Hachemi Haddad (Hamidou).
CALIFICACIÓN: ★★★★☆
VIDEO: VÉRTIGO.

TÍTULO: *El silencio de lorna* (Le silence de lorna).
PAÍS: Bélgica / Francia. **AÑO:** 2009. **DURACIÓN:** 105'. Drama. **DIRECTOR:** Luc y Jean Pierre Dardenne.
GUIÓN: Luc y Jean Pierre Dardenne. **FOTOGRAFÍA**: Alain Marcoen (C). **MONTAJE**: Marie-Heléne Dozo.
INTÉRPRETES: Arta Dobroshi (Lorna), Jérémie Renier (Claudy), Fabrizio Rongione (Fabio), Alban Ukaj (Sokol), Morgan Marinne (Spirou), Olivier Gourmet (El inspector), Anton Yokovlev (Andrei).
CALIFICACIÓN: ★★★★☆
VIDEO: VERTIGO / EMON.

TÍTULO: *25.º grados en invierno* (25.º degrés en l'hiver).
PAÍS: Bélgica. **AÑO:** 2004. **DURACIÓN**: 90'. Comedia dramática. **DIRECTOR:** Stéphane Vuillet. **GUIÓN:** Stéphane Vuillet, Pedro Romero, Stéphane Malandrin. **FOTOGRAFÍA**: Tristán Vuillet. **MÚSICA**: Walter Vanden Eden. **INTÉRPRETES:** Jacques Gamblin, Carmen Maura, Ingeborga Dapkunaite, Raphaëlle Molinier, Valerie Lemaitre, Pedro Romero, Lubna Azabal, Alexandre Medvedev, Dominique Tack
CALIFICACIÓN: ★★⯪☆☆
VIDEO: SHERLOCK.

SUIZA: NO SE CIERRAN FRONTERAS (MELGAR, KÖLLER, TANNER...)

Suiza pareció retar a la Unión Europea con un referéndum que tuvo la intención de frenar la inmigración al pretender reducir al mínimo la entrada de inmigrantes. Los extranjeros en Suiza, en gran número europeos con un alto poder adquisitivo, constituyen el 23,5 % de la población, unos inmigrantes con notables diferencias, en cuanto a su estatus, con los que residen en los países comunitarios.

No obstante, más del 74 % de los votantes rechazó esta propuesta en el referéndum celebrado el 30 de noviembre de 2014. La denominada inmigración *pobre*, que desde distintos sectores se considera una amenaza para la imagen de bienestar de los países más ricos, ya ha sido motivo de nuevas regulaciones en Alemania y Reino Unido.

Pero Suiza, además de limitar el flujo de entrada de inmigrantes, planteaba dar un paso más allá. Considerando que la semilla del problema está en los países de origen, de los inmigrantes *pobres,* proponía además en referéndum intervenir la demografía de los países pobres con una inversión de 125 millones de euros en programas de control de natalidad. La propuesta tenía como objetivo que cuantos menos *pobres* nazcan, menos pobres emigrarán en el futuro al país helvético.

La iniciativa, presentada por un colectivo denominado Ecopop, era exactamente esa: frenar el aumento de la inmigración en la Confederación Helvética para así, decían, poder preservar el medio ambiente. El eslogan oficial de ésta propuesta era «Freno a la superpoblación. Sí a la preservación duradera de los recursos naturales» y cuyo contenido suponía una reforma de la Constitución para incluir una cláusula sobre el crecimiento anual de los inmigrantes permanentes en Suiza, que quedaría limitada a un máximo del 0,2 %. En números redondos, ese porcentaje correspondería actualmente a 17.000 personas.

No obstante, el Gobierno suizo tiene previsto un proyecto de ley para establecer contingentes a la entrada de extranjeros al país, de acuerdo al referéndum del 9 de febrero de 2014 en el que el 50,3 % de los suizos votó a favor de limitar la entrada de todos los extranjeros, incluidos los europeos, como herramienta para frenar la «inmigración masiva».

Suiza tiene una gran tradición en acoger a ciudadanos de otros países pero se siente más a gusto si los que llegan tienen dinero. No sólo ocurre en Suiza porque en cualquier país el inmigrante adinerado es respetado o cuidado y si nos miramos a nosotros mismos, ¿quién catalogaba de inmigrantes a los árabes que copaban la Costa del Sol o a los jubilados europeos que se tostaban al sol en costa malagueña o en la Comunidad Valenciana?

Los españoles, ya lo hemos visto en este libro, han recordado su condición de inmigrantes en Suiza durante los años 60 y 70 en filmes como *El techo del mundo* (Felipe Vega), *Un franco catorce pesetas* (Carlos Iglesias) y por supuesto el cortometraje *Notas sobre la emigración*, de Jacinto Esteva y Paolo Brunatto.

En 2014 un cineasta suizo de origen español, Fernand Melgar recibió el homenaje de Documenta, el festival cinematográfico que se celebra en Madrid durante la primavera. Melgar que nació en el seno de una familia de sindicalistas en Tánger (Marruecos), en 1961, emigró dos años después, con sus padres, que fueron a trabajar a Suiza como labradores estacionales. Allí se asentaron en los suburbios de Lausanne donde vivía un amplio número de inmigrantes.

En *Álbum de famille*, de 1993, Fernand Melgar cuenta su propia experiencia y la de sus padres, en un filme que es la memoria de toda una generación que emigró a Suiza buscando pan y trabajo. Incluyendo fotografías personales, imágenes de la actualidad y del pasado, la película es un recorrido por los años vividos y las dificultades que hubieron de superar.

«Los suizos no eran malvados –dice la madre de Fernand Melgar en el documental– pensaban solamente que éramos inferiores, que no teníamos alma, ni conciencia...»

Para llegar a realizar esta película, Melgar dejó sus estudios de Administrador de empresas para dedicarse de lleno al cine y a actividades culturales como la creación de espacios culturales alternativos en Lausanne (Le cabaret Orwell) o el club de rock La dolce vita. Dentro del colectivo Climage ha realizado la mayor parte de su filmografía dirigiendo una docena de documentales que son considerados hitos en el campo de la inmigración, la identidad y en otros temas ampliamente debatidos en la sociedad actual como el derecho a una muerte digna o la situación de los sin techo. Melgar entiende su cine como un momento de encuentro, de intercambio y de reflexión. Todas sus películas muestran un fuerte sentimiento de rebeldía ante la injusticia.

En *Clase d'accueil* (*Clase de acogida*. 1998. 55'), Melgar cuenta cómo catorce alumnos, entre 11 y 17 años, acuden a la clase de recepción en un colegio de Crissier. Kurdos, bosnios, portugueses, brasileños, de costumbres y religiones diferentes comparten unas horas ante un futuro incierto. Algunos proceden de centros de acogida, a otros se les reubicará en apartamentos y varios serán expulsados del país.

Melgar, en esta película, mezcla las imágenes de una Suiza soñada con una realidad mucho más cruda y describe el mundo de unos adolescentes, que se debaten entre sus raíces y el deseo de pertenecer al nuevo país.

Ghania Adamo del diario «Le temps», uno de los más prestigiosos de Suiza, escribió en abril de 1998 que *esta emotiva película es una nueva invectiva contra la indiferencia.*

Hay otras dos de sus películas *Vol spécial* (*Vuelo especial.* 2011. 103') y *Le monde est comme ça* (*El mundo es así.* 2013. 51') que conforman este tríptico sobre la inmigración. La primera relata cómo los solicitantes de asilo rechazados y los *sin papeles* son encarcelados en un centro de Frambois, en Ginebra. Aquellos que se oponen a su expulsión serán esposados y trasladados por la fuerza a un avión. Esos son los vuelos especiales a los que alude Melgar, en el título.

En *Le monde est comme ça* el cineasta suizo narra los destinos de los cinco expulsados en el «*vuelo especial*». Senegal, Kosovo, Gambia, Camerún, cinco historias de quienes fueron obligado por la fuerza a regresar dejando atrás a sus familias y vieron destrozadas sus vidas. Fernand Melgar denuncia la inhumanidad de esta política migratoria vigente tanto en Suiza como en otros países europeos.

Anterior a estos dos últimos filmes es *La forteresse* (*La fortaleza.* 2008. 104') en que relata cómo miles de hombres, mujeres y niños se ven obligados a emigrar huyendo de la guerra, de las persecuciones políticas o simplemente por cuestiones económicas. En Suiza se les instala en unos centros de registro o de tránsito donde viven en un régimen de semi-libertad hasta que el estado decida su destino.

Fernand Melgar, tras arduas conversaciones con las autoridades, que no querían permitirle la entrada, llevó su cámara hasta el Centro de Internamiento de Vallorbe para que se conociera como era esa selección de seres humanos y cuáles eran sus inquietudes y deseos a la espera que se decidiese su futuro.

La película recibió numerosos premios y tuvo excelentes críticas como la de Thierry Jobin en *Le temps*, del 11 de agosto de 2008: «Una obra maestra, de una humanidad pocas veces vista».

Una semana después, el 18 de agosto, Thierry Meyer en *24 heures*, escribió: La forteresse «es una película indispensable. A pesar de la gravedad de su tema, es de una justeza esperanzadora, prueba viva de que el compromiso no excluye la lucidez y, que puede apartarse del dogmatismo. Lo que queda es lo más fuerte: el realizador no nos dice lo que hay que pensar; nos pone a reflexionar».

VIAJE A LA ESPERANZA: UN OSCAR A LOS QUE SUFREN

Hay una película que me llamó especialmente la atención por su crudeza. En España no tuvo excesiva repercusión pero se alzó con el Oscar a la mejor película de habla no inglesa en 1991, derrotando, contra pronóstico, a títulos como *Cyrano de Bérgerac.* Se trata de *Viaje a la esperanza*, que describe la trágica odisea de una familia kurda proveniente de Turquía, que intenta cruzar ilegalmente la frontera suiza a través de los Alpes.

Una cinta de enorme honestidad en su planteamiento que va desde las causas económicas o políticas que originan la inmigración; hasta el trabajo sucio de las mafias, describiendo cuestiones como la indiferencia de los países ricos.

La acción se sitúa en un pequeño pueblo del este de Turquía donde Haydar recibe una carta de uno de sus primos, emigrante en Suiza, que le anima que se vaya a vivir allí donde progresará rápidamente. Haydar convence a su esposa Meryem para vender lo poco que tienen y llevarse a uno de sus siete hijos, con la esperanza de que sea educado en Europa, y se convierta casi, en un seguro económico para el resto de familiares. Los otros hijos se quedan al cuidado de los abuelos.

Un viaje en tren, como polizones en un barco, en coche o a pie, que después de Estambul y Milán, les lleva a atravesar los Alpes, donde el guía les abandona en pleno temporal. Xavier Köller, realizador que ha compaginado un cine de autor con otro más comercial, realizó posiblemente su mejor película. Köller insiste en el filme en la falta de escrúpulos de los mafiosos pero sobre todo denuncia el comportamiento de las autoridades suizas para con los inmigrantes y en este caso concreto, con los turcos de origen kurdo que intentan alcanzar su país.

La familia kurda es engañada desde un principio. Ellos inocentemente confían en los demás. Nunca han salido de su tierra y no creen que puedan engañarles y despojarles de lo poco que tienen. Multas ficticias, chantajes o sobornos, mentiras en el cambio de divisas, cualquier cosa con tal de aprovecharse de su inocencia, cualquier cosa aunque incluya la muerte y un final trágico.

Viaje a la esperanza nació de una pequeña noticia escondida en un diario suizo en que se narraba la muerte de un niño de siete años, por frío y agotamiento, en brazos de sus padres que intentaban entrar en Suiza. Cuando lo leyó, Köller quiso hacer una película que narrase aquella tragedia. Tras escribir un pre-guión, asistió al festival de cine de Estambul donde conoció a la escritora Feride Cicedkoglu, con quién escribiría el guión definitivo. Contó para el reparto con algunos de los más conocidos actores turcos, como el matrimonio protagonista y su resultado fue un filme que causa un gran impacto emocional, desgarrador en muchos momentos y abiertamente crítico contra las políticas emigratorias que se aplican en países como Suiza.

El éxito de *Viaje a la esperanza* y el Oscar en Hollywood, hizo que Koller fuera contratado durante algún tiempo por la Disney donde dirigió títulos como *El último gran guerrero* (1994) y *Cowboy up* (2001). Una de sus últimas películas, no estrenada en España, aunque se vio en el festival de cine alemán de Madrid *Die schwarzen Brüder* (*Los hermanos negros*. 2013) describe un tema prácticamente olvidado, cómo fue la venta, casi como esclavos, de los hijos de campesinos de las montañas suizas de Tiano a empresarios e industriales milaneses. Esta práctica se llevó a cabo hasta mediados del siglo XIX y los niños eran empleados como deshollinadores en Milán. Uno de ellos, Giorgio se convirtió en líder de una sociedad secreta de jóvenes deshollinadores en esa ciudad italiana. La película se basa en la novela infantil del mismo nombre escrita por Lisa Telzner y Kurt Held.

ALAIN TANNER: RACISMO A LA EUROPEA

Alain Tanner, nombre clave en la cinematografía suiza, junto a Claude Goretta, realizó en 1989 *La mujer de Rose Hill*, un filme que es una crítica al racismo y la intolerancia. En esta película Tanner narra cómo una joven negra, JULIE, natural de Rose Hill, en Isla Mauricio ha concertado un matrimonio por carta con un agricultor suizo que no le ha enviado una fotografía reciente y tiene muchos más años de los que le hace creer. JULIE, cuando llega, es tratada despectivamente por su marido y rechazada por la comunidad de la pequeña localidad suiza a la que se traslada. Tanner describe su soledad, la añoranza por su tierra, el frío clima y sobre todo esa indiferencia e incomprensión de quienes la rodean. El drama crece de tono cuando Julie queda embarazada de un joven de la localidad, JEAN con el que mantiene relaciones sexuales. El padre de éste se niega a tener un descendiente mestizo e insta a su hijo para que la obligue a abortar. Ella se opone y es repudiada por su marido y también por su nueva pareja. Tiene a su hijo en un caserón de una tía de JEAN y la tragedia llega cuando las autoridades suizas deciden deportarla.

Es un filme crudo, sin concesiones, en el que Alain Tanner se basó en hechos reales y dejó constancia de que el racismo está latente en cualquier parte, incluso, como describe en el filme, en una pequeña aldea donde las personas son discriminadas por el color de su piel.

Referente junto a Goretta del cine suizo, Alain Tanner acercó su cinematografía a movimientos como la «*nouvelle vague*» o el «*free cinema*», británico, con una filmografía en que prevalecen las relaciones humanas, el amor, la amistad, la solidaridad o las injusticias como las que narra en *La mujer de Rose Hill*... Otros de sus títulos más conocidos son *La salamandra* (1971), *Jonás que cumplirá 25 años en el año 2000* (1975); *En la ciudad blanca* (1983) o *Tierra de nadie* (1985) en que describe, como *Viaje a la esperanza*, situaciones de inmigrantes clandestinos. Esta película narra, según el propio Tanner: «historias de fronteras, historias de amor y (por desgracia) de muerte, en torno al tema marcharse o quedarse».

SUIZA: FICHAS DE LAS PELÍCULAS

TÍTULO: *Viaje a la esperanza* (Reise der hoffnung).
PAÍS: Suiza, Turquía, Gran Bretaña. **AÑO:** 1990. **DURACIÓN**: 110'. Drama. **DIRECTOR:** Xavier Köller. **GUIÓN:** Xavier Köller y Feride Cicekoglu. **FOTOGRAFÍA:** Elemér Ragályi. **INTÉRPRETES:** Necmettin Cobanoglu (Haydar Sener), Emin Sivas (Mehmet Ali), Nur Sürer (Meryem), Erdinc Akbas (Adama), Yaman Okay (Türkmen), Hseyin Mete (Serçuk).
CALIFICACIÓN: ★★★★☆
DVD: Ver en plataformas digitales.

TÍTULO: *La mujer de Rose Hill* (La femme de Rose Hill).
PAÍS: Suiza / Francia. **AÑO:** 1989. **DURACIÓN:** 95'. Drama. **DIRECCIÓN:** Alain Tanner. **GUIÓN:** Alain Tanner. **FOTOGRAFÍA**: Hugues Ryffel. **MÚSICA**: Michel Wintsch. **MONTAJE:** Laurent Uhler. **INTÉRPRETES**: Mary Gaydu (Julie), Jean Philippe Ecoffey (Jean), Denise Peron (Jeanne), Roger Jendy (Marcel).
CALIFICACIÓN: ★★★½☆
VIDEO: Armadillo films (2005). Plataformas digitales.

REINO UNIDO: LOACH Y WINTERBOTTON, DOS CINEASTAS INDEPENDIENTES.

Una de cada siete personas que viven en Gran Bretaña no ha nacido en el país. El número de inmigrantes ha aumentado considerablemente en lo que llevamos de siglo. Se han pasado de 4.600.000 personas en 2001 a los siete millones y medio de 2012. Sólo en 2013 hubo 260.000 inmigrantes triplicando casi el máximo de los 100.000 que se habían propuesto las autoridades británicas.

Este aumento de la población inmigrante coincide, según los expertos, en la ampliación de la Unión Europea con la inclusión de antiguos estados del bloque soviético. De hecho ha sido importante la inmigración de polacos, búlgaros o lituanos pero en los últimos años, España ha sido el segundo país, tras Polonia, en la aportación de inmigrantes provenientes de países de la Unión Europea. De hecho hay 150.000 españoles en el Reino Unido, una cantidad, sin embargo, muy inferior si comparamos los 300.000 británicos que figuran como residentes en España, aunque la colonia estimada de británicos se situaría entre las seiscientas mil y el millón de personas. La diferencia estriba en que mientras los británicos se establecen en España cuando les llega la jubilación, buscando buenas temperaturas y buenos servicios sociales; los españoles han ido al Reino Unido intentando encontrar trabajo como consecuencia de la crisis económica de 2008.

El aumento de la inmigración volvió a crear tensiones en el gobierno británico y en el partido Conservado. El primer ministro David Cameron, en un discurso pronunciado en una fábrica en las afueras de Londres, en noviembre de 2014, se mostró partidario de hacer esperar hasta cuatro años a los inmigrantes procedentes de Europa, a la hora de recibir ayudas sociales o acceder a una vivienda pública. En aquel discurso, Cameron, no obstante, quiso reconocer la importancia que tiene la inmigración en su país y dijo que «somos Gran Bretaña por la inmigración, no a pesar de ella. La inmigración beneficia a Gran Bretaña, pero necesita ser controlada, y necesita estar centrada alrededor de nuestros intereses nacionales».

Por una parte controlarla y por otra reconocer sus bondades. Una de cal y otra de arena, muy propia de la política y muy propia de años electorales. Poblaciones con una larga tradición migratoria como India o Pakistán tendrán en cuenta estos discursos a la hora de acercarse a las urnas, quién nunca ha tenido duda es un cineasta llamado Ken Loach.

LOACH: ANTÍDOTO CONTRA EL CONFORMISMO.

Está convencido de que es la gente la que cambia las cosas. El cine puede servir para apoyar y difundir historias, para que seamos conscientes de las injusticias que se cometen. «La ideología dominante es muy insidiosa –dijo Ken Loach en Cannes cuando presentó su película *Jimmy's hall* (2014). La gente se cabrea, se desilusiona y acude a las respuestas fáciles de la derecha: culpar a los inmigrantes, a los vulnerables. Entre crisis económica, desempleo masivo y auge derechista, hay muchos parecidos con los años treinta». Esos son los años en que se sitúa *Jimmy's hall*, que cuenta la historia real de Jimmy Gralton, un joven irlandés, de ideas comunistas, que montó un pequeño club en que se leía, se debatía, se escuchaba música o se bailaba y que se topó con la Iglesia Católica y los terratenientes, que querían controlar a todos los habitantes del pueblo. Gralton fue deportado a Estados Unidos, país en el que ya había estado diez años como inmigrante y del que regresó a Irlanda en 1932.

Este filme, que tiene muchos paralelismo con la época actual, tuvo como predecesor al documental *Espíritu del 45* (2013), que narra la euforia que se vivía en Gran Bretaña al término de la II Guerra Mundial, las grandes mejoras sociales que se hicieron en campos como la educación, la sanidad, el transporte o la vivienda y como las políticas neoliberales de Margaret Thatcher y los sucesivos gobiernos han llevado a la descomposición social en el Reino Unido.

Sus inicios como documentalista influyen en la concepción y realización de su cine de ficción tanto en la forma de rodar como en la utilización de actores no pertenecientes al «*star-system*», lo que hace más verosímiles todos los relatos. En sus películas hace visibles, da voz, a unos personajes que, por lo general no tienen cabida en un cine más comercial. Sus protagonistas son trabajadores, en la mayor parte de los casos perdedores, que sobreviven en una sociedad hostil. «Cuando eres obrero –dice uno de los protagonistas de *Lloviendo piedras* (1993)– llueven piedras siete días a la semana». Lo vimos tanto en ésta película rodada en pleno thatcherismo, como en otros títulos posteriores *Riff - Raff* (1993) y *Lady Bird, lady Bird* (1994) que reflejaban las malas condiciones de vida para muchas personas en el Reino Unido y que volvió a recordar, ya, con los laboristas en el gobierno, con *My name is Joe* (1998).

La inmigración, como hemos visto en este libro, aparece de una u otra forma en el cine de Loach. Rodó en Nicaragua *La canción de Carla* o *Pan y rosas* sobre las malas condiciones de trabajo de los chicanos en Los Ángeles. En el Reino Unido recojo dos títulos estrechamente vinculados al tema que nos ocupa. Se trata de *Sólo un beso* (2004) y *En un mundo libre* (2007).

En el amor no hay fronteras. *Solo un beso*, del británico Ken Loach.

En la primera de ellas aborda la intolerancia religiosa o las tradiciones en una sociedad occidental. *Sólo un beso* cuenta cómo CASIM, un joven escocés de origen paquistaní, que trabaja como DJ, busca abrir un club en Glasgow, donde vive, con su mejor amigo. Sus padres están asentados en el país desde los años sesenta donde poseen una tienda de comestibles. Siguiendo la tradición musulmana han decidido que su hijo se case con su prima JASMINE.

Las dos hijas del matrimonio RECOSAN y TACHARA tienen actitudes muy diferentes. Mientras RECOSAN está prometida con el consentimiento de los padres; TACHARA no se preocupa de esas cuestiones porque su objetivo es terminar sus estudios en un instituto. Su profesora de música ROISIN, católica, conoce a CASIM y ambos se sienten atraídos. El amor que se profesan deben mantenerlo en secreto, porque las diferencias culturales y religiosas son un obstáculo insalvable para los padres de CASIM. Él debe casarse con una buena musulmana.

Loach, algo menos duro que en la mayor parte de su filmografía, invita al espectador a que asista al proceso de enamoramiento de la pareja, utilizando su particular sorna. Sería casi una comedia romántica si la intolerancia religiosa no le diera un tono de amargura.

El cineasta británico comentó que *Sólo un beso* expone *una realidad actual y cómo las diferencias culturales y religiosas pueden ser un obstáculo o una oportunidad. El motor de un sentimiento tan fuerte como el amor y los valores del respeto, la tolerancia, la reconciliación, la dignidad pueden hacer frente a las barreras que nos imponen las diferencias culturales, sociales y religiosas. Confío* –añadió– *que las cosas en materia de tolerancia tienen que ir a bien obligatoriamente porque la generación actual está más integrada que la de sus padres pues comparten escuelas y estructuras sociales comunes, lo que hace inevitables que los dos mundos acaben integrándose en un futuro próximo.*

Tres años después rodó *En un mundo libre* (2007) en que incide en las duras condiciones que deben soportar los inmigrantes para encontrar trabajo.

El principal objetivo de la película es denunciar la precariedad laboral, y unas condiciones de trabajo que se van imponiendo en todos los países de la Unión Europea. A juicio de Loach esta situación «es el resultado de una decisión política contra la que se podría luchar, pero nadie se opone».

Loach construye, junto a su guionista habitual Paul Laverty, la historia de una joven emprendedora, Angie, que no ha recibido una gran educación, pero está llena de fuerza e ingenio. No es la primera vez que se queda sin trabajo pero no está dispuesta a rendirse. Junto a Rose, su compañera de piso abre una agencia de trabajo temporal para inmigrantes pero pronto comprenden que las leyes que protegen sus condiciones de trabajo, sólo sirven para ser ignoradas.

Angie y Rose se enfrentan a empresarios que les proponen tratos fuera de la ley o que no cumplen con lo pactado; ellas mismas viven conflictos éticos cuando deciden aceptar o no trabajadores sin papeles. Hay una delgada línea que separa ayudar a los inmigrantes o explotarlos y además se añade la implicación emocional con ellos y sus problemas prácticamente permanentes.

En un mundo libre en su publicidad destacaba que es una película sobre «la flexibilidad laboral, la globalización, los dobles turnos de trabajo, los salarios bajos y muchos consumidores felices y despreocupados: nosotros».

Y *esos nosotros* somos conscientes de que la economía no podría subsistir sin la fuerza de quiénes se ven obligados a aceptar ese trabajo precario, *aunque por otro lado* –añade Loach– *a la derecha le gustaría expulsar a todas estas personas de las sociedades occidentales y en particular del Reino Unido.*

Ken Loach es un hombre libre que ha forjado una cinematografía que no se ha plegado a la dictadura del mercado. Dijo hace algún tiempo que hacemos *películas baratas y con producción procedente de cinco o seis países, así que no estamos sometidos a los deseos de un solo productor. Hemos tenido mucha suerte pero las películas deben funcionar en taquilla para que los productores recuperen las inversiones.*

Cuando estrenó *Jimmy'hall*, el cineasta que tenía entonces 78 años, anunció que posiblemente sería su última película. Su cine siempre ha ayudado a denunciar los abusos contra los trabajadores y ha sido un instrumento de transformación de la sociedad.

MICHAEL WINTERBOTTOM: EN ESTE MUNDO

En este mundo, que mereció el oso de oro en la Berlinale de 2003 es una *road-movie* que cuenta el viaje de *Jamal*, un niño afgano, huérfano en un campo de refugiados en Pakistán hasta Londres, atravesando por carretera y mar, todo Pakistán Irán, Turquía, Italia y Francia hasta llegar a Inglaterra, superando todas las adversidades que encuentra en el camino.

Humilde, sin grandes presupuestos, este filme de ficción documental, lleva al protagonista desde la miseria en que vive, en el campo de refugiados de Shanshatoo muy cerca de Pensawar, a la miseria de quienes viven sin recursos en una gran ciudad como Londres. Winterbottom narra ese periplo sobrecogedor de *Jamal* y su primo, algo mayor, a los que roban, engañan, hacen volver atrás después de expulsarlos de Irán, atraviesan montañas, son introducidos en una camión rodeados de cajas de frutas o en el interior de unos contenedores, hacinados junto a otros inmigrantes. Muchos de ellos mueren en el viaje que les traslada de Turquía a Italia.

Aproximadamente un millón de personas cada año, se ponen en manos de los traficantes para intentar introducirse en otro país en el que puedan encontrar un trabajo digno. Algunos llegan, muchos son detenidos y expulsados en el camino y otros mueren ante la indiferencia de las mafias que siguen tratando a los seres humanos como ganado.

Los dos jóvenes protagonistas, refugiados afganos en el campo de Shanshatoo fueron elegidos por la directora de *casting*. Ambos realizaron el viaje que en la realidad llevan a cabo miles y miles de personas en Oriente Próximo, intentando llegar al mundo occidental y huyendo de la violencia y la pobreza.

Winterbotton (Blackburn, Lancashire, Inglaterra. 1961) se basó para hacer esta película en noticias recogidas de la prensa o los informativos de radio y televisión que contaron que 58 inmigrantes chinos aparecieron asfixiados en el tráiler de un camión cuando intentaban entrar ilegalmente en Gran Bretaña. También se hizo eco de informaciones que hablaban de la muerte por hipotermia de jóvenes inmigrantes escondidos en los trenes de aterrizaje de los aviones.

El cineasta británico consigue plasmar en *En este mundo*, un clima de realidad, cercano al documental, en la aventura que protagonizan *Jamal* y *Enayat,* los dos jóvenes protagonistas. Para darle esa verosimilitud al relato Winterbottom redujo el equipo de rodaje a tan sólo cuatro personas, durante la mayor parte del trayecto. Él mismo, el sonidista y dos camarógrafos que utilizaron dos pequeñas cámaras digitales, con la intención de pasar desapercibidos en los pasos fronterizos, los campos de refugiados o los mercados, donde se rodó la película. La naturalidad y cercanía que nos trasmite se acrecienta con diálogos improvisados y cercanos.

Michael Winterbottom es uno de los directores europeos más versátiles y prolíficos. *In this world* (2002) se encuentra entre *Welcome Sarajevo*, su crónica del horror sobre la guerra de Bosnia (1999) y *Camino a Guantánamo* (2006) en que denunció la brutal actuación del ejército norteamericano con los prisioneros talibanes y en particular con cuatro británicos musulmanes de origen paquistaní que no tuvieron nada que ver con el 11 S tal y como narra en la película.

Con entrevistas, material de archivo y ficción dramática, Winterbottom reconstruyó en *Camino a Guantánamo* la historia real de cuatro jóvenes musulmanes británicos que viajaron a Pakistán para asistir a la boda de un familiar y que acabarían encarcelados por error en Guantánamo, acusados de terroristas. Lograron su libertad tras dos años de continuas vejaciones y torturas.

Junto a estos títulos aparecen en su filmografía títulos como *Un corazón invencible* que denuncia los fanatismos y la violencia terrorista como los que acabaron con la vida de David Pearl, periodista del Wall Street Journal, asesinado en Pakistán. Su viuda, también periodista Mariane Pearl escribió un libro sobre su marido y el fatal secuestro del que fue objeto. Winterbottom lo llevó al cine con Angelina Jolie en el papel protagonista.

Michael Winterbotton se ha caracterizado por realizar un cine de denuncia y de carácter humanitario que ha combinado con títulos más comerciales como el *thriller El demonio bajo la piel* (2010) o musicales tan particulares, como *9 songs* (2006), cargado de erotismo. Otro musical importante en su carrera es *24 Hour Parte People* (2002). La música en todas sus películas tiene un nivel esencial ya que actúa casi como una protagonista más, reforzando el drama o el carácter épico de la historia.

MAFIAS ORGANIZADAS: STEPHEN FREARS

Existen otros títulos que inciden directamente en la utilización de los inmigrantes ya sea para fines sexuales, de explotación laboral o cómo donantes clandestinos de sus propios órganos. Stephen Frears, referente obligado de la cinematografía británica, que ha combinado un cine de corte social y denuncia como *Mi hermosa lavandería* (en que trata sobre la inmigración) *Café irlandés*, *La camioneta* o incluso uno de sus últimos títulos, *Philomena*, con otro más comercial, con una clara proyección internacional (*Las amistades peligrosas*, *The Queen*...) realizó en 2002 *Negocios ocultos*, un filme con actores muy conocidos como Audrey Tautou, Chiwetel Ejiofor y el español Sergi López, en que denuncia la explotación a la que están sometidos los inmigrantes en el Reino Unido, concretamente en Londres, donde sitúa la acción en los inicios del siglo xxi.

Stephen Frears describe en *Negocios ocultos* como organizaciones sin ningún tipo de escrúpulos, convencían a inmigrantes clandestinos para que donasen alguno de sus órganos a cambio de algo de dinero y sobre todo un pasaporte europeo o papeles que legalizasen su situación.

Negocios ocultos cuenta cómo un nigeriano, Okwe, que ha tenido que huir de la represión en su país, se gana la vida como portero de noche en un hotel o como taxista durante las mañanas. Comparte piso con una joven inmigrante turca SENAY (Audrey Tautou) que trabaja clandestinamente como limpiadora en el hotel. Una noche *Okwe* descubre en el retrete de una de las habitaciones un corazón humano. Médico en su Nigeria natal, OKWE empieza a investigar y descubre una red dedicada al tráfico de órganos que tiene al intendente del hotel (Sergi López) como el captador de los inmigrantes que intentan conseguir papeles. Ese hotel es un microcosmos de la ciudad de Londres donde se dan cita inmigrantes de cualquier parte del mundo, inmigrantes que en la mayoría de los casos, se muestran solidarios unos con otros. Se producen también situaciones de abuso como las que tiene que sufrir SENAY de uno de sus jefes o del propio intendente del hotel que la convence para que done uno de sus riñones.

Los ingleses de la película miran para otro lado o denuncian a los sin papeles a Inmigración, que envía funcionarios que les persiguen como al peor delincuente. Un *thriller* en el que Stephen Frears combina la denuncia con el suspense. Frears contrasta ese mundo oculto de seres humanos permanentemente amenazados con ser expulsados del país, con quienes trafican con los órganos, enriqueciéndose a costa de los más desfavorecidos.

El guión de *Negocios ocultos* es de Steve Knight, quien cinco años después escribiría *Promesas del este* (2007), dirigida por el canadiense David Cronemberg y que relata la implantación de la mafia rusa en Londres. Knight ha dirigido posteriormente, *Locke* (2013), uno de los filmes más interesantes de estos últimos años.

Loach, Winterbotton, Frears no son los tres únicos nombres pero si los más representativos de un cine social británico que junto al desempleo, la exclusión social, la explotación de mano de obra, las desigualdades o la pobreza ha tratado abiertamente la cuestión de la inmigración generalmente mediante filmes dramáticos que desembocan habitualmente en tragedia, como los que hemos tratado hasta ahora. Paralelamente, casi coincidiendo con el siglo XXI se realizaron una serie de comedias que trataron con humor las cuestiones sociales que preocupaban en la sociedad británica. *Full monty* (1997) tuvo un éxito enorme en toda Europa. Un filme de muy escaso presupuesto que trataba originalmente el tema del desempleo. Otra cinta con gran aceptación fue *Billy Elliot* (2000) que rompía tabúes en la sociedad británica cuando un niño decide ser bailarín en el colegio frente a la intolerancia de su padre que considera ese mundo propio de personas afeminadas. Más directamente relacionadas con el tema de la inmigración son dos películas también con gran éxito de taquilla como fueron *Oriente es Oriente* (1999) y *Quiero ser como Beckman (2002)* y cuyos datos incluyo entre las fichas que aporto al final de cada capítulo.

REINO UNIDO: FICHAS DE LAS PELÍCULAS

TÍTULO: *Sólo un beso* (Ae fond kiss).
PAÍS: Reino Unido, Alemania, Italia, España. **AÑO:** 2006. **DURACIÓN**: 104'. Drama. **DIRECTOR**: Ken Loach **GUIÓN:** Paul Laverty. **FOTOGRAFÍA**: Barry Ackroyd (C). **MÚSICA:** George Fenton. **MONTAJE:** Jonathan Morris. **INTÉRPRETES**: Atta Yaqub (Casim), Eva Bithistle (Roisin), Ahmed Riaz (Tarik Khan), Shabana Bakhsh (Tahara), Shamshad Akhtar (Sadia), Ghizala Avan (Rukhsana), David McKay (Wee).
PREMIOS: Premio del Jurado en el Festival de Berlín (2004).
CALIFICACIÓN: ★★★☆☆
VIDEO: CAMEO.

TÍTULO*: En un mundo libre* (It's free world).
PAÍS: Reino Unido, Italia, España, Alemania, Polonia. **AÑO**: 2007. **DURACIÓN:** 96'. Drama. **DIRECTOR**: Ken Loach. **GUIÓN:** Paul Laverty. **FOTOGRAFÍA**: Nigel Willoughby (C). **MÚSICA**: George Fenton. **MONTAJE**: Jonathan Morris. **INTÉRPRETES**: Kierston Wareinh (Angie), Juliet Ellis (Rose), Leslaw Zurek (Karol), Joe Siffleet (Jamie), Colin Cauhglin (Geoff), Maggie Russell (Katty), Davoud Rastgou (Mahmud).
CALIFICACIÓN: ★★★⯪☆
VIDEO: CAMEO.

TÍTULO: *En este mundo* (In the world).
PAÍS: Reino Unido. **AÑO:** 2002. **DURACIÓN:** 88'. Drama. **DIRECTOR:** Michael Winterbotton. **GUIÓN**: Tony Grisoni. **FOTOGRAFÍA**: Marcel Zyskind (C). **MÚSICA**: Darío Marianelli. **MONTAJE:** Peter Christelis. **INTÉRPRETES**: Jamal Udin Tarabi (Jamal), Enayat Ullah (Enayat), Jamau (padre de Enayat), Hiddaya Tullah (Hermano de Enayat) Imram Paracha (agente de viajes).
PREMIOS: Oso de Oro en el festival de Berlín (2003). Premio Bafta a mejor película de habla no inglesa (2003).
CALIFICACIÓN: ★★★★☆
VIDEO: VERTIGO.

TÍTULO: *Negocios ocultos* (Dirty pretty things).
PAÍS: Reino Unido. **AÑO**: 2002. **DURACIÓN**: 97'. Drama. **DIRECTOR**: Stephen Frears. **GUIÓN:** Steven Knight. **FOTOGRAFÍA**: Chris Menges (C). **MÚSICA**: Nathan Larson. **MONTAJE:** Mick Audsley. **INTÉRPRETES**: Audrey Tautou (*Senay*), Chiwetel Ejiofor (*Okwe)*; Sergi López (*Sneaky / Juan*), Sophie Okoneto (*Juliette)*, Benedict Wong (Guo Yi).
PREMIOS: Mejor director en la Mostra de Venecia. Varios premios Bafta.
CALIFICACIÓN: ★★★⯪☆
VIDEO: Miramax / Savor.

OTROS TÍTULOS DESTACADOS

TÍTULO: *Ghosts.*
PAÍS: Reino Unido. **AÑO**: 2006. **DURACIÓN**: 96 min. Drama. **DIRECTOR**: Nick Broomfield. **GUIÓN**: Nick Broomfield, Jez Lewis, según el reportaje para «The Guardian» de Hsiao-Hung Pai. **FOTOGRAFÍA**: Mark Wolfe. **MONTAJE:** Peter Christelis. **INTÉRPRETES**: Ai Qin Lin (Ai Quin), Zhan Yu (Sr. Lin), Zhe Wei (Xiao Li), Man Qin Wei (Chiao), Yong Aing Zhai.

ARGUMENTO: El 5 de febrero del 2004 veintitrés inmigrantes sin papeles, de origen chino, se ahogaron en Morecambe, en la costa norte de Inglaterra, mientras estaban mariscando. Una de las supervivientes de la tragedia, Ai Qin cuenta su odisea, desde que viajó de la provincia de Fujian en China hasta Inglaterra y las difíciles condiciones laborales que tuvo que aceptar para intentar ayudar a su hijo y su familia. Para entrar ilegalmente en Inglaterra, Ai Qin tuvo que abonar 25.000 dólares a una banda que se dedicaba a este lucrativo negocio. De hecho las familias de varios de los inmigrantes que murieron ahogados debieron seguir pagando durante años las deudas que habían contraído con los mafiosos.

COMENTARIO: Basada en hechos reales, Nick Broomfield (*La batalla de Hadiza*) contó la tragedia basándose en un reportaje publicado en The Guardian, en que se relataba la muerte de los trabajadores chinos. El caso de Ai Quin es el de unos tres millones de trabajadores sin papeles en el Reino Unido que trabajan en la cadena alimentaria, la construcción o la industria hostelera. El realizador británico resalta en la película las pésimas condiciones de vida en que viven los inmigrantes, con trabajos pesimamente pagados y compartiendo un par de habitaciones, en las zonas más depauperadas de las ciudades, con otros 15 inmigrantes.

CALIFICACIÓN. ★★★☆☆

PREMIOS: PREMIO SOLIDARIDAD en el Festival de San Sebastián.

VIDEO / WEB OFICIAL: www.ghoststhemovie.co.uk

TÍTULO: *True north.*

PAÍS: Reino Unido. **AÑO:** 2006. **DURACIÓN:** 96 min. Drama. **DIRECTOR:** Steve Hudson. **GUIÓN:** Steve Hudson. **FOTOGRAFÍA:** Peter Robertson. **MÚSICA:** Edmund Butt. **INTÉRPRETES:** Peter Mullan (Riley), Gary Lewis (Skipper), Martin Compston (Sean), Angel Li (Su Li) Hark Bohm (Pol), Anna Breuer (Svetlana).

ARGUMENTO: Después de una jornada de pesca, el buque escocés Providence atraca en un puerto belga, pero, una vez más, las capturas resultan insuficientes para pagar la fianza del barco. *Sean* (Martin Compston), el hijo del viejo patrón, viéndose en la ruina, acepta a disgusto una jugosa oferta por transportar clandestinamente inmigrantes chinos desde el Mar del Norte a Gran Bretaña. Mientras los ocultan en la bodega, Su Li (Angel Li), una niña de once años, consigue esconderse debajo de cubierta mientras que el resto de los sin papeles son conducidos a la bodega del buque. La pesca sigue yendo mal y la desesperación aumenta, pero lo más grave es la muerte de uno de los inmigrantes.

COMENTARIO: Steve Hudson tuvo la idea de realizar esta película cuando en 2001 varias decenas de inmigrantes chinos fueron encontrados muertos dentro de un camión, donde habían fallecido asfixiados. Junto a *Ghosts* este filme denuncia las pésimas condiciones de vida los inmigrantes asiáticos.

CALIFICACIÓN: SIN CALIFICAR.

VIDEO / WEB OFICIAL: www.truenorth-film.com

TÍTULO: *Trabajo clandestino* (moonlighting).

PAÍS: REINO UNIDO. **AÑO:** 1982. **DURACIÓN:** 97'. Comedia Dramática. **DIRECTOR:** Jerzy Skolimowski. **GUIÓN**: Jerzy Skolimowski. **MÚSICA**; Stanley Myers y Hans Zimme. **FOTOGRAFÍA**; Tony Pierce-Roberts.

INTÉRPRETES: Jeremy Irons (Nowak) Eugene Lipinski (Banazak), Jiri Stanislav (Wolski), Eugeniusz Haczkiewicz (Kudaj), David Calder, Denis Holmes, Edward Arthur, Renu Setna, Jenny Seagrove, Catherine Harding.

ARGUMENTO: Londres, diciembre de 1981. Tres obreros polacos llegan a Inglaterra con un visado turístico de un mes para realizar un trabajo de dos meses de duración en la casa de un millonario polaco.

Novak que lleva algún tiempo viviendo en Londres es el capataz de la obra y el único que habla inglés. A la semana de la llegada de los trabajadores se produce el golpe de estado del general Jaruzelsk, pero *Novak* prefiere ocultárselo a sus compatriotas.

COMENTARIO: Película un tanto lineal que incide en la mentira y el engaño con el único propósito de conseguir un beneficio por encima de cualquier planteamiento ético o moral.

PREMIOS: Mejor guión en el Festival de Cannes de 1982.

CALIFICACIÓN: ★★★☆☆

VIDEO: VIDEOHITS / Plataformas digitales.

TÍTULO: *Oriente es Oriente* (East is East).

PAÍS: REINO UNIDO. **AÑO**: 1999. **DURACIÓN**: 96'. Comedia. **DIRECTOR**: Damien O'Donnell. **GUIÓN**: Ayub Khan-Din. **FOTOGRAFÍA**: Brian Tufano. **MÚSICA**: Deborah Mollison. **MONTAJE**: Michael Parker.

INTERPRETES: Om Puri, Linda Basset, Jordan Routledge, Archie Panjabi, Emil Marwa, Chris Bisson, Jimi Mistry, Raji James, Ian Aspinall, Ruth Jones, Kriss Dosanjh.

ARGUMENTO: Salford, norte de Inglaterra, principios de los años setenta. George Khan (Om Puri), un padre de origen paquistaní, muy tradicionalista, casado con una británica, Ella (Linda Bassett), se encuentra con que sus hijos quieren seguir por caminos diferentes al suyo. Sus seis hijos y una hija se resisten a que sus matrimonios sean concertados, y quieren vivir una vida conforme a las costumbres del país, Inglaterra, en que han nacido. En 2010 se estrenó la secuela titulada *Occidente es Occidente* (*West is West*) dirigida por Andy de Emmony y con los mismos protagonistas una década después.

COMENTARIO: Comedia agridulce que es una llamada contra cualquier intolerancia. Las diferencias generacionales y las diferencias entre Oriente y Occidente quedan explícitas en una inteligente comedia en que la actitud machista e intransigente del padre contrasta con unos hijos que no quieren aceptar las costumbres pakistaníes y la tradición islámica.

PREMIOS: Espiga de Oro a Mejor película en la Seminci de 1999. BAFTA: Mejor film británico de 1999.

CALIFICACIÓN. ★★★☆☆

TÍTULO: *Quiero ser como Beckman* (Bend it like Beckman).

PAÍS: Reino Unido. **AÑO:** 2002. **DURACIÓN:** 110' Comedia. **DIRECTORA:** Gurinder Chadha. **GUIÓN:** Gurinder Chadha, Paul Mayeda Berges, Guljit Bindra. **MÚSICA**: Craig Pruess. **FOTOGRAFÍA:** Jong Lin. **MONTAJE:** Justin Krish. **INTÉRPRETES:** Parminder Nagra (Jesminder), Keira Knightley (Jules), Jonathan Rhys-Meyers (Joe), Anupam Kher (padre Jessminder), Archie Panjabi (Panjabi), Shaznay Lewis, Frank Harper, Juliet Stevenson.

ARGUMENTO: Los padres de *Jessminde*r (Parminder Nagra) quieren que sea una convencional chica india, pero ella sólo quiere jugar al fútbol como David Beckham, la estrella del Manchester United. Un día, *Jules* (Keira Knightley), una chica de su edad, la invita a unirse al equipo de fútbol femenino local. Sus padres no entienden por qué juega al fútbol en vez de estudiar Derecho y aprender a cocinar, por qué no intenta parecerse a *Pinky* (Panjabi), su hermana mayor, que está prometida con el hombre adecuado. Además, a *Jules* y a *Jess* les gusta el mismo chico, su entrenador *Joe* (Jonathan- Rhys Meyers). *Jessminder* practica el deporte que le gusta pero para ello tendrá que convencer a toda su familia y a la comunidad de West London, el barrio más hindú de la ciudad y en el que reside desde que nació.

COMENTARIO: Como *Oriente es Oriente* el filme habla de la intolerancia y cómo las tradiciones no deben ser nunca un obstáculo. Es un filme además de corte feminista defendiendo la actitud de una joven, que busca practicar un deporte que en una comunidad como la india, sólo es entendido para que lo practiquen hombres. Es una película optimista que aboga por la integración sin la necesidad de perder las raíces. Tuvo una excelente carrera comercial.

CALIFICACIÓN. ★★★☆☆

DVD: MANGA FILMS.

LOS OTROS EUROPEOS

Actualmente la ruta más transitada por los inmigrantes que quieren acceder a Europa se sitúa en los Balcanes. Por las rutas del Mediterráneo Oriental, Grecia y Bulgaria cientos de miles de personas han intentado entrar en la Europa comunitaria ocasionando una enorme crisis que aún no ha encontrado una solución definitiva para paliar este flujo continuo de refugiados. Sólo, como ya he apuntado en este libro, los acuerdos con Turquía han frenado esa llegada masiva de hombres, mujeres y niños que buscaron la *Europa prometida durante los meses de mayor bonanza climática como son julio, agosto y septiembre.*

Son refugiados de las guerras de Siria o Irak, pero también hay inmigrantes económicos procedentes de Bangladesh o Pakistán. Su intención, es atravesar Grecia, Serbia y Macedonia para llegar hasta Hungría, donde se radican un buen número de los inmigrantes y desde allí viajar a otros países más prósperos de la Unión Europea como Alemania, Austria o Suecia. Desesperados como están y a pesar de todas las trabas, intentarán superar cualquier dificultad para alcanzar sus objetivos. Las ganas de tener un futuro en Europa son mayores que el miedo.

Estas oleadas migratorias que sólo en el primer trimestre de 2015 supusieron la entrada en Europa de más de 57.000 personas indocumentadas, casi triplicando la cifra del mismo periodo de 2014, hablan a las claras de que buscarán una u otra manera para huir de la situación en que viven en sus respectivos países. Viajan por territorios en que también, muchos de sus habitantes se vieron obligados a emigrar como los rumanos o los ciudadanos de los países que formaban la antigua Yugoslavia. El cine tampoco ha sido ajeno a sus historias y a sus gentes.

Las guerras que asolaron la antigua Yugoslavia durante los años noventa, produjeron miles de refugiados que intentaron huir de los conflictos en las actuales Croacia, Eslovenia o Bosnia-Herzegovina. En las sucesivas guerras que se produjeron en la región hubo hasta 200.000 muertos y millones de desplazados de sus hogares y ciudades. Fueron guerras que respondieron a causas políticas, económicas, culturales, religiosas y étnicas entre los serbios por un lado y los croatas y posteriormente bosnios y albano-kosovares, por otro. Hay varias películas que se acercan directamente al conflicto u otras como *Honeymoons*, del serbio Goran Paskaljevic que ahondan en sus consecuencias y la falta de perspectivas para los más jóvenes en unos países asolados por diferentes guerras, que se sucedieron por espacio de casi once años.

Paskaljevic ha sido siempre un director que ha tenido muy presente la historia más o menos cercana de su país, en títulos como *El polvorín* o *Al nacer el día*. La emigración de forma directa aparece en *La otra América*, citada en este libro y en *Honeymoons*. Esta última fue la primera coproducción entre Serbia y Albania menos de diez años después de que acabara la guerra. Según contaba el propio Paskaljevic, que ganó la Espiga de Oro en la Seminci de Valladolid, *la película nace como resultado de una voluntad de dejar a un lado nacionalismos exacerbados y tensiones entre Albania y Serbia. Fue un proyecto que buscaba hablar de lo que los dos países tienen en común.*

Cuenta la historia de cuatro jóvenes que buscan mejorar sus condiciones de vida. Son dos parejas diferentes, que no se conocen, pero ambas coinciden en su propósito de encontrar la felicidad. *Vera* y *Marko* dejan Serbia por tren en dirección a Austria, donde *Marko* violonchelista de gran talento, tiene posibilidad de entrar a formar parte de la Orquesta Filarmónica de Viena.

En otro punto de la región, *Maylinda* y *Nik* viven un amor prohibido, por la rigidez religiosa de sus familias, y deciden escapar de Albania en un barco con rumbo a Italia. Sin embargo los sueños de los cuatro personajes se ven frustrados cuando llegan a sus respectivas fronteras. Una serie de desafortunadas coincidencias, que les relacionan con un incidente en Kosovo hace que sean detenidos.

Paskaljevic concibe *Honeymoons* como un tríptico, en cuyos dos primeros tercios se relatan las dos historias descritas y en su conclusión se cruzan los destinos de las dos parejas protagonistas. Dos historias paralelas que confluyen en un mismo punto.

Goran Paskaljevic hace una denuncia incisiva y sin concesiones sobre la deshumanización de nuestra sociedad o cómo, por cualquier circunstancia, por pequeña que parezca, pueden truncarse las ilusiones. Convierte a sus personajes en seres resignados a lo que les depara el destino.

LO ABSURDO DE UNA GUERRA: DANIS TANOVIC

Unos años antes, en 2001, el cineasta bosnio, Danis Tanovic, realizó *En tierra de nadie* un filme de humor negro y una visión clara sobre lo absurdo de cualquier guerra. Aquel filme que recibió 42 premios, entre ellos el Oscar a mejor película extranjera, le abrió las puertas del mercado internacional. En su cine, Tanovic se preocupa por cuestiones que afectan a su país y sus ciudadanos, como hemos visto en *La mujer del chatarrero* (2013), un drama social que fue premiado en Berlín. Tres años antes, en 2010, dirigió *Cirkus Columbia*, en que aborda directamente el inicio de la guerra ante el escepticismo de los habitantes de las pequeñas ciudades, que siempre había convivido en paz unos con otros.

Cuenta cómo un hombre regresa a su ciudad en Bosnia-Herzegovina tras la caída del régimen comunista. Tras vivir durante 20 años exiliado en Alemania, Divko acude a la localidad en que nació para reclamar la casa familiar. Llega en su flamante coche, acompañado por Azra, su futura esposa, un gato y un bolsillo repleto de marcos alemanes. No le cuesta convencer al alcalde, su primo, a que desaloje a la fuerza del piso que reclama a Lucija y su hijo de 20 años, Martin, que son realojados en un destartalado y pequeño piso municipal.

Tanovic se desliza hacia la comedia de enredo *cuando* Divko se entera que Martin es su hijo y quiere atraerlo para él ante la oposición de Lucija. Azra, mucho más joven que Divko se siente cada vez más atraída por Martin, en un ambiente que se va enrareciendo. La mayoría de los habitantes de la ciudad viven el día a día, e ignoran los graves problemas políticos que se están produciendo. Croacia se ha escindido, todos los yugoslavos se ven obligados a tomar partido y los serbios están bombardeando la histórica ciudad de Dubrovnik. A pesar de que la zona está en máxima alerta a la mayoría no se les pasa por la cabeza que pueda haber una guerra en Bosnia y Herzegovina Pero esa amenaza cada vez se hace más real y pondrá a prueba los sentimientos más profundos por encima de cualquier raza o credo. Los habitantes de la pequeña ciudad bosnia tendrán que decidir entre quedarse y esperar a ver qué sucede o marcharse a otro país.

Más que una película sobre la emigración o el exilio, que de alguna forma siempre está latente, *Cirkus Columbia* es un rotundo no a la guerra. Tanovic, como es habitual en su cine utiliza la ironía para retratar el microcosmos en que sitúa la acción. Describe una sociedad escéptica en la que, sin embargo, alguno de sus miembros se deja atrapar por sentimientos como la envidia, la codicia, el miedo e incluso la venganza.

Tanovic, en el que se aprecian influencias del mejor Kusturica, apuesta por la conciliación frente a la confrontación que desencadenó en una Guerra Civil como consecuencia de los más exacerbados nacionalismos, en un territorio que había sufrido durante décadas la dictadura comunista. Con un reparto coral y con personajes nacidos de la cotidianeidad, Danis Tanovic nos hace recordar, del mismo modo, el cine de Berlanga capaz de combinar la risa con la crítica más feroz.

LA CALMA TENSA: *ANTES DE LA LLUVIA*

Siguiendo en la antigua Yugoslavia, en *Antes de la lluvia* (*Before the rain*. 1994), el macedonio Milcho Manchevski estructura el filme en tres historias que tienen como trasfondo la guerra en la región. Dos de ellas están situadas en Macedonia y la tercera, en Londres.

Los protagonistas viven varias historias de amor determinadas por el creciente odio y la violencia que se va adueñando de una población que antes convivía por encima de razas o religiones. En la primera historia, un joven monje macedonio esconde a una joven albanesa musulmana para protegerla de la comunidad cristiana de origen serbio; en la segunda, la directora de una agencia de noticias vive una relación sentimental con un fotógrafo de origen macedonio que decide volver a su país, tras muchos años fuera de su tierra y sin ser consciente del clima de odio que se ha ido instalando en una zona donde primaba la tolerancia. Este último personaje protagoniza en primera persona la tercera historia, centrada en el regreso a su casa, dónde coincidirá con la joven albanesa a la que el religioso ha dado cobijo. Como en *Cirkus*

Columbia, pero de forma mucho más cruda, Milcho Manchevski denuncia la brutalidad de la guerra, la sinrazón a la que se abocan los seres humanos que se someten a las reglas no escritas que propician un conflicto bélico.

Before the Rain es una parábola de los conflictos que asolaron la antigua Yugoslavia y que tuvo similitudes posteriormente en la guerra de Ucrania. Guerras que han devastado ciudades, pueblos, monumentos y que han acabado con miles de vidas humanas. La Guerra Civil, en razón de unos principios de carácter nacionalista, étnico o religioso, acaba con cualquier forma de convivencia o tolerancia y más que ninguna otra guerra deja huellas en generaciones y generaciones cómo ocurrió, sin ir más lejos, con la Guerra Civil española.

Milcho Manchevski comentó, en el trascurso del Festival de Venecia de 1994, donde ganó el León de Oro, que el título de la película responde a «la sensación *de tensa expectativa que se produce cuando el cielo está cargado y amenaza tormenta*». Esa tensa espera es la que se produjo en Macedonia, donde los enfrentamientos entre cristianos y musulmanes no llevaron directamente a la guerra, pero desencadenó el odio y la sensación de que la violencia estaba latente entre las dos comunidades a pesar de que habían convivido pacíficamente durante décadas.

Manchevski, un director que sólo incluye otro título en su filmografía, *Cenizas y pólvora* (2001) dijo también en el festival de Venecia que «el filme no trata sobre la guerra, sino sobre la gente que tiene que tomar decisiones. Habla sobre el hecho que, en algún momento de la vida, todos tenemos que tomar partido. Cuando alguien se encuentra en la situación extrema de una guerra, la situación por sí misma es mucho más radical, y por eso es por lo que necesariamente hace falta situarse en un bando determinado. Por esto, el film tiene el título de *Before the Rain* y no *Before the Tempest*, que me parecía demasiado obvio».

La película, como ya he dicho se estructura en tres historias, que acaban interrelacionándose entre sí, y cada una de las cuáles responde a un título concreto: *Palabras*, *Rostros* y *Fotografías*.

Palabras que describen la incomunicación entre el joven monje con voto de silencio y la chica albanesa a la que quiere proteger. *Rostros*, anónimos en las fotografías que describen la violencia o el miedo y que revisa una editora en su agencia de noticias londinense. Rostros como el del joven monje sentado junto a la chica albanesa muerta. Y finalmente, el episodio *fotografías* hace referencia al periodista que decide volver a su país y comprender directamente el conflicto. Cuando asistimos a la muerte del corresponsal bajo la lluvia, por intentar defender a la chica albanesa comprendemos cómo ha ido creciendo la tensión hasta que ha estallado la tormenta. En *Before the rain*, hay una vuelta a las raíces pero ya nada es igual a las que el fotógrafo dejó muchos años atrás. Ha desaparecido la convivencia y la violencia se ha instalado en cada rincón de la pequeña localidad que le vio crecer.

TRES NOMBRES, TRES: KUSTURICA, MUNGIU Y ANGELOPOULOS

Sin dejar los Balcanes quiero hacer un recordatorio del realizador serbio-bosnio Emir Kusturica, que dijo sentirse, por encima de cualquier fanatismo, tanto serbio como bosnio, renunciando a cualquier nacionalismo. Emir Kusturica que ha dedicado prácticamente su obra cinematográfica a los gitanos de la Europa balcánica nos acerca a estos ancestrales pueblos nómadas, a su manera de vivir, y a sus costumbres, entre las que está la música que tanta fuerza tiene en sus películas gracias, en parte, a la relación profesional de Kusturica con el compositor Goran Bregovic. Además Kusturica perteneció al grupo musical *No smoking band*, fundado en 1980, y que fue el grupo más significativo de los «New primitives», un movimiento de resistencia cultural surgido a la desaparición del mariscal Tito. *No smoking band* recogía sonidos zíngaros, rusos, griegos y de los países eslavos ahondando en la multiculturalidad de la antigua República de Yugoslavia.

En su segunda película como realizador, *Papá está en viaje de negocios* (1985), Kusturica critica el sistema político de la época comunista recordando que cualquier tipo de disidencia podía ser castigada con trabajos forzosos. En la película, que ganó la Palma de Oro en Cannes, el cineasta hace ya una primera aproximación al mundo gitano. En la primera secuencia mientras unas campesinas trabajan, unos niños corean a un gitano que entona una canción dedicada a una bella mujer de Barcelona.

Su cine, y en especial las películas *El tiempo de los gitanos, Underground* y *Gato negro, gato blanco* nos introduce en un mundo fascinante y en los orígenes de una música que nació en países como Egipto, Hungría, Eslovaquia, Macedonia o Albania.

El tiempo de los gitanos de Emir Kusturica, un cineasta que ha trabajado sobre las costumbres de la raza gitana y su integración en la sociedad.

En *El tiempo de los gitanos* (1988) Emir Kusturica quedó impresionado por la lectura de un artículo en la prensa sobre el tráfico de niños gitanos en la frontera italiana. Tanto que decidió escribir un guión con la colaboración de Rajko Djuric y la música de Goran Bregovic que consiste, en gran parte en versiones de composiciones folklóricas gitanas y que posteriormente dio origen a un musical que se estrenó en varios teatros europeos.

La película narra la pérdida de la inocencia de un adolescente gitano que progresivamente cae en la degradación al verse relacionado con una trama criminal. Es un muchacho romaní que vive en una chabola en Sarajevo con su abuela y su hermana enferma ya que su madre murió y no conoció a su padre. Un mafioso le convence de que se vaya con él a Italia, a cambio de ingresar a su hermana en un hospital. Una vez allí se ve atrapado, sin salida en una vida corrupta dentro del negocio de la prostitución y en la utilización de niños para la mendicidad.

Kusturica describe un personaje que va desde el vitalismo hasta su degradación personal. Una caída a los infiernos desde el mismo infierno que, Kusturica detalla, logrando esa simbiosis que se aprecia en todo su cine entre la música y la imagen, que acompaña de un humor esperpéntico.

En declaraciones efectuadas a la prensa internacional coincidiendo con la presentación de *Gato negro, gato blanco* en la ya lejana Mostra de Venecia de 1998, manifestó que había hecho una película «sobre el mundo de los gitanos con el propósito de otorgarles la dignidad que se merecen. El problema de nuestra sociedad y de la globalización consiste en el modo en que discriminamos a las minorías. Y la comunidad gitana es el caso más palpable. Me interesa mucho la estética gitana, el modo de vivir, la espiritualidad.»

Un año después, en Valencia, en Cartelera Turia (15.2-1999) Kusturica afirmaba en una entrevista que lo que más le atrae del mundo de los gitanos es su humanidad «[...] El milagro es que un pueblo como el suyo haya podido sobrevivir un milenio en Europa sin entrar en el mundo industrial. Y han llegado hasta aquí manteniendo un modo de vida primitivo, pero en el buen sentido del término. Han logrado preservar su identidad sirviéndose de su música y de su belleza. Pero trabajar con ellos –dijo refiriéndose a los actores gitanos no profesionales que han participado en sus películas– no es fácil. Cada mañana hace falta empezar de nuevo como un director de orquesta que debiera repetir constantemente a sus músicos en que tono deben tocar.» En esta difícil relación de trabajo coincidía con las opiniones del realizador valenciano Llorenç Soler, quién tuvo una experiencia similar durante el rodaje de *Lola vende ça*, como reflejé en mi anterior libro la *La memoria escondida*.

CRISTIAN MUNGIU

Rumanía, también en Los Balcanes, es uno de los países de la Unión Europea, que tiene mayores índices migratorios. Cristian Mungiu quién fue reconocido internacionalmente en 2007 con la Palma de Oro en Cannes por *Cuatro meses, tres semanas, dos días*, realizó su primera película *Occidente* (2002), centrada en la emigración desde Rumanía a Europa Occidental. Mungiu traza un relato en el que las esperanzas de progresar sólo son posibles si se emigra hacia un país con un mejor nivel de vida. No da muchas opciones a que los jóvenes continúen en Rumanía.

Su desarrollo se presenta a través de la visión de diferentes personajes e historias cruzadas. Una pareja joven que no encuentra trabajo ni vivienda decide probar fortuna emigrando a otros país; una mujer cuya hija ha sido plantada en el mismo altar, desea que ésta se case con un hombre con dinero aunque para ello tenga que emigrar y, finalmente un jefe de la policía recibe la visita de un joven que tuvo que marcharse del país, una década atrás.

Mungiu mostró su habilidad en el manejo de historias diferentes que acaban confluyendo, empleando un tono costumbrista que, como en otras de sus películas, muestran a personajes con escasos recursos económicos y de gran austeridad formal. Mungiu construye un drama al que le dota de un tono humorístico para dulcificar, si cabe, un tema tan ácido como el que plantea. No busca que la película sea un drama que acabe en tragedia. Deja, en cierto modo, una ligera rendija abierta a la esperanza porque no todo debe ser oscuro en la Rumanía que salió de una larga dictadura comunista.

Cristian Mungiu, junto a cineastas como el veterano Lucian Pintilie (*Niki y Flo.* 2003), Cristi Puiu (*La muerte del Sr. Lazarescu.* 2005), o Radu Muntean (*Martes, después de Navidad.* 2010) constituyen la columna vertebral del cine rumano que tanto reconocimiento internacional ha obtenido estos últimos años.

THEO ANGELOPOULOS

El cineasta griego Theo Angelopoulos es un referente de la cinematografía europea. Angelopoulos se lanzó a hacer cine tras el cierre del periódico en el que trabajaba como crítico, por la Dictadura de los Coroneles, en 1967. Su filmografía que recoge diversas etapas se caracteriza por un estilo denso y metafórico sobre temas de la propia existencia, la historia y la política, a la que no le es ajena la cuestión migratoria.

En ese contexto, destacan títulos de los años noventa como *El paso suspendido de la cigüeña* y *La mirada de Ulises.*

En la primera de ellas narra el viaje de un periodista a la llamada «*Sala de Espera*», un lugar del norte de Grecia en la frontera de Albania, que recibe este nombre porque allí se concentran refugiados albaneses, turco, kurdos, polacos, rumanos o iraníes, que aguardan un permiso que les permita abandonar esa «*sala...*» y viajar al lugar al que desean acudir. El periodista llega acompañado por un equipo de televisión para hacer un reportaje sobre los hombres y mujeres que esperan encontrar una salida a sus vidas. Entre la muchedumbre, el periodista cree reconocer a un político griego (Marcello Mastroianni), que despareció misteriosamente diez años atrás.

Theo Angelopoulos partiendo del significado de ese lugar reflexiona sobre las fronteras y las barreras culturales o políticas para los seres humanos: «hay gente muy pobre que llega cada día a la sala porque no tienen nada en absoluto que comer o porque huyen de regímenes totalitarios en los que no se les permite ser libres. Yo soy partidario de acogerlos e integrarlos en la sociedad. Es un acto necesario por el bien de la humanidad del futuro».

Considerada por muchos como su mejor película, *La mirada de Ulises* relata como un cineasta griego regresa desde Nueva York, donde ha vivido exiliado, a su ciudad natal para emprender un viaje en busca de tres bobinas, sin rebobinar, que contienen la mirada limpia de los pioneros del cine griego. Se trata de un viaje a los orígenes del cine. Lo que quiere Theo (Harvey Keitel) es dar luz a ese primer cine griego, más incluso que llegar a Ítaca, a Grecia. Cuando llegue allí podrá mostrar su trabajo pero antes está el viaje y ese recorrido hasta llegar a la meta, en que describe los conflictos en la Europa del Este en los sangrientos años noventa.

Theo, es el alter ego de Angelopoulos en la película, un hombre que llega a su ciudad natal después de haber vivido durante muchos años en el exilio y comienza esa búsqueda de la ciudad que él conoció y que quizá pueda recuperarla si encuentra los negativos de las tres bobinas.

La Historia, el poder, y la preocupación por el tiempo que vivimos, en ese cine dotado de poesía y metáforas que tuvo un precedente anterior con *Paisaje en la niebla* (1988), premio al mejor director en la Mostra de Venecia y mejor película europea del año. En esta película, Angelopoulos narra la historia de dos niños huérfanos que salen de Grecia hacia Alemania donde creen que se encuentra su padre. El suyo, como queda explícito en otros filmes del director griego, es un viaje iniciático en el que conocerán el bien y el mal; el amor y la muerte.

Sin duda, Theo Angelopoulos, que falleció en Atenas, en 2012, como consecuencia de un accidente, es uno de los grandes referentes de la cinematografía europea contemporánea y su obra debería ser revisada con más frecuencia. Una obra con la que finalizo este recorrido por el cine europeo vinculado a la emigración que también tiene un amplio reflejo en los países asiáticos que no he tratado en este libro y a los que hago una breve referencia con algunos títulos que han llamado mi atención.

CINE ASIÁTICO: UN BREVE APUNTE

Hay algunas películas que abordan la emigración por cuestiones económicas o políticas y que nos llevan a países como Irán, Afganistán o Filipinas. Un cine que, salvo excepciones, apenas llega a las pantallas comerciales europeas y su exhibición se limita a festivales o muestras puntuales.

La emigración del campo a la ciudad aparece en *Metro Manila* (2012) del británico Sean Ellis que narra cómo *Oscar* y su familia deja los campos de arroz del norte de Filipinas para mudarse a la superpoblada ciudad de Manila donde esperan encontrar trabajo. Como otros muchos emigrantes que nunca han salido de sus pequeños pueblos y que no son conscientes de lo que les espera en la metrópolis, *Oscar* es engañado y manipulado, lo que le lleva a una situación límite de supervivencia. Cuando cree que su suerte ha cambiado al ser contratado como guardia de seguridad, no le explican que los camiones blindados que debe trasportar tienen una gran peligrosidad, con una alta mortandad entre los chóferes y sus acompañantes.

La película comienza como un drama de supervivencia pero acaba transformándose en un trepidante thiller con todos los elementos del género.

El director independiente británico Sean Ellis confirma con *Metro Manila,* su tercer largometraje, que su cine tiene una identidad propia que nos ha llevado desde el romance, con cierto tono fantástico, en *Cashback* (2004) hasta el terror psicológico en *The Broken* (2008).

En *Metro Manila* dio otra vuelta de tuerca a su creatividad con un planteamiento realista, que, en momentos, se asemeja al cine documental. Un retrato de la corrupción de nuestra sociedad que devora a los más débiles como la familia protagonista. *Metro Manila* ganó el premio del público en el festival de Sundance.

Bastantes años antes, en 1988, la cineasta india Mira Nair, en su primer largometraje de ficción, *Salaam Bombay*, describe la emigración masiva del campo a las grandes ciudades, posando su cámara en las historias de los niños huérfanos o abandonados que buscan sobrevivir en las metrópolis como Bombay. Mejor ópera prima en el Festival de Venecia, la película se rodó en las calles de la ciudad india, una de las más populosas de la tierra. Casas, comercios, cementerios o prostíbulos dan autenticidad a una historia que contó con actores no profesionales en los principales papeles. Mira Nair seleccionó a catorce chicos, muchos de ellos analfabetos, para que protagonizaran la película y sólo contrató a tres actores profesionales.

A través de la mirada de *Krishna*, el niño protagonista, asistimos a su supervivencia, ayudando a quién lo necesita más que él mismo o recurriendo a todo tipo de trabajos con tal de conseguir quinientas rupias y poder regresar a su casa. Más que emigración, la entonces joven realizadora Mira Nair, denunció la situación en que vivían muchos niños en los países del tercer Mundo, desprovistos de cualquier tipo de ayuda y expuestos a malos tratos. Una situación que sigue viviéndose en la actualidad y que explica el tono de desesperanza que nos trasmite, la directora del filme.

Indefensión de los niños y de muchos trabajadores que intentan encontrar trabajo en países con una mayor estabilidad política y económica. Es el caso que nos relata *Baran*, película del director iraní Majid Majidi, quien describe la historia de unos refugiados afganos en Irán, contada a través de los ojos de *Lateef*, un adolescente iraní. *Lateef*, despierto y bastante pícaro, trabaja como guarda en una construcción proporcionando té y comida a los trabajadores afganos, que al carecer de papeles, apenas reciben un salario.

Cuando uno de los trabajadores resulta herido el jefe de *Lateef* se encuentra en un dilema porque no puede avisar a las autoridades, ya que trabaja ilegalmente y al mismo tiempo peligran los puestos de trabajo del resto de refugiados afganos.

Majid Majidi es uno de los cineastas iraníes más reconocidos internacionalmente. *Baran* ganó en el festival de Montreal y su filmografía incluye otros títulos destacados como *El color del paraíso* (1999) y *El canto de los gorriones* (2008). Su cine, como el de otros realizadores de su país, ha sufrido censura y prohibiciones. Fue el caso, por ejemplo, de Mohsen Makhmalbaf, director de *Kandahar*, que se exilió en 2005 harto de las restricciones impuestas por el gobierno y después de haber apoyado al medio millón de afganos refugiados en Irán para que tuviesen acceso a la enseñanza.

Abbas Kiarostami, reconocido internacionalmente tras ganar el festival de Cannes con *El sabor de las cerezas*, vio como su película *Copia certificada* fue prohibida en Irán y Bahman Ghodolabi ganador del Oso de Oro en el Festival de Berlín de 2015 por *Taxi*, no pudo recoger el premio tras ser condenado en 2010 a seis años de cárcel, prohibición de hacer cine y viajar al extranjero o conceder entrevistas. El Tribunal consideró que el realizador de *El globo blanco* actuó contra la seguridad nacional e hizo propaganda contra el estado.

Algo similar ocurre en China donde son habituales las prohibiciones y la censura. Uno de los últimos casos fue *Una historia de violencia*, película de Jia Zhang-Ke, premio al mejor guión en el Festival de Cannes en 2013. Esta prohibición no obstante, motivó que los Premios del Sindicato de Directores Chinos, que son los únicos reconocimientos cinematográficos oficiales que pueden otorgarse en China, se convirtieran casi en un acto reivindicativo al declararse desiertos los galardones de mejor director y mejor película.

Los cineastas chinos consideran que las trabas administrativas y la censura están coartando al cine nacional en beneficio de Hollywood. Zhang Yimou, posiblemente el director chino más conocido internacionalmente, ha visto censurada la proyección en su país de varias películas como *La linterna roja* o *Vivir*, galardonada con el premio del Jurado en el Festival de Cannes.

FICHAS DE LAS PELÍCULAS

TÍTULO: *Honeymoons* (Medeni moses).
PAÍS: Serbia / Albania. **AÑO**: 2009. **DURACIÓN**: 95'. Drama. **DIRECTOR**: Goran Paskaljevic. **GUIÓN:** Goran Paskaljevic, Genc Permeti. **FOTOGRAFÍA:** Milan Spasic. **MÚSICA:** Rade Krstic. **MONTAJE:** Petar Putnikovic y Kristina Pozonei.
INTÉRPRETES: Nebojša Milovanović (Marko), Jelena Trkulja (Vera), Jozef Shiroka (Nik), Mirela Naska (Maylinda), Bujar Lako (Rok), Yllka Mujo (Vevo), Lazar Ristovski (tío de Vera), Petar Božović (padre de Vera), Danica Ristovski (madre de Vera).
CALIFICACIÓN: ★★★☆☆
VIDEO / DISTRIBUIDORA: WANDA / CAMEO.

TÍTULO: *Cirkus Columbia.*
PAÍS: Bosnia & Herzegovina, Francia, Reino Unido, Alemania, Eslovenia, Bélgica **AÑO:** 2010 **DURACIÓN:** 112'. Drama. **DIRECTOR:** Danis Tanovic. **GUIÓN:** Danis Tanovic, Ivica Dikic, basado en la novela escrita por éste último. **FOTOGRAFÍA:** Walther Vanden Ende. **MONTAJE:** Peter Markovic. **INTÉRPRETES:** Miki Manojlovic (Divko), Mira Furlan (Lucija), Boris Ler (Martin), Jelena Stupljanin (Azra), Milan Struljic (alcalde).
CALIFICACIÓN: ★★★½☆
VIDEO / DISTRIBUIDORA: WANDA / CAMEO.

TÍTULO: *Antes de la lluvia* (Before the rain).
PAÍS: (Macedonia-Francia-Reino Unido). **AÑO**: 1994. **DURACIÓN**: 113'. Drama. **DIRECTOR**: Mitcho Mancheuski. **GUIÓN:** Mitcho Mancheuski **FOTOGRAFÍA:** Manuel Terán. **MÚSICA**: Anastasia.
INTÉRPRETES: Katrin Cartlidge, Rade Serbedzija, Grégoire Colin, Labina Miteuska, Phyllida Law, Jay Villiers.
CALIFICACIÓN: ★★★½☆
VIDEO / DISTRIBUIDORA: Creative films.

TÍTULO: *El tiempo de los gitanos.*
PAÍS: Yugoslavia (hoy Serbia). **AÑO:** 1988. **DURACIÓN:** 139'. Drama. **DIRECCIÓN**: Emir Kusturica. **GUIÓN:** Emir Kusturica, Gordan Mihic. **FOTOGRAFÍA**: Vilko Filac. **MÚSICA:** Goran Bregovic. MONTAJE: Andrija Zafranovic. **INTÉRPRETES**: Davor Dujmovic (Perhan), Boran Todorovic (Ahmed), Ljubica Adzovic (Khaditza), Husnija Hajimovic (Merdzan), Sinolicka Tupkova (Azra), Elvira Sali (Elvira).
CALIFICACIÓN: ★★★½☆
VIDEO / DISTRIBUIDORA: Columbia / Megafilms.

TÍTULO: *Occidente.*
PAÍS: Rumanía. **AÑO:** 2002. **DURACIÓN:** 102'. Drama. **DIRECTOR:** Cristian Mungiu. **GUIÓN:** Cristian Mungiu. **FOTOGRAFÍA:** Vivi Dragan Vasile (c). **MÚSICA:** Petru Margineanu, Ioan Gyuri Pascu. **INTÉRPRETES**: Alexandru Papadopol, Anca-Ioana Androne, Samuel Trastet, Tania Popa, Doren Visa, Gabriel Spahiu, Julieta Strimbeanu, Eugenia Bosanceanu, Ioan Gyuri Pascu.
CALIFICACIÓN: ★★★½☆
VIDEO / DISTRIBUIDORA: Plataformas digitales.

TÍTULO: *El paso supendido de la cigüeña (*To meteoro vima tou pelargaou).
PAÍS: Grecia. **AÑO:** 1991. **DURACIÓN:** 143'. Drama. **DIRECTOR:** Theo Angelopoulos. **GUIÓN:** Theo Angelopoulos, Tonino Guerra, Petros Markaris. **FOTOGRAFÍA:** Giorgos Arvanitis, Andreas Sinanos. **MÚSICA**: Eleni Karaindrou.

INTÉRPRETES: Marcello Mastroianni, Jeanne Moreau, Gregory Karr, Dora Krysiku, Ilias Togothetis, Nadia Mourouzi, Benjamín Ritter.
CALIFICACIÓN: ★★★⯪☆
VIDEO / DISTRIBUIDORA: La Casa del Cine para Todos. S.L. y plataformas digitales.

TÍTULO: *La mirada de Ulises* (Ulises gaze / To viemma tou odyssea).
PAÍS: Grecia. **AÑO**. 1995. **DURACIÓN:** 176' Drama. **DIRECTOR**. Theo Angelopoulos. **GUIÓN:** Theo Angelopoulos, Tonino Guerra, Petras Markaris. **FOTOGRAFÍA:** Yorgos Arvanitis. **MÚSICA:** Eleni Karaindrou **INTÉRPRETES:** Harvey Keitel, Maia Mogenstern, Erland Josepshon, Thanassis Vengos, Yorgos Michalapoulos, Dora Volanki.
CALIFICACIÓN: ★★★★☆
VIDEO / DISTRIBUIDORA: Absolute distribución S.L.

OTROS TÍTULOS / OTROS MUNDOS

TÍTULO: *Metro Manila.*
PAÍS: Reino Unido. **AÑO:** 2012. **DURACIÓN:** 115'. Drama / Thriller. **DIRECTOR:** Sean Ellis. **GUIÓN:** Sean Ellis, Frank E. Flowers. **FOTOGRAFÍA**: Sean Ellis (c). **MÚSICA**: Robin Foster. **INTÉRPRETES:** Jake Macapagal, John Arcilla, Althea Vega, Miles Canapi, Ana Abad Santos, Moisés Magisa, JM. Rodríguez, Erin Panlilio.
CALIFICACIÓN: 3' 5 ESTRELLAS.
VIDEO / DISTRIBUIDORA. Avalon.

TÍTULO: *Salaam Bombay.*
PAÍS: India, Inglaterra, Francia **AÑO:** 1988 **DURACIÓN:** 113' Drama. **DIRECTORA:** Mira Nair. **GUIÓN**: Mira Nair, Sooni Taraporevala. **FOTOGRAFÍA:** Sandi Sissel (c). **MÚSICA:** L. Subramaniam. **INTÉRPRETES:** Shafiq Syed, Hansa Vithal, Chanda Sharma, Raghuvir Yadav, Anita Kanwar, Nana Petekar, Raju Bernard, Chandrashekhar Naidu, Sarfudin Kerrasi.
CALIFICACIÓN: ★★★★☆
VIDEO / DISTRIBUIDORA: Manga films.

TÍTULO. *Baram* (Lluvia).
PAÍS: IRÁN. **AÑO:** 2001. **DURACIÓN**: 82'. Drama. **DIRECTOR:** Majid Majidi. **GUIÓN:** Majid Majidi. **FOTOGRAFÍA**: Mohammad Davudi. **MÚSICA:** Ahmad Pezhman. **INTÉRPRETES:** Zahra Bahrami, Hossein Abedini, Mohammad Amir Naji, Abbas Rahimi, Gholam Ali Bakhsi. Hossein Mahjoob.
CALIFICACIÓN: ★★★☆☆
VIDEO / DISTRIBUIDORA: DIVISA.

CAPÍTULO 10. ESPAÑA: VIAJEROS DE ESPERANZA Y MUERTE

Un hombre, cualquier hombre,
vale más que una bandera,
cualquier bandera.

EDUARDO CHILLIDA
(Escultor español. 1924-2002).

Las cosas han cambiado y mucho desde que publiqué en 2005, hace más de diez años, *La memoria escondida*. Mi intención era demostrar que los inmigrantes que llegaban a nuestro país eran como los emigrantes españoles que viajaron a países fundamentalmente de Europa y América intentando encontrar trabajo y una vida digna.

Ha pasado una década y los españoles nuevamente hemos tenido que dejar atrás nuestro país y volver a ser emigrantes. La mayoría con una cualificación mucho más alta que la que tenían nuestros abuelos pero al fin y al cabo han tenido que dejar a sus familias y viajar a cientos o miles de kilómetros de distancia.

El mapa ha vuelto a cambiar y la historia se repite una y otra vez. Los españoles, principalmente los jóvenes buscan trabajo en Europa o en puntos mucho más alejados como América y Australia. Los subsaharianos; los magrebíes, y miembros de otros países africanos o asiáticos se siguen jugando la vida en su intento de alcanzar las costas de España o Italia que reciben oleadas de inmigrantes que huyen de los conflictos bélicos en Libia o Siria.

La larga crisis de este último país provocó que en 2014 se produjera un récord de inmigrantes en Europa con la llegada de 270.000 sin papeles, cifra que quedó ridiculizada en 2015 con un millón y medio de extranjeros que accedieron irregularmente a la Unión Europea. La repentina oleada de emigrantes, en buena medida refugiados que huyen de las guerras, y el riesgo terrorista obligan a la UE a replantearse el tratado de Schengen de libre circulación para los europeos. Los controles excepcionales de fronteras internas ponen a prueba un sistema que los europeos han disfrutado durante dos décadas. La Comisión europea justificó estas medidas porque los flujos incontrolados «pueden constituir una amenaza seria a las políticas públicas y a la seguridad interna». Medidas restrictivas que vienen dadas por la poca coordinación que se ha dado en el UE en materia migratoria y que se ha solucionado solamente de forma parcial y en momentos puntuales como fue el acuerdo con Turquía, ya citado en este libro. Habrá que buscar los medios para captar a los terroristas que puedan infiltrarse junto a los refugiados y buscar la manera de acoger o ayudar en sus lugares de origen a cuantos lo necesiten. No por repetitivo es menos cierto. Nadie emigra o huye por placer.

Y es lo que ocurre en el cine con los diferentes protagonistas de las historias de inmigración, películas que traté ampliamente en *La memoria escondida*, algunos de cuyos títulos aparecen en este libro y otros se han ido estrenando en esta última década. A diferencia de *La memoria escondida* no he estructurado esta parte del libro por países o zonas geográficas; he preferido referirme a temas concretos como el viaje, el trabajo, la xenofobia o el racismo.

DESIERTOS Y PATERAS (*14 KILÓMETROS, LAS CARTAS DE ALOU, SAID, BWANA, RETORNO A HANSALA...*)

14 kilómetros (2007), de Gerardo Olivares es la única película española que ha ganado la Espiga de Oro en la Semana Internacional de Cine de Valladolid, conocida popularmente como la Seminci.

Los tres protagonistas, dos hombres y una mujer, emprenden un peligroso y largo viaje hacia Europa atravesando Mali, Níger, Argelia y Marruecos. Cada año cientos de miles de personas emprenden ese viaje a través del desierto. Unos fracasan, otros alcanzan Europa y los hay que mueren en el empeño. Los chicos son dos hermanos obsesionados con la posibilidad de triunfar en el fútbol europeo. Ella, la joven, huye de un matrimonio forzoso con un viejo que abusaba de ella cuando era pequeña y simboliza a todas las mujeres africanas, que sufren esta situación. Para Gerardo Olivares es «una *road-movie*», por el continente y para quiénes la vimos es, además, una denuncia de la situación que viven millones de personas en África. Tan solo «catorce kilómetros» separan África de España pero la distancia es mucho mayor y a veces insalvable. En la película, como alguien apuntó acertadamente, se ve lo que no suele verse en los telediarios sobre la emigración africana. Tres jóvenes arriesgando su vida, no solo por la enorme distancia que han de recorrer a través de desiertos y montañas, sino, como ocurre en Centroamérica y México con las *maras* y los narcotraficantes, evitando caer en bandas de mafiosos o traficantes.

No obstante, cuando ya van a cruzar el Estrecho el traficante les miente y alimenta su sueño cuando les pide más dinero para subirse a la patera hablándoles de las facilidades que encontrarán : «Es que no sabes que en España el dinero es lo de menos. Un primo mío os estará esperando allí. Esta noche voy a llamarlo y te conseguirá un trabajo».

Para el cineasta cordobés los inmigrantes «seguirán viniendo y seguirán muriendo, porque la historia ha demostrado que no hay muro capaz de contener los sueños». Gerardo Olivares ha dirigido además, entre otras películas: *Caravana* (2004); *La gran final* (2006) y *Entrelobos* (2010) que congregó en las salas a medio millón de espectadores.

Anteriormente a *14 Kilómetros* en 2004, José Luis Tirado dirigió el documental, *Paralelo 36* (65'), el espacio real por el que transcurre el viaje de la inmigración clandestina a través del estrecho de Gibraltar. Los inmigrantes son los únicos protagonistas del relato. Sus gestos y sus palabras; sus sueños y deseos; sus miedos y esperanzas en este filme que patrocinó la Junta de Andalucía y en el que Tirado utiliza tanto la ficción como la realidad.

Esa realidad riega de muertos las aguas del estrecho. Lo vimos por ejemplo en *Bwana* (1997), de Imanol Uribe. Una pareja Antonio *y* Dori (María Barranco y Andrés Pajares) y sus dos hijos, en una solitaria playa andaluza y el encuentro con un inmigrante africano que acaba de llegar en patera y ha perdido a su padre, ahogado en el intento por alcanzar la costa. La difícil y distante relación que se va estableciendo entre ellos se ve cada vez más enturbiada con la presencia de otros personajes racistas y terriblemente violentos. El miedo a la diferencia y la actitud racista pasiva de unos, y activa y violenta de otros reflejan la intolerancia que se vivía aquellos años en España. Hay un diálogo entre el matrimonio preguntándose de dónde vendrá Ombasi, el inmigrante perdido en la playa. «Y yo que sé –responde Antonio– de África. ¿A qué habrán venido, con lo tranquilitos que estábamos?, pregunta Dori.

Antonio, convencido: Pues a buscar trabajo (Antonio).

Dori: Como que aquí no hay paro. Al final terminará metido en la droga como todos. Habrá que decírselo a la guardia civil».

Siempre hay que culpar a los más débiles y encontrar a un culpable. Aquí Ombasi, recién desembarcado, ya es acusado de fomentar el paro y de ser un firme candidato a traficante de droga. Antes de nada hay que avisar a la policía aunque el chico no haya hecho nada.

La película mereció la Concha de Oro del Festival de San Sebastián fue alabada como antirracista y criticada, en cambio, por la pobre puesta en escena. Imanol Uribe tiene una amplia filmografía que abarca el terrorismo de ETA y la situación político social en el País Vasco (*La Fuga de Segovia, La muerte de Mikel o Días Contados*); la Guerra Civil (*El viaje de Carol*) o la divertida y premiada película de época, *El rey pasmado*, basada en la novela del mismo título de Gonzalo Torrente Ballester. En *Bwana* la intolerancia, el racismo, la muerte de un inmigrante en su afán por alcanzar la costa son algunas de las constantes del filme.

En *Retorno a Hansala* (2008), de Chus Gutiérrez hay inmigrantes que mueren ahogados y un viaje al origen, a la miseria en que viven quienes se atreven a desafiar al Estrecho.

La cineasta granadina, cuenta cómo Martín (José Luis García Pérez), responsable de una funeraria en Algeciras, encuentra entre los cadáveres de inmigrantes rescatados del mar, un número de teléfono. Llama y la destinaria es la joven hermana de uno de los fallecidos. Leila (Farah Ahmed) quiere repatriar el cuerpo de su hermano a la aldea donde nació y negocia con Martín el viaje, quién ve posibilidades de hacer negocio llevando las pertenencias de los otros ahogados, para ver si pueden identificarlas sus familiares. Durante el viaje a Hansala, Martín descubre la pobreza y la miseria en que viven sus habitantes pero, al mismo tiempo, la solidaridad entre ellos; la hospitalidad con los visitantes y las razones que tienen para arriesgar su propia vida, intentando cruzar el estrecho de Gibraltar.

Chus Gutiérrez llevó su cámara al interior de Marruecos para describir el origen de la inmigración en *Retorno a Hansala.*

Retorno a Hansala es una excelente película que confirma la solvencia de una directora a la que ya nos hemos referido en este libro (*Poniente*). *Retorno a Hansala* está inspirada parcialmente en hechos reales, la muerte de trece jóvenes marroquíes ahogados en aguas del Estrecho y pertenecientes todos ellos a la misma aldea. Todos dejaron la miseria en busca de El Dorado, pero sólo encontraron la muerte. La película incluye actores profesionales junto a quienes fueron testigos de la tragedia vivida en Hansala, cuando murieron sus jóvenes que tenían como única alternativa *escapar* hacia *un paraíso idealizado, que tiene su final muchas veces, demasiadas veces, en las aguas del estrecho de Gibraltar.* Chus Gutiérrez escribió que la película refleja: «una situación que seguirá ocurriendo mientras el mundo sea igual de injusto y nuestros gobernantes igual de hipócritas. Mientras se siga dando la espalda a la realidad y construyendo muros y fronteras.»

En la filmografía de la realizadora granadina Chus Gutiérrez figuran otros títulos que se acercan al mundo de los gitanos, *Alma gitana* (1995); la música en los años ochenta coincidiendo con el golpe de Estado del 81 *El calentito* (2005) o la pasión por el baile en la ciudad colombiana de Cali *Ciudad Delirio* (2014). *Retorno a Hansala,* que obtuvo numerosos premios, entre ellos el especial del Jurado en la Seminci, tuvo un injusto olvido en los Goya.

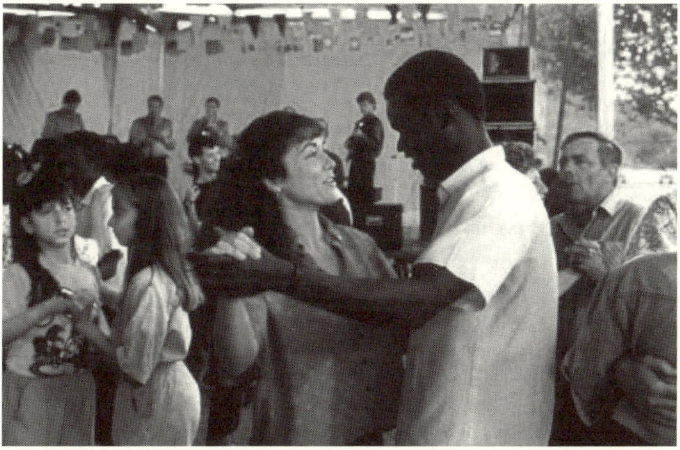

Eulalia Ramón y Mulie Jarju bailan, enamorados,
en *Las cartas de Alou*, de Montxo Armendáriz.

La mayor parte de los protagonistas de las películas tratadas hasta el momento no alcanzan su destino. *Las cartas de Alou* (1991), de Montxo Armendáriz fue el primer título que de una u otra manera se hacía eco de la presencia de los inmigrantes subsaharianos en nuestro país. En él, como le comenté en distintas ocasiones a Eulalia Ramón, la protagonista del filme, una mujer española se enamoraba por primera vez de un hombre de raza negra, en un clima en que florecía el racismo, el odio y el miedo al diferente o la explotación de los más débiles... *Las cartas de Alou* es una película solidaria, antirracista, universal, y constata una realidad que sigue siendo actual muchos años después de que se estrenase. En declaraciones a *El Periódico* de Cataluña de 1 de diciembre de 1989, cuando el filme se encontraba todavía en fase de rodaje, Elías Querejeta, su productor, afirmaba que «la película se limita a exponer un problema grave como es la inmigración africana, sobre todo para los implicados en el tema que son los propios muchachos africanos, que aceptan cualquier trabajo con tal de sobrevivir. Pero también está latente el tema de racismo o de la falta de trabajo incluso para los propios ciudadanos españoles. No se trata de denunciar estos hechos sino simplemente de exponerlos».

A mi juicio, *Las cartas de Alou,* sin ahondar en la tragedia ni incidir en elementos dramáticos, prefiere acompañar a Alou para narrar su aventura, sus penas y también sus alegrías. La cámara de Armendáriz nos acerca a la realidad de una persona que no busca nada excepcional, sólo trabajar y tener una vida digna.

En *Las cartas de Alou* el protagonista es un senegalés que ha entrado clandestinamente en España y se ve obligado a trabajar en diferentes lugares, en unas condiciones muy precarias debido a carecer de papeles que legalicen su situación. Trabaja en los invernaderos de Almería, vende después baratijas en Valencia, se desplaza a la huerta de la provincia de Lleida y finalmente a Barcelona donde trabaja en el taller de confección de otro inmigrante africano. Su periplo por la geografía española se interrumpe cuando es detenido por la policía y expulsado del país. Pero sabe que a pesar de todas las dificultades, su vida está ahora en España y vuelve a cruzar el estrecho dejando una puerta abierta a la esperanza.

El filme ganó la concha de oro en el festival de San Sebastián y Mulie Jarju, la concha de plata al mejor actor. Recibió, entre otros el Goya al mejor guión.

En la filmografía del realizador navarro figuran otros títulos como *Tasio*, *Historias del Kronen*, *Secretos del corazón*, *Silencio roto*, *Obaba* y *No tengas miedo*.

Si los subsaharianos aparecen con cierta frecuencia en nuestro cine de los últimos 25 años también la inmigración magrebí ocupa un lugar destacado en nuestra reciente historia. Son numerosas las películas que también han incorporado a inmigrantes del norte de África, particularmente a nuestros vecinos marroquíes, como hemos visto en *Retorno a Hansala.*

Menos trágica en su planteamiento es *Said*, de Llorenç Soler, que denuncia la hipocresía de una sociedad políticamente correcta cuyos miembros consideran que todo es válido mientras no les afecte directamente.

La película, basada en la novela *La aventura de Said*, de Josep Lorman, comienza con unas imágenes de gran belleza de la costa gaditana que contrastan con la desesperación y desasosiego de quiénes han cruzado varias millas (*14 kilómetros exactamente*) en unas frágiles embarcaciones con la única esperanza de alcanzar la costa e iniciar una nueva vida en un país, en que esperan cumplir sus sueños.

Como en *Las cartas de Alou*, Llorenç Soler relata la historia de amor entre un joven marroquí y una joven burguesa, estudiante de periodismo, que quiere hacer un reportaje sobre la situación de los inmigrantes en Barcelona. Es, como dice uno de los protagonistas de la película, *«el ejemplo de que el amor no conoce barreras»*. Realmente las únicas barreras las ponen los violentos o, de otra forma más sutil, los padres de ANA, que no se explican qué hace su hija relacionándose con unos magrebíes que viven en un piso destartalado.

Soler, valenciano afincado en Barcelona, cineasta, profesor universitario, pintor, poeta, defiende el cine que ha hecho siempre, tanto en el terreno documental como en la ficción. «Su cine –me decía en una ocasión– es una consecuencia de mi preocupación por los temas sociales, por el racismo, por la xenofobia, por el fenómeno de la emigración, los homosexuales...» En la entrevista que ya publiqué en *La memoria escondida* Llorenç Soler remarcaba el espíritu del filme: cuando «Said es agredido por los cabezas rapadas hay una violencia visible, una violencia que hace sangre, que hace daño, que machaca el cuerpo humano, que es tan difícil de describir en la prensa, cuando se titula unos "skins" han atacado a un mendigo o a un magrebí o un gitano. Para mí la película tiene un nivel de lectura que es más importante que ese y es la violencia cotidiana. La violencia del padre de la protagonista que le pide que no se mezcle con esos chicos árabes porque siempre traen problemas. Aquella frase tan manida de "yo no soy racista pero, no quiero que te trates con..." Creo que ahí está todo, está el espíritu de la historia que he contado».

No obstante –me comentó– *creo que el racismo es inherente al ser humano, es decir, los seres humanos somos tribales, somos gregarios, nos gusta actuar en grupos endogámicos y eso nos lleva a ser racistas. Lo importante es que constante y sobre todo racionalmente, luchemos contra esa actitud, ¿no?*

FICHAS DE LAS PELÍCULAS

TÍTULO: *14 kilómetros.*
PAÍS: España. **AÑO**: 2007. **DURACIÓN:** 95'. Documental / Ficción. **DIRECTOR:** Gerardo Olivares. **GUIÓN:** Gerardo Olivares. **FOTOGRAFÍA:** Alberto Moro (c). **MÚSICA**: Santi Vega. **INTÉRPRETES**: Adoum Moussa, Illiassou Mohamadou Alzouma, Aminata Kanta (Violeta).
CALIFICACION: ★★★★☆
VIDEO / DISTRIBUIDORA: CAMEO / WANDA.

TÍTULO: *Bwana.*
PAÍS: España. **AÑO**: 1995. **DURACIÓN**: 105'. **DIRECTOR**: Imanol Uribe. DRAMA. **GUIÓN:** Imanol Uribe, Joan Potau y Francisco Pino. Basada en la obra teatral *La mirada del hombre oscuro*, de Ignacio del Moral. **FOTOGRAFÍA**: Javier Aguirresarobe (C). **MÚSICA:** José Nieto. **INTÉRPRETES**: Andrés Pajares (Antonio), María Barranco (Dori), Emilio Buale (Ombasi), Alejandro Martínez (Iván), Andrea Granero (Jessy), Miguel del Arco (Román).
CALIFICACION: ★★½☆☆
VIDEO: Video-Mercury.

TÍTULO: *Retorno a Hansala.*
PAÍS: España. **AÑO**: 2008. **DURACIÓN**: 90'. Drama. **DIRECTORA**: Chus Gutiérrez. **GUIÓN**: Chus Gutiérrez y Juan Carlos Rubio. **FOTOGRAFÍA**: Kiko de la Rica. (C). **MÚSICA**: Tao Gutiérrez. **INTÉRPRETES**: José Luis García Pérez (Martín) Farah Ahmed (Leila) Cuca Escribano (Carmen), Miguel Alcíbar (Pepe), Antonio de la Torre (Antonio), Sebastián Haro (Jesús), Antonio Dechent (Manolo) César Ren (Cinto) Alba Fernández (Alba) El Hussein Aghazaff, Fátima Andah, Adam Bounnouacha.
CALIFICACION: ★★★★☆
VIDEO: DIVISA RED / Premio Especial del jurado en la Seminci.

TÍTULO: *Las cartas de Alou.*
PAÍS: España. **AÑO**: 1990. **DURACIÓN:** 96'. Drama. **DIRECTOR**: Montxo Armendáriz. **GUIÓN**: Montxo Armendáriz. **FOTOGRAFÍA**: Alfredo F. Mayo. **MÚSICA**: Luis Mendo y Bernardo Fuster. **INTÉRPRETES:** Mulie Jarju (*ALOU*), Eulalia Ramón (*Carmen*), Ahmed El-Maaroufi *(Moncef)*, Akonio Dolo (*Mulai)*, Albert Vidal (padre de *Carmen*), Rosa Morata (esposa de *Mulai)*, Mamadou Lamine (*Kassim)*, Ly Babali, M'Barik Guisse, Joaquín Notario, Margarita Calahorra, Freddy Ripers, Jordi Sierra, Pilar Barrera, Juana Cordero, Abdeslam Lamzouri, Mauro Muñiz, Charo Gobella, Juan Carlos Alonso, Markus Obenhausser, Manuel Millán, José María Pérez, Rosa María Peña.
CALIFICACION: ★★★★☆
VIDEO: Video Mercury Films.

TÍTULO: *Said.*
PAÍS: España. **AÑO**: 1998. **DURACIÓN**: 99'. Drama. **DIRECTOR**: Llorenç Soler. **GUIÓN**: J. L.Roig. Diálogos en árabe: Mohamed El Haf. Basado en la novela *La aventura de Said*, de Josep Lorman. **FOTOGRAFÍA**: Xavier Camí (C). **MÚSICA:** Eduardo Arbide. **MONTAJE:** Pere Abadal. **INTÉRPRETES**: Naoufal Lhafi (Said), Nuria Prims (Anna), Marouane, Mribti (Hussein), Mercedes Sampietro (Elena), Samir Quchiri (Ahmet) Choukri Gabteni (Taib), Javier Nart (abogado), Luis Iriondo (presidente del Tribunal) Agustín González (Inspector Vázquez), Jordi Dauder (padre de Anna); Cristina Brondo (Fátima); María Teresa Tossa (madre de Anna), Jordi Rico *(skin* 1).
CALIFICACIÓN: ★★★✯☆
DISTRIBUIDORA / VIDEO: Plataformas digitales.

SOBREVIVIR DESPUÉS DE LAS BARRERAS (*EN LA PUTA CALLE, FLORES DE OTRO MUNDO, EL PRÓXIMO ORIENTE, COSAS QUE DEJÉ EN LA HABANA, EL TRAJE, PARÍS-TOMBOCTÚ...*)

Las concertinas se instalaron en 2005 en las vallas de Melilla y de Ceuta, durante el gobierno de José Luis Rodríguez Zapatero. Dos años después, en 2007, fueron retiradas al comprobarse las heridas que causaban a aquellos que querían saltar la valla. Un joven inmigrante murió, al cortarse la yugular, tratando de llegar a España. La instalación de vallas y bayonetas costó más de cuatro millones de euros y se presupuestó un nuevo vallado que reforzara los ya existentes, con un cálculo que superaba los ocho millones de euros.

El gobierno del Partido Popular fortaleció las vallas y las concertinas volvieron a cobrar protagonismo. En la UE se plantearon su legalidad, pero en la UE no solo se habla de Ceuta y Melilla porque hay otras vallas y cuchillas. En el paso de Calais, norte de Francia, se instaló una cerca de alambre de púas en torno a un campamento romaní y en el norte de Grecia, por ejemplo, rollos de alambre de espino en la frontera con Turquía. En 2015, con la oleada de refugiados proveniente principalmente de Siria e Irak las vallas han crecido en los países de Centroeuropa.

Cayó el muro de Berlín, que dejó un balance de 270 muertos, pero aquel Muro de la Vergüenza o de la Infamia tiene descendientes en cualquier parte del mundo.

Israel se amuralló frente los palestinos; Marruecos, ante el Sahara; las dos Corea, frente a frente; México proyecta en el futuro frenar con un muro la emigración guatemalteca y la de otros países de Centroamérica, y por supuesto, Estados Unidos con 595 kilómetros de extensión, más ochocientos kilómetros de barreras impidiendo el paso de autobuses. El muro va desde Tijuana a San Diego, en California, pero hay tramos en los estados de Arizona, Sonora, Nuevo México, Baja California, Texas y Chihuahua. Sólo en la frontera de Estados Unidos con México han muerto 6.000 inmigrantes en los últimos 15 años y otras fuentes señalan que en el desierto de Arizona, han fallecido cerca de 10.000 inmigrantes que buscaron en esta ruta, mucho más peligrosa, una nueva alternativa para alcanzar Estados Unidos.

Todas las medidas son para las autoridades métodos disuasorios. En Estados Unidos se utilizan detectores de movimiento; sensores electrónicos, equipos de visión nocturna, vehículos todo-terreno, helicópteros...

PARADOS DE AQUÍ Y DE ALLÁ

Enrique Gabriel, cineasta español de origen argentino, en su filmografía se acerca al tema de la inmigración, el desarraigo y la memoria. «Soy un realizador, me comentó durante un festival de cine iberoamericano de Huelva, que intenta vivir alerta en su entorno. Procuro sensibilizarme con la sociedad y la época que me ha tocado vivir. Me resulta muy difícil pensar en mí como una persona honesta y sensible y girar la espalda a los dramas de la pobreza, del desempleo, a las segregaciones de todo tipo... Los personajes que encuentro son desempleados, emigrantes, o desarraigados. Son mis héroes».

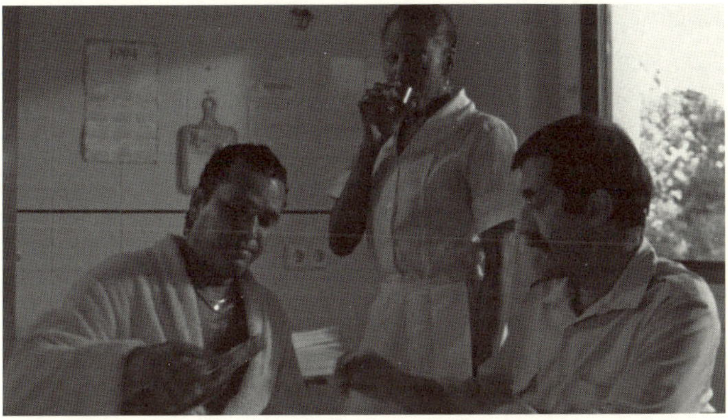

Enrique Gabriel describió el paro de españoles e inmigrantes en la película *En la puta calle.*

En 1996 realizó *En la puta calle* filme que trataba abiertamente el tema del paro. Lo hacía con buenas dosis de humor pero, sobre todo, de amargura, porque cuesta comprender que en esta sociedad puedan darse situaciones tan injustas como las que plantea el filme.

No obstante, por muy áridas que sean las historias que nos plantea siempre deja un hueco para el humor. «No hay nada –me dijo– que sea absoluto, no existe la verdad absoluta, y en ese sentido trabajar temas tan duros como el desarraigo, la falta de vivienda, estar en la calle, en la puta calle, si no hay una pizca de humor, realmente nos estaríamos hundiendo en una depresión que resultaría completamente estéril.»

La película estrenada en 1996 tiene muchos puntos en común con lo que ocurriría años después con la crisis de 2008. Cuenta la historia de un desempleado, Juan (Ramón Barea) un hombre de 44 años que lleva trabajando toda su vida y que de la noche a la mañana se encuentra sin trabajo. Juan deja su ciudad para emigrar a la capital en busca de empleo. Ligeramente racista y xenófobo, Juan termina haciéndose amigo de un inmigrante *sin papeles*, Andy (Luis Alberto García), llegado del Caribe, que busca salir adelante como sea y que quiere vivir en el primer mundo, «en la miseria de este primer mundo –como afirma– antes que regresar a su tierra desheredada».

Juan Gutiérrez, el protagonista de la historia es un hombre convencido de sus virtudes profesionales que sólo aspira a un trabajo digno pero va comprendiendo que su legítima aspiración es casi una utopía. Poco a poco va formando parte de un mundo que desconocía y que consideraba que si existía sólo debía corresponder a los *moros* o los *sudacas*. Acaba aceptando trabajos clandestinos con tal de sobrevivir.

Juan representa una cierta resistencia pasiva a todo lo que viene de fuera y es, sin ser violento, un hombre convencido de que los inmigrantes son culpables de todas las calamidades que padece. No obstante, a medida que avanza la historia, Juan comienza a ser consciente de que los problemas que afectan a los inmigrantes son los suyos propios. Los diálogos chispeantes, irónicos y en ocasiones, profundos, convierten al espectador en cómplice de la situación que viven los personajes de la película. Un filme muy interesante y con una temática que no pierde actualidad. Como decía, Enrique Gabriel ha mirado la inmigración y la falta de identidad en filmes como *Krapatchouk* o *Las huellas borradas*, *Suspiros del corazón* y *Vidas pequeñas*. Además dirigió junto al periodista Javier Angulo y director de la Seminci, el documental *La pérdida*.

En la puta calle es, posiblemente, la primera película que trata abiertamente el tema del desempleo en España. Un antihéroe que conoce que su problemática es la misma que la de quienes vienen de fuera buscando trabajo. Por ejemplo lo vemos en *Pídele cuentas al Rey*, en que un minero (Antonio Resines) viaja a pie a Madrid reclamando su derecho a un puesto de trabajo y en el camino se encuentra con inmigrantes portugueses y inmigrantes clandestinos que se esconden de la policía para evitar ser expulsados; o incluso en *Los lunes al sol*, de Fernando León de Aranoa, en esa solidaridad entre los obreros, inmigrantes o no, cuando son despedidos de los astilleros.

En 2004 se estrenó *Atún y chocolate*, debut en la dirección del cantante y humorista Pablo Carbonell quién hizo un trabajo más que digno con esta película que traslada *Los lunes al sol* a la costa de Cádiz donde los pescadores, de la noche a la mañana, tienen que cambiar su forma de vida y buscar nuevos trabajos, al suprimirse los acuerdos de pesca con Marruecos. Es una historia de sobrevivientes, en que nacionales e inmigrantes viven la misma situación. Es también una historia de ilusiones, de amistad y de solidaridad, por la que Pablo Carbonell ganó el premio al mejor actor en el festival de Cine Español de Málaga.

Volviendo a Fernando León de Aranoa hay otro título en que narra cómo sobrevive una inmigrante boliviana en Madrid cuidando de un anciano impedido, en *Amador*. Cuando éste muere no dice nada para seguir manteniendo el trabajo. Ambos habían establecido una cierta complicidad e iban desvelándose sus secretos.

Marcela [...] Ahora me va a decir que venimos a quitarles el trabajo.

Amador: Por supuesto que sí, pero no me parece mal. Lo inventaron los patronos y esos no inventan nada bueno.

Marcela: Pues hacen puestos de trabajo.

Amador: Es al revés. Son los trabajadores los que hacen puestos de patronos. Os tienen engañados [...].

Una película en que prima la lucha de una mujer por salir adelante, demostrando que la muerte no siempre tiene por qué detener la vida. Unas mujeres que han sido con frecuencia el sostén de sus familias en Europa o Latinoamérica trabajando en el servicio doméstico o el cuidado de ancianos o de niños (*Myna se va*). Hay mujeres solas que pasan años sin poder regresar a su país para ver a su pareja o sus hijos y hay otras que buscan soluciones algo más complejas.

FLORES DE OTRO MUNDO. HISTORIAS DE SOLEDADES

¿No son ciertos los matrimonios entre españoles y caribeñas? ¿No han organizado pueblos de hombres solitarios fiestas en que invitaban a mujeres solitarias, en busca de pareja estable? ¿No hay racismo o rechazo de otras culturas en la actitud de muchos españoles?

Icíar Bollaín buscó un paisaje duro donde desarrollar la historia de *Flores de otro mundo*. Junto al escritor Julio Llamazares recorrió diversas localidades y en Cantalojas, en la provincia de Guadalajara, encontró todos los apoyos y toda la solidaridad de los vecinos para poder llevar adelante la película.

En *Flores de otro mundo* están esos pueblos poblados de hombres solos, están esas mujeres que buscan encontrar una solución a sus vidas, están las relaciones de pareja, el turismo sexual, el racismo, la xenofobia, la inmigración... Pero, sobre todo, hay seres humanos que viven el día a día, que ríen y lloran, que aman, que sienten y que dejan que el tiempo transcurra con ellos. (ver *La memoria escondida*).

Es una historia de solitarios; de hombres y mujeres que buscan salida a sus vidas. Pero en ese microcosmos creado por Icíar Bollaín también late la violencia, el machismo, la xenofobia o el racismo. En el contexto de una larga entrevista para Radio Exterior de España afirmó que en la película «hay un racismo muy sutil, que es el racismo de la desconfianza. En España lo que ocurre es que por el hecho de ser de fuera y de otro color no nos fiamos de ellos. Ocurre, como me contó un amigo peruano, que llevaba coleta, que percibía cuando estaba cerca de una persona, que ésta se cambiaba de acera, o si era una mujer, agarraba el bolso con fuerza. En *Flores...*, hay un racismo sutil, no violento, pero que existe en nuestra sociedad». En la filmografía de Icíar como directora figuran *¿Hola, estás sola?*, *Te doy mis ojos*, *Mataharis* y *También la lluvia*. *Flores de otro mundo* obtuvo el premio de la Crítica en Cannes de 1999.

MATRIMONIO Y PAPELES

Si en *Flores de otro mundo* hay matrimonios de cierta conveniencia, hay otros filmes en que son la auténtica razón de su trama como *Un novio para Yasmina*, película dirigida por Irene Cardona en 2008. Aquí una joven marroquí se instala en un pueblo de Extremadura sin acabar de congeniar ni con sus compatriotas ni con los españoles. En un centro de acogida de inmigrantes conoce a *Javier*, un policía municipal, con el que comienza una relación. Cuando ella le plantea la posibilidad de casarse, él comienza a desconfiar pensando que sólo busca conseguir los papeles que legalicen su situación y, por tanto, un matrimonio de conveniencia.

Una comedia dramática muy bien llevada por esta debutante que estudió en la prestigiosa Escuela de San Antonio de los Baños y que realizó esta pequeña película, carente de pretensiones pero profundamente realista y sentida.

Hay otras películas que también plantean matrimonios de conveniencia, aunque por diferentes motivos como son los casos de *El próximo Oriente* y *Cosas que dejé en La Habana.*

El próximo Oriente, de Fernando Colomo, fundador en los setenta de la llamada comedia urbana madrileña, ha sabido pulsar en su larga trayectoria tanto la realidad de nuestra sociedad (*Tigres de papel*, *¿Qué hace una chica como tú en su sitio como éste?*, *La vida alegre* o *Bajarse al moro*), cómo reflejar aspectos de la vida de personajes como Gerald Brenan o Picasso o, incluso de los presos de la Cruz de los Caídos (*Al sur de Granada, La banda Picasso, Los años bárbaros*).

El próximo Oriente es una comedia de enredo en la que una joven de Bangladesh, AISHA, de religión musulmana y de familia tradicional se queda embarazada de un hombre (ABEL) casado y con dos hijos. El hermano de éste (CAÍN), enamorado de AISHA, le propone hacerse pasar por el padre y le pide que se case con él. La historia se sitúa en un barrio madrileño tan multicultural como Lavapiés y Colomo, como ya han hecho los británicos, busca el contraste entre las dos comunidades y al mismo tiempo los muchos puntos en común que hay entre unos y otros.

El inicio de la película, con imágenes reales, es una declaración de intenciones. Calles de la ciudad, calles del barrio de Lavapiés en que se entremezclan magrebíes, subsaharianos, indios, pakistaníes, chinos, latinoamericanos o españoles que contribuyen a dar un colorido especial a esta peculiar zona de Madrid, un microcosmos en el que se superan las diferencias mediante la convivencia diaria.

INMIGRANTES CARIBEÑOS

Cubanos o dominicanos han sido tradicionalmente un núcleo importante de inmigración en España. La historia común y el idioma compartido han ayudado a una presencia notable de los caribeños en suelo español.

«Estoy harto de mi papel de cubano, siempre bailando o riendo aunque me esté muriendo por dentro». De esta manera se expresa Igor (Jorge Perugorría) en *Cosas que dejé en La Habana*, la película con la que Manuel Gutiérrez Aragón retrata diversos aspectos de la inmigración latinoamericana en España, y en particular la que procede de Cuba. Esa frase de Igor intenta ser una llamada de atención a las imágenes estereotipadas que nos llegan del Caribe. Los cubanos, los dominicanos o los puertorriqueños tienen que ser simpáticos a la fuerza y moverse a ritmo de salsa. *Cosas que dejé en la Habana* es una película sobre la nostalgia y sobre la tierra que dejaron atrás y que pervive en la memoria de todos los emigrantes.

Es también una película de tono costumbrista y mucho más realista que otros trabajos del director de *Maravillas*, *El corazón del bosque* o *El caballero Don Quijote*, que plantea además una historia de amor y pasión entre Nena (Violeta Rodríguez, hija del cantautor Silvio Rodríguez), la más joven de las tres hermanas que emigran a Madrid, e Igor (Jorge Perugorría), un cubano que sobrevive gracias a la picaresca, y a su carácter seductor, enamorando a españolas maduras que le permiten comer y dormir caliente los días en que escasea el dinero. A estas historias se une la de Bárbaro (Luis Alberto García) que ha llegado con su mujer y su hijo a Madrid, con intención de viajar a Miami, pero cuando llegan al aeropuerto comprueban que han sido estafados. Recibe entonces la ayuda de su amigo Igor, no sin antes comentarles que ya no están en la madre: *«esto ahora –les dice– es la puta madre que nos parió»*.

La Tía María (Daisy Granados) que acoge a las hermanas en la casa se aprovecha de ellas al carecer de papeles y les hace trabajar gratuitamente en su pequeño taller de peletería. Al mismo tiempo busca que una de las tres se case con el hijo homosexual (Pepón Nieto) de una amiga millonaria que quiere ocultar ante sus amistades la condición sexual de su hijo.

Las mujeres juegan un papel determinante en *Cosas que dejé en La Habana*, como ocurre en el documental *Extranjeras* (2003), de Helena Taberna donde mostró la cara desconocida y cotidiana de otras culturas a través de varias mujeres inmigrantes, procedentes de diferentes lugares, que viven y trabajan en Madrid. *Extranjeras* describe el entorno familiar, cómo viven y en que trabajan. Cuáles son sus deseos y donde han depositado sus esperanzas.

Las mujeres de *Extranjeras*, invitan al espectador que se acerca a su vida y sus sueños al mismo tiempo que intentan adaptarse a la sociedad que les acoge sin olvidar las costumbres que han heredado de sus respectivas culturas.

LA APARIENCIA ES UN GRADO

Cuando se habla de xenofobia hacia los inmigrantes nadie relaciona a los jeques árabes que poblaban Marbella iniciado ya este siglo; ni tampoco de los miles de europeos que se tuestan en la Costa del Sol o Levante; ni siquiera de los altos ejecutivos de raza negra que se mueven por las calles y ciudades españolas. La apariencia, el aspecto forma también parte del rechazo de cualquier persona. En nuestra sociedad molesta la pobreza.

En los últimos años, el sevillano Alberto Rodríguez se ha convertido en uno de los directores más sólidos del cine español. No tiene una filmografía demasiado extensa pero ninguna de sus películas ha pasado desapercibida. Su filme *La isla mínima* es un *thriller* excelente que le ha merecido todos los premios a nivel nacional, incluidos varios Goya. Antes dirigió otro *thriller* como *Grupo 7* o un drama sobre treintañeros, *After*.

En 2002, realizó su primera película en solitario, *El traje,* que relata la historia de un inmigrante que se busca la vida como puede en una sociedad que le ignora. Aunque no se encuadraría en un cine social en la línea de los otros filmes abordados en este capítulo, *El traje* nos detalla cómo puede cambiar la consideración hacia una persona si esta viste elegantemente.

El traje es una película sobre las apariencias sociales, la falsa solidaridad, la mentira pero también la amistad. Alberto Rodríguez contó que «la idea surgió a raíz de que se imaginó vestido con un traje al emigrante nigeriano al que todos los días compraba el periódico. Al pensar en un hombre elegante ya no me fijaba en su color y condición. Podía ser un saxofonista, un jugador de baloncesto o un modelo de alta costura. Era el poder de la apariencia y con ello se acaban los prejuicios».

Luis García Berlanga hizo un cóctel de inmigrantes en el que sería su testamento cinematográfico: *París-Tomboctú* (1999).

En este filme, realizado once años antes de su muerte, en 2010, repasó todo su cine, y sus inquietudes personales, sin olvidarse de un tema de nuestros días como es la emigración. Vemos en *París-Tomboctú*, en su comienzo, a un subsahariano *sin papeles,* a un francés objeto de xenofobia (Michel Piccolli) y enseguida a un magrebí que está de mancebo (DAN*)* en la farmacia que regentan dos solteronas interpretadas por Concha Velasco y Amparo Soler Leal. Esta última, todas las noches, *utiliza* al magrebí para que la satisfaga sexualmente.

Como siempre nos tuvo habituados, hay diálogos llenos de ingenio en los que Berlanga retrata, con su particular ironía, las diferencias raciales que existen entre unos y otros.

En *París-Tombоctú* está *Bienvenido Mr. Marshall* (con un autobús lleno de checos), el folklorismo, la soledad, *El verdugo* (hay un garrote vil para contemplación de los turistas), sexo, nudismo, escatología, fetichismo, Calabuch, Moros y Cristianos, curas preconciliares *(*«en mi iglesia no entra ni Dios»*)*, guardias civiles, muñecos u hombres solitarios, milagros, cinismo («haz que los que sufren mueran sin sufrir»), espíritu libertario, miedo a lo desconocido... pero, además, esa mirada a la actualidad, ese rincón reservado para lo que ocurre en nuestro país (*Y tú tienes mucha xenofobia que siempre me dices* moro*)*. Es una película coral, surrealista, libre, en que encuentras todo Berlanga, y en la que cualquier personaje es siempre tratado con la particular ternura que ha caracterizado la filmografía de este cineasta genial.

FICHAS DE LAS PELÍCULAS

TÍTULO: *En la puta calle.*
PAÍS: España. **AÑO**: 1996. **DURACIÓN**: 92'. Comedia dramática. **DIRECTOR**: Enrique Gabriel. **GUIÓN**: Enrique Gabriel. **FOTOGRAFÍA:** Raúl Pérez Cubero. **MÚSICA**: Juan Carlos Senante. **INTÉRPRETES:** Ramón Barea (Juan), Luis Alberto García (Andy), Patricia García Méndez (Beatriz), Magalys Gainza (Sonia), Marga Escudero (Margarita), Pepo Oliva (Toni) Felipe Vélez (Chufla), Carmen Pardo (Monumento), Sergi Calleja (Julián).
CALIFICACIÓN: ★★★⯪☆
VIDEO / DISTRIBUIDORA: A.T.P.I.P. / HISPANO FOXFILMS S.A.E.

TÍTULO: *Amador.*
PAÍS: ESPAÑA. **AÑO**: 2010. **DURACIÓN:** 112'. Drama. **DIRECTOR:** Fernando León de Aranoa. **GUIÓN:** Fernando León de Aranoa. **FOTOGRAFÍA**: Ramiro Civita. **MÚSICA**: Lucio Godoy. **INTÉRPRETES:** Magaly Solier (Marcela), Celso Bugallo (Amador), Pietro Sibille, Sonia Almarcha, Fanny de Castro, Antonio Durán, Eleazar Ortiz, Raquel Pérez, Manolo Solo.
CALIFICACIÓN: ★★⯪☆☆
VIDEO / Distribución: Cameo.

TÍTULO: *Flores de otro mundo.*
PAÍS: España. **AÑO:** 1999. **DURACIÓN:** 105'. Drama. **DIRECTOR:** Icíar Bollaín **GUIÓN:** Icíar Bollaín y Julio Llamazares. **FOTOGRAFÍA**: Teo Delgado. **MÚSICA**: Pascal Gaige. **CANCIONES:** *Soledad* de Pedro Pubill, e interpretada por Peret; *Contamíname* de Pedro Guerra y varios temas Guillermo Cáceres, entre otros. **INTÉRPRETES:** José Sancho (Carmelo) Luis Tosar (Damián) Lissete Mejía (Patricia), Chete Lara (Alfonso), Marilyn Torres (Milady), Elena Irureta (Marirrosi)Amparo Valle (Gregoria), Rubén Ochandiano (Oscar), Doris Cerda (Daisy), Ángela Herrera (Lorna), Chiqui Fernández (Aurora), Isabel de los Santos (Janay), Carlos Kaniowsky (Felipe).
CALIFICACIÓN: ★★★★☆
VIDEO: CAMEO / ALTA FILMS.

TÍTULO: *El próximo oriente.*
PAÍS: España. **AÑO**: 2006. **Duración**: 95'. Comedia. **DIRECTOR:** Fernando Colomo. **GUIÓN:** Fernando Colomo. **FOTOGRAFÍA**: Néstor Calvo. **MÚSICA:** Juan Bardem. **INTÉRPRETES** Javier Cifrián (Caín), Nur Levi (Aisha), Asier Etxeandía (Abel) Ash Vawez (Shaskir), Lalita Ahmed (Samaah), Gayathri Kesavan (Aisha), Laskmi Khabrani (Fátima), Laura Cepeda (Milagros), Víctor Benjumea (Cristóbal), Kira Miró (Pino).
CALIFICACION: ★★⯪☆☆
VIDEO: Plataformas digitales.

TÍTULO: *Cosas que dejé en la Habana.*
PAÍS: España. **AÑO:** 1997. **DURACIÓN:** (110') Comedia Dramática. **DIRECTOR**: Manuel Gutiérrez Aragón. **GUIÓN**: Senel Paz y Manuel Gutiérrez Aragón. Se incluye texto teatral *Santa Cecilia, ceremonia cubana*, de Emilio Estévez. **FOTOGRAFÍA** :Teo Escamilla. **MÚSICA**: José María Vitier (A): Violeta Rodríguez (Nena); Jorge Perugorría (Igor); Kiti Manver (Azucena); Daisy Granados (María); Isabel Santos (Rosa) Broselianda Hernández (Ludmila), Pepón Nieto (Javier); Charo Soriano (Lola), Luis Alberto García (Bárbaro), Paco Merino (Adolfo).
CALIFICACION: ★★★☆☆
VIDEO: SOGEPAQ / Plataformas digitales.

TÍTULO: *Un novio para Yasmina.*
PAÍS: España / Marruecos. **AÑO:** 2008. **DURACIÓN**: 92'. Drama. **DIRECTORA**: Irene Cardona. **GUIÓN**: Irene Cardona / Nuria Villazán **FOTOGRAFÍA**: Ernesto Herrera. **MÚSICA:** Óscar López Plaza. **MONTAJE**: Jorge Berzosa. **INTÉRPRETES:** Sanaa Alaoui (Yasmina), José Luis García Pérez (Alfredo). María Luisa Borruel (Lola), Francisco Olmo (Jorge), Paca Velardiez (Mari), José Antonio Lucia (Javi), Malayo Ben (Abdel), Alexandra Fran (Agnieszka).
CALIFICACIÓN: ★★⯪☆☆
DVD / DISTRIBUIDORA. Tragaluz y Plataformas digitales.

TÍTULO: *Extranjeras.*
PAÍS: España. **AÑO**: 2003. **DURACIÓN:** 75'. Documental. **DIRECTORA**: Helena Taberna. **GUIÓN:** Helena Taberna **FOTOGRAFÍA:** Federico Ribes. **MÚSICA:** Ángel Illarmendi y Afrika Lisanga.
CALIFICACION: ★★★⯪☆
VIDEO: LAMIA / Plataformas digitales.

TÍTULO: *El traje.*
PAÍS: España. **AÑO:** 2002. **DURACIÓN:** 102'. Comedia Dramática. **DIRECTOR**: Alberto Rodríguez. **GUIÓN:** Alberto Rodríguez y Santi Amodeo**, FOTOGRAFÍA**: Alex Catalán. **MÚSICA**: Víctor Young. **INTÉRPRETES**: Manuel Morón, Jimmy Roca, Vanesa Cabezas, Mulie Jarju.
CALIFICACIÓN: ★★★☆☆
VIDEO: Plataformas digitales.

TÍTULO: *Paris-Tomboctú.*
PAÍS: España. **AÑO:** 1999. **DURACIÓN:** 107' Comedia. **DIRECTOR:** Luis García Berlanga. **GUIÓN:** Luis G. Berlanga. Jorge Berlanga, Antonio Gómez Rufo, Javier G. Amézua. **FOTOGRAFÍA:** Hans Burman. **MÚSICA:** Bernardo Fuster. **INTÉRPRETES:** Michel Piccoli, Concha Velasco, Juan Diego, Amparo Soler Leal, Santiago Segura, Javier Gurruchaga, José Sancho, Eusebio Lázaro.
CALIFICACIÓN: ★★★★☆
VIDEO / DISTRIBUIDORA: 20Century Fox.

OTRAS PELÍCULAS DE INTERÉS

TÍTULO: *Rabia.*
PAÍS: Ecuador, España y México. **AÑO**: 2009. **DURACIÓN:** 89'. Drama / Thriller. **DIRECTOR**: Sebastián Cordero. **GUIÓN**: Sebastián Cordero. **FOTOGRAFÍA**: Enrique Chediack (C). **MÚSICA:** Lucio Godoy. **INTÉRPRETES:** Martina García (Rosa), Gustavo Sánchez (José María) Concha Velasco, Xavier Elorriaga, Fernando Tielve, Icíar Bollaín, Jon González, Alex Brandemhül.
ARGUMENTO: *Martina* es una inmigrante colombiana, empleada de hogar y su novio *José María,* albañil, y también inmigrante. Son pareja desde hace unas semanas y aprovechan las vacaciones de los dueños, para pasar unos días juntos en la casa en que ella trabaja. Todo se complica cuando en el transcurso de una discusión *José María* mata accidentalmente a su capataz.
COMENTARIO: Sebastián Cordero es prácticamente el único referente de la cinematografía ecuatoriana a raíz del éxito que tuvo con su primera película, *Ratas, ratones y*

rateros. En *Rabia* el cineasta construye una historia en que se muestran las diferencias insalvables entre los ricos y los más desfavorecidos, en este caso, los inmigrantes. Sebastián Cordero elabora una metáfora en que la impotencia, la *«rabia»* por la situación en que viven, hace que se rebele contra esa sociedad representada por los dueños de la casa. Al mismo tiempo la película, que fue premiada en el festival de Málaga de 2009, mantiene una estructura de *thriller* y narra una historia de amor imposible que, para su director, *«es lo esencial, pero sin la tensión que se mantiene siempre presente en la película no funcionaría»*.

CALIFICACIÓN: ★★★☆☆

VIDEO / DISTRIBUIDORA: WANDA.

TÍTULO: *En construcción.*

PAÍS: ESPAÑA. **AÑO**: 2001. **DURACIÓN**: 125'. Documental. **DIRECTOR**: José Luis Guerin. **GUIÓN:** José Luis Guerín. **FOTOGRAFÍA**: Alex Gaultier. **INTÉRPRETES**: Juan Rodríguez Molina, Iván Guzmán Jiménez, Juan López, José María López, Pedro Robles, Santiago Segade, Abdel Aziz El Mountassir, Abdelsalam Madris, Antonio Atar.

ARGUMENTO: En torno a la construcción de un nuevo edificio en el barrio del Raval o barrio chino de Barcelona, José Luis Guerin indaga en las raíces del entorno y en la transformación que va a experimentar. Los vecinos, los albañiles la mayor parte viejos emigrantes llegados de diversas regiones españolas y algunos magrebíes que representan las nuevas oleadas de inmigración procedentes del Norte de África, conviven en este popular y céntrico barrio que nació con el siglo y que murió con el final del siglo XX.

COMENTARIO: Rodada excelentemente por José Luis Guerin, la película mereció el Goya al mejor documental (2002), el premio Nacional de Cinematografía (2001) y el premio Especial del Jurado en el festival de San Sebastián (2001). Guerin que trabajó durante tres años en la elaboración de la película (1998-2001) refleja este proceso de reestructuración urbana tanto a través de los vecinos, cuyas casas iban a ser demolidas como por la presencia de los albañiles que construyeron los nuevos edificios. Durante el rodaje se produjo un hecho insólito: las viviendas demolidas estaban asentadas sobre unas ruinas que albergaban esqueletos de la época romana. La película de Guerín es una mirada a ese barrio agonizante y al que comienza a surgir de las manos de albañiles nacidos de la emigración interior o los llegados de fuera como Abdel Aziz Mountassir, el poeta del Raval. José Luis Guerin cuenta además en su filmografía con títulos como *Innisfree*, *Tren de sombras*, *En la ciudad de Sylvia* y *La academia de las musas.*

CALIFICACIÓN: ★★★★☆

VIDEO: DeAPLaneta.

TÍTULO: *Myna se va.*

PAÍS: España. **AÑO**: 2009. **DURACIÓN**: 117'. Drama. **DIRECTOR**: Sonia Escolano y Sadrac González. **GUIÓN**: Sonia Escolano y Sadrac González. **FOTOGRAFÍA**: Sadrac González. **INTÉRPRETES**: María del Barrio, David López-Serrano Páez, Diana Facea, Chema Rolland, Álvaro Pascual, Francisco Sala.

ARGUMENTO: *Myna* es una inmigrante sin papeles de un país del Este de Europa en conflicto bélico. Se gana la vida cuidando de un niño. En una ocasión en que los padres están de viaje, el niño sufre un accidente. Myna no duda en ayudar al niño a pesar de que puede ser deportada.

COMENTARIO: Con tan sólo un presupuesto de 6.000 euros la película se exhibió en varios certámenes, entre ellos el Austin film festival y el Indie festival de Estados Unidos. Contiene un plano-secuencia de 33', el más largo del cine español.

CALIFICACIÓN: ★★★☆☆

VIDEO / DISTRIBUIDORA: Plataformas digitales.

TÍTULO: *Se buscan fullmontis.*
PAÍS: España. **AÑO**. 1999. **DURACIÓN:** 85´. Comedia Dramática. **DIRECTOR**: Alex Calvo-Sotelo. **GUIÓN:** Antonio Orejudo Utrilla. **FOTOGRAFÍA:** Juan Carlos Gómez (C). **MUSICA:** *Los Enemigos*. **CANCIONES**: *El que no llora no mama*, *Mi soledad*, *Sin solución*, *Nadie me quiere*, *La otra orilla* (Los Enemigos, Raimundo Amador y otros) **MONTAJE:** José Salcedo. **INTERPRÉTES**: Antonio Molero *(Amancio)*, Guillermo Toledo *(Refor)*, Sonia Jávago *(Angelines)*, Ernesto Arango (*Felipe)*, Carmen del Valle (*Merche),* Antonio Castro *(Cristóbal, »el Mollejos»*), «Javivi» *(Gerente hogar Personas Mayores*), Sara Mora (*Jessica*), Enriqueta Carballeira (*Encarni),* Arturo López Serrano *(Padre de Amancio*) José Miguel Ariza *(Domingo)...*
VOZ EN OFF: José Luis Santos.
ARGUMENTO: Ambientada en un barrio obrero de Madrid, San Blas, *Se buscan fullmontis* muestra la situación cada vez más desesperada de un grupo de jóvenes que rondan los 30 años y que no consiguen empleo a pesar de sus muchos esfuerzo.
COMENTARIO: Tiene estructura de comedia pero entra abiertamente en el llamado cine denuncia, constatando la realidad que vive el grupo de treintañeros hartos de contratos - basura y de que en la oficina de desempleo les ofrezcan trabajos de cualquier índole, hasta de disfrazarse de Reyes Magos para una campaña navideña. No aborda directamente el problema de la inmigración pero si hace referencia a situaciones injustas como puede ser el trato discriminatorio hacia personas de diferente color de piel. *Se buscan fullmontis*, según comentó en el momento del estreno, Alex Calvo- Sotelo es «*una comedia de agitación, incisiva, ácida, con un sabor agridulce, donde se dicen muchas cosas que fastidian respecto de la sociedad en que vivimos y de sus estamentos. Destacar asimismo* la banda sonora de *Los enemigos*, con la participación de Raimundo Amador que es uno de los aciertos del filme. Hay una canción «*El que no llora no mama*» que define toda la filosofía de la película. Obtuvo el premio del PÚBLICO en el Festival de Cine Español de Málaga, de 1999.
CALIFICACIÓN: ★★★☆☆
VIDEO / DISTRIBUIDORA: Columbia Tri-Star Films de España S. A.

TÍTULO: *Pidele cuentas al rey.*
PAÍS: España. **AÑO:** 1999. **DURACIÓN**: 100´. Comedia Dramática. **DIRECTOR**: José Antonio Fernández Quirós. **GUIÓN**: José Antonio Quirós y Alicia Luna. **FOTOGRAFÍA**: Julio Madurga. **MÚSICA**: Juan Carlos Cuello. **MONTAJE**: Fernando Pardo. **INTÉRPRETES**: Antonio Resines (*Fidel*), Adriana Ozores *(Lina),* Manuel Aleixandre (*Pepón)* Emma Penella *(Carmen*), Nicolás Fernández Luna (*Nicolás),* Jesús Bonilla (*Tavio),* Manuel Manquita (*portugués),* Alfonso Vallejo *(Germán*), Fran Sariego, Eduardo Antuña, Loli Astoreka, Pepo Oliva, Arit Fadmi, Antonio Gamero, Ana Villa, Santiago Segura.
ARGUMENTO: Fidel (Antonio Resines) es un minero que se queda sin empleo y emprende desde Asturias un viaje de 500 kilómetros andando hasta el Palacio de la Zarzuela de Madrid para reivindicar ante el Rey el trabajo de los mineros. «*Fueron 753.230 los pasos que Fidel recorrió desde la cuenca minera asturiana hasta Madrid.*»
COMENTARIO: Si en *Se buscan fullmontis* hay una referencia al cine británico en *Pídele cuentas al rey* ocurre otro tanto, con *Tocando el viento* una película que aborda el cierre de los pozos de carbón durante el gobierno de Margaret Thatcher, y el consiguiente desempleo y jubilaciones anticipadas de miles de personas.

José Antonio Quirós, nacido en la comarca asturiana de Quirós antes de *Pídele cuentas al rey* realizó el documental *Solas en la tierra*, sobre las viudas de los mineros. *Pídele Cuentas al rey* tampoco es propiamente una película sobre la inmigración pero si hay diversos momentos en que los inmigrantes cobran protagonismo. Obtuvo una decena de premios en festivales internacionales, entre ellos el del Publico de la Semana Internacional de Valladolid. Posteriormente en 2008 dirigió *Cenizas del cielo*, de tema medioambiental.
CALIFICACIÓN: ★★★☆☆
VIDEO / DISTRIBUIDORA: Alta Films.

TÍTULO: *El rayo.*
PAÍS: España. **AÑO**. 2013. **DURACIÓN**: 87'. Documental. Road-Movie. **DIRECTOR**: Fran Araújo, Ernesto de Nova. **GUIÓN**: Fran Araújo, Ernesto de Nova. **FOTOGRAFÍA**: Diego Dussuel. **MÚSICA**: Juanjo Valmorisco, Ana Villa. **INTÉRPRETES**: Hassan Benoudra.
ARGUMENTO: *Hassan*, un inmigrante marroquí que lleva trece años trabajando en España decide volver a su país cuando no encuentra trabajo. Invierte todos sus ahorros en comprar un tractor de segunda mano para ganarse la vida en Marruecos. Cuando llegó a España no tenía nada, ahora regresa con su única posesión: *El viejo Rayo.*
COMENTARIO: Honesta, libre y convincente ópera prima. En su viaje de regreso hacia la tierra que dejó atrás pueden apreciarse influencias de David Lynch y su «*Historia verdadera». Fran Aráujo, codirector de la película explicó que fu*e una historia que vino de primera mano porque Hassan compró el tractor a la tía del otro director Ernesto de Nova, en un pueblo de Ciudad Real que se llama Cózar, *y a partir de ahí quedamos con él, lo conocimos y decidimos rodar un documental de esa aventura que iba a emprender. Preparamos el viaje, hicimos un pre-guion de los pueblos por los que queríamos pasar y nos fuimos con él por carreteras secundarias de Ciudad Real y Andalucía.*
CALIFICACIÓN: ★★★☆☆
VIDEO / DISTRIBUIDORA: Plataformas digitales.

TÍTULO: *El sudor de los ruiseñores.*
PAÍS: España. **AÑO**: 1998. **DURACIÓN:** 110'. Drama. **DIRECTOR:** José Manuel Cotelo. **GUIÓN**: José Manuel Cotelo. **FOTOGRAFÍA**: Enrique Urdánoz (C). **MÚSICA**: Iñigo Pirfano **INTÉRPRETES**: Alexandru Agarici (Mihai), María de Medeiros (Goyita), Carlos Ysbert (Tote), Ana Ioana Macari, Manuel Monje.
ARGUMENTO: La fascinación que siente por Occidente un violinista rumano, le hace dejar a su familia para emigrar a España e intentar formar parte de una orquesta. Las cosas no son tan fáciles como parecían y se ve obligado a sobrevivir de mala manera encontrando la amistad de un titiritero en el Retiro madrileño y la de la dueña de una pensión. El sueño de traer a su mujer y su hija se va diluyendo lentamente.
COMENTARIO: Es una película bien realizada en la que prevalecen sentimientos de solidaridad y amistad frente a la rigidez del sistema. Se destacan valores cristianos partiendo de la religiosidad del propio director. *El sudor de los ruiseñores* es una de las pocas películas de ficción en España que tiene como protagonista a un ciudadano rumano; teniendo en cuenta que la inmigración rumana, antes y después de su ingreso en la Unión Europea, ha sido de las más numerosas que ha habido en España. Con anterioridad en 1996, Ernesto Tellería dirigió *Menos que cero* en que contaba la relación en Bilbao entre un inmigrante rumano sin papeles, abocado a la delincuencia y una joven fotógrafa. También puede citarse *Sinfonía de ilegales* (2005), de José Luis Damas, en que un joven profesor de piano, enfermo de sida, busca por las calles de Madrid a tres músicos indocumentados: un violista rumano, una guitarrista argentina y un hombre que toca el bandoneón. Con ellos quiere componer una última sinfonía.
CALIFICACIÓN: ★★½☆☆
VIDEO / DISTRIBUIDORA: ITP / Plataformas digitales.

TÍTULO: *Krapatchouck. Al este del desdén.*
PAÍS: España, Francia, Bélgica. **AÑO:** 1992. **DURACIÓN**: 90`. Comedia. **DIRECTOR**: Enrique Gabriel–Lipschutz. **GUIONISTA:** Enrique Gabriel-Lipschutz. **FOTOGRAFÍA:** Raúl Pérez Cubero (c) **MÚSICA:** Víktor Kissine. **MONTAJE**: Isabelle Dedieu. **INTÉRPRETES**: Guy Pion, Piotr Zaitchenko, Ángela Molina, Didier Flamand, Jean Pierre-Sentier, Oscar Ladoire. Mary Santpere, Hadi el Gamal, Raúl Fraire...
ARGUMENTO: La acción se desarrolla en una ciudad tan cosmopolita como París. Cuenta cómo dos obreros agrícolas que han trabajado durante unas semanas en una granja en el interior de Francia, viajan en un tren para conocer París antes de regresar a su pequeño

país situado en el este de Europa. Una vez en la capital francesa actúan como cualquier otro turista. Campos Elíseos, Arco de Triunfo, Torre Eiffel... Cuando regresan a la estación para tomar un tren con destino a «*Prajevitza*», su país, los empleados no encuentran ningún destino hacia ese lugar. «*Amigo mío* –les dicen– *su país no existe*».

COMENTARIO: En su primer largometraje, Enrique Gabriel analizó con humor e inteligencia el problema de la identidad de dos personajes tras la supuesta desaparición, en los años ochenta, del país de que proceden, situado en el este de Europa. Un filme irreverente y de tono satírico. Fue premiada como mejor película del festival de Karlovy Vary (República Checa), de 1992.

CALIFICACIÓN: ★★★☆☆

VIDEO / DISTRIBUIDORA: A.T.I.P. / ALTA FILMS.

TÍTULO: *Holas, ¿estas sola?*

PAÍS: España. **AÑO**: 1995. **DURACIÓN**: 90`. Comedia Dramática. **DIRECTORA:** Icíar Bollaín. **GUIÓN**: Icíar Bollaín. **FOTOGRAFÍA**: Teo Delgado (c). **MÚSICA**: Bernardo Bonezzi. **MONTAJE**: Ángel Fernández Zoido. **INTÉRPRETES**: Candela Peña (Trini); Silke (Niña), *Alex Angulo (Pepe),* Elena Irureta *(Mariló*), Arcadi Levin (Olaf); Daniel Guzmán (Novio): Pedro Miguel Martínez (padre de «Niña»).

ARGUMENTO: Historia de un viaje y una fuerte amistad entre dos veinteañeras (Candela Peña y Silke) que tienen en común un pasado sin afectos y un presente sin futuro. La esperanza precisamente está en ese futuro que está por venir que puede ser todo lo abierto que quieran. Durante su viaje lo compartirán todo, incluso Olaf, un ruso que no habla más que su idioma.

COMENTARIO: *¿Hola estás sola?* no es una película sobre la emigración pero si recoge simbólicamente la presencia en España de los inmigrantes procedentes de los países del este de Europa. Historia de gran naturalidad y bien contada por una cineasta que debutó con aquel título y que hoy es una de las realizadoras más importantes del cine español. Obtuvo el premio del Público en la Seminci de Valladolid.

CALIFICACIÓN: ★★★☆☆

VIDEO / DISTRIBUIDORA: Alta films / Cameo.

TÍTULO: *La novia de Lázaro*

PAÍS: España. **AÑO**: 2002. **DURACIÓN**: 94'. Drama. **DIRECTOR**: Fernando Merinero. **GUIÓN:** Fernando Merinero. **FOTOGRAFÍA**: Fernando Merinero. **MÚSICA**: Jezhabel, Tinito de la Calma, Javier Batanero, Lou Gaux. **INTÉRPRETES**: Claudia Rojas (Premio en Málaga mejor actriz), Roberto Govín, Ramón Merlo, Franziska Podenas, Azucena de la Fuente, Carmen Merinero, Tinito de la Calma, Sandra Prieto, Helena Carrión.

ARGUMENTO: *Lázaro* es un cubano que se busca la vida en Madrid, de trapicheo en trapicheo. Cuando su novia *Dolores* viaja de Cuba a España para vivir a su lado, se encuentra con que *Lázaro* está preso por rapto e intento de violación. *Dolores* intenta sobrevivir en un ambiente que le es ajeno y a ello le ayuda su simpatía y su sensualidad. Ella es la que va superando todas las trabas e intenta que *Lázaro* supere además, su adicción a las drogas.

COMENTARIO. Es casi inclasificable el cine de Merinero (*Casting, Agujetas en el alma, Haz de tu vida una obra de arte*). *La novia de Lázaro*, con un tono documental, constituye una crónica veraz del día a día de los inmigrantes que vienen a nuestro país. Es, como todo su cine, »*una película viva*», rodada sin un guión cerrado, con diálogos improvisados dejando que todo trascurra naturalmente.

CALIFICACIÓN: ★★½☆☆

VIDEO / DISTRIBUIDORA: CAMEO / Vendaval producciones y plataformas digitales.

MAFIAS (*LEO, AGUA CON SAL, LA FUENTE AMARILLA*)

Los inmigrantes sin papeles han sido objeto de todo tipo de abusos por individuos sin escrúpulos o mafias organizadas, que se han aprovechado de la situación por la que atraviesan en un país que amenaza con expulsarlos. Abusos que hemos visto en películas como *Las cartas de Alou*, *En la puta calle* o *Said* y que en otros filmes son el hilo central de la narración porque los protagonistas son obligados a trabajar en talleres textiles, prácticamente como esclavos o en el caso de las mujeres a realizar favores sexuales a los patronos para poder seguir cobrando la miseria que perciben.

En *Leo,* la última película realizada por José Luis Boráu, las explotadas también son mujeres inmigrantes en un taller de costura clandestino. Leo (Icíar Bollaín), que vive recogiendo cartones, es una confidente de la policía que llega a un polígono industrial del extrarradio de Madrid y se infiltra en el taller de costura en el que la mayoría son inmigrantes de origen rumano. En realidad el taller es una tapadera de una red de tráfico de drogas. Es contratada gracias al vigilante de seguridad (Luis Batanero) quién se ha enamorado de ella. Leo se convierte en *femme fatale* de esas a las que no se podía negar nada, ni siquiera cuando le pide que vengue a su madre muerta (Charo Soriano). El pasado, que siempre aparece en el presente, nos desvela que la vida de la protagonista está marcada por un viejo maestro de artes marciales, Gabo (Valeri Slevinski) con el que mantuvo una relación erótica casi desde la misma infancia.

Borau explicaba que los protagonistas son personajes remordidos por un pasado. *Es una película con una historia de amor que sólo puede acabar con la muerte. Todas las historias de amor que no acaban con la muerte* –decía el cineasta– no son *suficientemente amorosas. Quiero decir que el amor es una cosa tan vital, de la que es imposible salirse si no es circunstancial o condicional. Si estamos ante un amor verdadero, debe acabar mal. Es una película trágica que el destino les ha marcado.*

Junto a su construcción como filme de intriga e historia de *amor fou*, Borau se plantea un drama social en ese polígono industrial, un microcosmos donde todo y nada puede ocurrir. Las trabajadoras son mujeres explotadas, sin la mínima posibilidad de reivindicar sus derechos. Leo es un retrato social abierto y claro sobre los perdedores de cualquier lugar. Borau incide en la situación de las trabajadoras pero al mismo tiempo construye una película de serie negra, de infidelidades, de mentiras y ambigüedades, de manipulación y de crimen.

En esta misma línea, el cineasta valenciano Pedro Pérez Rosado estrenó *Agua con sal*, con un grupo de mujeres que intenta sobrevivir en la sociedad del bienestar. Las inmigrantes sufren unas pésimas condiciones de trabajo junto a algunas españolas, y además, como es el caso de la protagonista Olga (Yoima Valdés), se ve acuciada por su falta de papeles y las escasas posibilidades que tiene de salir adelante. Ella vive la misma situación que su amiga Mari Jo (Leire Berrocal), una joven valenciana, nacida en una familia acuciada por problemas de toda índole y cuyo destino es también la marginación en una sociedad que no da oportunidades a los más débiles.

En un momento determinado MARY JO se cree traicionada por OLGA porque piensa que la engaña con JOHNNY, el capataz. OLGA estalla, saca todo lo que tiene dentro: «Yo no soy de hierro, y me estoy cayendo a pedazos; porque estoy cansada de ser la del tercer mundo; la ilegal de mierda; la que trabaja como una estúpida todo el puto día... Y no puedo vivir así. No puedo». Continúa con su monólogo y entre lágrimas recuerda la primera vez que vino a España y cómo le llamó la atención las grandes cantidades y los diferentes tipos de leche que había en los supermercados «sabes lo que yo pensaba, que mi hijo, en Cuba no tenía que tomar, porque en Cuba para tomarse un vaso de leche hay que luchar mucho».

Agua con sal es un drama social contenido y narrado convincentemente. Unas *princesas* más creíbles que las del propio Fernando León de Aranoa, que protagonizan un gran duelo interpretativo entre Yoima Valdés y Leire Berrocal. El director, Pedro Pérez Rosado, ha dirigido además otros títulos como *Las cenizas del volcán*, *La mala*, *Cuentos de la guerra saharaui* y *Wilaya*, estas dos últimas centradas en la situación que viven los saharauis y que ya hemos comentado en este libro.

Hay otro título, que ya traté en mi anterior libro, *La fuente amarilla,* que trata de estos mismo talleres que esconden y explotan inmigrantes completamente desprotegidos y que al mismo tiempo es la única película que se acerca a la comunidad china en España.

La población china en España fue la única que creció en 2013, con un aumento del 3,7 % de inmigrantes de esta procedencia en España. Con 185.250 miembros, la comunidad china es la quinta por número de habitantes pero con una gran presencia en sectores como el comercio.

La fuente amarilla, ópera prima de Miguel Santesmases, es una historia de amor y de muerte con la mafia china como telón de fondo y origen de las muchas dificultades que tuvo para poder rodar la película que incluyeron algunas llamadas amenazadoras o incluso la intervención de la policía.

La fuente amarilla es un *thriller* con dos jóvenes (Eduardo Noriega y Silvia Abascal) que se ven metidos de lleno en una situación peligrosa, en un mundo desconocido y siniestro como es el de las triadas o mafias chinas.

Esas organizaciones mafiosas cobran miles de euros por cada *sin papeles* que trasladan a Europa. Las mafias chinas ofrecen una alternativa a los que se quedan fuera de los cauces legales, al no poder obtener el visado. En los últimos años han proliferado numerosas organizaciones criminales especializadas en el traslado a España de ciudadanos chinos sorteando las numerosas fronteras que hay en el camino. El precio que cobran las mafias no siempre es el mismo, pero en investigaciones recientes de la policía en las que se ha desarticulado a grupos chinos dedicados al tráfico de mujeres para prostituirlas, se ha descubierto que las víctimas habían llegado a pagar cantidades que rondaban los 14.000 euros para poder llegar a España. Las mujeres que no habían podido pagar esa cantidad fueron obligadas a prostituirse hasta saldar su deuda.

FICHAS DE LAS PELÍCULAS

TÍTULO: *Leo.*
PAÍS: España **AÑO**: 2000. **DURACIÓN**: 86'. Drama / Thriller. **DIRECTOR**: José Luis Borau. **GUIÓN:** José Luis Borau. **FOTOGRAFÍA:** Tomás Pladerall. **MÚSICA**: Álvaro de Cárdenas. **INTÉRPRETES:** Icíar Bollaín, Javier Batanero, Valeri Jlevinski, Luis Tosar, Rosana Pastor, Charo Soriano.
CALIFICACIÓN: ★★★☆☆
VIDEO / DISTRIBUIDORA: EL IMÁN, plataformas digitales.

TÍTULO: *Agua con sal.*
PAÍS: España-Puerto Rico. **AÑO**: 2005. **Duración**: 94'. Drama. **DIRECTOR:** Pedro Pérez Rosado. **GUIÓN:** Lilian Rosado González. **FOTOGRAFÍA**: Miguel Llorens. **MÚSICA**: Carlos Varela. **INTÉRPRETES:** Yoima Valdés (Olga), Leyre Berrocal (Mari Jo), Juan Carlos Morales (Johnny), Candela Fernández (Lucía), Ofelia Medina (Olvido), Joan Crosas, Elia Enid Cadilla, Bebe Pérez, Empar Ferrer.
CALIFICACION: ★★★½☆
VIDEO: CAMEO.

TÍTULO: *La fuente amarilla.*
PAÍS. España. **AÑO:** 1998. **DURACIÓN**: 99'. Thriller. **DIRECTOR:** Miguel Santesmases. **GUIÓN**: Martín Casariego, Antón Casariego, Miguel Santesmases. **FOTOGRAFÍA**: Javier Aguirresarobe (c) **MÚSICA**: Santi Vega. **CANCIONES:** «*Después*» (Autor: Mar y Alicia Álvarez Sanguino) Intérprete: «*Undershakers*». »*En un mundo tan pequeño*» (Autor: Joaquín Pascual Ortiz. Intérprete: «*Mercromina*». **MONTAJE:** José María Biurrun. **INTÉRPRETES:** Eduardo Noriega (Sergio); Silvia Abascal (Lola), Salvador Madrid (Charlie) Carlos Wu (Wayne), Lam Chuen (Fong), Miguel Hermoso (Carlos), Juan Kun (compañero de piso), Tony Lam (Liao Peng).
CALIFICACIÓN: ★★½☆☆
DISTRIBUIDORA / VIDEO: Buenavista International Spain S.A.

RACISMO (*TAXI, SALVAJES, ALACRÁN ENAMORADO*)

Carlos Saura me contaba que cuando dirigió *Taxi*, se habían producido ya algunos asesinatos de índole racial, pero que esos hechos que ocurrían en las calles y las ciudades de España no habían sido reflejados en el cine. Con *Taxi*, Saura quiso dar un toque de atención a la sociedad española, para que fuese consciente de lo que estaba ocurriendo con esos ataques a los inmigrantes.

Taxi fue la primera película en que Carlos Saura no firmó también el guión que es de Santiago Tabernero. En ella relata cómo un grupo de taxistas, capitaneados por un siniestro personaje, buscan acabar con todos aquellos que adulteren la pureza de la raza. En el mismo objetivo están negros, magrebíes, gitanos, drogadictos u homosexuales.

Ultraderechistas a la «caza» del inmigrante en *Taxi*, de Carlos Saura.

Carlos Saura deja que el grupo actúe impunemente amparándose en la oscuridad de la noche. Los asesinatos se van sucediendo. Un travesti, una drogadicta, el asalto a unas chabolas habitadas por magrebíes... Cualquiera que no responda a la idea de la «*Europa Blanca*», como vimos en *Bwana*, es objeto de sus ataques. CALERO (Eusebio Lázaro), el líder de los ultraderechistas, arenga a los suyos instantes antes de asaltar el poblado. Todos los tópicos fascistas están en su discurso:

¿No hueles a «mierda»? Desde aquí apesta. Cada día son más. Madrid está plagado. España entera es un estercolero, basura de importación. Aquí viene lo peor de cada casa, lo que no quiere nadie. Negros, maricones, drogadictos, delincuentes internacionales. Aquí están los que roban vuestros puestos de trabajo y violan a vuestras mujeres, y si os descuidáis os pegan el sida. Ellos tienen la culpa de todos los males que padece este país. Ellos y los políticos que se han repartido España como si fuese un botín. Por eso nosotros tenemos que decirles a toda esa escoria que se acabó lo que se daba. España necesita soldados.

Arrasan el poblado aprovechando la oscuridad y la sorpresa de sus habitantes. Después huyen, pero atrás han dejado un muerto y varios heridos.

Desde algunos sectores se criticó el tono reiterativo del filme, pero posiblemente en esa reiteración y en esa violencia progresiva, esté el objetivo de quienes desarrollaron la historia. *Taxi* no es un mensaje, es más bien una denuncia sobre lo que estaba ocurriendo, y continúa ocurriendo. La sinrazón de bandas organizadas que se mueven por el placer de hacer daño, de asesinar a seres humanos que posiblemente tengan *como único delito tener una piel diferente*. Su ideología se sustenta en el más puro fascismo, en la defensa de una raza, y en este caso de un país España, que cada vez –dicen en *Taxi*–, sienten más «contaminado» por la presencia progresiva de inmigrantes.

Los españoles somos el resultado de una mezcla de razas: iberos, visigodos, romanos, árabes o fenicios. ¿Dónde está la pureza que propugnan los grupos ultraderechistas?

Hechos como los que relata *Taxi* no se han constado regularmente en el cine español, aunque si ha habido algunos testimonios que describen presencia en nuestra sociedad de grupos y personajes intransigentes y marcadamente racistas o xenófobos.

En *Sé quién eres*, la inquietante ópera prima de Patricia Ferreira, Manuel Manquiña, que interpreta a un pistolero de extrema derecha, busca un enfrentamiento con un grupo de raza negra y acaba disparando y matando a uno de los subsaharianos. Cuando está detenido se extraña cuando uno de sus correlegionarios le pide que tenga más cuidado y sólo acierta a decir «Joder, si era un puto negro de mierda».

Lucrecia, de Mariano Barroso, una *tv movie*, cuenta el asesinato de la inmigrante dominicana Lucrecia Pérez a menos de un grupo ultraderechista. Los hechos ocurrieron en 1992 en la antigua discoteca *Four Rose*, en el barrio madrileño de Aravaca, donde muchos sin papeles, se refugiaban durante las noches para dormir. Los ultraderechistas entraron disparando indiscriminadamente y la joven Lucrecia murió de un disparo. Ella, moribunda, sólo alcanza a decir: «no puede ser, vine a España, p' a morirme».

Esa perplejidad es la que se produce en todo aquel que llega a un país extraño con el ánimo de trabajar. En *Salvajes*, de Carlos Molinero, aparecen expresiones llenas de odio. Por ejemplo después del ataque a un hombre negro dicen: «Ya has robado en este país todo lo que tenías que robar, así que para tu pueblo, con los monos».

La acción de *Salvajes* se sitúa en un barrio de Valencia, a principios de este siglo, donde Berta (Marisa Paredes), una enfermera de mediana edad, conoce a un inspector de policía, Eduardo (Imanol Arias), con quién comienza a salir. Berta vive con sus tres sobrinos a los que ha acogido tras la muerte de su hermana, tres chicos excesivamente violentos. Eduardo comienza a sospechar de ellos tras el brutal apaleamiento de un inmigrante.

El odio contra los inmigrantes se muestra en esta película claustrofóbica y violenta, que obtuvo el Goya al mejor guión adaptado en 2001. El director de *Salvajes*, Carlos Molinero escribió que *su película era ruidosa porque la realidad de la que habla es así: una sociedad fragmentada, incomprensible y brutal, que se nos muestra por la televisión en pequeños segmentos inconexos entre miles de anuncios. El ruido de* Salvajes *es el de la imposibilidad moral de asimilar tanta desolación; el ruido que produce la censura al ocultarnos información por nuestro propio bien; el ruido de nuestras mandíbulas mientras masticamos, que nos impide oír en las noticias el número de ahogados en busca de un paraíso que sólo se encuentra en los platós de las teleseries [...].*

Otra de las pocas películas que trata la violencia de los grupos de extrema derecha es *Alacrán enamorado*, película de 2013, a la que podría sumarse *Camada negra*, de Manuel Gutiérrez Aragón, que el director cántabro dirigió en 1977. Cuenta cómo Julián (Alex González) y su amigo Luis (Miguel Ángel Silvestre), integran un grupo de violentos neonazis liderados por Solís (Javier Bardem). Julián comienza a entrenar en un gimnasio donde practica el boxeo. Gracias a la disciplina del boxeo y del papel de sus entrenadores, Carlomonte (Carlos Bardem) y Pedro (Hovik Keuchkarian), va comprendiendo que el odio y la violencia racista no llevan a ninguna parte. Al mismo tiempo se enamora de Alyssa (Judith Diakaté), una joven mulata, que es la limpiadora del gimnasio. Poco a poco Julián comienza a alejarse del grupo ultraderechista pero ni Luis ni Solís quieren permitirlo. *Alacrán enamorado* describe la evolución del personaje protagonista y trasmite con claridad el ambiente que se vive en el gimnasio y el realismo de los combates.

El director Santiago A. Zannou (*El truco del manco*) refleja excelentemente las conductas racistas del grupo, alentados por un convincente Javier Bardem, en su papel de ideólogo de la banda neonazi. Todo el conjunto de actores conforman una notable trama.

Agresiones racistas contra magrebíes, africanos, latinoamericanos, asiáticos o subsaharianos que se suman de esta forma a las que tradicionalmente ha recibido el pueblo gitano que siempre ha sido el colectivo menos aceptado por la sociedad española.

La Fundación Secretariado Gitano (FSG) en su Informe Anual sobre Discriminación y Comunidad Gitana (2013) denunció 129 casos de discriminación contra la población gitana durante aquel año. En su informe consideran fundamental que la administración y la sociedad en general conozcan a través de los casos registrados, la realidad cotidiana de la discriminación a la que se enfrentan las familias gitanas en el acceso a la vivienda, el empleo, la educación y los servicios, por el mero hecho de su condición étnica. Para la FSG el rechazo social a la comunidad gitana está causado por la imagen social negativa que pesa sobre la misma; prejuicios y estereotipos que difunden algunos medios de comunicación social.

Hay que recordar que el pueblo gitano es la única etnia que coexiste centenariamente en nuestro territorio sin acabar de mezclarse sanguínea y socialmente con el resto de españoles.

EL CINE ESPAÑOL Y LOS GITANOS

La presencia de los gitanos en el cine español ha tenido casi siempre un carácter folklórico. En muy pocas ocasiones el cine ha sido vehículo para sus reivindicaciones o para detallar su forma de vida y sus costumbres, y las notables diferencias entre la sociedad paya y gitana que aún hoy sigue sin visos de solución. Si en el cine europeo, como hemos visto, Emir Kusturica detuvo su cámara en los gitanos de la Europa del Este o Tony Gatlif no renuncia a ninguna comunidad gitana europea para plasmarla con su cámara, el realizador de origen valenciano Llorenç Soler, al que ya nos hemos referido por otros motivos, fue uno de los pocos cineastas españoles que observó las relaciones entre gitanos y payos en una película, *Lola vende cá*.

Los protagonistas son gitanos que en la mayoría de los casos no habían actuado nunca. Soler mezcló hábilmente una historia de ficción con aspectos documentales que muestran cómo viven, cómo trabajan o cómo son los gitanos españoles de nuestros días.

«Payos y gitanos –me comentó el cineasta– son dos sociedades que se miran con cierto recelo. En Lola vende cá, lo que hice fue una exposición de los hechos. Es decir, la película no pretende juzgar ni a unos ni a otros pero si exponer y clasificar un poco cómo es el mundo de los gitanos y cómo es el mundo de los payos, y las difíciles relaciones entre ambas comunidades.».

Otro título interesante es *Alma gitana*, de Chus Gutiérrez, que, en su tercer largometraje como directora, huyó de los tópicos que atenazaban al cine español cuando se adentró en el mundo de los gitanos. En *Alma gitana* contó una historia de amor y pasión contenida entre dos jóvenes, un payo y una gitana. Esa excusa le sirvió para reflexionar sobre ambas culturas. En su película, los gitanos no son delincuentes, o seres marginales sino gente normal, trabajadora, educada y eso sí, orgullosos de sus tradiciones y costumbres. Una historia de amor muy shakesperiana, en la línea de *Romeo y Julieta*.

El momento en que LUCÍA (Amara Carmona) y ANTONIO (Pedro Alonso) se conocen en un concierto marca las diferencias entre payos y gitanos y aunque ambos se sienten irremisiblemente atraídos siempre está la sombra de la tradición y los mayores. LUCÍA le dice que no le importa que no sea gitano, mientras ANTONIO manifiesta sus dudas. Ella sabe que su padre se opondrá. Cuando reconoce a escondidas del padre y los hermanos que se siente atraída por ANTONIO su madre, que se entera que no es gitano, le dice: «¡Niña, tú me quieres arruinar!».

Ese sentimiento, ese miedo a la diferencia, tanto por parte de payos como de gitanos es la columna vertebral de la película pero Chus Gutiérrez no se detiene exclusivamente en este aspecto y hace otras llamadas al espectador referentes a la situación de los inmigrantes o al tono racista que impera en nuestra sociedad.

Ya he dicho que la lista de películas que tienen a los gitanos como protagonistas son innumerables, pero todas, salvo las contadas excepciones relatadas en este libro, inciden en su aspecto más folklórico como fue el caso de *Los Tarantos*, la película de Francisco Rovira Beleta, que en 1963 fue candidata al Oscar a mejor película de habla no inglesa, y cuyo éxito animó al realizador catalán a filmar al año siguiente otra película también de tema flamenco, *El amor brujo*, que fue nuevamente una de las cinco finalistas en Hollywood.

Hay como decía antes, otros muchos títulos con los gitanos como protagonistas... Títulos como *Corre, gitano* (1982), una casi inédita cinta Nicolás Astarriaga, el productor de la mítica *Arrebato*, de Iván Zulueta cuenta la historia de un joven acusado de un asesinato que no ha cometido y cómo se apoya en la solidaridad de diferentes grupos de gitanos que le acogen y le protegen sucesivamente, para que no sea detenido, y por supuesto películas con la larga lista de estrellas flamencas de este país.

Posteriormente a principios de este siglo hubo otros títulos que intentaron acercarse al mundo gitano, principalmente a través de la música y la danza, *Gitano*, de Manuel Palacios con Joaquín Cortés y Laetitia Casta de protagonistas y *Vengo*, del franco-argelino Tony Gatlif, con Antonio Canales debutando como actor puro, aunque ya tuvo una primera aparición en el cine, en 1989, en *Montoyas y Tarantos* de Vicente Escrivá.

El canto y el baile son inseparables de la raza gitana, ya que forma parte de su tradición y de su propia idiosincrasia... A este respecto merece una mención aparte Carlos Saura con varias películas en que se adentra en el mundo de los gitanos desde un punto de vista musical. Filmes como *Carmen, El amor brujo, Sevillanas* y *Flamenco*, que han tenido una gran difusión internacional, ahondan en las raíces del cante y el baile flamenco.

Nuestro cine tampoco se olvidó de uno de los más grandes maestros del cante flamenco, Camarón de la Isla. *Camarón* fue un «biopic» dirigido por Jaime Chávarri en 2005 y del que se resaltó sobre todo la extraordinaria interpretación de Óscar Jaenada en el papel del cantaor. Cosechó innumerables premios, entre ellos, el Goya como mejor actor protagonista.

UNA MIRADA AL PASADO

Únicamente recordar para finalizar este capítulo que Fernando Trueba, como antes el maestro Ernest Lubistch, *nos llevó, entre risas, por una Alemania convencida de que la raza aria estaba por encima de cualquier otra.*

La niña de tus ojos, como la mayor parte de la filmografía de Fernando Trueba, se apoya en un género que el director madrileño domina con solvencia: la comedia.

La película cuenta la peripecia de un grupo de cineastas españoles que viajaron a Alemania durante la Guerra Civil española para rodar una película. Al mismo tiempo que la película española, los alemanes ruedan otra versión dirigida por un realizador de esa nacionalidad y con actores germanos.

Los españoles forman un grupo variopinto con un realizador, BLAS FONTIVEROS (Antonio Resines), que tiene como amante a MACARENA (Penélope Cruz), una joven y prometedora actriz preocupada por la prisión que sufre su padre por sus ideas de izquierdas; un galán, JULIÁN, de corte fascista (Jorge Sanz), una estrella alcohólica y en franca decadencia, ROSA (Rosa María Sardá), una joven y celosa actriz de reparto, LUCÍA (Neus Asensi), un director artístico homosexual, DONATO (Santiago Segura), un productor ejecutivo, MARCOS BONILLA (Jesús Bonilla) y la asistente de MACARENA, TRINI (Loles León). Forman un grupo de sobrevivientes que buscan continuar trabajando lejos de un país en guerra. Son cómicos en una Alemania que rezuma odio y violencia y en la que son tratados por los cineastas alemanes como seres inferiores.

Durante su estancia cuentan con un traductor, Vaclav (Miroslav Taborsky), que trabaja inseguro, con miedo a cualquier error que enfurezca a los nazis. Los estudios donde van a rodar son tan fríos como el recibimiento de los alemanes. Hay un decorado que no responde a nada de lo que necesitan para hacer la película, pero para los alemanes es perfecto. Fontiveros habla con el director de la versión alemana, y éste en una primera actitud xenófoba, le dice a través del intérprete *que ha dirigido más películas que él y no necesita que ningún español le enseñe nada.*

En *La niña de tus ojos* hay humor, mucho humor, pero también crítica a la intolerancia y un tono mucho más trágico a medida que la historia se acerca a su resolución. El final refleja la violencia que se vivía en aquellos años en Alemania. Fernando Trueba, casi da una bofetada en el rostro del espectador para que olvide bruscamente el divertimento y tome conciencia de lo que ocurrió y puede ocurrir en cualquier país que se sustente en un régimen totalitario.

El cineasta se permitió incluso un pequeño homenaje a *Casablanca,* con el avión en que huirían a París Macarena, el prisionero ruso del que se enamora y la asistente de la actriz. Fontiveros, como Bogart, renuncia a ese viaje.

La niña de tus ojos consiguió siete premios Goya mejor película, actriz principal (Penélope Cruz), actor revelación (Miroslav Taborsky), dirección artística, dirección de producción, diseño de vestuario y maquillaje / peluquería, refrendando la carrera de uno de nuestros directores más importantes.

Desde su primera película, *Opera Prima*, pasando por el *Año de las Luces* o la oscarizada *Belle Epóque*, Trueba ha ido construyendo su propio universo en que ridiculiza cualquier tipo de autoritarismo, y en el que muestra a personajes que se mueven por el afán de libertad...

En *La niña de tus ojos* hay continuas referencias a los judíos, los gitanos, o a cualquiera que no comulgue con el régimen nazi. Trueba describe todo el horror envuelto en un humor que se irá tornando más ácido a medida que se acerca el desenlace. Dieciocho años después, en 2016 Fernando Trueba estrenará una secuela de la misma película, *La reina de España*, ambientada en los años cincuenta y con los mismos protagonistas.

FICHAS DE LAS PELÍCULAS.

TÍTULO: *Taxi.*

PAÍS: España-Francia. **AÑO:** 1996. **DURACIÓN**: 108´. Drama. **DIRECTOR**: Carlos Saura. **GUIÓN**: Santiago Tabernero. **FOTOGRAFÍA**: Vittorio Storaro (c). **CANCIONES:** *Machine gun* Manu Chao y Mano Negra. Intérprete. Mano and ha te». «Hamburguer fields Autor: M-Chao / Mano negra. Intérprete. Mano negra». «Drives me crazy»). IDEM. *Pena penita.* Autor Gipsy Kins. Los Reyes. Intérprete: Gipsy Kings. *Un amor.* IDEM. *El cachorro me dijo* (Autor. C. Lencero J. Bola; D. Carrasco) Intérprete: Diego Carrasco. *Get it up* (Interprete Víctor Grafia) *Tus labios* (Autor: M. Malou.) Intérprete: Manuel Malou. **MONTAJE**: Julia Juániz. **INTÉRPRETES**: Ingrid Rubio (Paz), Carlos Fuentes (Dani), Agata Lys (Reme), Angel de Andrés López (Velasco), Eusebio Lázaro (Calero), Maite Blasco (Mari), Francisco Maestre («Niño»). Francisco Boira (Francis (Iker Ortiz de Zárate (Encapuchado cicatriz) Chus Castrillo (Coral) Javier Manrique (Chico discoteca), Pilar Ordoñez (travesti), Isabel Ampudia (chica yonqui), Alfonso Nsue Mbese (cliente negro), Khalil Bounnifi (marroquí).

CALIFICACIÓN: ★★★★☆

VIDEO / DISTRIBUIDORA: Producciones Cinematográficas FILMART S.L.

TÍTULO: *Alacran enamorado.*

PAÍS: España. **AÑO:** 2013. **DURACIÓN**: 100'. Drama. **DIRECTOR:** Santiago A. Zannou. **GUIÓN:** Santiago A. Zannou / Carlos Bardem (según su novela) **FOTOGRAFÍA**: Juan Miguel Azpiroz (c). **MÚSICA:** Wolfrank Zannou. **INTÉRPRETES:** Alex González, Miguel Ángel Silvestre, Judih Diakhate, Carlos Bardem, Hovik Keuchkarian, Juan Carlos Vellido, Javier Bardem.

CALIFICACIÓN: ★★★☆☆

VIDEO / DISTRIBUIDORA: PARAMOUNT.

TÍTULO: *Salvajes.*

PAÍS: España. **AÑO:** 2001. **DURACIÓN:** 98'. Drama. **DIRECTOR:** Carlos Molinero. **GUIÓN**: Carlos Molinero, Jorge J. Martínez, Clara Pérez Escrivá, Salvador Maldonado (según la obra teatral José L. Alonso de Santos). **FOTOGRAFÍA:** Gerardo Gormezano. **MÚSICA**: Luis Mendo. **INTÉRPRETES**: Marisa Paredes, Imanol Arias, Manuel Morón, Roger Casamajor, María Isasi, Alberto Ferreiro, Emilio Buale, Mario Pardo, Alicia Sánchez.

CALIFICACIÓN: ★★½☆☆

VIDEO: DIVISA / Plataformas digitales.

OTROS TÍTULOS

TÍTULO: *Lola, vende cá.*

PAÍS: España. **AÑO** 2000. **DURACIÓN**: 90'. Drama. **DIRECTOR**: Llorenç Soler. **GUIÓN:** Llorenc Soler& Pep Albanell. **FOTOGRAFÍA:** Xavier Cami. **MÚSICA:** Eduardo Arbide.

INTÉRPRETES: Cristina Brondo, Miguel el Toleo, Carmen Muñoz, Antonio Reyes, Mercedes Porras, Carles Flaviá, Tortell Poltrona.

CALIFICACIÓN: ★★★½☆

VIDEO / DISTRIBUIDORA: Centre Promotor de la Imatge, S.A.

TÍTULO: *Alma gitana.*
PAÍS: España. **AÑO:** 1995. **DURACIÓN**: 95´. Drama. **DIRECTORA:** Chus Gutiérrez. **GUIÓN**: Chus Gutiérrez, Joaquín Jordá, Antonio Conesa, Juan Vicente Córdoba. Basado en el libro *El bailaor*, de Timo Lozano. **FOTOGRAFÍA**: Arnaldo Catinari (c). **MÚSICA**: Ketama / Adolfo Rivero. **CANCIONES**: *Loko* (Ketama) *Problema* (Ketama) *La sombra del alhelí* (Aurora); *Lluvia* (José el Francés»), *La calle de los lunares* (Camarón de la Isla)... **MONTAJE**: Fernando Pardo.
INTÉRPRETES: Pedro Alonso (Antonio), Amara Carmona (Lucía), Rafael Álvarez, «El Brujo» (José) Peret (Juan Maya / Darío), Loles León (Carmencita), Julieta Serrano (tía Pilar), Saturnino García (Tío Luis), Pepe Luis Carmona (Jesús), Merche Esmeralda (La Tana). Sandra Ballesteros (Paula), Martxelo Rubio (Edi), Ramón Barea (Rafael), Liberto Rabal (Estudiante 2)...
CALIFICACIÓN: ★★★☆☆
VIDEO / DISTRIBUIDORA: Alta Films S.A / CAMEO.

TÍTULO: *La niña de tus ojos.*
PAÍS: España. **AÑO**: 1998. **DURACIÓN:** 121´. Comedia Dramática. **DIRECTOR:** Fernando Trueba. **GUIÓN**: Rafael Azcona, David Trueba, Carlos López, Manuel Angel Egea... **FOTOGRAFÍA**: Javier Aguirresarrobe (c). **MÚSICA**. Antoine Duhamel. **CANCIONES**: *La bien pagá* (autor: Juan Morales Mostazo y Ramón Perelló Ródenas); *Donna e mobile* (autor. Giuseppe Verdi). *Los piconeros* (Juan Valenzuela Mostazo y Ramón Perelló Ródenas). **MONTAJE**: Carmen Frías.
INTÉRPRETES: Penélope Cruz (Macarena Granada), Antonio Resines (Blas Fontiveros), Neus Asensi (Lucía Gandía), Jesús Bonilla (Marcos Bonilla), Loles León (Trini Montero) Jorge Sanz (Julián Torralba), Rosa María Sardá (Rosa Rosales), Santiago Segura (Donato Castillo) Johannes Silberschneider (Joseph Goebbels), Miroslav Taborsky (Vaclav), Gotz Otto (Heinrich), Karel Dobry (Leo) y la colaboración especial de María Barranco (mujer embajador) Juan Luis Galiardo (embajador) y Hanna Schygulla (Magda Goebells).
LOCUCIÓN: Javier Dotú.
CALIFICACIÓN: ★★★★☆
VIDEO / DISTRIBUIDORA: Lola Films Distribución S. A.

Capítulo 11. ESCLAVITUD DEL SIGLO XXI

El respeto fue inventado para cubrir el lugar donde el amor debería estar.

León Tolstoi

La gente que trata a otras personas como si fuesen menos humanas, no debería sorprenderse cuando el pan que han tirado a las aguas vuelve a ellas envenenado.

James A. Baldwin (Escritor y activista afroamericano pro derechos humanos).

LA RENTABILIDAD DE LA CARNE

El tráfico de personas es el segundo negocio ilegal en el mundo, sólo superado por la venta ilegal de armas y por delante del tráfico de drogas. Según la Oficina sobre Droga y Delitos de Naciones Unidas, el negocio mueve entre 7 y 12 billones de dólares anualmente, en todo el mundo. Personas que son secuestradas o engañadas con la promesa de un trabajo y una vida mejor y van a ser objeto del trasplante de órganos, la explotación sexual, el trabajo forzoso o la mendicidad.

La Organización Internacional del Trabajo (OIT) considera que hay más de 12 millones de personas que sufren una situación laboral similar a la esclavitud y 4 millones de seres humanos son víctimas de la trata cada año.

Estamos ante un fenómeno global contra el que no se lucha con la suficiente efectividad. Incluso se favorece desde los medios de comunicación según han denunciado diversas organizaciones. Las páginas de anuncios dedicadas a la prostitución reportan a las empresas de comunicación 40 millones de dólares anualmente. El negocio de la trata de personas tiene más de un centenar de rutas aéreas, marítimas o terrestres repartidas para todo el mundo. Mujeres, niños y niñas son trasladados desde sus países de origen a los de destino. América Latina es una de las zonas donde hay un mayor movimiento en la trata de personas. El departamento de Estado norteamericano, en un informe concreto sobre Brasil, dictaminó que más de 200.000 personas desaparecen cada año sin que se llegue a conocer su paradero. Gran parte de ellas son secuestradas por las mafias. Otras, especialmente las mujeres, han sido reclutadas, como apuntaba antes, con falsas promesas de una mejor vida en el exterior con trabajos tales como empleadas del hogar o modelos y se las obliga a prostituirse.

La inmensa mayoría proceden de países pobres y en el caso de la prostitución algunas mujeres, tras ser liberadas por la policía, manifestaron que sabían a qué iban pero declararon que no se esperaban el maltrato impuesto en los prostíbulos a los que eran trasladadas. Aparte de coaccionarlas, sus explotadores las mantenían en régimen carcelario, haciéndolas sufrir continuas humillaciones. Se las coaccionaba mediante palizas, violaciones o amenazas a sus familias.

En cuanto a los niños y niñas, además de su utilización sexual, son objeto de adopciones ilegales. ANESVAD, una prestigiosa ONG, dedicada a promover y proteger la salud, en especial de los más pequeños, elaboró un informe en que denunciaba la prostitución infantil en países como Camboya, Vietnam y Filipinas. Según el informe, un 22 % de los viajes organizados, muchos de ellos con personas de alto poder adquisitivo, están destinados a fines sexuales. El abuso y la prostitución infantil forman parte del atractivo turístico para un alto porcentaje de viajeros a esos países asiáticos.

En el caso concreto de España, Naciones Unidas considera que es uno de los principales destinos del tráfico de personas. Estaría entre el grupo de países inmediatamente posterior a la decena de estados que reciben un mayor tráfico ilegal de seres humanos. Alemania, Bélgica, Turquía o Estados Unidos son algunos de los destinos favoritos de las mafias para trasladar sus *remesas de carne humana.* En total hay 137 países de destino.

La situación de millones de personas en todo el mundo sometidas por estas organizaciones criminales es una flagrante violación de los derechos humanos, que atenta contra la libertad y la dignidad de las víctimas. Es preciso una mayor concienciación de este problema que sigue creciendo cada año. Debe denunciarse desde cualquier sector y el cine, motivo de este libro, no es una excepción. Centrándonos en España, no han sido muchas las películas que han tratado seriamente esta cuestión.

TRATA DE MUJERES (*VOCES, EN LA PUTA VIDA, EVELYN...*)

La actriz y presentadora de televisión Mabel Lozano realizó en 2008 el documental *Voces (Contra la trata de mujeres)* en que recogía el testimonio de 12 mujeres provenientes de diferentes países que habían sido obligadas a ejercer la prostitución.

El documental es una sucesión de testimonios que denuncia y trata de sensibilizar a la población sobre esta forma de esclavitud del siglo XXI. Doce voces de mujeres que narran el horror en que han vivido y cómo eran sometidas por coacciones como las que narré anteriormente. Trabajos de hasta 20 horas que reportaban a los proxenetas hasta 9.000 euros al mes.

En 2015 ha continuado denunciando esta situación con *Chicas nuevas 24 horas,* que muestra cómo montar un negocio en el que todo son ganancias pues el cuerpo de una mujer, *si es joven y se cuida* –se decía en la presentación del filme– *puede llegar a venderse durante múltiples ocasiones durante el mismo día, incluso contra su voluntad. Chicas Nuevas* investiga a través de cinco países el gran negocio que significa la esclavitud sexual.

Tres años antes, en 2012, la cineasta Isabel de Ocampo realizó *Evelyn,* película de ficción que, no obstante, refleja de manera convincente cómo funcionan organizaciones criminales dedicadas a la trata de mujeres destinadas a la prostitución.

Evelyn es una joven peruana que vive modestamente en su aldea, sin grandes ambiciones y esperanzas. Es animada, casi forzada, por su madre y su abuela a que acepte un trabajo en España, por las noticias que le llegan de una prima que dice estar ganando mucho dinero. Ella no quiere ir pero acaba aceptando el viaje para ir a trabajar como camarera. Cuando llega a España es literalmente secuestrada y llevada a un club de carretera donde, a pesar de resistirse, acabará ejerciendo la prostitución. La película describe como mediante el engaño una joven confiada es apartada de su ambiente y sometida por las mafias que se encargan de reclutar a estas mujeres en países pobres. La directora manifestó que quería denunciar estos hechos que ocurren con demasiada frecuencia y describir lo que otras cintas no cuentan: el momento en que las redes de mujeres capturan a una chica y el trabajo en el burdel, sometidas a los deseos del proxeneta que la controla.

La actriz argentina Mariana Santangelo protagonista de *En la puta vida.*

Unos años antes, la realizadora uruguaya Beatriz Pérez Silva realizó un filme de corte similar, *En la puta vida*, que cuenta la experiencia de una joven uruguaya a la que su novio la obliga a prostituirse nada más llegar a España.

ELISA es una joven de 27 años cuyo sueño es montar una peluquería en Montevideo. Con escasos recursos y dos niños de los que ocuparse comienza a trabajar como acompañante y pronto se convierte en prostituta. Cuando conoce y se enamora de PLÁCIDO piensa que será capaz de alcanzar todos sus sueños. Él la convence para que se vayan a Barcelona, junto a su amiga LULÚ para ganar miles de dólares y volver a Montevideo para montar la peluquería. Pero PLÁCIDO es un proxeneta de una poderosa red de trata de mujeres, que va quedándose con todo el dinero y esclavizando progresivamente a ELISA. La actriz uruguaya Mariana Santangelo protagonista de *En la puta vida* cosechó numerosos premios internacionales por su interpretación.

Cambiamos de escenario. En México, Luis Mandoki, un realizador a caballo entre México y Hollywood con títulos tan conocidos como *Cuando un hombre ama a una mujer* o *Mensaje en una botella*, adaptó en 2012 la novela *La mara*, de Rafael Ramírez Heredia, basada en buena medida en hechos reales. La película se llamó *La vida precoz y breve de Sabina Rivas*, que trataba de forma realista y cruda la migración de centroamericanos a México para lograr llegar a Estados Unidos.

La película cuenta cómo SABINA RIVAS, una adolescente de 16 años, quiere llegar a Estados Unidos para convertirse en cantante y sacar de la pobreza a toda su familia. Su sueño se convierte en pesadilla cuando es atrapada por una red de trata de mujeres y obligada a prostituirse. Se convierte en *carne fresca* para los hombres de uno y otro lado de la frontera. La película se centra en el personaje de SABINA pero en realidad aborda la situación de todos los inmigrantes procedentes de países de Centroamérica en su intento de llegar a Estados Unidos, primero sorteando a bandas como la mara Salvatrucha y después a la corrupta policía fronteriza mexicana.

Luis Mandoki, un director con mucho oficio, abandonó la vena romántica de gran parte de su filmografía, para atrapar la esencia de un problema que afecta a miles de jóvenes centroamericanos. El filme no hace concesiones. Es muy violento en su planteamiento y denuncia la situación de indefensión en que están las jóvenes indocumentadas como SABINA RIVAS, explotadas y obligadas a prostituirse.

Gregory Nava, director del que hemos hablado en este libro, también se preocupó por la trata de personas que pudo estar en el origen de parte de las desapariciones de cientos de mujeres de Ciudad Juárez. Desapariciones que se suman a los más 700 asesinatos cometidos en esa ciudad, entre 1993 y 2012, la mayoría sin clarificar. Esta situación de indefensión de las mujeres, la mayor parte jóvenes inmigrantes entre 15 y 25 años, provenientes de zonas rurales que buscan trabajo temporal en las maquiladoras (empresas que importan materiales sin pagar aranceles y cuyo producto se comercializa en el país de origen de la materia prima) a pesar de los bajos salarios y la explotación laboral a la que son sometidas.

Gregory Nava dirigió en 2006 *Ciudad del silencio* protagonizada por Jennifer López y Antonio Banderas. Un *thriller* con dos periodistas que intentan descubrir quién está detrás de los asesinatos de las jóvenes. Aquel mismo año se estrenó *The virgin of Juárez*, con Minnie Driver de protagonista, una periodista que se interesa por una de las jóvenes que ha conseguido sobrevivir a un intento de asesinato. La joven, durante su recuperación ve visiones de la Virgen y pronto se convierte en una mujer respetada por los neocristianos de Los Ángeles.

Son filmes que, aunque recogen hechos reales de lo ocurrido en Ciudad Juárez, resultan un tanto superficiales. En cambio hay numerosos documentales que han tratado con rigor y detenimiento todo lo acontecido en esa ciudad fronteriza como *Juárez: la ciudad donde las mujeres son desechables* (2006) y *Señorita extraviada* (2001) de la conocida realizadora Lourdes Portillo. La documentalista se pregunta quiénes son todas estas mujeres, y por qué son asesinadas tan brutalmente. La directora investiga las circunstancias de los asesinatos en medio del miedo y al mismo tiempo el coraje de las familias cuyas hijas fueron raptadas.

Hay otros filmes que debo citar someramente ya que contribuyen a conocer todos los entramados que rodean a la trata de mujeres. Otro thiller, *Trade* (2007) cuenta cómo un policía norteamericano (Kevin Klane) ayuda a un joven mexicano (César Ramos) que intenta encontrar a su hermana de trece años (Paulina Gaitán) que ha sido secuestrada por una red de tráfico de mujeres. Una actriz muy conocida, Rachel Weitsz, protagonizó en 2010 *The Whistleblower*, donde interpreta a una oficial de policía que viaja a Bosnia para formar parte de un cuerpo de paz que ayuda a la reconstrucción del país. Al poco de estar en el país balcánico descubre la corrupción y el encubrimiento de tramas relacionadas con el tráfico de personas. Vanessa Redgrave y Mónica Belucci formaron también parte del reparto de este filme dirigido por el debutante Larysa Kondracki.

Para finalizar este capítulo vuelvo al cine español con *Princesas,* de Fernando León de Aranoa, donde la trata de mujeres no aparece de forma tan explícita como en los títulos citados pero las protagonistas son sometidas a todo tipo de vejaciones y además plantea el recelo con que las prostitutas españolas miran a las inmigrantes que ocupan las calles y, en realidad, su espacio.

A grandes rasgos *Princesas* cuenta las historia de Caye (Candela Peña), una mujer de 30 años que ejerce la prostitución. Zulema (Micaela Navárez) tiene más o menos la misma edad, ha llegado de fuera y se gana la vida de la misma manera. Una española y una inmigrante dominicana que se dan cuenta de que no compiten, que las dos sobreviven en un mundo hostil, y que caminan por una cuerda floja que puede romperse en cualquier momento. *Princesas* es una historia de amistad en la que Caye busca a un príncipe azul que la saque del mundo en el que está inmersa, mientras Zulema soporta todo tipo de humillaciones y maltrato con tal de ayudar al hijo que la espera en República Dominicana.

Fernando León de Aranoa intenta ahondar en el interior de las mujeres que se ven obligadas a ejercer la prostitución. Busca descubrir a unas mujeres que ofrecen su intimidad por dinero. La historia, que en momentos se hace previsible, es también un canto a la solidaridad y a la lucha de los seres humanos por sobrevivir en las más difíciles circunstancias. *Princesas* obtuvo tres Goya: Mejor actriz (Candela Peña), actriz revelación (Micaela Navárez) y mejor canción original.

El cine de Fernando León de Aranoa, como hemos visto en este libro, se ha caracterizado por plantear cuestiones sociales que afectan a la sociedad de nuestros días. Su última película, *Un día perfecto* (2015) se acerca a las ONGS en situaciones de conflicto bélico como la guerra de Bosnia.

FICHAS DE LAS PELÍCULAS

TÍTULO: *Voces (Contra la trata de mujeres).*
PAÍS. España. **AÑO:** 2008. **DURACIÓN**: 60'. Documental. **DIRECTORA:** Mabel Lozano. **GUIÓN**: Mabel Lozano y Carmen de Cos. **FOTOGRAFÍA:** David Álvaro. **MONTAJE:** Pol Álvarez.
FRASE: Testimonios de las mujeres en que cuentan cómo fueron engañadas, incluso por familiares o por amigos. Imma, de Bielorrusia dice: *«Mi propio novio me vendió por 3.000 euros».*
CALIFICACIÓN: ★★★☆☆
VIDEO: MARE FILMS.

TÍTULO: *Evelyn.*
PAÍS: España. **AÑO**: 2011. **DURACIÓN:** 95'. Drama. **DIRECTORA:** Isabel de Ocampo. **GUIÓN**: Isabel de Ocampo y Juan Manuel Romero. **FOTOGRAFÍA**: José David Montero. **MÚSICA:** Antonio Escobar. **MONTAJE**: Mapa Pastor. **INTÉRPRETES**: Cindy Díaz (Evelyn), Adolfo Fernández (Ricardo), Ari Saavedra (Margarita), Savi Bibang (Elisabeth).
FRASE: La responsable de la red que capta a Evelyn en su pueblo de Perú, es una mujer elegantemente vestida que llega a hablar con ella y su familia en un lujoso coche. Para animarlas les dice que en un día se gana en España lo que en Perú en un mes. Les recuerda que ella misma fue inmigrante y le compró a su madre una casa de tres plantas. Eso sí como garantía ante los gastos del viaje, les pide que firmen la entregara de la casa que poseen, en caso de que no paguen la deuda.
CALIFICACIÓN: ★★★☆☆
VIDEO / DISTRIBUIDORA: CAMEO / ALTA FILMS.

TÍTULO: *En la puta vida.*
PAÍS: Uruguay, España. Cuba, Bélgica. **AÑO**: 2003. **DURACIÓN**: 96'. Drama. **DIRECTORA**: Beatriz Pérez Silva. **GUIÓN:** Beatriz Pérez Silva & James J. Kovacksi según la novela *El huevo de la serpiente.* **FOTOGRAFÍA**: Francisco Gozón. **MÚSICA**: Carlos de Silveira. **INTÉRPRETES**: Mariana Santangelo, Silvestre, Josep Linuesa, Andrea Fantoni, Fermí Herrero, Marta Gularte.
FRASE: La protagonista en Montevideo antes de viajar a Barcelona corrige a quienes la acusan de prostituta: *«Yo no soy puta... trabajo de puta».*
CALIFICACIÓN: ★★½☆☆
VIDEO / DISTRIBUIDORA: WANDA VISIÓN / DeAPlaneta.

TÍTULO: *La vida precoz y breve de Sabina Rivas.*
PAÍS: México. **AÑO:** 2012. **DURACIÓN:** 114'. Drama. **DIRECTOR:** Luis Mandoki. **GUIÓN:** Diana Cardozo según la novela de Rafael Ramírez Heredia, *La mara.* **FOTOGRAFÍA:** Damián García. **MÚSICA:** Alejandro Castaños, Pablo Valero. **INTÉRPRETES**: Greysy Granados (la venezolana fue mejor actriz en la Seminci), Joaquín Cosío, Fernando Moreno, Angelina Peláez, Mario Zaragoza, Asur Zagada, Lupe, Ontiveros, Nick Chinlund, Tony Dalton.
FRASE: Sabina es una niña pero se enfrenta a todo y a todos. *«A mí nada me detiene. Te lo juro como me llamo Sabina Rivas».*
CALIIFCACIÓN: ★★★⯪☆
DVD / DISTRIBUIDORA: Plataformas digitales.

TÍTULO: *Princesas.*
PAÍS: España. **AÑO**: 2005. **DURACIÓN:** 113'. Drama. **DIRECTOR:** Fernando León de Aranoa. **GUIÓN:** Fernando León de Aranoa. **FOTOGRAFÍA:** Ramiro Civita. **MÚSICA**: Alfonso de Villalonga y Manu Chao. **MONTAJE**: Nacho Ruiz Capillas. **INTÉRPRETES**: Candela Peña (Caye), Micaela Navárez (Zulema), Llum Barrera (Gloria), Violenta Pérez (Caren), Mónica van Campen (Gloria), Flora Álvarez (Rosa) Alejandra Llorente (Mamen), María Ballesteros (Blanca), Luis Callejo (Manuel).
FRASE: Las prostitutas nacionales protestan por la presencia de extranjeras criticando lo poco que cobran. En la peluquería donde se encuentran las tachan de racistas. *«No es un problema de racismo es de mercado; no del que tenemos ahí en la esquina, si no del mercado de la demanda y la competencia. Lo que pasa es que no hay demanda para todas [...] Aquí todo el que llega se cree que puede hacer todo lo que le salga de los huevos».*
CALIFICACIÓN: ★★★☆☆
DVD / DISTRIBUIDORA: WARNER SOGEFILMS.

EL FÚTBOL: NEGOCIO DEL SIGLO XXI (DIAMANTES NEGROS)

El fútbol es una nueva forma *de explotación del siglo XXI. Una forma similar en su germen a la trata de mujeres*. Agentes deportivos sin ningún tipo de escrúpulos acuden a los países donde hay mayor pobreza para captar a chicos, menores de edad en su mayoría, con la falsa promesa de hacerles un contrato en un equipo europeo. África y las zonas más depauperadas de Asia y América son los objetivos de estos nuevos *negreros* que se aprovechan de los sueños e ilusiones de miles de niños acostumbrados a ver a sus ídolos a través de los canales de televisión, que emiten en los más recónditos rincones. Hay un título clarificador sobre la fascinación que juega el fútbol sobre las personas. Se trata de *La gran final*, dirigida por Gerardo Olivares en 2006. En ella vemos cómo un grupo de personas de tres lugares del mundo hacen lo imposible por llegar a ver la final del Mundial de 2002 entre Alemania y Brasil. Uno es una familia de nómadas mongoles; otros viajan en una caravana de camelleros en el Sahara y el tercer grupo son unos indios amazónicos. Esa universalidad, esa globalización del deporte rey influye en el deseo de miles de jóvenes por triunfar en él. De ahí surgen todos los que se aprovechan de esta situación.

Diferentes informes han coincido en señalar que hay unos 20.000 jóvenes en las calles de las ciudades europeas, después de haber llegado engañados por los intermediarios y los agentes que han convencido a sus padres para que les den permiso y al mismo tiempo les entreguen sumas de dinero (entre 2.000 y 5.000 euros) que consiguen dando a cambio su propia y mísera vivienda o, como cuenta la película *Diamantes negros*, vendiendo al hijo pequeño a un comerciante que lo tiene a su disposición, ya sea para ser explotado laboralmente o para atender sus deseos sexuales.

Diamantes negros es la cuarta película del director murciano Miguel Alcantud, tras *Impulsos*, *Anastezsi* e *Y viceversa*. Guionista y director en series de TV como *Águila Roja* o *El Internado*, Alcantud trabajó en su juventud, como cooperante en Mali y tras conocer casos de futbolistas que vivían esta situación, decidió hacer la película. Hizo un *casting* en Mali y encontró a los protagonistas y al resto del elenco, salvo los actores españoles. Sumó al equipo a Alasanne Diakaté, un futbolista maliense, actualmente en el Canillas, de preferente regional, que vivió la historia que se cuenta en la película. Alasanne, maliense, vino a Europa con 16 años, concretamente a París, donde acuden la mayor parte de aspirantes a futbolistas profesionales. Alasanne fue traído con mentiras y en vez de regresar a su país, un amigo le animó a que viniera a España donde reside desde hace varios jugando en equipos modestos.

Alasanne comentó, durante la presentación de la película en Madrid, que es una manera de denunciar el tráfico de menores en el mundo del fútbol y tenía la esperanza como Miguel Alcantud y el resto del equipo de que la película, además de verse en España, llegase a otros países y en particular a África, para que la población se conciencie de la mentira que encierran la mayoría de las promesas, en un deporte tan universal como es el futbol.

Carlos Bardem, un agente sin escrúpulos, en *Diamantes negros*,
sobre la mafia en el mundo del fútbol.

Diamantes negros relata cómo dos chicos de Mali, uno de 15 años y otro de 16 destacan en los partidos que juegan en su ciudad. Son dos amigos *Amadou* y *Mussa* que sueñan con jugar en Europa como esperan sus familiares y amigos. Un ojeador de futbolistas (Guillermo Toledo) se interesa por los dos y tras hablar con ellos y con los padres les asegura que ficharán por algún equipo europeo. Creen que su destino es París pero aterrizan en Madrid donde les espera un compañero del ojeador que les traslada a un pequeño, pero confortable piso, en lugar de la residencia de futbolistas que les habían prometido.

A los pocos días comienzan las pruebas con un equipo de Tercera muy lejos del Real Madrid con el que soñaban. *Amadou* gusta al entrenador pero no *Mussa.* Éste se queda en el piso a la espera de nuevas oportunidades mientras *Amadou* acude a los entrenamientos.

Es entonces cuando entra en escena un agente de futbolistas (Carlos Bardem) que convence a *Amadou* para que firme un contrato con él. Le falsifica el pasaporte, poniéndole 18 años, y le lleva al sur de Portugal para que fiche por un equipo de la primera división portuguesa. Todo parece ir bien hasta que, en el segundo entrenamiento, *Amadou* es cazado en una violenta entrada de un rival y se rompe los ligamentos de la rodilla. El agente le promete que le curarán en Lisboa y a la primera de cambio le abandona en la ciudad, dejándole a su suerte. *Amadou,* comete pequeños robos para sobrevivir con la esperanza, gravemente lesionado, y sin posibilidades de volver a jugar al fútbol, de regresar a su país.

Mientras, *Mussa* sobrevive en la calle, después de que el amigo del ojeador (Carlo D' Ursi) le eche del piso. No encuentra la manera de jugar al fútbol y acaba vendiendo droga. Después de ser detenido, el amigo del agente acude a comisaría para que sea puesto en libertad y le promete que tienen un nuevo equipo. Le lleva hasta Tallín, la capital de Estonia, donde se encuentra con otros compatriotas. Todos han sido *fichados* para que la estrella del equipo, maliense como ellos, no se sienta solo en la fría capital báltica. A los responsables del club no les interesa cómo jueguen, sólo quieren que acompañen a la estrella, que está formándose como futuro jugador del Real Madrid.

Diamantes negros es una denuncia de este aspecto del mundo del fútbol tan poco conocido, con personajes sin escrúpulos como los agentes que aparecen en el filme. También es una crítica a algunos grandes clubes que, saltándose incluso las normas de la FIFA (el artículo 18 de este organismo deportivo) han fichado jugadores menores que han dejado atrás a sus padres, hermanos o amigos alimentados por un sueño que, en la mayoría de los casos, se convierte en pesadilla. La mayor parte de estos jóvenes / niños son abandonados a su suerte y se convierten en muñecos rotos en un mundo de gran competitividad. Para Carlos Bardem, su personaje de agente de futbolistas, «es una metáfora de otros muchos, que en una sociedad como la nuestra, se aprovechan de las desigualdades.»

Diamantes negros es una denuncia abierta que necesita del apoyo de todos, empezando por los clubes y los jugadores de los equipo más importantes, con gran aceptación mediática, que contribuiría sin duda a una mayor concienciación de la opinión pública. Obtuvo el premio del público en el Festival de cine español de Málaga.

Como complemento a esta película puede leerse el libro *Niños futbolistas* del escritor chileno Juan Pablo Meneses quien ha explicado que «hoy en día, el negocio de moda en el fútbol es comprar niños, se sabe que está creciendo y el inicio del boom tiene nombres y apellidos: «Lionel Messi». El negocio de Messi es tan brutalmente bueno –añade– que despertó la ambición, la codicia, el interés, o llámese como se quiera, de mucha gente, de padres, de representantes, de grupos de amigos que se juntan y se dicen 'imagínate, compramos un niño de un barrio pobre por unos pocos miles de dólares y en unos años termina costando más de *cien o doscientos millones de euros*'».

El propio Meneses se convirtió en un cazatalentos durante dos años de su vida. Este proyecto de escritura y acercamiento a la realidad ha resultado ser una crónica descarnada que, sin más pretensiones, pone la cuestión sobre la mesa. «*Las familias, en general, son familias muy pobres. Si uno va a las escuelas de fútbol de los barrios pobres latinoamericanos ya hay muchos padres que no están trabajando, esperando a que vaya alguien a comprarles el hijo y cuanto más pequeño es el niño, mayor rentabilidad a largo plazo, y menos intermediarios.*

«*En esta sociedad de consumo* –recordó Meneses– *lo que importa para el que compra es siempre comprar barato y vender caro. Y cuanto más joven, más barato. Lionel Messi llegó a Barcelona con* trece años, *ahora están fichando a los niños a los ocho.*

El caso, termina José Meneses, *es si a un niño de ocho años te lo llevas a otro continente, donde se habla otro idioma, a trabajar en la cosecha de algodón o cosiendo camisetas de marcas deportivas. Se habla de esclavitud infantil, pero cuando eso mismo se hace con el fútbol, entonces se trata de un gran proyecto, y la prensa del mundo lo publica como tal. Son los mismos medios que suelen hablar en contra del trabajo esclavo.*»

FICHA DE LA PELÍCULA

TÍTULO: *Diamantes negros.*

PAÍS: España. **AÑO:** 2013. **DURACIÓN:** 94'. Drama. **DIRECTOR:** Miguel Alcantud. **GUIÓN**: Miguel Alcantud **MÚSICA:** Juan Antonio Simarro. **FOTOGRAFÍA:** Alberto D. Centeno (C). **MONTAJE:** Pablo Blanco. **INTÉRPRETES:** Setegui Diallo (Amadou), Hamidou Sawake (Mussa), Guillermo Toledo, Carlo D' Ursi, Alasanne Diakaté, Carlos Bardem.

FRASE: Mientras Amadou sobrevive en las calles de Lisboa, intentando regresar a Mali; Mussa es detenido por vender, supuestamente droga, en las calles de Madrid. Su conversación con el responsable de un centro de menores resume toda su tristeza y frustración:

–Mussa: «*No puedo volver a Mali. Todo el pueblo me ha dado dinero. Mi padre condenarme.*

–Funcionario: *Y es mejor estar aquí y vender droga?*

–Mussa: *Yo no quería vender droga, yo quería jugar fútbol*

–Funcionario: Y qué es lo que estabas haciendo ayer en la noche?

–Mussa: Sólo quería jugar fútbol, quiero jugar fútbol (lo repite varias veces mientras solloza).

CALIFICACIÓN. ★★★☆☆

VIDEO / DISTRIBUCIÓN: KARMA FILMS.

APÉNDICE. DIRECTORES MIGRANTES O EXILIADOS

Luis Alcoriza (Badajoz 1918 – Cuernavaca, México, 1994). Exiliado en México, Alcoriza exploró en su cine la mexicanidad desde la óptica de un español que llegó a conocer el país azteca mejor que muchos mexicanos. Además de director fue actor y guionista con más de un centenar de libretos. Ocho de las películas de Buñuel, del que fue amigo, fueron escritos al alimón por los dos cineastas. Entre su filmografía: *Tiburoneros, Mecánica Nacional* y *Lo que importa es vivir* que mereció el Goya de mejor película iberoamericana en 1988. (Ver capítulo 5. «*La amarga derrota*»).

Herbert Biberman (Filadelfia, EE UU, 1900 – Nueva York, EE UU, 1971). Guionista y director. Uno de los llamados integrantes de los *Diez de Hollywood*, encarcelado al negarse a declarar ante el Comité de Actividades Norteamericanas, por sus presuntas ideas políticas. Su carrera cinematográfica quedó dañada para siempre. Realizó *La sal de la tierra*, ampliamente tratada en este libro. Biberman no llegó a exiliarse pero tuvo el acceso vedado a la industria cinematográfica. (Ver capítulo 7. «*El sueño americano*»).

Roberto Bodegas (Madrid, 1933). Fue emigrante en París en 1961. Diez años después dejó su aportación a la emigración con *Españolas en París*, uno de los escasos documentos que existen sobre la emigración española a Europa en el cine de ficción español durante la dictadura franquista. (Ver capítulo 3. Españoles en Europa).

Luis Buñuel (Calanda, Teruel, 1900 – México D.F., 1983). El más internacional de nuestros cineastas apenas miró la emigración y el exilio del que formó parte. Películas claves: *Un perro andaluz, Los olvidados, Viridiana* (Palma de oro en Cannes 1961) *El discreto encanto de la burguesía* (Oscar en 1971). Además *Las hurdes tierra sin pan, Belle de jour, Tristana.* (Ver capítulo 5. «*La amarga derrota*»).

Frank Capra (Bisacquino, Sicilia, Italia, 1897 – La Quinta, California, USA, 1991). Uno de los grandes de Hollywood y representante de la gran comedia norteamericana era emigrante italiano. Obtuvo numerosos Oscar en su carrera (*Sucedió una noche, Caballero sin espada...*) aunque su película más popular es *Queé bello es vivir,* que desde hace muchos años se repone en la televisiones de todo el mundo durante las Navidades.

Alberto Cavalcanti (Río de Janeiro, Brasil, 1897 – París, Francia, 1982). Ginebra, París o Londres en el periplo vital de un hombre que estudió arquitectura y que después fue fundador del llamado Cinema Novo, un movimiento renovador de la cinematografía brasileña, a partir de 1950. Los temas de carácter social priman en su filmografía, con títulos como *El viajero del silencio.* (Ver capítulo 6. «*Exilios Latinoamericanos*»).

Francis Ford Coppola (Detroit, EE UU, 1939). Su condición de familia de emigrante italianos queda reflejada en varias de su películas, en particular su trilogía sobre la mafia *El Padrino*, basada en la novela de Mario Puzo, quién colaboró activamente en el guión de la primera entrega de 1972. Cineasta clave en el cine del siglo xx, Coppola dejó muestras de su preocupación por el fenómeno migratorio en *Tetro*, filme en que queda reflejada la presencia de los emigrantes de origen italiano en otro de los países donde tuvieron mayor predicamento: Argentina. No es un filme de emigración pero siempre recomiendo *Apocalipsis now.* (Ver capítulo 7. «USA: La tierra prometida»).

Constantin Costa-Gavras (Lutra Iraias, Atenas, Grecia, 1933). Este griego naturalizado francés es uno de los máximos exponentes del cine social y político europeo. *Estado de sitio* (golpe militar en Uruguay), *Missing* (golpe militar en Chile), *Z* (golpe militar en Grecia); *La caja de música* y *Amén* (ambas sobre asuntos vinculados al nazismo) o *Edén al oeste*, directamente vinculada a la inmigración, son una muestra de la vitalidad y denuncia permanente de este octogenario realizador. (Ver capítulo 9. «Europa el otro sueño americano»).

Charles Chaplin (Londres, 1889 – Corsier-Sur-Verey, Suiza, 1977). Genio con mayúsculas de la historia de la cinematografía. Emigró de Inglaterra a Estados Unidos y posteriormente, acusado de comunista, fue obligado a exiliarse durante la *caza de brujas* del senador McCarthy. En 1953 renunció a su pasaporte norteamericano aunque posteriormente acudió a EE UU a recoger un Oscar honorífico. En 1917 estrenó *Charlot emigrante.* En su cine podemos considerar películas vinculadas a la emigración, *La quimera del oro* o, incluso, *La condesa de Hong Kong.* Si tuviese que elegir su película más emblemática dudo entre *Tiempos modernos* y *El gran dictador.* (Ver capítulo 7. «USA: La tierra prometida»).

Jules Dassin (Middletown, EE UU, 1911 – Atenas, Grecia, 2008). Procedía de una familia de emigrantes rusos en Estados Unidos. Acusado de comunista por el Comité de Actividades Antinorteamericanas promovido por el senador McCarthy, se exilió a Europa donde continuó con su carrera. La emigración no es tema recurrente en su cine, en el que nos ha dejado uno de los mejores retratos que se han hecho nunca sobre la ciudad de Nueva York y sus gentes: *La ciudad desnuda.*

Carlos Diegues (Maceió, Alagoas, Brasil, 1940). Exiliado a Italia y después Francia en 1969 como consecuencia de la dictadura militar en Brasil. Fue uno de los fundadores del Cinema Novo con títulos como *Ganga zumba* (1964), *Chuvas de verao* (1978) o *Tieta do agreste* (1996). (Ver capítulo 6. «Exilios Latinoamericanos»)

William Dieterle (Ludwugshafen am Rhein, Alemania, 1893 – Ottobrunn, Alemania, 1972). De familia judía, William Dieterle emigró a Estados Unidos en 1930, país en el que se naturalizó en 1937. Es un autor por descubrir que, sin embargo, ha dejado títulos tan conocidos como *La senda de los elefantes* o *Jennie.*

Edward Dmytryck (Grand Forks, Canadá, 1908 – Encino, California, EE UU, 1999). De familia emigrante ucraniana. Fue uno de los Diez de Hollywood, acusado de comunista por El Comité de Actividades Antinorteamericanas hubo de exiliarse a Inglaterra. En su filmografía figuran títulos como *La mano izquierda de Dios* y *El árbol de la vida.*

Marguerite Duras (Saigón, Gia Dinh, Vietnam, 1914 – París, 1996). Novelista y cineasta que pasó su infancia junto a su madre en la Indochina francesa, hecho que influiría en toda su obra. Miembro de la resistencia francesa durante la II Guerra Mundial, Marguerite Duras escribió más de 40 novelas y una docena de piezas de teatro (*Le ravissement, Le Vice-Cónsul, L' amante anglaise*) Así mismo dirigió películas como *Los niños* o *Indian song*. Fue autora también del guión de *Hiroshima mon amour*, dirigida por Alain Resnais.

Paul Fejos (Budapest, Hungría, 1897 – Nueva York, USA, 1963). Fue uno de los grandes directores húngaros que emigraron a Hollywood junto a Michael Curtiz y Alexander Korda. Su gran película es *Soledad* (1929). Un director innovador que realizó cine experimental..

Aleksandr Ford (Kiev, Rusia, 1908 – Naples, Florida, USA, 1980). De origen polaco emigró a Israel en 1968 y de ahí a Estados Unidos. Maestro de cineastas como Roman Polansky y Ladislao Wajda. El documental *La calle de los jóvenes* (1936) es su obra más reconocida.

John Ford (Cape Elisabeth, Maine, USA, 1894 – Palm Desert, California, 1973). Hijo de emigrantes irlandeses, de apellido O Feeney, John Ford buscó en muchas de sus películas los orígenes de su familia; la nostalgia por la patria perdida y la emigración como forma de reconstruir su propia vida. En su etapa muda, 62 películas, la mayor parte desaparecidas. Dirigió títulos como *La hoja de trébol,* el triunfo de unos irlandeses en Estados Unidos a través de las carreras de caballos otra de sus grandes pasiones, y su posterior regreso a Irlanda o *Madre mía,* en que también aborda la temática de la inmigración, aunque de forma un tanto sensiblera.

La fuerte figura de la madre es habitual en su cine que, fuera del territorio del western, muestra esa lucha de sus personajes y el deseo de regresar a los orígenes, como fue el caso de John Wayne en *El hombre tranquilo*, actor que fue protagonista en 20 de sus películas. (Ver capítulo 7. «USA: La tierra prometida»).

Milos Forman (Cáslav, Checoslovaquia, 1932). Este reconocido realizador perdió a sus padres en sendos campos de concentración durante la II Guerra Mundial. Durante la Primavera de Praga en 1968 estaba negociando en París su primera película americana. La invasión de Checoslovaquia (Hoy República Checa) por la URSS y sus aliados hizo que emigrara a Estados Unidos donde se convirtió en profesor de la Universidad de Columbia. Posteriormente inició una carrera de éxitos en su nuevo país. *Alguien voló sobre el nido del cuco* (1975) y *Amadeus* (1984) le supusieron sendos Oscar al mejor director. Otro de sus títulos más notables es el musical *Hair* (1979).

José Miguel (Jomi) García Ascot (Túnez, 1927 – Ciudad de México, 1986). Hijo de un diplomático republicano español fue cineasta, escritor, pintor y profesor universitario. Exiliado a México desarrolla desde los inicios de los años cincuenta una amplia actividad intelectual, siendo el impulsor del Cineclub Universitario. En 1960, tras regresar de Cuba donde había dirigido tres episodios de la serie *Historias de la Revolución,* decide, junto a su mujer María Luisa Elío, y Emilio García Riera, continuar dirigiendo en México y *En el balcón vacío* fue su primer proyecto. En el terreno literario fue autor de libros como *Un otoño en el aire*, *Antología personal* y *Del tiempo y unas gentes*. En su filmografía aparecen otros títulos como el cortometraje documental sobre la pintora *Remedios Varo* (1966) y el largo *El viaje* (1970). (Ver capítulo 5. «La amarga derrota»).

Ruy Guerra (Lourenço Marques, actual Maputo, Mozambique, 1931). Nacido en la antigua colonia portuguesa de Mozambique, Ruy Guerra es un polifacético creador que junto a títulos como *Kuarup*, *Eréndira* o *A queda* se ha acercado a la literatura y ha escrito letras de muchas canciones. *Africano de Brasil*, como se ha definido en muchas ocasiones, Guerra vivió en Portugal y Francia antes de trasladarse a Brasil, donde se incorporó al llamado Cinema Novo. (Ver capítulo 6. «Los exilios latinoamericanos»).

Patricio Guzmán (Santiago de Chile, 1941). El autor de la trilogía *La batalla de Chile*, considerado el mejor documental chileno de todos los tiempos, se exilió tras el golpe militar de 1973. Continuó haciendo documentales en España y Francia, país en el que sigue residiendo. *Chile, la memoria obstinada* (1997), *El caso Pinochet* (2001), *Salvador Allende* (2003) o *Nostalgia de la luz* (2010), son otra de las obras de este realizador quien considera que «*un país sin cine documental es como una familia sin álbum familiar*». (Ver capítulo 6. «Los exilios latinoamericanos»).

Alfred Hitchcock (Leytonstone, Londres, 1899 – Los Ángeles, EE UU, 1980). No fue un emigrante al uso pero hizo la mayor parte de su carrera en Estados Unidos. Fue contratado en 1938 por el productor David O. Selznick. Su primera película fue *Rebeca* (1940), a la que siguieron otros títulos tan representativos como *Sospecha* (1942) o *Náufragos* (1944). Tras un breve paréntesis en Europa, coincidiendo con los últimos meses de la II Guerra Mundial y la realización de dos cortos y un documental para el Ministerio de Información británico, Hitchcock regresa a Estados Unidos donde inicia su nueva etapa rodando *Recuerda* (1945) y realizando posteriormente, en la décadas de los 50 y 60, algunos de sus filmes más recordados: *Crimen perfecto* (1954), *La ventana indiscreta* (1954), *Vértigo* (1958) *Con la muerte en los talones* (1959), *Psicosis* (1960) o *Los pájaros* (1963).

Joris Ivens (Nimega, Países Bajos, 1899 – París, 1989). Ivens no fue un emigrante y si ciudadano del mundo siempre con su cámara a cuestas para plasmar la miseria de los mineros y su explotación (*Miseria al Borinage*. 1933); la Guerra Civil española (*Tierra de España*. 1937), en la que colaboraron Ernest Hemingway y Orson Welles o documentales por Francia, Italia Rusia o China, país al que dedicó sus última película. Fue apodado «*El holandés errante*».

Elia Kazán Kayseri (Turquía, 1909 – Nueva York, 2003). Era hijo de un comerciante griego, por lo que pertenecía a la minoría griega en el imperio otomano. Su familia se trasladó primero a Berlín y posteriormente a Nueva York. Se inició en el teatro y posteriormente entró de lleno en el mundo del cine, sin olvidar nunca su faceta como escritor. Autor de grandes títulos en la historia del cine como *América, América* (1963), *Esplendor en la yerba* (1961) o *La ley del silencio* (1954), Kazán no contó con las simpatías de la industria acusado de haber delatado a sus antiguos compañeros del Partido Comunista ante el Comité de Actividades Antinorteamericanas. (Ver capítulo 7. «USA: La tierra prometida»).

Alexander Korda (Pusztaturpasztó actual Hungría, 1893 – Londres, 1956). Arrestado en 1919 durante el *Terror Blanco*, que siguió al derrocamiento del gobierno comunista, Korda, una vez en libertad, decide abandonar Hungría a donde nunca regresará. Primero viaja a Austria y posteriormente al Reino Unido donde fue nombrado representante de la Paramount. Allí y tras fundar con sus hermanos, también cineastas, una productora, comenzó a realizar sus primeras películas entre las que destacan *Enrique VIII* y *Rembrandt.* Dirigió más de una treintena de películas, algunas en Hollywood, donde se afincó durante la II Guerra Mundial, pero destacó especialmente como productor de títulos tan conocidos como *El tercer hombre.*

Rodolfo Kuhn (Buenos Aires, 1934 – Valle de Bravo, México, 1987). Exiliado en España desde 1978 Kuhn falleció repentinamente en México mientras trabajaba en la elaboración de un guión para una película sobre los derechos humanos en Latinoamérica. Fue un cineasta comprometido con su tiempo, que se exilió a España como consecuencia del golpe militar del 78. *Pajarito Gómez* (1964) sobre los mecanismos que rigen el poder para crear un ídolo musical; *Todo es ausencia* (1984) en que trata la lucha de las Madres de la Plaza de Mayo o *El señor Galíndez* (1984), sobre la tortura, son sus principales propuestas cinematográficas.

Fritz Lang (Viena, 1890, – Los Ángeles, 1976). El autor de *Metrópolis* (1927) o *M. El vampiro de Dusselldörf* (1931), dos de las obras cumbre del expresionismo alemán, hubo de exiliarse a Estados Unidos a mediados de los años treinta, por la persecución que sufrían los judíos tras la llegada de los nazis al poder. No tuvo fácil su acceso al cine de Hollywood y tardó dos años en rodar *Furia* (1936) para posteriormente dirigir sobre todo películas del género negro, que actualmente son pequeñas joyas de la cinematografía: *La mujer del cuadro* (1944), *Perversidad* (1945) o *Mientras Nueva York Duerme* (1956).

Paul Leni (Stuggart, Alemania, 1885 – Los Ángeles, 1929). Su prematura muerte cortó una prometedora carrera en Hollywood. Leni, otro de los grandes cineastas expresionistas alemanes, viajó en 1927 a Estados Unidos para convertirse en director de Universal Studios. Dos películas destacadas: *El legado tenebroso* y *El hombre que ríe.*

Richard Lester (Filadelfia, EE UU, 1932). Un estadounidense que emigró a Gran Bretaña. Cine de aventuras (*Los tres mosqueteros, Superman II, Robin y Mariana*) pero sobre todo los dos míticos musicales de los Beatles: *Que noche la de aquel día* y *Help.*

Miguel Littin (Palmilla, Chile, 1942). Tras el golpe militar de Augusto Pinochet se exilió a México y posteriormente a España. Fue presidente de la empresa estatal Chile Films, con Salvador Allende. La mayor de su filmografía plantea cuestiones sociales o políticas y en ella también apreciamos su interés por los orígenes, el exilio o el desarraigo. Tras su conocida *El chacal de Nahueltoro* (1969), Littin terminó en México *La tierra prometida* (1973), que había comenzado a rodar durante el gobierno de Allende. Otros de sus títulos más reconocidos son *Actas de Marusia* (1974), el documental *Acta general de Chile* (1986), *La última Luna* (2005) o *Dawson. Isla 10*, estos dos últimos realizados a su vuelta a Chile tras un largo exilio. (Ver capítulo 6. «Los exilios latinoamericanos»).

Joseph Losey (La Crosse, EE UU, 1909 – Londres, 1984). Se marchó de Estados Unidos en 1952 acusado por el mcarthismo de actividades antiamericanas. En esa primera etapa había realizado películas como *El muchacho de los cabellos verdes*. Llegó a Inglaterra donde trabajó utilizando diversos seudónimos como el de Andrea Forzano. Su cine está muy lejos de los cánones de Hollywood. Tiene un tono expresionista y su estilo es riguroso y elegante. Su fructífera colaboración con el dramaturgo Harold Pinter dio como resultado tres excelentes filmes: *El sirviente*, (1963) *Accidente* (1967) y *El mensajero* (1970), con la que ganó la Palma de Oro en Cannes. Dirigió cine en España (*Una inglesa romántica*), en México e Italia (*Caza humana* y *El asesinato de Trosky*) Noruega (*Chantaje a una esposa*) y en Francia, entre otras películas, *Las rutas del sur*. Fue *el norteamericano errante*.

Ernst Lubitsch (Berlín, Alemania, 1892 – Los Ángeles, EE UU, 1947). Uno de los grandes maestros de la comedia llegó a Estados Unidos en 1922. Fue supervisor de la Paramount, por lo que pudo ayudar a jóvenes cineastas, como Billy Wilder y Otto Preminger, que huían de Europa ante el creciente poder del nazismo. Su cine es único, el llamado *toque Lubitsch*, que le permitía sortear la censura por la ambigüedad de muchas situaciones. El humor, la ironía, la crítica, aparecen en la mayoría de sus elegantes comedias como *Ser o no ser* (1943), una de las mejores comedias de la historia, en la que satirizaba al nazismo de Hitler, o *Ninotchka* (1940), en la que hizo lo propio con la frialdad y burocratización de los soviéticos. *El bazar de las sorpresas* es otra de sus mejores comedias.

Rouben Mamoulian (Tiflis, Georgia, 1897 – Los Ángeles, EE UU), 1987). En 1923 tras pasar un año en Londres, se traslada a Estados Unidos donde continuó su carrera como director de teatro y ópera. *El hombre y el monstruo* (1931), basada en la novela de Stevenson *Dr. Jekill y Mr Hyde* fue uno de sus primeros éxitos en Hollywood. Fue un director polifacético que tanteó todos los géneros. Quizá sus títulos más representativos sean *La reina Cristina de Suecia* (1933), con una esplendorosa Greta Garbo; *El signo del Zorro* (1940) *Sangre y arena* (1941), basada en la novela de Blasco Ibáñez o el musical *La bella de Moscú*, de 1957. Resaltaría también un filme relacionado con el mundo del boxeo, *Sueño dorado*, de 1939.

Jonas Mekas (Semeniskiai, Lituania, 1922). Es uno de los más peculiares realizadores cinematográficos que existen. Tras escapar de un campo de concentración nazi y establecerse en Dinamarca, en 1949 llegó a Estados Unidos. Lo primero que hizo fue escribir, en un pequeño periódico de Nueva York, «Voice», una columna semanal en que abogaba por un nuevo cine norteamericano. Un cine al que se ha llamado experimental, *underground* o de vanguardia, y que no respondía a cánones establecidos en cuanto a lo narrativo o a su duración. Un cine en el que el cineasta, el creador, no tendría intermediarios y su actitud estaría más próximas a los artistas plásticos.

Durante más de diez años escribió todo tipo de críticas en *Voice* y *Film Culture*. Mekas buscó, de forma apasionada, que los espectadores tuvieran una nueva forma de mirar las imágenes.

Jonas Mekas tiene una muy extensa obra de cine experimental y sus llamadas películas-diario como *Reminiscencias de un viaje a Lituania* (1972) donde cuenta los años de internamiento a su llegada a Nueva York y el regreso a su país después de 27 años de ausencia. En 2001 se estrenó su película-diario *Qué significa: mientras avanzaba ocasionalmente vi pequeños destellos de belleza*, que tenía una duración de cinco horas. Se han visto algunas retrospectivas de su obra en Museos de Europa y América y en España, en 2012 (*Intermedio*) publicó parte de su filmografía.

Friedrich Wilhelm Murnau (Bielefeld, Alemania, 1888 – Santa Mónica, EE UU, 1931). Murnau se adscribe, sólo en parte, al llamado expresionismo alemán, porque su obra tiene tintes muy personales. Se inició en el teatro, y luchó en la primera guerra mundial como piloto aéreo, sufriendo un grave accidente.

Al término de la contienda, Murnau realizó una quincena de filmes, alguno tan relevante como *Nosferatu* (1922), considerada como una de las mejores películas de todos los tiempos. Muchas de sus obras de esta primera etapa se han perdido, aunque la Fundación Murnau ha reconstruido, en los últimos años, alguna de sus filmaciones como *Phantom*.

Fue contratado por Hollywood y en 1926 realizó otro de sus títulos más emblemáticos, *Amanecer*. En 1931 dirigió la que sería su última película *Tabú*, ya que fallecería como consecuencia de un accidente de coche.

Lautaro Murúa (Tacna, Perú, 1926 – Madrid, 1995). Actor y director naturalizado argentino que estuvo exiliado en España, donde falleció. En su filmografía destacan dos títulos: *Alias Gardelito* (1961) y *La Raulito* (1975), ambas ambientadas en ambientes marginales de Buenos Aires. *La Raulito*, que tuvo una gran aceptación de público y crítica, plantea la búsqueda de libertad de una joven que parece abocada a la delincuencia. Su última película, *Cuarteles de invierno*, según la novela de Osvaldo Soriano, la rodó en Argentina en 1984.

José María Nunes (Faro, Portugal, 1930 – Barcelona, 2010). Fue uno de los principales impulsores de la Escuela de Barcelona, deudora de la *Nouvelle vague* y del *Free cinema* británico. Nunes era hijo de emigrantes portugueses. Emigró en 1942 con su familia, primero a Sevilla, donde estuvo cinco años y posteriormente a Barcelona. Tras realizar los más variados oficios dentro del mundo cinematográfico, Nunes dirigió *Mañana* (1957), considerado el prólogo de la Escuela barcelonesa y que, como toda su obra posterior, busca trasgredir el lenguaje del cine. Realizó unos 15 filmes entre los que destacan *Noches de vino tinto* (1966) e *Iconockaut* (1975). Nunes, poeta y hombre comprometido con su tiempo, consideraba que el objetivo del cine no era a contar historias sino llegar al público a través de la emoción y la implicación personal.

Max Ophüls (Saarbrucken, Alemania, 1902 – Hamburgo, Alemania, 1957). Uno de los realizadores más exquisitos por la belleza de la ambientación y el gusto por el detalle. Con el ascenso de los nazis al poder, Ophüls, que era de origen judío, hubo de exiliarse a Francia, rodando varias películas en diferentes países europeos como *Suprema decisión* (1939).

La entrada de los nazis en París le llevó primero a Suiza y posteriormente a Estados Unidos donde estuvo varios años sin conseguir trabajo como director hasta que encontró apoyo de Preston Sturges, otro realizador de prestigio, admirador de su cine, quién le ayudó en sus inicios en Estados Unidos.

Entre los filmes que rodó figuran el melodrama *Carta a una desconocida* (1948) y *Almas Desnudas* (1949), título encuadrado en el cine negro que fue el último que rodó en Estados Unidos antes de regresar a Francia, dónde realizó algunas de sus mejores películas como *El placer* (1952) y *Lola Montes* (1955), su último trabajo antes de fallecer, de un ataque al corazón, en Hamburgo.

Georg Elhem Pabst (Raudnitz, Bohemia, hoy Rep. Checa, 1885 – Viena, 1967). El intimismo de sus películas, la fuerza del amor y el erotismo; el naturalismo para describir esos y otros sentimientos; y el poder crematístico, la ambición que facilita el odio entre seres humanos caracterizan la obra de este gran realizador que comenzó como actor en pequeñas compañía alemanas, hasta que en 1910 emigró a Estados Unidos para trabajar en la Compañía de Teatro Popular alemán, que podía representar sus obras en alemán dada la amplia colonia germana que vivía en Nueva York.

El destino hizo que cuando se encontraba de paso en París, después de reclutar nuevos actores para la Compañía en Alemania, se inició la I Guerra Mundial y fue recluido en un campo de concentración durante cuatro años.

Tras ser puesto en libertad se establece en Viena, donde siguió trabajando en el teatro y pronto recibe ofertas para hacer cine. Funda, en Berlín, con su amigo Carl Froelich una productora. Comenzó como ayudante de dirección de Froelich hasta que en 1923 dirige su primera película, *Der Schatz*. Rueda *Bajo la máscara del placer* (1925) en que desnuda las consecuencias físicas y morales de cualquier guerra.

La fama, tras aquellos títulos y el dinero que obtuvo, le permitieron hacer un cine mucho más crítico y trasgresor, con títulos como *Sendas del pecado* (1928) inmerso en su trilogía erótica o la sátira *La comedia de la vida* (1931), basada en una obra teatral de Bertolt Brecht que no estuvo muy de acuerdo con la versión cinematográfica de Pabst. En Francia, rodó una de las mejores versiones cinematográficas de *El Quijote* (1933).

Otto Preminger (Wiznitz, Imperio austrohúngaro, actual Ucrania, 1906 – Nueva York, 1986). El director de *Laura*, *Anatomía de un asesinato* o *Tempestad sobre Washington* no tuvo una vida demasiado fácil hasta que logró asentarse en Hollywood. En 1914, tras el asesinato del archiduque Francisco Fernando, la familia de Otto se trasladó primero a Graz y posteriormente a Viena. Allí se inició como actor de teatro, aunque haría la carrera de Derecho para no disgustar a su padre. Paso a paso cambia su carrera de actor por la de director y es animado a hacer cine, algo que lleva a cabo realizando 26 películas en el corto periodo que va de 1931 a 1935.

Aquel año recibe propuestas de Hollywood y viaja a Estados Unidos. Después de unos inicios prometedores, un enfrentamiento con Darryl F. Zanuck le cerró las puertas de los estudios norteamericanos.

Preminger revolucionó el cine de Hollywood porque se atrevió a abordar temas tabú como la drogadicción, los abusos sexuales o la corrupción política. Era legendario su mal genio y el tono dictatorial que empleaba con los actores que, sin embargo, lograban grandes interpretaciones a sus órdenes.

Karel Reisz (Ostrava, Checoslovaquia, hoy Rep. Checa, 1926 – Londres, 2002). Sus padres murieron en el campo de concentración de Auschwitz. Fue un refugiado judío en Londres que luchó en la Royal Air Force al final de la II Guerra Mundial. Tras ejercer como profesor en el Emmanuel Colegge empezó a escribir para revistas de cine y cofundó la revista Sequence.

Como Nunes con la Escuela de Barcelona, fue un refugiado checo el que contribuyó a fundar el *Free Cinema*, movimiento cinematográfico británico con muchos puntos en común con *La nouvelle vague*, francesa. No tiene una extensa filmografía pero sí fue un hombre comprometido con la búsqueda de nuevas formas cinematográficas. Recomendables *Sábado noche, domingo mañana* (1960), su primera película o *Isadora* (1968).

Jean Renoir (París, 1894 – Beverly Hills, EE UU, 1979). Se exilió a Estados Unidos durante la II Guerra Mundial. Llegó a Hollywood con un gran bagaje de filmes reconocidos en toda Europa. *Boudou salvado de las aguas* (1932), *Bajos fondos* (1936) o *Toni* (1934), a la que me he referido extensamente en este libro, le habían situado en primer plano por el realismo de las historias que describía en la pantalla. Antes de la guerra rodó tres de sus filmes más celebrados que se convirtieron en alegatos contra el belicismo o las diferencias sociales. Con *La gran ilusión* (1937) intentó promover la paz; en *La bestia humana* describe la sociedad de la época y sus diferencias, y en *La regla del juego* radiografía a la sociedad francesa y critica sus costumbres.

Una etapa en los años treinta que le reafirmaban después de unos comienzos un tanto dubitativos que no tuvieron excesivo refrendo entre el público. Uno de sus filmes más apreciados en la primera etapa fue *Nana* (1926), basada en la novela homónima de Émile Zola. Necesitó para financiarla vender alguno de los cuadros de su padre, Pierre-Auguste Renoir.

Como otros grandes realizadores europeos no lo tuvo fácil en sus inicios en Hollywood y dirigió algunos filmes menores, aunque mantienen su impronta como

Esta tierra es mía (1943) que fue su particular homenaje a la resistencia francesa o *Memorias de una doncella* (1946).

Renoir, que tuvo una gran influencia en Truffaut y la *nouvelle vague*, viajó también a India donde dirigió *El río* (1951), un acercamiento a la colonia inglesa en la India. *El río*, la primera película en color de Renoir, es un canto a la existencia humana, al amor o a los descubrimientos del dolor y la pérdida. Es también un canto a la infancia, a través de la voz del niño protagonista y un filme, en definitiva tremendamente humano.

A su regreso a Francia, a principios de los cincuenta rodó algunas películas como *French Cancan* (1954); trabajó en televisión y escribió varios libros, como el que dedicó a la obra de su padre o su autobiografía *Mi vida y mis películas* (1974). (Ver capítulo 9. «Europa el otro sueño americano»).

Glauber Rocha (Vitoria da Conquista, Brasil, 1939 – Río de Janeiro, 1981). Emergió como líder del Cinema Novo a finales de los cincuenta y primeros sesenta y su obra representa muy bien a una generación de intelectuales profundamente marcados por una conciencia histórica y el interés que suscitaban los cambios políticos y sociales que se producían en el país. La mirada de Rocha fue también la de toda Latinoamérica y su denuncia ante las injusticias latentes en la región.

En 1971, ante la creciente radicalización fascista del régimen militar de Geisel, Rocha salió del país para vivir en países como Chile, España y Portugal. Ya antes había mostrado sus inquietudes rodando en República del Congo, Cuba o Marruecos o llevando sus propuestas y las del cine latinoamericano a festivales como Cannes, donde ganó el premio de mejor director por *Antonio das mortes* (1969) o Venecia. Hay que destacar en su filmografía otros títulos como; *Dios y el diablo en la tierra del sol* (1964) o *Cabezas cortadas* (1970). (Ver capítulo 6 «Exilios latinoamericanos).

Raúl Ruiz (Puerto Montt, Chile, 1941 – París, 2011). Se exilió a París tras el golpe militar de Pinochet. Fue autor de un cine irónico y hasta surrealista y experimental. Dirigió más de 200 obras y fue un teórico del cine, profundo conocedor de todas las técnicas cinematográficas y la influencia en nuestra sociedad. *Tres tristes tigres* (1968), su primer largometraje, y *Diálogo de exiliados* (1974), la primera película que rodó en Francia son dos títulos que sobresalen en su amplia filmografía. (Ver capítulo 6. «Exilios latinoamericanos).

Robert Siodmak (Dresde, Alemania, 1900 – Locarno, Suiza, 1973). Tras su marcha a Estados Unidos en 1941, se convirtió en uno de los realizadores claves del género negro con títulos como *La dama desconocida* (1944) *Forajidos* (1946) o *El abrazo de la muerte* (1949). Cuando los nazis prohibieron la proyección de *Secreto que quema*, una de las seis películas que había rodado hasta la fecha en Alemania se trasladó a Francia, en 1933 donde continuó rodando nuevos filmes como *Trampas* (1939).

Siodmak llegó a Hollywood de la mano de su hermano Kurt que trabajaba como guionista y, aparte de los filmes citados, dirigió un clásico del suspense: *La escalera de caracol.*

Tras algunas diferencias con el Comité de Actividades Norteamericanas regresó a Europa en 1952 instalándose primero en Francia y posteriormente en Alemania, donde prosiguió con su carrera con títulos de menor interés que los citados. *La invasión de los bárbaros* (1968) fue su última película.

Douglas Sirk (Hamburgo, Alemania, 1900 – Lugano, Suiza, 1987). Si Siodmack fue un referente del género negro, Sirk sin duda, lo fue del melodrama. Proveniente del teatro ingresó en los estudios UFA alemanes que buscaban competir con Hollywood. Se convirtió en un referente con títulos como *La Habanera* (1937), que rodó en las islas Canarias. Por aquel entontes firmaba con su verdadero nombre, Detlef Sierck. Una denuncia de su ex esposa, sobre el origen judío de su compañera hizo que ésta huyera a Roma y que Sirk se le uniera poco después. Ambos se trasladaron a Estados Unidos.

Fue en este país donde americanizó su nombre y junto a melodramas memorables, de tono barroco, realizó filmes notables en todos los géneros como la comedia, el musical, el western o el de carácter histórico. Títulos en la memoria de cualquier aficionado al cine como *Obsesión* (1954), *Sólo el cielo lo sabe* (1955), *Escrito sobre el viento* (1956) *Imitación a la vida* (1959). Tengo entre mis favoritas el drama bélico *Tiempo de amar, tiempo de morir* (1958).

Sirk abandonó Estados Unidos en los años de la *caza de brujas,* por la persecución a cineastas y escritores y se instaló en Suiza donde, alejado del cine, se dedicó sobre todo, al teatro.

Víctor Sjöström (Silvodal, Suecia, 1879 – Estocolmo, 1960). Uno de los grandes del cine mudo (*La carreta fantasma.* 1921) dirigió más de 50 títulos antes de trabajar en Estados Unidos durante seis años. Allí dirigió *La mujer marcada* (1926) y *El viento* (1928), ambas con Lilian Gish, *La mujer divina* (1928) donde trabajó con su compatriota Greta Garbo y *El beso* (1929), considerada la última obra maestra del cine norteamericano. A la dirección unió su trabajo como actor y guionista.

En 1939 decidió volver a Suecia donde continuó trabajando de actor casi hasta el final de su vida. Su última actuación fue en la mítica *Fresas Salvajes* (1957) dirigida por Ingmar Bergman.

Jerzy Skolimowski (Lodz, Polonia, 1938). Realizador y actor polaco que vivió en Estados Unidos durante más de 20 años, donde descubrió su faceta pictórica exponiendo en Londres, París y Varsovia. Los temas antistalinistas de títulos como *Arriba las manos* (1967), hicieron que se prohibiera su exhibición en los países comunistas y no se exhibiera hasta 1981. De esos años son sus películas más conocidas: *El grito* (1978) y el filme sobre inmigración: *Trabajo clandestino* (1982).

Fernando Ezequiel Solanas (Olivos, provincia de Buenos Aires, Argentina, 1936). Más conocido como «Pino Solanas» ha desarrollado durante la mayor parte de su carrera un cine social y políticamente comprometido. Además de cineasta fue guionista de historietas, productor teatral y compositor de música para cuñas publicitarias. La creación de una productora le permitió rodar uno de sus títulos míticos: *La hora de los hornos* (1968) que hizo en la clandestinidad durante dos años ya que se había producido un golpe militar en Argentina. Otro golpe militar, el de 1976, obligó a Solanas a exiliarse primero a Madrid y posteriormente a París. En esta última ciudad finalizó *Los hijos de Fierro*, iniciada en Argentina y rodó algunos de sus títulos más reconocidos internacionalmente como *Tangos: El exilio de Gardel* (1985) y *Sur* (1988). El exilio, el desarraigo y sobre todo, su país, Argentina, han sido los grandes temas de la obra de «Pino Solanas», quién realizó a su regreso el documental *Memorias del saqueo* (2003) y su continuación *La dignidad de los nadies* (2005), en donde describe la historia de Argentina desde el golpe militar del 76 hasta la crisis económica de 2001 que llevó al denominado «corralito», consecuencia de la desenfrenada corrupción política y financiera y que sumió en la pobreza a miles de argentinos. Actualmente Fernando «Pino» Solanas es senador por el bloque Proyecto Sur-Unen, que busca, según su programa, «una Argentina justa y con proyección Latinoamericana, con pleno protagonismo popular». (Ver capítulo 6. «Los exilios latinoamericanos»).

Helvio Soto (Santiago de Chile, 1930 – Santiago de Chile, 2001). Se inició en la radio y fue director de la televisión pública chilena durante el gobierno de Salvador Allende. Como otros muchos cineastas chilenos hubo de exiliarse tras el golpe militar de 1973. En París realizó su obra cumbre *Llueve sobre Santiago* (1975) y no regresó a su país hasta los años noventa. Otros títulos recomendables *Caliche sangriento* (1969) y *Voto + fusil* (1971). (Ver capítulo 6. «Los exilios latinoamericanos»).

Mauritz Stiller (Helsinki, Finlandia, 1883 – Estocolmo, Suecia, 1928). Estamos ante el descubridor de Greta Garbo y otro de los nombres claves de la cinematografía de los primeros años. Se exilió a Suecia cuando fue llamado a filas para incorporarse al ejército del zar Nicolás II, ya que Finlandia era un ducado dependiente de Rusia. En Suecia se inició como actor y guionista y fue en 1916 cuando estrenó *Las alas*, posiblemente la primera película que trata la homosexualidad en el cine.

Cuando fue contratado por Hollywood, Stiller se llevó con él a Greta Gustafsson a la que había dado un papel secundario en el filme *La leyenda de Gosta Berling* (1924) y había quedado absolutamente fascinado por la fuerza escénica de la joven actriz.

En Hollywood la bautizó Greta Garbo y aunque los comienzos no fueron fáciles, porque no era del agrado de los grandes productores, consiguió que trabajara en dos películas, ambas basadas en obras de Blasco Ibáñez: *El torrente* (1926) y *La tierra de todos*, que comenzó dirigiendo pero de la que fue sustituido por los estudios. Desencantado regresó a Suecia y falleció al poco tiempo, con tan solo 43 años.

Jacques Tourner (París, 1904 – Bergerac, Francia, 1977). Renovó el género de terror en los años cuarenta en Hollywood junto al productor Val Newton. La formula Frankenstein o Drácula pasó a segundo plano y se adentraron en filmes que se convirtieron en precursores del terror moderno. *La mujer pantera* (1942), *Yo anduve con un zombi* (1943) y *El hombre Leopardo* (1943). A Tourneur más que los monstruos le interesaba la vertiente psicológica de las historias.

Jacques Tourneur, creció entre Francia y Estados Unidos ya que la carrera de su padre, Maurice, también director, le hacía vivir entre los dos países. Debutó en su país de origen en 1931 y ocho años después dirigió su primera película en Hollywood: *Nick Carter-Máster Detective.* El cine de Tourneur entra en la denominada clase « b », es decir un cine marcado por su presupuesto, su producción e incluso los guionistas y el público al que va dirigido. Pero hay un excelente director detrás de cada película, un hombre capaz de crear miles de universos siempre de forma sutil y elegante. Hay excelente cine negro: (*Retorno al pasado.* 1947), westerns (*Tierra generosa.* 1947) o aventuras (*El halcón y la flecha.* 1950 y *La mujer pirata.* 1951). Todo un cine que invita a ser revisado.

Josef von Sternberg (Viena, Austria, 1894 – Los Ángeles, EE UU, 1969). Emigró por primera vez a Estados Unidos siendo un niño de siete años ya que su padre había sido desheredado por casarse en contra de su familia.

Unos años después la familia regresó a Viena y cuando cumplió 14 años volvió a emigrar al país en el que se convertiría en un cineasta reconocido mundialmente. Se hizo a sí mismo, porque dejó los estudios para ayudar a su familia que vivía pobremente. Comenzó limpiando y reparando rollos de películas y siguió como aprendiz dentro de los estudios hasta que en 1925 *The salvation hunters*, su primera película. *La ley del hampa*, rodada dos años después, está considerada la primera película de gángsters de la historia.

Pero a Von Sternberg se le recordará sobre todo por su colaboración con la actriz Marlene Dietrich, que incorpora el personaje de mujer fatal a la todavía naciente industria cinematográfica. El debut de la actriz alemana, que se convertiría en su amante, en *El ángel azul* (1930) es otra de las aportaciones al cine del cineasta de origen austríaco ya que rodaron siete películas juntos, entre las que figuran además títulos como *Marruecos* (1930) y *El expreso de Shangay* (1932). Es también muy recomendable *El diablo es una mujer* (1935), en que la Dietrich interpreta a una andaluza que seduce a cada hombre que se cruza a su paso. Fue prohibida por el gobierno de la II República en España.

Erich Von Stroheim (Viena, hoy Austria, 1885 – Maurepas, Seine-et-Oise, Francia, 1957). A Erich von Stroheim le cabe el dudoso honor de haber sido el primer director despedido por unos estudios de Hollywood. Ocurrió cuando se negó a aceptar las indicaciones de Irving Thalberg, quién quiso que *Esposas frívolas* (1922) redujera a la mitad su metraje de cuatro horas. Las discrepancias que tuvieron hicieron que el productor le echase cuando rodaba la siguiente película.

Erich von Stroheim había llegado a Estados Unidos en 1909, cuando desertó del ejército austro-húngaro. Trabajó en todo lo que encontraba hasta que recaló en Hollywood para trabajar de actor. Tras sus primeras películas puede decirse que es difícil no encontrar una que no haya sido manipulada. *Avaricia* (1923), *Marcha nupcial* (1926), *La reina Kelly* (1928), sufrieron todo tipo de mutilaciones, que redujeron considerablemente sus metrajes. Incluso llegaron a cambiar alguno de los finales que había previsto. *La viuda alegre* (1925), que tuvo un gran éxito, fue una de sus obras más puras, ya que no sufrió ninguna manipulación.

En los años treinta retomó su trabajo como actor primero con Jean Renoir que le llamó para *La gran ilusión* (1937) e hizo que se quedara en Francia para participar en casi una veintena de películas. Volvió a Estados Unidos al iniciarse la II Guerra Mundial y se dedicó sobre todo a la actuación con papeles como el memorable chófer de una actriz, en plena decadencia (Gloria Swanson) en *Sunset Boulevard* (*El crepúsculo de los dioses*, 1950), de Billy Wilder.

Carlos Velo (Cartelle, Orense, España, 1909 – México D.F., 1988). Carlos Velo se atrevió a llevar al cine *Pedro Páramo,* la mítica novela de Juan Rulfo, que presentó en el festival de Cannes de 1967. Un trabajo minucioso y formal que no satisfizo del todo al director.

Había llegado a México después de haber estado retenido en un campo de concentración francés al término de la Guerra Civil española. Su experiencia en el documental (*Almadrabas*, 1935; *Yerbala*, también llamado *Romancero marroquí,* 1939) le abrió la posibilidad de dirigir el Noticiero Mexicano de 1946 a 1953. Antes había estado colaborando en diversas revistas culturales y cinematográficas y se había naturalizado mexicano. Junto a su trabajo cinematográfico llevó a cabo una intensa labor en actividades de los exiliados. Fue uno de los fundadores del Ateneo Español de México y un Hombre que también se implicó en el nacionalismo gallego, siendo también uno de los Fundadores del Patronato de la Cultura Gallega.

Junto a su labor como director contribuyó también a la producción de filmes como *Nazarín,* de Luis Buñuel, ya que desde 1954 ocupaba el cargo de director técnico de Teleproducciones, una de las empresas audiovisuales más potentes de la época en México, propiedad de los hermanos Barbachano. Su película más conocida como director es *Torero,* que recibió diversos premios en Venecia, Cannes y otros festivales. (Ver capítulo 5. «La amarga derrota»).

Orson Welles (Kenosha, Wisconsin, EE UU, 1915 – Los Ángeles, EE UU, 1985).Un genio en busca de financiación. Orson Welles fue un profundo renovador de los recursos narrativos y estéticos del lenguaje cinematográfico. Desde su debut con *Ciudadano Kane* (1941) con la detallada utilización del gran angular, la profundidad de campo, los juegos de luces y sombras, Welles demostró sus indudables dotes que recibieron el apoyo de la crítica, pero al mismo tiempo la censura del magnate de la prensa William Randolph Hearst quién se vio reflejado en la cinta. Orquestó una campaña desde sus numerosos periódicos y ayudó a que tuviera una mala distribución. El resultado fue un gran fracaso en taquilla que marcaría su carrera en Hollywood, que incluye dos filmes negros magistrales: *La dama de Shangay* (1948) y *Sed de mal* (1958), que supondría su retorno a Estados Unidos después de diez años en Europa dedicándose sobre todo a las actuaciones, como por ejemplo el *Harry Lime*, en la inolvidable *El tercer hombre* (1949), de Carol Reed.

En España donde culminó su trilogía shakesperiana, tras *Macbeth* (1948) y *Otelo* (1952) con *Campanadas a medianoche* (1965) también dirigió *Mr Arkadin* (1955) y dejó inconclusa una versión de *El Quijote* que se estrenaría, una vez restaurada, después de su muerte. Siempre hay buenos momentos para revisar la obra de Welles. En 2015 se cumplió el centenario de su nacimiento.

Billy Wilder (Sucha, Imperio Austrohúngaro, hoy Polonia, 1906 – Beverly Hills, EE UU, 2002). Fue el último superviviente de los grandes que hicieron del cine el arte del siglo xx. Empezó como periodista en un diario vienés pero a finales de los años veinte ya había colaborado como guionista en algunas películas. De origen judío, la llegada de Hitler al poder le llevan primero a Francia, donde dirigió su primera película *Curvas peligrosas,* y posteriormente a Estados Unidos, donde comenzó escribiendo guiones como *Ninotchka,* en donde, como en toda su obra, radiografía a la sociedad de su tiempo. Lo hacía sin tapujos, aunque nos riéramos de nosotros mismos, porque por encima de todo quería ser valiente y retratar la hipocresía del tiempo que vivió. Sorteaba, con su inteligencia, el puritanismo de la época y nos regaló infinidad de obras maestras como *Días sin huella* (1945), su duro acercamiento al mundo del alcoholismo; *El crepúsculo de los dioses* (1950), la decadencia y lo efímero de la fama; *El gran carnaval* (1951) su crítica al periodismo amarillista; su filme belicista *Traidor en el infierno* (1953) o sus innumerables comedias como *Con faldas y a lo loco* (1959), *En bandeja de plata* (1966), *La tentación vive arriba* (1955) y, por supuesto, *El apartamento* (1960), hilarante, sarcástica, tierna, romántica y mordaz a partes iguales.

William Wyler (Mulhouse, Alemania, 1902, actualmente Francia – Los Ángeles, EE UU, 1981). Bette Davis fue su musa en varias películas. Wyler emigró a Estados Unidos en 1921 y pronto se convirtió en un artesano de la Universal con filmes como *Una chica angelical* (1935).

Contratado por Samuel Goldwyn, Wyler dirigió a Bette Davis en tres míticos filmes: *Jezabel* (1938), *La carta* (1939) y *La loba* (1941), tres melodramas que reforzaron el prestigio de la actriz.

Durante la II Guerra Mundial fue mayor del Ejército, dirigió dos documentales, ambos directamente vinculados a la guerra y dos filmes de ficción vinculados a la contienda; *La señora Miniver* (1942) y *Los mejores años de nuestra vida*, estrenada en 1946 un año después de que acabara la guerra. Gran director de actrices, no solo por Bette Davis, lo demostró con la comedia *Vacaciones en Roma* (1953) con Audrey Hepburn, que ganó el Oscar, como también sucedió con Olivia de Havilland por *La heredera* (1956).

En su extensa filmografía figura también *Ben Hur* (1959), que durante cuatro décadas fue la película más galardonada con los Oscar, con 11 estatuillas.

Un artesano para muchos, que no tuvo problemas para acercarse a cualquier género y un genio para otros porque en cada una de sus películas aparece su impronta y su propio estilo. Nunca estaba satisfecho y por eso se le llamó el director de «*una toma más*».

Fred Zinneman (Viena, 1907 – Londres, 1997). Otro de los muchos profesionales austríacos que recaló en Hollywood. Seguramente uno de los mejor preparados porque aparte de estar muy interesado por la música o la escritura, aprendió técnicas de fotografía y cinematografía en París. De regreso a Berlín trabajó como ayudante de operador de realizadores como Robert Siodmack.

El ascenso de los nazis al poder le llevó a emigrar a Estados Unidos. Allí se inició como extra, ayudante de dirección y cortometrajista, con una película de divulgación médica que le valió el Oscar.

Su primer gran triunfo en Hollywood fue *Solo ante el peligro* (1952) un western reflexivo y de carácter psicológico que caracterizaría el posterior cine de Zinneman. *De aquí a la eternidad* (1953), con un fuerte contenido sexual para la época y en los momentos previos al ataque de los japoneses a Pearl Harbour; el filme de corte histórico, *Un hombre para la eternidad* (1966) o el drama intimista, *Julia* (1977) son los principales hitos en la carrera de este cineasta que fue capaz de aunar la narrativa cinematográfica de Hollywood, y la introspección psicológica de los personajes, más en la línea de determinado cine europeo.

APUNTE FINAL

Hemos llegado al final del recorrido. A lo largo de las páginas de este libro he procurado acercarme al fenómeno de la emigración a nivel mundial, si bien es cierto que he tocado muy someramente lo referente a movimientos migratorios entre países asiáticos porque su cine llega con cuentagotas a las salas españolas y hace ya tiempo que deje de acudir asiduamente a los festivales.

Hasta dar por concluido este libro he tratado, al mismo tiempo, estar al tanto de todo cuando rodea al fenómeno migratorio y las medidas que se han ido adoptando en países como Estados Unidos o en la Europa de los veintiocho.

Hemos vivido las terribles tragedias en el Mediterráneo con la muerte de miles de personas en los naufragios de precarias embarcaciones fletadas por las mafias; hemos asistido a la desarticulación de redes dedicadas al tráfico de personas; a oleadas de miles y miles de refugiados intentando alcanzar Europa.

Cierro estas páginas que seguirán abiertas mientras los hombres pueblen la tierra porque a ningún ser humano puede negársele la posibilidad de emigrar, de buscar mejores condiciones sociales, económicas, políticas o incluso medioambientales para él y su familia.

Y lo hago mientras siguen llegando nuevas noticias como la operación militar en Libia de la Unión Europea para luchar contra las mafias migratorias o la decisión de la Comisión Europea de fijar cuotas entre sus países miembros para distribuir a los refugiados que piden asilo.

En 2014 la UE decidió sobre casi 360.000 expedientes de asilo y al 45 % se le concedió el estatus de refugiado. Con esta cuota se intenta que los países que reciben a mayor número de refugiados como Alemania, con el 35 % del total, se vean un tanto aliviados de este esfuerzo humanitario, ubicando a más inmigrantes que piden asilo en países que reciben un número muy inferior de refugiados como España o Portugal.

En 2016 el último freno a los inmigrantes lo ha puesto la UE al aceptar las condiciones del primer ministro británico David Cameron de aplicar un plan de emergencia durante siete años para reducir las prestaciones a los inmigrantes durante sus cuatro primeros años de contrato. Concesiones que van encaminadas a que Cameron se vuelque en el sí a Europa en el referéndum para la permanencia o no de Gran Bretaña en la Unión Europea.

Y a esto se suma el giro radical que ha dado la UE en la gestión de la crisis de los refugiados, tras el acuerdo alcanzado el 8 de marzo de 2016 con Turquía para expulsar a ese país a todos los extranjeros, incluidos los sirios, que lleguen a Grecia. Miles de refugiados se han estado agolpando en el campo de Idamani, en la frontera greco-macedonia, sobreviviendo en unas condiciones terribles y sin que Europa haya encontrado más soluciones que el acuerdo con Turquía.

Todo esto ocurre durante 2016 en el que el cine continuará denunciando las pésimas condiciones de vida que soportan los refugiados y muchos emigrantes. Los últimos ejemplos nos vienen del francés Jacques Audiard con la excelente *Deephan*, Palma de Oro en Cannes, 2015 y *Fuocoammare*, un documental de Gianfranco Rosi sobre los refugiados y la isla de Lampedusa que ha merecido, en 2016, el Oso de Oro en el festival de Berlín.

ÍNDICE DE LAS FICHAS INCLUIDAS

BIBLIOGRAFÍA

La memoria escondida. - Editorial Tabla Rasa. 2005

Notas sobre la emigración: Apuntes para una película invisible. Luis E. Parés. Sala d' Art Jove. 2011

Migration in contemporany hispanic cinema, de Thomas Deveny. Scarecrow Press. 2012

Las cien mejores películas sobre emigración, de Felipe Arranz. Cacitel S.L. 2012

Cine español en el exilio, por Román Gubern. Ediciones Lumen. 1976

Exilio y cine. Varios Autores. Universidad de Deusto. Libro Digital

Emigración española a América (siglos XIX y XX), de César Yáñez Gallardo. Fundación Archivo de Indianos. 1994

La memoria agitada. Cine y represión en Chile y Argentina, de Francisco Javier Millán. Editorial 8 y medio. 2001.

Revisión crítica del cine brasileño, de Glauber Rocha. Editorial Fundamentos 1971

Las grandes películas asiáticas. Silvia Rins. Ediciones J.C. 2007

Europeos en Hollywood. «Extraños en el paraíso», de John Rusell Taylor. T&B editores. 2004

La Patera, de Mahi Binebine. Ediciones Akal, 2000

Las Voces del Estrecho, de Andrés Sorel, Muchnik Editores, 2000

Todos los citados libros claves en este recorrido junto a innumerables artículos de revistas y diarios y como no la presencia de ese instrumento llamado internet.

AGRADECIMIENTOS

A la fundación Francisco Largo Caballero, UNAM, Filmoteca Nacional, Sandra y Josep María Forn, Daría Esteva, Marta Arribas, Carlos Iglesias, Carlo D' Ursi, Sergi Moreno, Angel Gutiérrez y a las distribuidoras de cine y video Karma, Acontracorriente, Vértigo, Golem, Warner, Splendor, Impulso, Atalanta, DaPlaneta, Universal, Avalon, Wanda, Vértice, Versus Cameo, Regia films, Emon, Marea films, Paramount, eOne films, Caramel...